Le Mystère Pontecorvo

Frank Close

Le Mystère Pontecorvo

Traduit de l'anglais (Royaume-Uni) par Bénédicte Leclercq

Préface d'Étienne Klein

Flammarion

L'ouvrage original a paru en 2015
sous le titre *Half life* aux éditions Oneworld Publications.
Pour la traduction française :

ISBN : 978-2-0813-4729-8

PRÉFACE

Le prix Nobel de physique 2015 a été attribué à Arthur McDonald et Takaaki Kajita, deux physiciens dont les recherches ont porté sur des sortes d'anges microscopiques, les neutrinos. Ces particules se propagent dans l'espace avec une absolue discrétion, et traversent à la vitesse de la lumière les choses pratiquement comme si celles-ci n'existaient pas ou n'étaient formées que de vide : êtres fantomatiques, les neutrinos n'interagissent presque pas avec la matière, au point que des centaines de milliards de neutrinos en provenance du Soleil peuvent traverser notre corps à chaque seconde sans que nous ne nous en rendions compte, de jour comme de nuit.

Prédits en 1930 à partir d'arguments théoriques par Wolfgang Pauli, détectés pour la première fois en 1956 par Clyde Cowan et Frederick Reines grâce à la mise en service du premier réacteur nucléaire américain, les neutrinos furent longtemps considérés par les physiciens comme des particules de masse strictement nulle. Mais ce qu'ont permis d'établir les deux expériences dirigées par les lauréats du prix Nobel, c'est qu'en réalité cela n'est pas vrai : leur masse n'est pas égale à zéro. Comment cela fut-il démontré ? De façon indirecte, grâce à la mise en évidence d'un curieux comportement qu'ont les neutrinos, atteints d'une sorte de schizophrénie incurable. Il existe trois sortes de neutrinos – les spécialistes parlent de « saveurs », notées e, μ et τ. Or, d'après les lois de la physique quantique (celles qui régissent le monde de l'infiniment petit), s'ils sont dotés d'une masse non nulle, ils doivent nécessairement « osciller », c'est-à-dire changer de saveur au cours de leur propagation dans l'espace : par exemple, un neutrino de type e doit finir par se transformer en un neutrino de type μ, qui lui-même pourra se transformer en un neutrino de type τ. Désormais dûment établi, ce phénomène prouve que les neutrinos sont porteurs d'une masse non nulle, ce qui a des conséquences cruciales en physique des particules et en cosmologie, notamment par le fait que les neutrinos sont les particules les plus nombreuses dans l'Univers.

Chose extraordinaire, ce curieux phénomène, l'oscillation des neutrinos, avait été prédit dès 1957 par un physicien au parcours énigmatique : Bruno Pontecorvo.

Né en 1913 à Pise, élève d'emblée brillant, il montra un vif intérêt pour la physique. Au terme de ses études universitaires, il fut recruté en 1934 dans la très dynamique équipe de jeunes physiciens qu'Enrico Fermi avait constituée à Rome, les *Ragazzi di Via Panisperna*. Le neutron avait été découvert à peine deux ans plus tôt, et cet événement avait aussitôt signé l'acte de naissance de la physique nucléaire proprement dite, qui ne tarda pas à changer le cours de l'histoire : comme chacun le sait, six années suffirent pour passer de la découverte du neutron à celle de la fission de l'uranium 235, et seulement sept autres pour devenir capable, au sortir du maelström de la Seconde Guerre mondiale, de fabriquer les premières bombes atomiques.

Les hommes de Fermi s'engagèrent avec gourmandise dans ce nouveau champ de recherche, au point de délaisser la physique atomique dans laquelle ils s'étaient jusqu'alors spécialisés. Bruno Pontecorvo rédigea sa thèse de doctorat dans une joyeuse ambiance, mais en 1937, des lois raciales furent votées en Italie. Étant d'origine juive, il choisit de s'exiler en France. Il collabora à Paris avec Irène et Frédéric Joliot-Curie, s'intéressa de près à la politique – c'était l'époque du Front populaire – et fit la rencontre de Marianne Nordblom, la belle jeune fille au pair suédoise qui deviendra son épouse. Au moment de la débâcle, en juin 1940, il dut s'exiler à nouveau, aux États-Unis cette fois, où il travailla pour une compagnie pétrolière. Trois ans plus tard, il fut contacté par le gouvernement britannique qui recherchait activement des scientifiques connaissant bien la physique nucléaire. Bruno Pontecorvo intégra alors une équipe de recherches anglo-canadienne et devint sujet de la Couronne britannique. Les agents du

FBI chargés d'enquêter sur son compte avaient trouvé à son domicile de nombreux ouvrages ou brochures attestant de ses opinions communistes, mais cela ne l'empêcha pas de pouvoir accéder à des informations classifiées. Après la fin de la guerre, en 1945, il se vit même proposer d'intégrer le prestigieux centre de recherche atomique de Harwell, en Angleterre, ce qu'il accepta.

Sa vie outre-Manche fut en apparence harmonieuse et paisible, mais la rivalité entre les Soviétiques et les Anglo-Américains montait en puissance. En matière de physique nucléaire, la guerre froide ne fut pas si froide que cela, et plusieurs espions furent identifiés, arrêtés et condamnés.

C'est à ce moment-là que Bruno Pontecorvo, sans doute, prit peur.

En octobre 1950, à l'occasion de vacances en Italie, lui et sa famille furent exfiltrés vers la Russie, dans des conditions qui demeurent pour partie mystérieuses.

À l'Ouest, personne ne savait dire où Bruno Pontecorvo avait bien pu passer. Ce n'est que cinq ans plus tard qu'on apprit, à l'occasion d'une conférence de presse qu'il donna en faveur de l'utilisation pacifique de l'atome, qu'il s'était installé à l'Est et travaillait dans le grand laboratoire de physique de Doubna. Il y vivait comme dans une prison dorée : grand appartement, au confort digne d'un apparatchik, mais interdiction de voyager, et toujours de gentils messieurs pour l'accompagner où qu'il aille.

C'est dans ce contexte très particulier que Pontecorvo effectua ses travaux prémonitoires sur l'oscillation des neutrinos, alors que ces particules étaient encore fort mal connues.

Dans le livre que vous vous apprêtez à lire, Frank Close raconte la saga de celui qu'on appelait « Monsieur Neutrino ». Il exploite les archives, dont certaines étaient inconnues, livre de nombreux détails, fruits d'une longue enquête. Son récit ressemble à un roman d'espionnage, d'autant plus palpitant qu'on ne sait pas s'il s'agit vraiment d'une affaire d'espionnage… Bruno Pontecorvo fut certes un grand physicien, mais fut-il aussi un espion ? D'aucuns l'ont pensé, mais lui l'a toujours nié. À ce jour, aucune preuve ne permet de l'affirmer et nul indice n'oblige à l'exclure. En la matière, la vérité demeure donc dans un état de superposition quantique.

Au soir de sa vie, en 1991, diminué par la maladie de Parkinson, Pontecorvo se confia à un journaliste du journal *The Independent* :

« Le communisme était pour moi comme une religion révélée, avec ses mythes et ses rites qui lui servaient de socle. C'était absolument irrationnel. La répression de l'insurrection de Budapest en 1956 ne provoqua en moi aucun changement. » Même la fuite d'Andreï Sakharov à l'Ouest ne le fit pas douter : « Je l'ai toujours admiré en tant que scientifique et homme de grande intégrité. Cependant, selon moi, il était naïf. En réalité, c'est moi qui étais stupide. [...] La vérité est que j'étais un crétin. »

À la même époque, son frère Gillo, le réalisateur de *La Bataille d'Alger*, ce film longtemps censuré en France, dit des choses allant dans le même sens : « Le cas de Bruno est finalement très simple. Un jour, il m'a dit : "Oublie tous les mensonges qui ont circulé sur mon compte. Nous vivions une période de profonds changements. Il y avait la foi en la possibilité de construire une autre société. Cette croyance était irrationnelle, mais elle était pourtant promue par toute une génération d'hommes et de femmes, pour la plupart des intellectuels." Bruno a religieusement cru en cette idée que le capitalisme équivaut à la guerre, aux crises récurrentes, au racisme. Il a été en somme comme les premiers chrétiens : il a cru en quelque chose qui n'existe pas. »

Il arrive qu'on fasse un choix un peu comme on sauterait par la fenêtre avec l'espoir de chuter lentement et en douceur, sans avoir à prendre un ascenseur qui pourrait se faire attendre ou à descendre péniblement les marches d'un escalier. Mais la loi de la gravité ne tarde jamais à s'appliquer. Par l'effet d'une sorte de cohérence, elle s'est lourdement imposée à celui qui, le premier, a pressenti qu'elle devait aussi s'imposer aux neutrinos dès lors qu'ils les avaient imaginés massifs.

De son vivant, la trajectoire de Bruno Pontecorvo fut temporellement divisée : une demi-vie à l'Ouest, une demi-vie à l'Est. Après sa mort, le 22 septembre 1993, elle demeura tout aussi divisée, mais cette fois spatialement, conformément à sa volonté : la moitié de ses cendres se trouve à Rome, l'autre moitié à Doubna.

Étienne Klein

AVANT-PROPOS

« Le MI5 est-il revenu vers vous après que je lui ai transmis votre lettre ? »

Lorsque j'ai commencé mes recherches sur la vie de Bruno Pontecorvo, le physicien nucléaire qui disparut derrière le Rideau de fer en 1950 au plus fort de la guerre froide, je ne m'attendais pas à recevoir un jour une telle demande, encore moins à y répondre par l'affirmative. Ma correspondance avec le service de renseignements britannique m'a cependant permis de résoudre une énigme vieille de soixante ans : pourquoi Pontecorvo s'est-il enfui si soudainement, quelques mois seulement après la condamnation de son collègue, l'espion atomique Klaus Fuchs ? L'explication officielle – selon laquelle il était « le deuxième des espions les plus dangereux de l'histoire », pour citer le Congrès des États-Unis – circule depuis des décennies, mais personne n'a jamais démontré qu'il révélait des secrets atomiques aux Soviétiques, ni même indiqué quelles informations il a transmises. Ni le FBI ni le MI5, contrairement à ce qu'on croit généralement, n'ont trouvé la moindre preuve contre lui. Donc, si Bruno Pontecorvo était un espion, il a on ne peut mieux réussi. Ce communiste, qui n'a jamais été identifié comme tel et a participé au projet Manhattan, a toujours prétendu avoir fui l'Occident pour des raisons idéologiques, se sentant persécuté après l'arrestation de Fuchs.

Sa traversée du Rideau de fer coupe sa vie en deux parties de durées presque égales. Elle marque aussi sa vie scientifique : son installation en Union soviétique a étouffé dans l'œuf les intuitions capitales qu'il a eues à la fin de la première moitié de sa vie et l'a probablement empêché de partager un prix Nobel. Sa personnalité aussi était un Janus, à double visage. Il y a, d'un côté, un Bruno Pontecorvo extraverti, solaire, brillant scientifique, et de l'autre, son alter ego Bruno Maximovitch, mystérieux, lunaire, secrètement dévoué à l'idéal communiste.

Deux excellents ouvrages proposent déjà une étude approfondie du personnage : *The Pontecorvo Affair*, de Simone Turchetti, et *Il lungo freddo*, écrit en italien par Miriam Mafai. Turchetti se concentre sur la première moitié de la vie de Pontecorvo, sur les implications politiques de sa défection et sur la manière dont le gouvernement britannique en a minimisé les conséquences au moment même de sa disparition. J'ai tiré profit de plusieurs entrevues avec Turchetti, y compris pour interpréter les nouvelles données que ma propre enquête a mises au jour. Quant au livre de Mafai, il raconte la vie de Bruno telle qu'il a souhaité la montrer, à partir d'une série d'interviews qu'il lui a accordées à la fin de sa vie.

Le présent ouvrage aborde le sujet d'une manière différente. Je suis moi-même physicien, si bien que je m'intéressais à l'origine à la vie de Bruno Pontecorvo en tant que scientifique. Si Klaus Fuchs, Alan Nunn May, et d'autres acteurs de la saga de l'espionnage atomique étaient bien des chercheurs de qualité, l'histoire n'a retenu leurs noms que parce qu'ils transmettaient à l'Est des informations secrètes. Pontecorvo est un cas unique, dans le sens où il méritait une biographie rien que pour ses contributions scientifiques. Le fait que son nom ait été longtemps associé à des espions atomiques reconnus ne le rend que plus passionnant.

J'ai donc surtout cherché à comprendre quelle valeur il revêtait aux yeux des Soviétiques à son arrivée en URSS, pour deviner quelles informations il a pu leur transmettre avant 1950 et démêler le vrai du faux à travers ses réelles intentions. Je n'explore pas en détail les interactions entre le MI5, le FBI, et leurs gouvernements respectifs, car cela est déjà fait dans l'ouvrage de Turchetti et la thèse de doctorat de Timothy Gibbs à l'université de Cambridge. Je n'offre pas non plus de commentaires sociopolitiques sur ses convictions politiques, ni sur ses réactions aux profonds changements qu'il a connus au moment de l'effondrement de l'URSS ;

Mafai s'y est livrée, même si elle mêle parfois ses propres conceptions communistes à celles de Pontecorvo, de sorte que la distinction n'est pas toujours évidente. J'ai évité les détails techniques pour rendre digestes les concepts scientifiques. Les lecteurs qui recherchent une étude plus approfondie de l'œuvre de Pontecorvo et de son contexte la trouveront dans l'article de Luisa Bonolis « Bruno Pontecorvo : From Slow Neutrons to Oscillating Neutrinos » (Bruno Pontecorvo : des neutrons lents aux oscillations des neutrinos).

Frank Close

Abingdon, 10 mars 2014

PROLOGUE
Au milieu du chemin de la vie
1950 : L'orage approche *

Nouvel An 1950 : l'exact milieu du XXe siècle. Quand le siècle a commencé, personne ne savait que le noyau atomique existait, encore moins qu'il était le siège d'une énorme quantité d'énergie. À la fin du siècle, l'humanité aura appris à vivre avec l'éventualité d'un holocauste nucléaire. Début 1950, moins de cinq années se sont écoulées depuis le largage des bombes sur Hiroshima et Nagasaki, et la société prend à peine conscience de ses terribles répercussions.

L'un des pionniers de l'âge atomique fête le Nouvel An avec sa famille, dans un bourg typiquement anglais, près d'Oxford. Bruno Pontecorvo a trente-six ans. Il a contribué seize ans plus tôt, alors qu'il n'était encore qu'un étudiant en physique, à une découverte qui inaugurera l'ère des réacteurs nucléaires et des armes atomiques. Cette percée détermine son destin. Il a acquis en 1950 l'aura d'un physicien nucléaire de premier plan, auteur de deux articles qui déboucheront sur des travaux récompensés plus tard par des prix Nobel, et courtisé par des institutions de physique à la fois en Europe et en Amérique du Nord. La vie de ce brillant scientifique italien semble idyllique. Il habite une maison confortable au bord

* Titre du premier tome *(The Gathering Storm)* des mémoires de Winston Churchill. C'est aussi le titre d'un *biopic* télévisé qui s'en inspire, coproduit par la BBC et la HBO, évoquant la vie de Churchill dans les années qui précèdent la Seconde Guerre mondiale. (N.d.T.)

de la Tamise. Il a épousé une jolie Suédoise, qui lui a donné trois fils.

Tout semble parfait et sans souci. Mais Bruno Pontecorvo a un secret.

Il est membre du Parti communiste depuis plus de dix ans. À première vue, cela ne mérite aucun commentaire. De nombreux intellectuels qui ont grandi dans les années 1930 et ont été témoins des terribles conséquences du fascisme ont choisi de rallier le mouvement communiste. En 1950 toutefois, l'hystérie anticommuniste grandit à l'Ouest et gâche la vie de nombreuses personnes. Il est impératif pour Bruno de taire ses relations avec les communistes. Il a travaillé sur la bombe atomique durant la Seconde Guerre mondiale, et il participe de nouveau à un projet secret à Harwell, au cœur de l'Angleterre, où le Royaume-Uni construit le premier réacteur nucléaire d'Europe.

Il se trouve que les services de renseignements britannique et américain s'intéressent déjà au Dr Pontecorvo, et leurs fichiers le concernant grossiront rapidement durant les mois à venir. Les convictions communistes de Bruno Pontecorvo ne perturbent ni son travail ni sa vie en général jusqu'en février 1950, lorsque son collègue Klaus Fuchs est arrêté pour avoir transmis des secrets atomiques à l'Union soviétique. Toute personne impliquée dans un travail classé secret fait l'objet d'un dossier de sécurité ; Pontecorvo est loin d'être le seul à en posséder un. Mais l'hystérie paranoïaque augmentera d'un coup après l'arrestation et la condamnation de Fuchs. Pontecorvo perdra le contrôle des événements, lesquels le conduiront à la crise au milieu de sa vie.

Guy Liddell, directeur général adjoint du British Security Service, le MI5, s'assied à son bureau. Il inaugure un nouveau journal pour la nouvelle année, dont les pages blanches enregistreront bientôt sa vision personnelle des affaires internationales. Les conséquences des armes atomiques le préoccupent au plus haut point en ce jour de Nouvel An 1950 [1].

Les scientifiques qui ont conçu ces armes sont considérés comme des héros. Ils sont parvenus à libérer les forces titanesques que renferment les noyaux atomiques d'une variété rare de l'élément uranium et ceux d'un nouvel élément artificiel, le plutonium. Il est difficile d'apprécier aujourd'hui le choc qu'ont provoqué ces développements au sein de la communauté scientifique internationale. La guerre contre le fascisme a été gagnée, mais grâce à un pacte faustien : la victoire a résulté de la délivrance du génie atomique. Le monde se réveille groggy au lendemain des explosions de Hiroshima et de Nagasaki, mais les scientifiques savent que des armes encore plus dévastatrices sont possibles. Qu'une seule bombe atomique puisse rayer de la carte une cité industrielle majeure semble déjà terrible ; mais les bombes de la génération suivante, dites thermonucléaires ou à hydrogène, auront le pouvoir d'éliminer toute vie sur Terre.

Les Alliés occidentaux pensent avoir le pouvoir sur le monde, en tant que seuls détenteurs de ces armes nouvelles et terrifiantes. Le Royaume-Uni notamment est fier du fait que ses scientifiques aient été les premiers à concevoir cette nouvelle technologie et aient grandement contribué à sa mise au point. L'illusion de l'omnipotence de l'Occident vole toutefois en éclats en 1949. Liddell commence ainsi son agenda : « L'événement de [1949] a été l'explosion d'une bombe atomique en Russie, ce qui a pulvérisé les prédictions de tout le monde. »

L'URSS, bien qu'alliée dans la guerre contre les nazis, n'a pas participé au projet Manhattan pour fabriquer la bombe atomique. Cela console un temps l'Occident, car ses rapports avec l'URSS se tendent durant les années d'après guerre. Il apparaît cependant entre 1945 et 1950 que certains des héros scientifiques occidentaux ont renseigné Moscou sur l'arme atomique. Or l'Union soviétique sort de la guerre avec de larges réserves militaires, susceptibles de menacer la souveraineté américaine. Si l'espionnage soviétique parvient à neutraliser l'atout de l'Occident (la possession exclusive de la bombe atomique), l'URSS devient un ennemi redoutable.

La duplicité de plusieurs scientifiques se manifeste dès la fin 1945. Les services de renseignements occidentaux découvrent que le physicien britannique Alan Nunn May a dérobé à son laboratoire au Canada des échantillons très importants pour le projet de bombe atomique, et les a fait passer en Union soviétique. Puis le contre-espionnage occidental apprend la trahison de Klaus Fuchs début 1950.

Fuchs a transmis des informations sensibles aux Soviétiques, pendant la guerre (alors qu'il travaillait sur la bombe atomique à Los Alamos) et plus tard, après son arrivée à Harwell. En fait, il a transmis des données de qualité suffisante pour menacer l'équilibre mondial des forces. Liddell termine ainsi la première confidence de son journal : « Il est évident que les Russes auront d'ici 1957 assez de bombes atomiques pour rayer de la carte notre pays. »

Il n'a aucun doute. Deux bombes ont réduit en cendres les grandes villes japonaises de Hiroshima et Nagasaki. Si une simple bombe atomique peut raser toute une ville, l'Union soviétique peut détruire les centres névralgiques de la Grande-Bretagne avec une poignée d'entre elles. De surcroît, les États-Unis sont en train de développer la bombe à hydrogène, ce qui n'est pas pour le rassurer, de même que l'URSS comme nous le savons aujourd'hui. Quand le Premier ministre britannique Harold Macmillan demandera en 1957 à son conseiller scientifique, sir William Penney, combien de bombes H sont nécessaires pour réduire à néant le Royaume-Uni, celui-ci (un homme aimable et pacifique, pas du tout un Docteur Folamour) répondra : « Cinq ! Ou disons huit pour être sûr [2]. »

Les espions atomiques mettent l'URSS sur la voie express conduisant à cette technologie prométhéenne. À la place du monopole occidental sur les armes nucléaires, le monde se retrouve pris en étau entre deux blocs menaçant l'autre de destruction.

Klaus Fuchs est arrêté à Londres en février 1950. Son interrogatoire conduit à l'arrestation de Harry Gold, son courrier durant la guerre aux États-Unis. L'arrestation et la confession de Gold permettent au FBI de démanteler un réseau d'espions soviétiques, dont David Greenglass et le couple Julius et Ethel Rosenberg, lesquels finiront sur la chaise électrique. Le sénateur Joseph McCarthy commence sa chasse aux sorcières aux États-Unis en affirmant qu'il détient une liste de deux cent cinq communistes travaillant au sein du gouvernement américain. C'est du bluff, comme on l'apprendra plus tard, mais au milieu de l'hystérie qu'il déclenche, il devient dangereux pour les Américains d'exprimer des opinions ne serait-ce que de centre gauche. Un chimiste qui mène ses recherches à l'université du Wisconsin, l'État natal de McCarthy, racontera plus tard : « Nous n'osions pas parler si une tierce personne pouvait nous entendre [3]. »

Bruno Pontecorvo a caché qu'il était communiste jusqu'en 1950, mais son secret devient désormais dangereux. Il a aussi une sœur et un frère communistes, ainsi qu'un cousin, Emilio Sereni, qui a participé au gouvernement italien. Ça devrait être un jeu d'enfant pour les services occidentaux de renseignements de le démasquer, lorsqu'ils décideront de mener des investigations. Bruno est sûr qu'ils le feront. Car, avec l'arrestation de Klaus Fuchs, son collègue à Harwell, c'est le deuxième coup de projecteur qui met en lumière son entourage : quatre ans plus tôt, il travaillait au Canada aux côtés d'Alan Nunn May.

Les services de sécurité britanniques interrogent Pontecorvo en mars, puis en avril. Son certificat de sécurité est annulé, et les autorités s'apprêtent à le transférer dans une université, à l'écart des recherches classifiées de Harwell. Dans l'atmosphère fiévreuse de l'époque, l'engagement communiste de Pontecorvo suffit pour qu'on le soupçonne d'avoir aussi révélé des secrets à l'URSS. Les services de renseignements n'ont aucune preuve, mais Pontecorvo ignore le contenu des dossiers du MI5. Klaus Fuchs et Alan Nunn May sont poursuivis, car ils ont avoué et fourni aux services de renseignements des informations qui les accablent. L'espion atomique Ted Hall, en revanche, n'avoue rien et n'est pas arrêté ; son rôle dans l'espionnage soviétique ne sera connu du public que des décennies plus tard.

Dans le cas de Pontecorvo, la question est la suivante : Qui bougera le premier dans le jeu du chat et de la souris ? Pontecorvo se volatilise soudain avec sa femme et leurs trois enfants, Antonio (cinq ans), Tito (six ans) et Gil (douze ans). Ils partent en vacances en Italie, s'envolent à Stockholm et Helsinki, puis disparaissent sans laisser de trace, ne refaisant surface que cinq ans plus tard, en URSS.

Le gouvernement britannique n'a pas la moindre idée de ce qui s'est passé. Guido, le frère de Bruno qui vit à Glasgow, ne sait rien non plus. Bruno Pontecorvo disparaît officiellement le 1er septembre 1950. Enrico Fermi, professeur et mentor de Pontecorvo, ne sait toujours pas où le trouver plusieurs années plus tard. C'est ce que Laura, l'épouse de Fermi, racontera en 1954 dans sa biographie :

« Plus de trois années se sont maintenant écoulées depuis la disparition des Pontecorvo. Ils n'ont donné aucune nouvelle. On n'a rien su d'eux et personne ne les a aperçus. Leurs parents nient avoir sur eux le moindre renseignement. Le gouvernement britannique n'a déposé aucune plainte contre Bruno. Si l'on a découvert en Angleterre quelque chose qui pourrait être interprété comme une preuve contre lui, il n'a jamais été révélé que cette preuve existât. Et tout cela est arrivé au XXe siècle [4] ! »

J'ai lu l'ouvrage de Laura Fermi dans les années 1960, lorsque j'étais étudiant en physique à Oxford. Son récit du mystère Pontecorvo m'a fait découvrir ce nom pour la première fois. Si bien que j'ai eu un choc lorsque j'ai découvert quelques semaines plus tard, dans la revue scientifique *Physics Letters*, un article écrit par le même Bruno Pontecorvo. Son adresse professionnelle indiquait l'Institut unifié de recherches nucléaires (JINR d'après ses initiales en anglais) à Doubna, près de Moscou. « Est-ce que quelqu'un se rend compte ? », me suis-je demandé. J'ai commencé à m'intéresser à Pontecorvo à ce moment-là.

Par chance, mon groupe à Oxford était dirigé par Rudolf Peierls, qui connaissait mieux que personne la saga de la bombe atomique, ainsi que l'espionnage qu'elle a engendré. En 1940, Peierls a calculé qu'une explosion atomique ne nécessitait que quelques kilogrammes d'une forme rare d'uranium. Son calcul a été crucial pour le projet Manhattan des Alliés, qui a abouti aux explosions au Japon. Il a joué un rôle central dans le projet de Los Alamos, auquel il a collaboré avec Klaus Fuchs, dont il était devenu l'ami intime. Ils sont tous deux retournés au Royaume-Uni après la guerre, et quand on a découvert que Fuchs était un espion, les soupçons se sont aussi portés sur lui. Il connaissait aussi Pontecorvo, et il m'a avoué avoir été au moins autant choqué par sa disparition que par l'arrestation de Fuchs. De nombreux collègues ne pouvaient croire que le naïf et exubérant Pontecorvo ait pu être un espion. De l'avis de Peierls cependant, Fuchs avait parfaitement bien caché sa double vie, donc on ne pouvait être sûr de rien.

Ce dont Peierls était sûr toutefois, c'est que la présence de Pontecorvo en URSS a été révélée en 1955. Les Soviétiques, pour des raisons qu'eux seuls connaissaient, ont gardé sa défection secrète durant cinq ans, pour la révéler subitement aux médias du monde entier. Aussi choquante fut-elle, la révélation n'a pas expliqué grand-chose. Pourquoi a-t-il fui si soudainement ? Y a-t-il été contraint ? Qu'avait-il à cacher ? Ces questions sont restées sans réponse.

On a peu revu Pontecorvo, même après qu'on a su où il était. Il publiait ses recherches dans des journaux russes, leur traduction en anglais ne paraissant que des mois plus tard. Ces articles étaient comme le sommet d'un iceberg, le signe visible de l'existence professionnelle de Pontecorvo, tandis que sa vie et les circonstances qui l'avaient amené en URSS demeuraient inconnues.

Je me suis rendu en Europe de l'Est en 1973 pour participer à une école de physique spécialisée, où j'ai rencontré pour la première fois des scientifiques russes. Pontecorvo était sur la liste des conférenciers, mais il n'est pas venu, et l'un de ses collaborateurs l'a remplacé. Un soir, rendu plus courageux par la vodka, j'ai interrogé mes collègues russes sur Pontecorvo, mais je n'ai pas réussi à en savoir plus. Mes compagnons étaient manifestement plus experts que moi en vodka. Il était facile de se renseigner sur le scientifique Pontecorvo, mais l'homme restait une énigme. Charismatique, exubérant, boute-en-train, c'étaient les descriptions qui revenaient et que j'avais entendues dans la bouche de nombreux autres collègues. Mais qu'y avait-il derrière cette façade ? J'en ai appris bien peu.

L'un des Russes que j'ai rencontrés à l'époque s'appelait Alexei Sissakian. Il était un jeune théoricien, comme moi, et allait diriger des décennies plus tard le laboratoire de Doubna. L'histoire de Bruno Pontecorvo le fascinait, lui aussi. Alexei m'a raconté avoir entendu le nom de Pontecorvo alors qu'il était encore écolier : « Il était entouré d'une aura de mystère et de légende. On trouvait peu d'écrits sur lui. Les écoliers et les étudiants de ma génération savaient très peu sur lui. Nous savions seulement qu'il existait un professeur "secret" à Doubna, qui avait décidé de passer à l'Est avec toute sa famille pour des raisons idéologiques… Je crois que nous n'avons jamais réussi à élucider le mystère de son transfert en Union soviétique [5]. »

Deux ans après cette rencontre, j'ai travaillé en Angleterre dans un laboratoire voisin de celui que Pontecorvo avait fui. De plus, j'ai découvert que j'habitais à cinq minutes de son domicile à Abingdon, au bord de la Tamise, et que je travaillais avec quelques-uns de ses anciens collègues. Certains membres du club de tennis d'Abingdon, parmi les plus âgés, se souvenaient aussi de lui : c'était un champion, toujours impeccablement habillé de blanc. Lorsqu'il jouait, son fils faisait de la bicyclette entre les courts de tennis [6].

Je me suis de nouveau intéressé au physicien Pontecorvo en 2006, à la mort de Ray Davis, un physicien américain qui a reçu le prix Nobel à l'âge de quatre-vingt-sept ans pour avoir mis en pratique l'une des idées de Pontecorvo. Celui-ci étant mort en 1993, il a raté l'opportunité de partager ce prix. En me documentant sur la vie de Davis, d'abord pour une nécrologie, puis pour une biographie, j'ai découvert l'étendue des contributions de Pontecorvo à la physique.

Pontecorvo a consacré la fin de sa carrière à l'étude de l'énigmatique neutrino, une particule subatomique qui naît dans les étoiles et dans les réacteurs nucléaires. Son travail a inauguré une nouvelle branche de la physique : l'astronomie des neutrinos. Si Bruno n'a pas reçu la consécration des comités Nobel, ce n'est pas leur faute ; c'est plutôt de la malchance, combinée à son choix de vivre en URSS. Les caprices de la politique soviétique l'ont empêché de réaliser les expériences décisives. Ses idées théoriques sont restées ignorées durant des années dans des journaux russes, inconnus à l'Ouest. C'est ainsi qu'on ne connaît encore Pontecorvo, l'un des plus grands scientifiques du XXe siècle, que comme l'un de ces « traîtres » qui ont diffusé les secrets de la bombe atomique [7].

Était-il un espion ? Cette question restera une *cause célèbre** pendant un demi-siècle. Les agents du KGB le désignent comme tel, mais lui niera toujours. Les services de renseignements du Royaume-Uni, des États-Unis et du Canada ont minutieusement enquêté sur lui. Aucun n'a trouvé de preuve irréfutable. En plusieurs occasions, ils l'ont même blanchi alors qu'il participait à des projets classés secrets.

Le déchiffrage des messages secrets soviétiques montre que plusieurs espions opéraient en Occident durant la même période, chacun portant un *nom de guerre*** tel que Elli, Kelly et Moore, dont les identités n'ont jamais été fermement établies. Durant plus

* En français dans le texte. (N.d.T.)

** En français dans le texte. (N.d.T.)

de soixante ans, on se demandera si Bruno Pontecorvo était l'un d'eux. Les médias occidentaux affirment à la suite de sa disparition en 1950 qu'il était sur le point d'être découvert en tant qu'espion, comme Fuchs et Nunn May avant lui, et a donc pris la poudre d'escampette. Le gouvernement britannique, poussé en cela par ses services de sécurité, tente de limiter les dégâts en présentant Pontecorvo comme un scientifique qui n'a jamais travaillé sur la bombe atomique et, par conséquent, n'a aucun secret à transmettre à l'URSS. Pendant ce temps, le renseignement britannique ouvre une enquête approfondie sur la disparition de Pontecorvo, menée par Ronnie Reed, le patron du contre-espionnage contre l'URSS [8].

Alors que le fringant Bruno Pontecorvo pourrait décrocher le rôle de James Bond au cinéma, l'agent de renseignement du monde réel passerait plutôt pour un employé de banque. Avec trois ans de moins que le sujet de son enquête, la carrure fluette, de grandes oreilles, un nez proéminent et une moustache peu fournie, Reed n'a pas un physique de nature à inquiéter les suspects. Cet ancien ingénieur électronicien a toutefois supervisé les communications entre agents secrets durant la Seconde Guerre mondiale, et s'est montré efficace dans l'après guerre pour traquer les nazis en cavale, déguisés en civils. Il n'est pas scientifique, mais il partage avec Bruno un certain talent pour l'investigation méthodique, ainsi qu'une ténacité, une sagacité et une saine incrédulité. Il aurait besoin de reconstituer la fuite des Pontecorvo, mais c'est moins important que d'en comprendre les raisons. Reed construit un portrait complet de sa proie : son expertise, ses collègues et ses opinions politiques. Pour cela, il épluche l'histoire de Bruno Pontecorvo.

Comme Reed, j'ai commencé mon enquête en reconstituant le passé de Pontecorvo. Soixante ans se sont écoulés depuis les recherches de Reed, donc j'ai quelques avantages sur lui. Nous savons désormais ce que Pontecorvo est devenu, comment les Soviétiques l'ont traité, et comment, en retour, il les considérait. En outre, étant moi-même physicien nucléaire, j'ai pu évaluer son importance scientifique pour la communauté scientifique internationale durant toute sa vie, et en particulier pour l'URSS en 1950. Dans tous les cas, une chose apparaît clairement depuis le début : s'il a jamais été espion, il l'a payé très cher, plus cher que Klaus Fuchs et Alan Nunn May, qui n'ont écopé que d'une courte peine de prison. Les Soviétiques ont drastiquement réduit sa liberté (comme ils l'ont fait aux traîtres britanniques Guy Burgess, Donald Maclean et Kim Philby, ses pairs émigrés en URSS). Ils l'ont privé durant des années de tout contact avec sa famille en Occident. Ils ont également limité ses recherches scientifiques. Mes connaissances en physique nucléaire m'ont toutefois conduit à soupçonner Pontecorvo d'avoir apporté beaucoup plus à l'URSS, à la fin du règne tyrannique de Staline, que ce qu'on admet généralement. L'URSS voulait désespérément construire des réacteurs nucléaires après 1950, ainsi que d'autres équipements nécessaires au développement d'un arsenal d'armes atomiques, notamment de bombes à hydrogène. Fuchs avait transmis des secrets atomiques aux Soviétiques avant 1950, comme d'autres espions, mais son expertise n'était plus à leur portée durant les dernières années de Staline. Pontecorvo se trouvait cependant en URSS, où la communauté scientifique, mais aussi le gouvernement, pouvaient profiter de ses connaissances en science nucléaire.

Cette éventualité m'a poussé à enquêter moi-même pour répondre à cette question persistante : Pourquoi est-il parti ? Que lui est-il arrivé en URSS ? A-t-il prétendu comme Édith Piaf : « Je ne regrette rien * » ? J'ai découvert dans les années 1980 que son fils aîné, Gil, qui était âgé de douze ans quand son père a pris la fuite, était un scientifique basé à Doubna et participait à des expériences au CERN, l'Organisation européenne pour la recherche nucléaire à Genève. Je travaillais également au CERN, mais nos visites ne coïncidaient jamais. Récemment, par chance, je me suis retrouvé dans un comité du CERN qui passe périodiquement en revue les progrès de l'équipe. Gil et moi sommes enfin entrés en contact en 2011.

« Vous voulez voir la Volga ? »

Le visage de Gil Pontecorvo remplissait l'écran de mon ordinateur portable grâce au miracle de Skype. Il a tourné la caméra de manière à filmer le paysage à travers la fenêtre de son appartement : on y voyait une large étendue d'eau, la Volga, à plus de 6 000 kilomètres de mon salon à Abingdon et de la maison qu'il avait quittée soixante ans plus tôt.

J'ai enfin pu apprendre de première main ce qui s'était passé.

---

* En français dans le texte. (N.d.T.)

PREMIÈRE PARTIE

« *Au milieu du chemin de notre vie,* je me retrouvai par une forêt obscure car la voie droite était perdue. »

DANTE

CHAPITRE PREMIER

De Pise à Rome

La plupart des scientifiques qui ont participé au projet Manhattan ont grandi dans les années 1930, en pleine montée du fascisme. Un grand nombre d'intellectuels ont rejeté cette idéologie, la considérant comme une tyrannie, et certains d'entre eux ont choisi à la place la bannière rouge du communisme. Sur ce plan, Bruno Pontecorvo n'a rien d'original. Sa fidélité au communisme, qui le conduira à jouer un rôle des plus singuliers durant la guerre froide, a germé durant sa jeunesse avant de s'épanouir au contact de personnes influentes. Il faut dire que la graine était déjà présente dans sa propre histoire familiale.

Les Pontecorvo de Pise forment une famille juive, riche et cultivée. Au XIXe siècle, Pellegrino Pontecorvo introduisit dans l'industrie textile italienne la machine à tisser, la *spinning-jenny* ou jeannette. Son fils Massimo, le père de Bruno, fit prospérer l'affaire familiale et dirigea trois usines de textiles, qui employaient plus d'un millier de personnes [1].

Bruno connut peu son grand-père, puisqu'il n'avait que cinq ans à sa mort. Mais Pellegrino a conçu le moule qui façonna ses enfants, puis les leurs. Engagé auprès de la communauté juive internationale, il secourut des juifs fuyant les pogroms perpétrés dans l'Empire russe durant les années 1880. Il finit par transmettre à tout son clan une véritable éthique de la générosité, qui se radicalisa en antifascisme après la prise de pouvoir de Mussolini. C'est dans ce cadre que Bruno et plusieurs membres de sa famille rejoindront le Parti communiste italien dans les années 1930.

Les funérailles de Pellegrino, en 1918, furent un événement de grande ampleur. La Révolution russe de l'année précédente avait soulevé un vent de contestation dans toute l'Europe, et notamment en Italie. Même si de nombreux travailleurs italiens menaçaient de s'élever contre leurs patrons, la communauté éprouvait pourtant un tel respect pour Pellegrino, que « les manœuvres comme les contremaîtres » étaient venus *en masse** pour rendre hommage au grand homme [2]. De fait, Pellegrino était tant estimé qu'il avait reçu, en reconnaissance de sa défense des droits des travailleurs, le titre de *Cavaliere del lavoro*, l'équivalent de l'Ordre du mérite du travail français, aujourd'hui disparu.

Cette même année voit des changements importants dans la politique internationale : la fin de la Première Guerre mondiale ; la révolution de Novembre qui provoque la chute de l'Empire allemand ; les troubles en Italie dus au chômage et aux conflits sociaux. Les Bolcheviks ont pris le pouvoir en Russie, et la révolution risque de s'étendre à l'Italie. Et Benito Mussolini profite du désordre ambiant pour marcher au pas de l'oie.

À Pise, plusieurs ouvriers de Massimo prennent part à des manifestations antifascistes. Tant et si bien qu'un jour, le responsable fasciste local, Guido Buffarini Guidi, se rend à la manufacture et ordonne au patron de révéler les noms des participants, en commençant par le meneur. Massimo refuse. Buffarini Guidi le provoque en duel [3]. Ce dernier n'aura pas lieu, mais les ouvriers de Massimo se souviendront longtemps du soutien de leur patron. La sœur de Bruno racontera que l'un d'eux, ayant croisé leur père dans la rue des années plus tard, lui fit l'accolade en s'écriant qu'il croyait « voir le Seigneur ressuscité [4] ».

C'est dans cette famille profondément antifasciste que naît Bruno le 22 août 1913, quatrième de huit enfants, trois filles et cinq garçons. Comme le veut l'époque, on répartit les rôles entre les filles et les garçons : les premières reçoivent une éducation artistique ; les seconds sont poussés vers des études en sciences et techniques. De l'avis des parents, le plus intelligent de la fratrie est l'aîné, Guido, né en 1907. Il émigrera au Royaume-Uni en 1938, prenant part à l'exode des juifs fuyant le fascisme. Là, il deviendra

---

* En français dans le texte. (N.d.T.)

Bruno Pontecorvo enfant. (Avec l'aimable autorisation de Gil Pontecorvo ; archives de la famille Pontecorvo)

un brillant généticien, membre de la Royal Society. Quant à Paolo, « le plus sérieux », né en 1909, il émigrera en 1938 aux États-Unis, où il travaillera sur les radars et les ondes courtes durant la Seconde Guerre mondiale. « La plus cultivée » est l'aînée des trois sœurs, Giuliana, née en 1911. Elle deviendra journaliste et militante communiste.

Après Bruno naissent son frère Gillo en 1919, ses sœurs Laura et Anna en 1921 et 1924, et enfin le benjamin Giovanni en 1926. La gouvernante française, Mlle Gaveron, affirmera avoir vécu son purgatoire sur terre en s'occupant des huit enfants Pontecorvo – exception faite de Bruno, véritable ange du paradis [5].

Tous sont brillants, si bien que Massimo et son épouse, Maria, ne considèrent pas Bruno comme étant particulièrement intelligent comparé à ses frères et sœurs. Des années plus tard, Bruno se souviendra que ses parents le décrivaient comme « le plus gentil mais le plus limité » confiant que ses yeux trahissaient de la « douceur, mais pas d'intelligence ». Une opinion tranchée, qui laisse chez lui une certaine timidité et « un complexe d'infériorité qui le hantera toute la vie [6] ».

En revanche, Bruno a hérité d'un talent naturel pour le sport. Ses amis se souviendront de sa passion pour le ski alpin, la plongée sous-marine et, par-dessus tout, le tennis. Bruno s'est toujours plu à raconter comment il fut, à l'âge de seize ans, sélectionné dans l'équipe junior nationale de tennis, puis invité dans un camp d'entraînement en France. Ces parents lui refusèrent toutefois l'autorisation d'y aller, craignant que cette activité ne l'éloigne d'études sérieuses et ne l'empêche de préparer son entrée à l'université. Une rude déception de jeune homme, qui sera encore palpable quand il évoquera cet épisode un demi-siècle plus tard. Ses parents s'attachèrent à le consoler, en l'assurant que ses résultats en physique aussi étaient de premier plan, et que, s'il s'y consacrait suffisamment, il accomplirait de grandes choses dans ce domaine. Bruno y consentit manifestement, tout en pensant peut-être : « Oui, mais j'aimerais aussi être champion d'Italie de tennis [7]. »

La mère de Bruno, Maria, a grandi dans une famille très cultivée. Son père, Arrigo Maroni, dirigeait l'hôpital de Milan et faisait donc partie de la bonne société milanaise, de celle qui se retrouvait régulièrement à l'opéra de la Scala. Maria reçut une éducation religieuse protestante [8]. Massimo Pontecorvo, en revanche, était juif orthodoxe à la naissance de Bruno. Il participait encore aux rituels familiaux à la mort de Pellegrino, puis il s'éloigna de la religion. Les plus jeunes prenaient part aux cérémonies, mais sans grand enthousiasme. Leur mère étant chrétienne, ils ne pratiquaient pas la religion juive. Un jour, l'un des jeunes frères – probablement Giovanni – interrogea sa sœur aînée sur la circoncision, mais celle-ci lui répondit qu'elle ignorait de quoi il s'agissait [9]. La famille Pontecorvo ne célébra aucune bar-mitsva, ne remplit aucun rituel de circoncision, n'enterra personne au cimetière juif. Cependant, ils « sont toujours trop juifs pour Mussolini [10] ».

De fait, l'apparition des lois antisémites de Mussolini bouleverse la vie privilégiée et sans nuage des Pontecorvo. Et le clan se disperse. Guido s'installe en Grande-Bretagne, et Giovanni, Laura et Anna, encore adolescents, le rejoignent en 1939 alors que la guerre menace. Tous les trois complètent leur formation outre-Manche, où ils deviendront respectivement agriculteur, infirmière et professeure de langue. L'exode de Bruno en 1936, le premier des trois grands bouleversements de sa vie, est plus progressif comme on le découvrira…

De nombreux intellectuels italiens, aussi bien juifs que chrétiens, ont cru aux idéaux du socialisme libéral. Certains juifs ont anticipé les conséquences du fascisme et ont adopté des positions antifascistes radicales bien avant que les premières lois antisémites ne soient formalisées. Un cousin de Bruno, Emilio Sereni, s'illustre en la matière [11]. C'est le fils de la sœur du père de Bruno, Alfonsina. Né en 1907, Emilio devient un intellectuel influent, doté d'une forte personnalité, presque écrasante. À l'âge de vingt ans, il dévore des ouvrages marxistes de référence et épouse Xenichka Zilberberg, la fille de deux héros de la révolution russe [12]. Il rejoint le Parti communiste italien en 1927 et, deux ans plus tard, suivant la tradition de ses beaux-parents, il fonde avec son camarade Manlio Rossi-Doria une organisation communiste clandestine en Italie. L'année suivante, ils sont arrêtés par la police fasciste, et condamnés à quinze ans de prison par la Cour spéciale de la sécurité de l'État, que les fascistes ont créée pour « défendre l'État ». Gracié et libéré en 1935, Sereni fuit l'Italie pour Paris, où il devient directeur culturel du Parti communiste italien et rédacteur en chef de *Lo stato operaio (L'État des travailleurs)*. C'est d'ailleurs durant cette période, dans le Paris d'avant guerre, deux ans après que Bruno a quitté l'Italie, que l'influence d'Emilio Sereni sur son jeune cousin grandira considérablement. Nous verrons qu'elle déterminera le cours de sa vie.

La physique à Rome

Au regard de son parcours, il était difficile d'affirmer que Bruno deviendrait un grand physicien. Comme son grand frère Paolo, il entre d'abord à l'Université de Pise, à l'âge de seize ans, pour suivre des études d'ingénieur. Au bout de deux ans, il obtient de bons résultats, sauf en dessin technique. Il quitte donc l'ingénierie et, en 1931, choisit de se concentrer sur la physique.

Or il se trouve que Bruno a grandi en même temps que la physique atomique. Il est né en effet la même année que l'hypothèse selon laquelle l'atome possède la structure d'un système solaire miniature, où les électrons jouent le rôle de « planètes » tournant en orbite autour d'un noyau compact central. Et c'est durant ses études que les physiciens comprennent pourquoi un atome émet de l'énergie par radioactivité : cela tient à l'instabilité du noyau, ce qui conduit tout naturellement à s'intéresser de près au neutron, ce composant encore hypothétique du noyau. C'est alors que Guido, le frère aîné, fait basculer la vie de Bruno.

« Pour la physique, tu dois aller à Rome », affirme-t-il [13]. Enrico Fermi s'y est forgé une solide réputation. En 1926, âgé de seulement vingt-cinq ans, Fermi a été nommé professeur de physique à

La Sapienza, l'université de Rome fondée par Orso Corbino, physicien et politicien influent. À cette époque, la physique nucléaire constitue un domaine nouveau et excitant. Et si on utilise la théorique quantique pour décrire mathématiquement les propriétés du noyau, tout reste à faire pour l'étudier expérimentalement. Pour revivifier la physique italienne, Fermi choisit donc d'explorer le noyau atomique : ses constituants, sa structure, mais aussi les relations entre les noyaux de différents éléments. Avec le soutien de Corbino, Fermi établit un laboratoire de physique via Panisperna, dans le quartier de Monti, à quelques minutes à pied de la gare ferroviaire principale. Il constitue un groupe de choc constitué de jeunes scientifiques expérimentateurs, qui deviendront les légendaires *Ragazzi di Via Panisperna* : les garçons de la via Panisperna.

D'ailleurs, l'insistance de Guido pour que Bruno parte à Rome tient à son amitié avec l'un des *Ragazzi*, Franco Rasetti. Pendant des années, Guido et lui ont campé ensemble dans les Alpes, alors que Bruno n'était que le « gamin » comme ils le surnommaient, et Rasetti s'intéressait peu à lui. Des années plus tard, quand Bruno se présente à lui et lui annonce qu'il souhaite poursuivre ses études à Rome, Rasetti ne manque pas de le taquiner : « Quoi ! Tu es à peine sorti de tes langes et tu veux te lancer dans la physique [14] ? »

Bien que Bruno s'exprime avec aisance et assurance – d'autant que, selon Laura Fermi, il est « extrêmement beau garçon » –, il rougit facilement. La plaisanterie sur son jeune âge lui fait piquer un fard, ce qui n'empêche pas Rasetti de vanter auprès de Fermi les capacités intellectuelles des membres du clan Pontecorvo.

Fermi accepte de rencontrer le « gamin » et l'examine de manière informelle. Des années plus tard, Bruno se souviendra de s'être montré « médiocre ». Fermi lui explique alors qu'il existe deux catégories de physiciens : les théoriciens et les expérimentateurs. Puis il ajoute : « Si un théoricien ne possède pas des capacités exceptionnelles, son travail ne vaut rien. En revanche, un physicien expérimentateur peut produire un travail utile, même s'il est d'intelligence moyenne [15]. »

Fermi n'était pas enclin à la louange et avait la critique aisée. On ignore s'il a fait cette remarque en l'air ou s'il pensait qu'il valait mieux pour Bruno qu'il se dirige vers l'expérimentation. Quoi qu'il en soit, le jeune homme intègre la troisième année de physique à l'université de Rome en 1931. Cela signifie qu'il a la chance d'étudier la physique durant l'*annus mirabilis* de 1932, qui marque la découverte de la structure interne du noyau atomique [16]. En 1934, en tant que membre de l'équipe de Fermi, voilà Bruno Pontecorvo sur le point de participer à une recherche importante, à l'aube d'une nouvelle science : la physique nucléaire. Mieux : âgé d'à peine vingt et un ans, il se trouvera à l'épicentre de l'une des découvertes les plus importantes du XXe siècle.

La préhistoire de la physique nucléaire

À la fin du siècle précédent, on pensait que les atomes étaient les constituants fondamentaux de la matière. Selon le modèle standard de l'époque, les atomes d'un élément chimique donné sont tous identiques *, les éléments ** se distinguent entre eux par leurs atomes, et les composés chimiques *** sont des assemblages d'atomes de types différents [17]. Pour l'essentiel, cela reste vrai aujourd'hui. Toutefois, les scientifiques d'autrefois voyaient les atomes comme des objets insécables et impénétrables, de minuscules boules de billard. Ce qu'ils ne sont certainement pas.

À Manchester, Ernest Rutherford découvre en 1911 qu'un atome est principalement fait d'espace vide, sa masse étant concentrée en son cœur, lequel porte une charge électrique positive. C'est ce cœur qu'il appelle le noyau. Un collègue de Rutherford, le théoricien danois Niels Bohr, suppose en 1913 – l'année de naissance de Bruno – que la cohésion des atomes résulte de l'attraction électrique entre des charges électriques de signes opposés. Dans ce modèle planétaire, des électrons, de charge négative, orbitent autour d'un noyau, de charge positive.

Mais personne ne sait à ce stade de quoi est fait un noyau atomique. Quand le « gamin » entre à l'école, Rutherford montre que

---

* Ainsi, tous les atomes d'hydrogène sont identiques entre eux, tous les atomes d'oxygène sont identiques entre eux, et ainsi de suite pour tous les éléments chimiques de la table de Mendeleïev. (N.d.T.)

** L'atome d'hydrogène diffère de l'atome d'oxygène. (N.d.T.)

*** La molécule d'eau H_2O est par exemple un composé chimique fait d'atomes d'hydrogène (H) et d'atomes d'oxygène (O). (N.d.T.)

le noyau d'un atome d'hydrogène se réduit à une simple particule chargée, qu'il appelle proton. Le physicien britannique en déduit que le proton est un constituant fondamental des noyaux atomiques de tous les éléments. Pendant ses études, Bruno apprend donc que les noyaux atomiques sont des paquets chargés positivement, faits de protons, et que plus ils en contiennent, plus leur charge est élevée. La charge positive totale détermine la quantité d'électrons, de charge opposée, qui orbitent dans les régions périphériques de l'atome. Les éléments chimiques se distinguent ainsi par la complexité de leurs atomes : l'hydrogène, le plus simple, consiste en un unique électron orbitant autour d'un unique proton ; l'hélium comporte deux protons dans son noyau ; le carbone en compte six, et ainsi de suite jusqu'à l'uranium, qui en contient quatre-vingt-douze. Les propriétés chimiques d'un élément découlent de son nombre d'électrons, et la liaison chimique résulte d'un simple partage d'électrons entre deux atomes.

Une vision élémentaire qui se complexifie en 1932, lorsque James Chadwick, de l'université de Cambridge, découvre un troisième constituant de l'atome : le neutron. Les neutrons sont similaires aux protons, mais ne portent aucune charge électrique ; ils s'agglutinent aux noyaux atomiques et participent à leur masse, sans en changer la charge totale. Nous savons aujourd'hui que les neutrons sont des composants essentiels de tous les noyaux atomiques – à l'exception de celui d'hydrogène qui consiste en un simple proton, du moins sous sa forme habituelle.

Tous les atomes de l'élément uranium possèdent ainsi 92 protons en leur noyau. En revanche, leur nombre de neutrons peut varier. Une forme rare d'uranium, appelée U-235, contient 143 neutrons, tandis que la forme la plus commune, l'U-238, en possède 146. L'adjonction de cette quantité de neutrons aux 92 protons donne un total de 235 et 238 constituants, respectivement. On appelle isotopes ces formes variantes, du grec *iso* et *topos*, signifiant « la même place » (comprendre dans la table périodique des éléments, la fameuse table de Mendeleïev). Si tous les isotopes d'un même élément possèdent les mêmes propriétés chimiques, le comportement des noyaux atomiques varie beaucoup d'un isotope à l'autre. En effet, le nombre de neutrons se révèle un paramètre clé pour qui veut extraire l'énergie des noyaux, que ce soit de manière graduelle, dans les réacteurs nucléaires, ou de manière explosive, dans les bombes. Par exemple, l'U-235 constitue la matière première des centrales nucléaires et des bombes atomiques [18].

Le noyau représente en somme bien plus que le cœur de l'atome : il révèle un autre niveau de réalité. Sa structure interne renferme des forces colossales, inconnues de la plupart d'entre nous. Mais si nous y réfléchissons un instant, la présence de ces forces résout un paradoxe fondamental : le fait même que le noyau existe. Puisqu'ils portent tous la même charge électrique, les protons devraient se repousser et provoquer l'éclatement du noyau. Pourquoi ne le font-ils pas ? Parce qu'une force attractive intense, l'interaction forte, retient ensemble protons et neutrons dès qu'ils sont en contact. « Forte » n'est pas un euphémisme : au sein du noyau, l'attraction entre deux protons est plus de cent fois plus intense que leur répulsion électrique.

Il y a toutefois une limite au nombre de protons pouvant s'agglutiner de la sorte. Pour chaque proton, l'interaction forte n'agit qu'entre lui et ses voisins immédiats. Mais la perturbation électrique agit dans tout le volume du groupe. Dans un noyau massif, la répulsion électrique globale entre protons finit par surpasser l'attraction locale, au point de menacer la cohésion du noyau. C'est là que les neutrons entrent dans la danse : de charge électrique neutre, ils contrarient la perturbation électrique et stabilisent le noyau. Plus le noyau est massif, plus il faut de neutrons pour le stabiliser. Beaucoup. Dans le noyau d'uranium, le plus gros noyau stable de la nature, il faut plus de 140 neutrons pour stabiliser les 92 protons. Et encore, l'équilibre est si fragile que la plus légère perturbation casse en deux l'atome d'uranium : c'est le phénomène de fission.

On a aussi découvert que l'interaction forte apparaît plus efficace lorsque les constituants du noyau peuvent s'apparier. Voilà pourquoi l'U-238, qui comporte un nombre pair de neutrons, est plus stable que l'U-235, qui contient un neutron célibataire.

Même l'élément le plus simple de la nature, l'hydrogène, possède des isotopes. Un proton accompagné d'un neutron constitue un isotope stable appelé deutéron, le noyau du deutérium. L'eau

(H_2O) contient de l'hydrogène ; la molécule analogue faite de deutérium (D_2O) est la fameuse « eau lourde ». Un proton accompagné de deux neutrons forme le noyau de tritium. Celui-ci s'avère instable, avec une demi-vie de douze ans environ [19]. Et c'est tout : le deutérium et le tritium sont les seuls isotopes de l'hydrogène. Le « quadrium », dans lequel un proton serait associé à trois neutrons, n'existe pas dans la nature.

Mais pourquoi n'existe-t-il pas d'amas de neutrons, sans protons mêlés à eux ? Pour faire simple, c'est à cause de la nature instable du neutron. Celui-ci pèse en effet légèrement plus lourd que le proton. D'après l'équivalence entre la masse et l'énergie posée par Einstein, cela implique que le neutron renferme un peu plus d'énergie que le proton. Cette énergie excédentaire provoque son instabilité, au point qu'un neutron isolé se désintègre en quelques minutes en moyenne, alors qu'un proton isolé se maintient durant des temps astronomiques, voire pour l'éternité. En règle générale, quand il y a trop de neutrons dans un noyau, l'assemblage devient instable [20].

La conséquence de tout cela ? Il existe un nombre limité d'isotopes stables, essentiellement ceux dont le nombre de neutrons est supérieur ou égal au nombre de protons. À mesure que l'on parcourt la table périodique des éléments, la taille des noyaux atomiques augmente, ainsi que le nombre de neutrons.

Il est difficile de prédire quels isotopes sont stables et lesquels ne le sont pas. Le plus gros des recherches des années 1940 et 1950 sur les armes atomiques et les réacteurs nucléaires consistera à expérimenter pour établir des règles empiriques. Les différents isotopes de l'uranium, du plutonium et de l'hydrogène deviendront alors les héros de cette saga qu'inaugure la découverte du neutron, découverte qui changera le cours de l'histoire : comme le racontera l'astrophysicien Hans Bethe *, les années précédant 1932 constituent la « préhistoire de la physique nucléaire », et tout ce qui survient après en façonne l'histoire [21].

* D'origine allemande, Hans Bethe (1906-2005) a participé au développement de la physique atomique, avant de migrer aux États-Unis. À la fin des années 1930, il élucide la synthèse des noyaux légers dans les étoiles comme le Soleil, travail pour lequel il recevra le prix Nobel en 1967. Pendant la guerre, il participe au projet Manhattan à la tête de la division théorique du laboratoire de Los Alamos. (N.d.T.)

En définitive, c'est le moment idéal pour commencer une carrière avec quelques ambitions. Le groupe d'Enrico Fermi à Rome s'apprête ni plus ni moins à élucider les mystères du noyau atomique. Et Bruno Pontecorvo occupe les premières loges pour devenir un expert de la physique des neutrons.

CHAPITRE 2

Neutrons lents et réactions rapides
1934-1936

Quand Bruno est sur le point de rejoindre le groupe de la via Panisperna, en 1934, Enrico Fermi vient d'essuyer un revers cuisant. Mais cela n'empêchera pas son génie de se déployer, peut-être même cela y contribuera-t-il d'ailleurs. Fermi étudie alors un phénomène naturel fondamental : la radioactivité bêta.

Trois sortes de radioactivité ont été identifiées en 1899 par le physicien britannique Ernest Rutherford, qui les a désignées par les trois premières lettres de l'alphabet grec : alpha, bêta et gamma. Le rayonnement alpha est constitué de particules massives, de charge positive, que certaines substances comme le radium émettent spontanément en cascade. En dépit de son nom, la « particule alpha » n'a rien de fondamental : elle comporte deux protons et deux neutrons, soit quatre particules en tout. Mais on a découvert le « quartet » – ainsi qu'on devrait l'appeler – parmi les produits courants de désintégrations radioactives, bien avant qu'on identifie ses constituants fondamentaux, de sorte que le nom est resté. Quant au rayonnement bêta, il est fait d'électrons, non pas de ceux qui préexistent dans l'atome à la périphérie du noyau, mais créés à l'instant même où un isotope instable se transforme en un noyau plus stable. Enfin le rayonnement gamma consiste en des photons, comme la lumière, mais au-delà de la partie visible du spectre électromagnétique : leur énergie est bien plus élevée et leur longueur d'onde bien plus courte que pour la lumière.

On connaît ces trois formes de radioactivité dès le début du XXe siècle, mais durant les deux premières décennies, personne ne comprend comment elles apparaissent, ni comment elles affectent les noyaux.

La désintégration bêta est la plus déroutante, car elle semble faire disparaître de l'énergie sans laisser de trace. Pour l'expliquer, le théoricien autrichien Wolfgang Pauli propose en 1930 que l'électron (la particule bêta) s'accompagne d'une particule invisible, électriquement neutre, qui emporte avec elle l'énergie manquante. C'est le neutrino, littéralement « le petit neutre [1] ». Malheureusement, l'hypothétique particule de Pauli est si fantomatique qu'il craint ne jamais pouvoir la détecter. Malgré tout, Fermi adopte l'idée et intègre le neutrino à sa théorie de la désintégration bêta en 1933 [2].

Fermi se représente le noyau comme un amas de neutrons et de protons, et cela lui donne une idée. Il remarque qu'un neutron se comporte comme un proton qui aurait perdu sa charge électrique, et il imagine par analogie que le neutrino est une sorte d'électron sans charge. Il propose que la désintégration bêta se produit lorsque l'un des neutrons présents dans le noyau se transforme spontanément en un proton : la charge électrique est conservée grâce à la création * d'un électron, et l'énergie est conservée grâce à la création d'un neutrino.

Nous savons aujourd'hui que la théorie de Fermi est fondamentalement correcte. Cependant, le rédacteur en chef de la revue *Nature*, à qui il soumet son article « Tentative Theory of Beta Rays », en refuse la publication sous prétexte qu'il contient « des conjectures abstraites et trop éloignées de la réalité physique pour être d'un quelconque intérêt [3] ». Fermi finit toutefois par faire paraître sa contribution dans une autre revue, mais sa dispute avec le rédacteur en chef de *Nature* l'affecte au point qu'il décide d'abandonner la théorie au profit de l'expérimentation « pendant un peu de temps [4] ». Un profond changement d'orientation qui se révélera en fait définitif.

* La notion de création et d'annihilation de particules a été introduite par le théoricien de la physique quantique Paul Dirac pour décrire l'interaction de l'électron avec le champ électromagnétique. Fermi la transpose dans le cas d'un nouveau champ de force qui s'exerce entre les composants du noyau : la force de Fermi ou force faible. (N.d.T.)

En janvier 1934, Fermi part skier dans les Alpes. À son retour, il entrevoit la marche à suivre, grâce à une découverte faite en France par Irène Joliot-Curie (la fille de Marie Curie) et son mari, Frédéric. Le couple explore la structure intime du noyau atomique depuis 1930. Après quatre années et quelques mésaventures, ils font une découverte qui va inspirer Fermi et son groupe, y compris le nouvel arrivant Bruno Pontecorvo.

Cette découverte découle des travaux sur la radioactivité, laquelle a aidé les scientifiques à dévoiler la structure profonde du noyau atomique. Le phénomène fascine alors de nombreux scientifiques, et plus particulièrement Irène et Frédéric. La mère d'Irène, Marie Curie, a découvert le radium, un élément si radioactif qu'il dégage de la chaleur : on sent au toucher l'énergie qu'il libère spontanément. Cette énergie est portée par des particules alpha, si bien que quelques grammes de radium constituent une source puissante de particules alpha, des sortes de projectiles atomiques capables de pénétrer à l'intérieur d'atomes de divers éléments. Irène et Frédéric sont ainsi aux premières loges pour étudier les noyaux puisque, grâce à Marie Curie, leur laboratoire à Paris possède plus de radium que n'importe quel autre. Cela les incite à utiliser cet élément inestimable comme source de particules alpha, et à bombarder les atomes de divers éléments. Il en résulte, au début des années 1930, une série d'expériences mémorables.

Dans l'une d'elles, les Joliot-Curie bombardent un échantillon d'aluminium avec des particules alpha. Un compteur Geiger * situé près de l'échantillon-cible crépite dès que commence l'irradiation, puis continue à le faire après l'arrêt du tir, avec une intensité qui chute de moitié en trois minutes.

Que se passe-t-il ? Le noyau d'aluminium contient 13 protons et 14 neutrons. Quand une particule alpha le frappe, elle en éjecte le neutron célibataire et s'y incorpore temporairement, apportant ses deux protons et deux neutrons. Le noyau qui en résulte, avec

* Un compteur Geiger permet de mesurer les rayonnements ionisants (particules alpha, bêta, gamma et rayons X). Un rayonnement ionisant traverse un gaz et lui arrache des électrons, qui sont ensuite amplifiés pour former un signal électrique. Celui-ci produit alors un son (le crépitement du compteur) ou déplace une aiguille sur un écran gradué. (N.d.T.)

15 neutrons et 15 protons, est un isotope radioactif du phosphore, le phosphore-30. Ce dernier se désintègre avec une demi-vie de trois minutes, ce qui explique la diminution du signal du compteur Geiger que notent les Joliot-Curie.

Ce travail est révolutionnaire, et pour cause. En 1933, Ernest Rutherford prétendait que quiconque espérait extraire de l'énergie du noyau atomique n'était qu'un « doux rêveur ». Si la radioactivité naturelle avait été le seul moyen possible de le faire, Rutherford aurait eu raison. Mais Frédéric et Irène ont découvert la possibilité de modifier le noyau et de provoquer une radioactivité artificielle dans des matériaux inertes, tels que l'aluminium ordinaire. Cette expérience montre qu'on peut libérer à volonté une partie de l'énergie nucléaire stockée dans l'atome. Or cette énergie excède de loin celle qu'on sait relâcher par voie chimique…

La découverte des Joliot-Curie ouvre de fantastiques perspectives d'applications, en médecine, science et technologie, et leur vaut un prix Nobel en 1935. En recevant la récompense, Frédéric confie son intuition qu'en modifiant les atomes de cette manière, il sera possible d'obtenir des « transmutations à caractère explosif ». Prémonitoire, il poursuit : « Si de telles transmutations arrivent à se propager dans la matière, on peut concevoir l'énorme libération d'énergie utilisable qui aura lieu [5]. » Par un stupéfiant hasard, Bruno Pontecorvo va se trouver au bon endroit pour voir cette même idée devenir réalité et marquer le début d'une nouvelle ère.

Les garçons de la via Panisperna

Voilà déjà un an que les jeunes chercheurs du groupe de Fermi travaillent ensemble dans le laboratoire de la via Panisperna à Rome, quand Bruno les rejoint. Cette équipe de brillants chercheurs a été voulue par Orso Corbino, le chef du département de physique de l'université de Rome. Tenace et alerte, le Sicilien Corbino est un politicien habile, sachant porter un jugement sûr et défendant avec opiniâtreté les projets qui l'enthousiasment. Il a ainsi reconnu le talent de Fermi, puis l'a engagé et lui a procuré les fonds nécessaires pour monter son équipe.

Certes, la position de Corbino au cabinet de Mussolini a en partie rendu cela possible, bien qu'il n'ait jamais adhéré au Parti fasciste. Âgé d'à peine trente ans, Fermi connaît assez la politique pour se sentir embarrassé par la situation, comprenant que les ressources du groupe proviennent des largesses du gouvernement. Il insiste donc pour que la physique et la politique ne se mélangent pas au sein de l'équipe. Autrement dit, la première expérience de Bruno en matière de recherche scientifique est une entreprise apolitique. Il n'en sera pas toujours de même, loin de là.

Avec le soutien de Corbino, Fermi attire dans le groupe une poignée de jeunes gens talentueux. Nous avons déjà rencontré l'aîné, Franco Rasetti, né en 1901, qui a le même âge que Fermi. Joyeux luron, l'homme éclate de rire à la moindre occasion. Ceux qui resteront les plus proches de Bruno sont Emilio Segrè et Edoardo Amaldi. Segrè a quatre ans de moins que Fermi et Rasetti. C'est certainement le plus sérieux du groupe, prudent et peu enclin à participer aux pitreries de certains de ses collègues. Amaldi, de deux ans plus jeune que Segrè, au visage poupin et à l'épaisse chevelure brune, est le benjamin du groupe jusqu'à l'arrivée de Bruno.

En référence à la Curie romaine, Fermi, à l'intelligence infaillible, est surnommé le « pape » ; Corbino, qui tient les cordons de la bourse, est le « père éternel » ; Rasetti, l'associé de Fermi, est promu « cardinal-vicaire ». Segrè est appelé le « basilic », en référence à son caractère irascible, quand Amaldi incarne l'« enfant ». Le dernier membre de cette sainte assemblée, Giulio Trabacchi, a procuré au groupe une source de neutrons[6], élément indispensable à la recherche : Trabacchi est donc surnommé la « providence divine ». À son arrivée, étant plus jeune qu'Amaldi de cinq ans, Bruno reste tout naturellement le « gamin ».

Le premier travail de recherche de ce dernier concerne une découverte d'Amaldi et Segrè : le spectre * de certains gaz est altéré

* Le spectre d'un atome ou d'un ion est l'ensemble des rayonnements électromagnétiques que celui-ci émet sous l'effet d'une excitation. On le visualise en étalant ses longueurs d'onde, à l'aide d'un prisme par exemple. Chaque atome possède son propre spectre, un ensemble de raies à des longueurs d'onde spécifiques, qui permet de l'identifier sans ambiguïté. Cette structure en raies dépend finement des états d'énergie des électrons de l'atome. (N.d.T.)

par la présence d'autres gaz. Fermi explique ce phénomène par le fait que les électrons périphériques des éléments lourds sont presque libres, bougent assez lentement et rebondissent sur les atomes qui les entourent. Ce faisant, ils modifient leur énergie, et par conséquent le spectre de la lumière qu'ils émettent. Pour éprouver la théorie de Fermi, Bruno enregistre le spectre d'une vapeur de mercure en présence de divers gaz. Ces expériences sont délicates, et leur analyse compliquée. À partir de ce travail, Bruno publie le premier article de sa vie, à l'âge de vingt et un ans seulement. Sans doute impressionné, Fermi intègre le jeune expérimentateur dans son équipe dès l'été 1934.

À cette date, cela fait six bons mois que les garçons de la via Panisperna travaillent sur la radioactivité induite, depuis que Fermi est rentré de ses vacances au ski et a appris la découverte des Joliot-Curie[7]. Celui-ci a choisi d'analyser le phénomène avec son équipe, en utilisant non pas des particules alpha comme les Joliot-Curie, mais des neutrons.

Ce choix semble évident avec le recul, mais à l'époque, il est révolutionnaire[8]. Personne n'a tenté de telles expériences, pour des raisons essentiellement pratiques : les neutrons libres sont très rares. Pour créer une source de neutrons, il faut d'abord bombarder des atomes de béryllium avec des particules alpha. Mais ces dernières ratent pour la plupart le noyau de béryllium *, si bien qu'on n'obtient que 1 neutron pour 100 000 particules alpha, un gâchis tel que la majorité des laboratoires ne l'envisagent même pas.

Néanmoins, Fermi persévère avec les neutrons, parce qu'ils présentent un énorme avantage sur les particules alpha : ils sont électriquement neutres. À l'inverse, les particules alpha portent une charge électrique positive, tout comme les noyaux atomiques qu'ils prennent d'assaut ; autrement dit, faire entrer une particule alpha dans un noyau s'apparente à forcer les pôles nord de deux aimants à se toucher. Quand les particules alpha (comme celles qu'utilisent les Joliot-Curie) pénètrent dans une cible compacte, elles voient une forêt dense d'atomes ; les noyaux, de charge positive, les

* L'atome est surtout fait de vide, et le noyau repousse la particule alpha, étant de même charge électrique qu'elle. (N.d.T.)

repoussent, tandis que les électrons, de charge négative, les retiennent, et ce dès l'orée du bois, à une fraction de millimètre sous la surface de l'échantillon. Une simple feuille de papier les absorbe ainsi. Les chances qu'une particule alpha rencontre un noyau atomique au cours d'un si court voyage sont donc très minces. En revanche, les neutrons, dénués de charge électrique, pénètrent un noyau sans difficulté. Et le 20 mars 1934, Fermi atteint son but : à l'aide de neutrons, il rend radioactif l'aluminium, puis le fluor. Dans ces deux éléments, l'équilibre entre neutrons et protons de la cible est fragile, et perturbé par le neutron envahisseur. Le nouveau noyau retourne à l'équilibre en réajustant sa proportion de neutrons et de protons, ce qu'il fait en émettant soit un électron, soit un positon [9], c'est-à-dire par radioactivité bêta. Fermi annonce sa belle découverte le 25 mars 1934 dans la revue italienne *La Ricerca scientifica*, sous la forme d'une lettre intitulée : « La radioactivité induite par bombardement de neutrons. »

Le coup suivant est évident : s'attaquer à des éléments plus lourds. Frédéric et Irène Joliot-Curie n'ont provoqué la radioactivité que dans des éléments assez légers, principalement parce que la charge électrique de leur noyau n'est pas suffisante pour résister à l'assaut des particules alpha. Fermi confirme l'énorme avantage des neutrons lorsqu'il parvient à pénétrer des atomes plus lourds, et planifie alors une ambitieuse attaque systématique : bombarder de neutrons tous les éléments de la table périodique, ni plus ni moins.

Comme cela nécessite l'effort de toute une équipe, Fermi mobilise Amaldi, Segrè et Rasetti, ainsi qu'un jeune chimiste, dénommé Oscar D'Agostino. À l'été 1934, ils ont testé environ soixante éléments et induit de la radioactivité dans quarante d'entre eux. Et constatent que certains éléments deviennent plus radioactifs que d'autres : l'hydrogène ne l'est pas du tout, le fluor un peu, l'aluminium davantage. Ces différences sont qualitatives, aussi ressent-on le besoin de les quantifier.

Les « garçons » décident alors d'élaborer une échelle standard, calibrée sur l'argent, élément au comportement qualitatif médian. À ce stade, l'équipe maîtrise la technique, et la suite du travail consistant à consigner les mesures ne présente aucune difficulté : l'idéal pour un débutant. C'est pourquoi l'élaboration de l'échelle revient à Bruno Pontecorvo, supervisé par Amaldi.

Bruno, témoin d'un miracle

Le protocole de l'expérience impose de fabriquer les échantillons de chaque élément à tester sous la forme de cylindres creux, dans lesquels on place la source de neutrons. Pour protéger l'entourage des rayonnements, on enferme l'échantillon et la source dans un coffre de plomb, le temps que les neutrons aient fait leur œuvre. Après quoi, on retire l'échantillon et on mesure son activité.

C'est en opérant que l'apprenti chercheur observe un phénomène bizarre : le niveau final de radioactivité dépend de la position de l'échantillon dans le coffre, et du coffre dans la pièce, comme si un étrange lien télépathique reliait l'échantillon aux objets environnants ! Bruno confiera plus tard son étonnement : « Les tables en bois du laboratoire semblaient avoir des propriétés miraculeuses. L'argent irradié sur ces tables devenait bien plus radioactif qu'un échantillon similaire irradié sur le plan de travail en marbre [10]. » Bruno et son collaborateur décrivent le phénomène au cardinal-vicaire Rasetti, qui le trouve franchement absurde. Bien que conscient des capacités du « gamin », il juge son travail au laboratoire « extrêmement maladroit » et craint que son manque de soin ne contamine Amaldi. Avec diplomatie, il fait l'hypothèse que leurs résultats se réduisent à « des anomalies dues à l'erreur statistique et à l'incertitude des mesures ».

Le grand Fermi convient de même que « les résultats n'ont aucun sens », faisant subir à Amaldi et Pontecorvo les affres du doute durant deux semaines [11]. Bien que sceptique, il reste toutefois réceptif aux surprises que la nature nous réserve, et se met à étudier lui-même le phénomène. Il racontera : « Je me suis demandé ce qui se passerait si je mettais un morceau de plomb devant la source de neutrons », c'est-à-dire entre la source et l'échantillon d'argent [12]. Alors qu'il arrange soigneusement la pièce de plomb sur un petit château, il remarque un morceau de paraffine à bougie qui traîne. « Sans raison consciente », il abandonne le château et décide d'utiliser la paraffine à la place du plomb. Il mesure alors une radioactivité induite dans l'argent bien supérieure à celle obtenue sans la paraffine. Aurait-il eu tort de douter d'Amaldi et Pontecorvo ?

Nous sommes le samedi 20 octobre [13]. Amaldi, Rasetti et Pontecorvo sont dans leur bureau. Fermi leur montre ses résultats, juste avant l'heure du déjeuner [14]. L'histoire qui suit fait désormais partie du folklore physicien.

Fermi se creuse la tête durant le repas. Mais que possèdent la paraffine et le bois que n'a pas le marbre [15] ? Il se représente le neutron en vol : celui-ci se cogne aux atomes qu'il rencontre, ce qui le ralentit. Les atomes légers comme l'hydrogène l'amortissent plus efficacement que les atomes lourds. Or l'hydrogène est présent dans l'eau et dans le bois, mais pas dans le marbre. Il abonde aussi dans la paraffine. Le ralentissement des neutrons serait-il la clé de l'énigme ? Il entrevoit dès lors la solution : tandis que les particules alpha, chargées positivement, doivent avoir une vitesse élevée pour percer le champ électrique répulsif qui entoure le noyau, les neutrons, eux, n'ont besoin d'aucune aide. Pour ces particules neutres, insensibles à l'écran électrique, plus rien ne presse. Ralentis, seulement mus par l'agitation thermique, les neutrons lents demeurent plus longtemps au voisinage des atomes cibles que les neutrons rapides ; ils ont alors davantage de chance d'être capturés et d'induire de la radioactivité dans l'échantillon. Fermi a subitement une révélation : les neutrons lents sont efficaces pour provoquer des réactions nucléaires [16].

La conclusion est audacieuse. Jusqu'alors, l'idée communément admise était que, plus on frappe fort sur un noyau, plus il est enclin à se fragmenter. Si Fermi a raison, alors cette idée est fausse : la nature est plus subtile que cela. En fait, on obtiendrait une radioactivité encore plus élevée si l'on trouvait le moyen de ralentir radicalement les neutrons. Ses réflexions lui suggèrent déjà ce moyen : utiliser une substance qui contient beaucoup d'hydrogène, comme l'eau.

L'hydrogène est le plus léger de tous les éléments, son noyau atomique consistant en un unique proton. Et en première approximation, le proton est de même masse que le neutron. Comme dans le jeu de billard, c'est lors d'une collision de deux particules de même masse ou de masse similaire que l'énergie est dissipée le plus rapidement. Lancez une boule de billard contre le bord de la table, et la boule reviendra avec (presque) la même vitesse ; de même, quand un neutron heurte un atome de plomb, ce dernier recule à peine et le neutron conserve sa vitesse initiale. En revanche, qu'une boule de billard heurte une autre boule initialement immobile et toutes deux reculeront, si bien que la première est ralentie. La collision d'un neutron contre un proton est comparable à celle de deux boules de billard. L'hydrogène, dont chaque atome contient un seul proton, ralentit efficacement les neutrons. Voilà qui explique les étranges différences de comportement que Pontecorvo et Amaldi ont notées entre la table de bois et la table de marbre, ainsi que les résultats de Fermi avec la paraffine.

L'idée n'est pas évidente. Il faut la tester et l'endroit est tout trouvé : le sénateur Corbino, fondateur du laboratoire de Fermi, possède un appartement spacieux dans l'immeuble, avec un accès à un jardin ; ce dernier, clos par les bâtiments de physique et l'église de San Lorenzo de Panisperna, contient un amandier, une fontaine de style classique et un bassin peuplé de poissons rouges. Voilà les physiciens qui se ruent sur le bassin de Corbino, munis de leur source à neutrons et de leur échantillon d'argent [17]. Ils les placent sous l'eau et attendent. Imperturbables, les poissons rouges de Corbino continuent de nager, tandis que les scientifiques se penchent vers le fond du bassin avec anxiété. Cet après-midi historique du 22 octobre 1934, ils obtiennent la réponse : l'activité de l'argent a augmenté considérablement. Le soir même, au comble de l'excitation, ils rédigent un article à faire paraître dans une revue scientifique.

Corbino n'a pas participé à l'expérience – sauf à fournir le bassin – mais s'intéresse de près au travail de ses « garçons ». À les voir si agités, il leur demande ce qui passe et se fait expliquer le phénomène de neutrons lents. Il s'enthousiasme à son tour et se joint au groupe dans le petit appartement d'Amaldi où ils rédigent leur article [18]. Initialement détendu, Corbino n'y tient plus lorsqu'ils commencent la rédaction d'un second article : le voilà qui agite les mains en tous sens en criant : « Vous êtes fous ? » Le Sicilien a compris ce que les jeunes scientifiques, dans leur tour d'ivoire, n'entrevoient pas encore : leur découverte peut avoir des applications industrielles. Jusqu'alors, à l'aide de particules alpha ou de neutrons, on ne produisait des matériaux radioactifs qu'en quantité insignifiante. Par la technique des neutrons lents, on peut dorénavant en générer cent fois plus, et les applications pratiques suivront rapidement. « Déposez un brevet avant de donner plus de détails sur la manière de produire des substances radioactives », ordonne-t-il.

L'irradiation du samedi soir

C'est en fait Laura Fermi qui raconte l'anecdote précédente [19] dans la biographie de son mari Enrico. Devenu un succès de librairie, le livre a transformé l'anecdote en légende populaire. D'autres, comme Edoardo Amaldi et Enrico Fermi, ont ensuite raconté la même histoire. Cependant, certains détails sont inexacts et illustrent combien la mémoire nous joue parfois des tours.

Le registre de laboratoire d'Enrico Fermi montre que la première avancée survient le samedi 20 octobre, comme je l'ai écrit. Mais Laura Fermi, Edoardo Amaldi et Emilio Segrè, qui l'ont racontée plus tard de mémoire, l'ont située le même jour que la rédaction de l'article : le 22 octobre. Et selon le registre de Fermi, deux jours se sont écoulés entre la révélation et l'article. Que s'est-il vraiment passé [20] ?

Fermi consigne lui-même les expériences réalisées avec et sans paraffine le samedi 20 octobre. Son intuition sur le rôle de l'eau mûrit durant le déjeuner. Difficile cependant de se précipiter immédiatement sur un bassin, y plonger des échantillons et les observer devenir radioactifs. D'abord, il faut irradier les échantillons avec des neutrons, sous l'eau, et ce pendant un temps considérable.

Il semble y avoir eu au laboratoire un seau d'eau oublié par une femme de ménage [21]. Fermi y immerge des échantillons de césium et de nitrate de rubidium, et les irradie toute la nuit, du samedi soir au dimanche matin. Le dimanche, il mesure le niveau de radioactivité induite dans ces deux échantillons.

Le résultat l'encourage à continuer. Il prépare plusieurs échantillons, de carbonate de sodium, hydroxyde de lithium, platine, ruthénium et strontium. Toute la nuit, du dimanche au lundi, il les irradie « dans l'eau [22] ». Lundi 22 octobre, il mesure le niveau de radioactivité dans chaque échantillon. Il commence par le carbonate de sodium à neuf heures quarante-cinq, poursuit avec le lithium et le platine en fin de matinée, et achève avec le ruthénium et le strontium dans l'après-midi.

L'écart de deux jours dans les dates n'est pas important en soi, si ce n'est pour montrer que la mémoire est faillible. L'histoire du bassin de Corbino est tellement charmante, que j'aimerais qu'elle soit véridique. Dans l'après-midi du 22, Fermi est satisfait de mesurer une radioactivité supérieure dans les échantillons plongés dans l'eau. Si la femme de ménage a récupéré son seau, comme certaines versions de l'histoire le prétendent, il est plausible que les garçons, enthousiastes, aient eu envie de répéter l'expérience dans le bassin à poissons rouges. Dans tous les cas, l'article a bien été rédigé dans la soirée du 22, au domicile d'Edoardo Amaldi. Les « garçons » parlaient tous en même temps et faisaient un tel vacarme que le lendemain, la nourrice du fils d'Amaldi, Ugo, qui était alors bébé et dormait à l'étage, demanda timidement à la maman si « les *signori* étaient tous ivres cette nuit-là [23] ».

Articles et brevets

C'est le nom de Fermi qui apparaît comme premier auteur de l'article, reflétant bien son rôle moteur dans la découverte. Ses collaborateurs apparaissent ensuite dans l'ordre alphabétique : Amaldi, Pontecorvo, Rasetti et Segrè. Quatre jours plus tard, la découverte fait l'objet d'un brevet : « Pour augmenter la production de radioactivité artificielle par bombardement de neutrons. » Les propriétaires du brevet sont les cinq cités précédemment, plus le chimiste Oscar D'Agostino, et Giulio Trabacchi, qui a procuré les sources de neutrons.

Les scientifiques savent qu'ils sont tombés sur quelque chose d'important. Pour immortaliser ce moment, ils prennent une photographie, devenue depuis une icône. Elle montre les « garçons », Fermi, Rasetti, Amaldi et Segrè, ainsi que le chimiste D'Agostino. Des années plus tard, Ugo, le fils d'Edoardo Amaldi, demandera à Bruno pourquoi il n'y paraît pas. Il lui répondra : « J'étais de l'autre côté de l'appareil. » En tant que membre le plus jeune du groupe, il s'est vu confier la responsabilité de prendre la photo [24].

Bien qu'il soit le dernier à avoir rejoint le groupe, on reconnaît le rôle qu'il a joué dans la découverte et on l'associe au brevet. Il reçoit une reconnaissance encore plus formelle le 1er novembre, sous la forme d'un salaire d'assistant temporaire à l'Institut royal de physique et à l'université de Rome [25]. Il est de nouveau valorisé le 7 novembre, dans le second article concernant les neutrons lents,

Les garçons de la via Panisperna, de gauche à droite : Oscar D'Agostino, Emilio Segrè, Edoardo Amaldi, Franco Rasetti et Enrico Fermi. La photographie a été prise par Bruno Pontecorvo. (Avec l'aimable autorisation de Gil Pontecorvo et le Département de physique de l'université de La Sapienza de Rome.)

envoyé pour publication à *La Ricerca scientifica*. Celui-ci est signé de trois auteurs seulement : Fermi, Pontecorvo et Rasetti. C'est une consécration : le nom de Pontecorvo apparaît seul en compagnie des deux professeurs seniors de l'équipe.

Cet article contient la confirmation expérimentale de la conjecture de Fermi : c'est la présence d'hydrogène qui ralentit les neutrons. Il rapporte aussi que, en plus de devenir radioactives, les cibles absorbent les neutrons lents. Les chercheurs établissent en outre que des substances variées n'ont pas toutes les mêmes capacités à absorber des neutrons lents. Cela s'avérera utile plus tard, lorsqu'il faudra choisir les matériaux de construction des réacteurs nucléaires [26].

Les propriétés des neutrons lents ouvrent la voie à l'exploitation de l'énergie nucléaire, et la manière la plus efficace de les ralentir consiste à utiliser soit de l'eau lourde, soit du graphite [27]. À cette époque toutefois, le groupe de Fermi n'a pas encore conscience de détenir la clé de cette énergie – il faudra d'autres découvertes pour cela.

Pourtant, d'autres anticipent l'avenir. Le physicien hongrois Leó Szilárd est ainsi convaincu qu'on peut libérer l'énergie du noyau atomique de manière si abondante et si bon marché, qu'« on doit s'attendre à une nouvelle révolution industrielle [28] ». Corbino remarque que la physique nucléaire peut devenir une nouvelle « super-chimie », libérant plus d'énergie que les réactions chimiques conventionnelles – une percée susceptible d'être appliquée à la production d'électricité nationale. En 1934, toutefois, tout cela n'est que spéculations.

Toujours est-il que les premiers pas de Bruno Pontecorvo dans la physique ont abouti à un brevet sur le moyen d'induire la radioactivité à l'aide de neutrons lents. Des années plus tard, le procédé sera vendu au gouvernement américain, moyennant une rente sur de nombreuses années pour tous les coinventeurs, sauf lui se souviendra-t-il [29]. Enregistré le 3 octobre 1935, le brevet comporte la mention : « Pour obtenir des substances radioactives en quantité suffisante pour un usage pratique. » Il mentionne explicitement l'uranium. Les conséquences de la découverte et des brevets correspondants seront immenses. Elles affecteront le monde entier, ainsi que le destin de Bruno. Le jeune Italien a indéniablement contribué à la naissance de l'âge nucléaire.

Niels Bohr élucide le noyau

En dépit de leurs réussites, les « garçons » avancent toujours dans l'obscurité. Certes, ils ont découvert un phénomène – l'efficacité des neutrons lents – et l'ont exploité, mais cette avancée ne leur est d'aucune aide pour percer la structure interne du noyau atomique.

À Copenhague, Niels Bohr se demande de son côté pourquoi les neutrons lents affectent davantage certains noyaux que d'autres, comme l'a révélé l'équipe italienne. Des années auparavant, il a publié son modèle de l'atome, dans lequel il considère les électrons comme des planètes en orbite autour de leur soleil, le noyau central. Il s'intéresse désormais à la nature du noyau lui-même.

Étant donné le minuscule diamètre du noyau atomique, un neutron rapide le traverserait de part en part en un millième de milliardième de milliardième de seconde. Si on veut que le noyau le capture, il faut d'abord le stopper, ce qui implique d'absorber son énergie cinétique. L'énergie totale étant conservée, cette énergie cinétique doit être transférée quelque part : comment s'en débarrasser en un si court laps de temps, se demande Bohr ? Or les mesures de Fermi montrent sans ambiguïté que les neutrons sont capturés. Il s'agit de comprendre où va l'énergie.

Un jour de 1935, lors d'un séminaire sur ces questions à Copenhague, Niels Bohr se fige soudain sur son siège, « le visage comme mort [30] ». Les membres de l'audience craignent qu'il ne soit pris d'un malaise. Puis il se lève de sa chaise et s'écrie : « Ça y est, j'ai compris ! »

Bohr va au tableau et expose sa vision. On doit considérer le noyau atomique, non pas comme une particule chargée isolée, telle une boule de billard, mais comme un agrégat de protons et de neutrons maintenus ensemble par des forces de contact, à la façon d'une goutte liquide. Ainsi, durant une réaction nucléaire, les constituants se mettent dans un état collectif temporairement instable, qui retourne vers une configuration stable la réaction terminée.

L'image de Bohr explique comment les neutrons de Fermi ralentissent, perdent de l'énergie et sont capturés, en parfait accord avec les résultats de l'équipe romaine. À l'instar de la boule blanche heurtant les boules rouges dans le jeu de *snooker*, un neutron percutant un gros noyau transmet son énergie aux composants de celui-ci. Ces derniers rebondissent les uns contre les autres et, ce faisant, répartissent entre eux l'énergie de l'impact. Le noyau s'échauffe, puis se refroidit en libérant des rayons gamma, sans qu'aucun constituant ne s'échappe. Après avoir été le premier à visualiser l'atome, Bohr est alors le premier à fournir un modèle du noyau [31], lequel demeure pour l'essentiel le fondement de la théorie nucléaire moderne.

Grâce à leurs travaux, les garçons de la via Panisperna ont inspiré à Bohr l'explication de la dynamique des noyaux atomiques. Et avec la découverte des Joliot-Curie, il devient envisageable d'extraire l'énergie contenue dans les noyaux. Partout dans le monde, la physique nucléaire représente au milieu des années 1930 la nouvelle frontière de la science. Selon le physicien américain Maurice Goldhaber, les trois meilleurs groupes de recherche du domaine sont, par ordre d'importance, celui de Rutherford, à Cambridge, celui de Fermi, à Rome, et celui des Joliot-Curie, à Paris. Juste après, Goldhaber cite l'équipe d'Igor Kourtchatov, à Leningrad [32].

Surnommé « le général », parce qu'il est le chef et aime donner des ordres, Igor Kourtchatov déborde d'énergie, d'esprit de contradiction et de jurons expressifs. Il prend connaissance de la découverte du neutron et de l'avancée des Joliot-Curie sur la radioactivité artificielle en 1932, à l'âge de vingt-neuf ans. De quoi abandonner son sujet de recherche du moment concernant les propriétés électriques des matériaux, juge-t-il alors, au profit de la physique nucléaire. Lorsque les garçons de la via Panisperna découvrent le phénomène des neutrons lents, Kourtchatov en devine tout de suite l'importance et se spécialise dans la physique des neutrons. Son groupe publie dix-sept articles sur la radioactivité induite, entre juillet 1934 et février 1936, dont un qui impressionne particulièrement Bruno Pontecorvo [33].

C'est par ce coup d'éclat que Kourtchatov débute sa brillante carrière. Il dirigera dix ans plus tard les recherches soviétiques sur les armes nucléaires et deviendra le père de la bombe atomique soviétique. Les scientifiques travaillant dans le champ de la physique nucléaire dans les années 1930 sont encore peu nombreux dans le monde et se connaissent tous par-delà les frontières. Et personne n'envisage l'éventualité que cette physique s'enfonce à l'avenir dans le secret, la paranoïa et les applications militaires.

Les garçons de la via Panisperna sont devenus des leaders reconnus dans un nouveau champ de la physique. Bien qu'ils ne doivent leur célèbre réussite qu'à un seau d'eau (voire à un bassin à poissons), les recherches sur la structure nucléaire requièrent des instruments de grande taille. À Cambridge, John Cockcroft et Ernest Walton construisent en 1932 un générateur de très haute tension, en empilant des condensateurs sur cinq mètres de haut ; ils obtiennent ainsi une tension de 500 000 volts. Les puissants champs électriques que cet appareil engendre permettent à l'équipe de Cambridge d'accélérer des particules chargées, telles que les protons. Cockcroft et Walton découvrent alors que, lorsque des protons d'énergie élevée frappent les noyaux atomiques d'une cible, ils les brisent *. Ils viennent de fabriquer le premier « briseur d'atomes ** ».

À Berkeley, en Californie, Ernest Lawrence construit une machine qui utilise à la fois des champs électriques et des champs magnétiques pour guider des particules chargées selon une trajectoire spirale, et leur imprimer une vitesse croissante à mesure qu'elles s'éloignent du centre. Avec ce « cyclotron », il donne naissance à ce qu'on appelle aujourd'hui la physique des hautes énergies. Alors que Rutherford hésite à adopter cette nouvelle physique à Cambridge, les accélérateurs de particules entrent dans une nouvelle ère – surtout à Berkeley. Et ceux qui ne se jettent pas dans l'aventure courent le risque de rester sur le bas-côté. James Chadwick, découvreur du neutron, désapprouve les réticences de Rutherford et quitte Cambridge en 1935. Il s'installe à Liverpool, où il construit un cyclotron avec l'aide de Cockcroft.

Le groupe de Fermi ne peut manquer de mesurer l'importance de cette nouvelle stratégie, mais il ne parvient pas à obtenir les financements nécessaires à la construction d'un accélérateur. Il commence à se disloquer, en partie à cause de cette difficulté, en partie à cause de la menace croissante du fascisme. Pour le jeune et ambitieux Pontecorvo, l'heure du départ a sonné.

Frédéric et Irène Joliot-Curie reçoivent le prix Nobel en 1935 pour le travail qui a inspiré Fermi et mis Pontecorvo sur la voie de

* Des noyaux de lithium bombardés de protons rapides se désintégraient en deux noyaux d'hélium. John Cockcroft et Ernest Walton reçurent le prix Nobel de physique en 1951. (N.d.T.)

** *Atom Smasher* (le « briseur d'atomes ») est aussi un personnage de *Comics*, créé en 1976. (N.d.T.)

sa recherche personnelle. Tandis que l'équipe italienne de Fermi a brillé de manière éphémère, telle une supernova, le laboratoire des Joliot-Curie à Paris s'impose comme une étoile immuable dans le ciel de la physique nucléaire. Le couple attire les étrangers dans leur laboratoire. Pontecorvo décroche cette année-là une bourse d'études du ministère italien de l'Éducation nationale et part pour Paris en 1936 avec ce financement, pour travailler aux côtés des Joliot-Curie. Une bonne façon d'affermir sa position au sein de la communauté scientifique, ne quittant une équipe de physiciens nucléaires reconnue dans le monde entier que pour un autre groupe tout aussi célèbre.

CHAPITRE 3

Paris et la politique
1936-1940

Les deux guerres mondiales délimitent finement l'enfance et la jeunesse de Bruno Pontecorvo. Notre héros naît juste avant le début de la Première Guerre mondiale, il a cinq ans lorsque celle-ci se termine et finit ses études supérieures lorsque commence la Seconde Guerre mondiale. Cela semble un *cliché** de dire que tout change durant ce quart de siècle, mais pour la famille Pontecorvo, c'est bien la dure réalité qui s'impose.

Quoique l'Italie n'ait participé à la Première Guerre mondiale « que » durant trois ans, elle a dépensé davantage d'argent dans ce court laps de temps que dans le demi-siècle précédent, et près de deux millions de citoyens italiens ont été tués ou blessés. Après de telles pertes humaines et matérielles, les Italiens s'attendent à ce que leur contribution à la victoire soit récompensée, mais rien ne vient. Pire : à la conférence de la Paix de Paris, les « Trois Grands » (États-Unis, Royaume-Uni et France) traitent la délégation italienne comme un acteur mineur. Ce camouflet engendre un énorme ressentiment. Les Italiens déplorent la faiblesse de leur gouvernement et expriment leur mécontentement. Des syndicats se forment, des manifestations, des grèves et des actions militantes s'organisent.

Le pays connaît bientôt des incidents. En 1920, de nombreuses usines sont occupées. La contestation sociale s'étend rapidement et soulève un demi-million de travailleurs, attisés par les partis socialistes et communistes italiens. Le fascisme aussi commence son

---

* En français dans le texte. (N.d.T.)

ascension. Benito Mussolini, expulsé par les socialistes en 1914, fonde le Parti fasciste. En 1922, il devient Premier ministre, et en 1925, il s'autoproclame « Il Duce », le Chef.

Comme de nombreux intellectuels, le clan Pontecorvo s'oppose aux règles fascistes – la censure, la propagande mégalomaniaque et, plus tard, l'antisémitisme actif. En 1936, suivant l'exemple de Hitler en Allemagne, Mussolini promulgue des lois écartant les juifs des postes de responsabilité, notamment dans les universités, et limitant leur droit de travailler. L'antisémitisme se mue bientôt en une violente persécution.

L'Italie compte à cette époque un grand nombre de citoyens d'origine juive mais non pratiquants. Les Pontecorvo se rangent dans cette catégorie. Or, dans une ambiance aussi délétère, on est vite catalogué juif, qu'on le veuille ou non. C'est dans ce climat que la famille Pontecorvo se disperse.

La montée du fascisme conduit aussi à la dislocation du groupe de Fermi à Rome. Fermi lui-même émigre aux États-Unis en 1938. Bruno est déjà installé à Paris, où il a rejoint l'équipe de Frédéric et Irène Joliot-Curie. Il se trouve que ces derniers sont engagés à gauche, aux côtés du Front populaire. Avec en toile de fond la guerre civile d'Espagne de 1936-1939, qui pousse toute personne sensée à affirmer ses opinions politiques, le jeune physicien rejoint bientôt le Comité de vigilance des intellectuels antifascistes (CVIA).

Des années après la disparition de Pontecorvo en Union soviétique, les services de sécurité britanniques assimileront les années parisiennes à une sorte de période d'incubation « du virus du communisme » chez le jeune physicien [1]. Leurs informateurs identifieront plusieurs communistes dans le cercle de Bruno, dont son cousin Emilio Sereni, Frédéric Joliot et le professeur Langevin.

Paul Langevin est un brillant physicien qui avait été l'amant de Marie Curie en 1910, alors veuve depuis quatre ans. Vingt ans plus tard, son influence baigne le laboratoire des Joliot-Curie. Professeur et mentor du jeune Frédéric à l'ESPCI (l'École supérieure de physique et de chimie industrielles de la ville de Paris), c'est lui qui l'introduit chez les Curie. Alors que le fascisme menace de submerger l'Europe, Langevin choisit le communisme, comme de nombreux intellectuels. Dans les années 1930, il est l'une des personnalités françaises les plus influentes, et rêve de fonder une université populaire à Paris, sur la base des idéaux marxistes. Lorsqu'il lance cette idée, Frédéric et Irène proposent tous deux d'y donner des cours.

Langevin est aussi membre étranger de l'Académie soviétique des sciences. En 1933, le voilà qui invite Frédéric à l'accompagner à Leningrad et Moscou pour dix jours de conférences scientifiques, ce que le jeune homme accepte avec enthousiasme. Langevin le présente à de nombreux intellectuels soviétiques. Irène, souffrante, est restée en France, mais elle se joindra à son mari à plusieurs occasions lors de ses visites en Union soviétique.

Avec l'avènement de Hitler et de Mussolini, la France devient un havre pour les intellectuels de gauche fuyant les persécutions fascistes. Les communistes français intègrent le Front populaire, lequel rassemble tous les partis de gauche et du centre. Irène et Frédéric en sont d'ardents supporters.

C'est cette brillante communauté cosmopolite qui accueille Bruno après son départ d'Italie en février 1936. Après une nuit de voyage en train, debout, penché à une fenêtre, « le gamin » arrive à la gare de Lyon à Paris, le 29 février de cette année bissextile [2].

Irène et Frédéric Joliot-Curie sont alors au sommet de leur gloire : ils viennent de recevoir le prix Nobel au mois de décembre pour la découverte de la radioactivité artificielle ; dans le mois qui suit l'arrivée de Bruno, ils participent à la première conférence Mendeleïev à Moscou, dont Frédéric prononce le discours d'ouverture en présentant leurs travaux scientifiques. Après la conférence, le couple reste durant presque un mois en Union soviétique, où il rencontre des personnalités influentes, aussi bien du monde scientifique que du gouvernement. Pendant ce temps, en France, le Front populaire conduit par Léon Blum accède au pouvoir. Ce dernier invite alors Irène à le rejoindre au gouvernement en tant qu'éphémère sous-secrétaire d'État à la Recherche scientifique [3].

C'est certainement plus que suffisant pour impressionner le jeune homme de vingt-trois ans qu'est Bruno Pontecorvo.

Des gauchistes rive gauche

Les rues pittoresques et étroites du Quartier latin sinuent sur la rive gauche de la Seine, autour des bâtiments de la Sorbonne et du

Collège de France. À dix minutes à pied du laboratoire Joliot-Curie de la Sorbonne se dresse le Panthéon. Cette ancienne église est devenue un mausolée laïc, où sont inhumés les « héros nationaux » français, dont Pierre et Marie Curie de nos jours. Juste en face de l'édifice, sur la place du Panthéon, dans un immeuble du XVIIIe siècle se trouve l'Hôtel des Grands Hommes. Aujourd'hui renommé, cet établissement était il y a quatre-vingts ans très simple, si ce n'est un peu louche. Son principal attrait auprès des étudiants et des jeunes chercheurs du Collège de France tenait à ses bas tarifs.

C'est pourquoi, dès son arrivée, Pontecorvo prend une chambre dans cet hôtel. Le propriétaire améliore quant à lui ses revenus en louant ses chambres pour une heure durant la journée, ce dont Bruno s'aperçoit lorsqu'un après-midi il rencontre dans le couloir l'écrivain André Malraux, accompagné d'une « fille aguicheuse[4] ».

Bien que bon marché, chaque chambre dispose d'un lavabo, et on change les draps toutes les semaines. Les locataires disposent de toilettes dans le couloir et d'une baignoire dans la salle de bains commune – à condition qu'ils la réservent assez tôt et la paient d'avance. Ainsi va la vie d'étudiant dans le Paris d'avant guerre. Durant cette période, Bruno sympathise avec plusieurs personnes qui auront sur lui une grande influence, à la fois en faisant de lui l'un des experts mondiaux de la physique nucléaire et en lui inculquant une passion pour l'idéologie communiste.

En Allemagne, la violence nazie se déchaîne. Les lois antisémites s'y multiplient, l'axe d'alliance avec Mussolini se dessine, les Jeux olympiques de Berlin promeuvent le nazisme et la suprématie aryenne. En Espagne, à l'orée de la guerre civile, le conflit entre le fascisme et le socialisme est sur le point de basculer dans la violence. Pendant ce temps, en France, Léon Blum dirige le Front populaire, démocratiquement élu. Après la victoire de son parti en mai et avant qu'il ne prenne ses fonctions de Premier ministre en juin, les mouvements ouvriers mènent une grève générale, qui conduit aux accords Matignon * et à la création de conventions collectives. Bruno Pontecorvo arrive donc dans un Paris vibrant de militantisme politique. Nul doute que son itinéraire l'a préparé à cette

* C'est à ce moment que sont instaurés la semaine de quarante heures et les quinze jours de congés payés annuels. (N.d.T.)

situation. En Italie, ses amis ont rallié le mouvement antifasciste italien et embrassé les idéaux d'Antonio Gramsci, le fondateur du Parti communiste italien.

Paris lui offre néanmoins un nouveau mode de vie. Les ouvriers se mêlent aux étudiants et déjeunent avec eux à la cantine. À la maison, Bruno n'a fréquenté un manœuvre que lorsque les employés de son père venaient chez eux pour discuter. Il reconnaîtra plus tard qu'il « n'avait jamais mangé à la même table » qu'eux [5].

À Rome, on l'a vu, Fermi a toujours fermement tenu sa recherche à l'écart de la politique. Le « gamin » a cru que cette attitude était la règle en science. Pourtant, à l'université de Paris, il est entouré de militants politiques, contrairement à ce qu'il a toujours connu. D'un coup, Rome et Pise deviennent provinciales à ses yeux, et Paris apparaît comme le centre du monde.

Bruno est venu à Paris parce qu'il admirait les Joliot-Curie en tant que scientifiques, mais quand il se rend chez eux, il est étourdi par leurs discussions politiques animées. De surcroît, la majorité de ses collègues débattent d'idées gauchistes ou communistes. Tout est fait pour l'initier à la politique. De l'antifascisme à l'adhésion à l'idéal communiste, il ne reste qu'un pas, que son cousin Emilio Sereni lui fait franchir [6].

Sereni a fui la police fasciste italienne en 1935, et s'est lancé dans l'activisme communiste en France. Lorsque les deux cousins se rencontrent à Paris, Sereni, à trente ans, fait forte impression sur Bruno, qui n'en a que vingt-trois. Sereni emmène le jeune homme à des réunions politiques, où ils sympathisent avec des intellectuels communistes et des dirigeants du parti. Bientôt, le cadet assiste à ces réunions presque tous les jours [7].

En particulier, Bruno participe à la fin de l'année 1936, avec Sereni et quelques émigrés italiens, à un grand rassemblement dirigé par Maurice Thorez, le chef du Parti communiste français. Il conservera des décennies plus tard un souvenir vivace de la foule enthousiaste et excitée, qui agitait des drapeaux, levait le poing et arborait un foulard ou une écharpe rouge autour du cou.

Il semble que Sereni suscite chez son cousin une passion pour tout ce qui se passe en Union soviétique, « où le prolétariat a le pouvoir » et construit « un homme nouveau [8] ». Bruno ne cache pas ses sympathies, du moins tant qu'il est en France. Parmi ses frères et sœurs, il convertit au communisme Giuliana, Laura et Gillo, pas moins [9]. Des années plus tard, dans les années 1980, il confirmera : « Je me suis engagé en politique lorsque je suis arrivé à Paris en 1936, durant les années du Front populaire, époque à laquelle j'ai eu l'opportunité de rencontrer des émigrants politiques, comme Sereni, Luigi Longo [un dirigeant du Parti communiste italien, qui en sera le premier secrétaire dans les années 1960], Giuseppe Dozza [futur maire communiste de Bologne, élu cinq fois], et d'autres [10]. »

La vie de Pontecorvo confirme l'opinion d'Ernest Hemingway : « Si vous avez la chance d'avoir vécu jeune homme à Paris, où que vous alliez pour le reste de votre vie, cela ne vous quittera pas. [11] »

La rencontre avec Marianne

Alors que Bruno s'immerge dans la vie parisienne au printemps 1936, une jeune femme de dix-huit ans, Marianne Nordblom, termine une formation par correspondance d'un an en Suède. Elle obtient son diplôme de sténographe en mai, avec une mention en dactylographie. En langues, elle réussit en suédois, mais échoue en allemand, anglais et français. À la fin de l'été, elle passe la journée du 7 septembre à faire ses valises. Elle quitte le lendemain le domicile de ses parents à Sandviken, parcourt en train cent soixante kilomètres vers le sud jusqu'à Stockholm, où elle embarque sur le *Burgundie*. Sa destination est la France, où elle compte travailler comme bonne d'enfants, apprendre le français et vivre l'aventure [12].

Elle confie dans son journal : « La mer est forte. Tout le monde est malade, sauf quelques-uns, dont je fais partie. » Toujours est-il que la voilà à la gare de Lyon à Paris le 15 septembre en fin d'après-midi. Elle emménage au 37, rue d'Anjou, près de la place de la Concorde, et passe la journée suivante… à défaire ses valises. Elle a bien le temps, son visa lui permet de rester deux ans [13].

Elle réside à Paris depuis une quinzaine de jours lorsqu'on lui fait découvrir à Montparnasse La Bohème, un club de danse fréquenté par des étudiants. Elle y retourne régulièrement. Bruno se trouve aussi à La Bohème le soir du jeudi 12 novembre. Marianne rapporte la rencontre fatidique dans son journal : « À La Bohème, ai rencontré Bruno Pontecorvo. »

Mince, les cheveux clairs, les pommettes hautes, Marianne est aussi typiquement nordique que Bruno est latin. La rencontre déclenche un *coup de foudre* *, car ils se revoient seulement deux jours plus tard, le samedi 14 : Marianne accompagne son nouveau partenaire à un « grand bal à la Cité universitaire ». Son journal comporte le commentaire « super ». Ils passent bientôt beaucoup de temps ensemble. Tantôt ils assistent à un ballet à l'Opéra, tantôt ils visitent un musée, mais ce qu'ils préfèrent, c'est aller danser à La Bohème [14].

Les téléphones sont rares à l'époque, si bien que les invitations se font par écrit. Bruno est tellement occupé au laboratoire fin décembre qu'il a du mal à réserver une table pour le réveillon du Nouvel An. Il écrit à Marianne le 30 décembre à onze heures du soir, pour l'inviter le 31. Le service de la poste pneumatique [15] se montre toutefois efficace, puisqu'ils se retrouvent à neuf heures le soir du réveillon, en « habits de soirée », ainsi que l'a voulu le jeune homme. Ils dînent, fêtent le Nouvel An, puis se rendent dans un club où ils jouent à pile ou face jusqu'à deux heures du matin [16].

Bruno est conquis par « la silhouette frêle, le caractère doux et les silences polis » de Marianne, ainsi que par son « besoin enfantin de protection [17] ». De son côté, il s'est forgé la réputation d'un garçon épanoui et charismatique, qui aime le sport, les jeux et les acrobaties telles que conduire une bicyclette à l'envers et tenir un bâton en équilibre sur un pied ou sur le nez. C'est aussi l'impression qu'il laisse à Marianne, puisqu'elle écrit en février, après un déjeuner passé ensemble : « L'Italien, quel imbécile ! »

Pendant ce temps, Bruno s'est lié d'amitié avec les Joliot-Curie. Frédéric et Irène font du bateau en été, skient en hiver et, le reste du temps, ils mènent leurs recherches à l'Institut du radium. L'intérêt de Bruno pour le sport et son caractère exubérant font de lui le favori du couple si bien qu'il se rend souvent chez eux.

Les Joliot-Curie sont épris de justice et de liberté, suivant l'exemple des parents d'Irène, Pierre et Marie Curie, qui ont décidé de ne pas breveter le procédé d'extraction et de purification du

* En français dans le texte. (N.d.T.)

Bruno Pontecorvo et Marianne Nordblom à Paris, vers 1937. (Avec l'aimable autorisation de Gil Pontecorvo ; Archives de la famille Pontecorvo.)

radium, parce que l'élément radium « appartient à tout le monde et ne doit enrichir personne [18] ». Jeune fille, Irène Curie a de même accompagné sa mère sur les champs de bataille de la Première Guerre mondiale pour radiographier les blessés aux rayons X. Une épopée qui l'a rendue pacifiste.

En même temps, Irène possède un caractère revêche. J'en ai trouvé un exemple parlant dans une lettre où elle décline une invitation à une cérémonie quelconque. Sa secrétaire emploie la formule d'usage « regret de ne pouvoir assister », mais Irène la lui fait supprimer. Comme Édith Piaf, elle « ne regrette rien [19] ». Son mari, en revanche, apparaît très ouvert et apprécie la compagnie. Grand et mince, le visage distingué et osseux, les cheveux sombres, coiffés en arrière, Frédéric porte le socialisme dans ses gènes. Son père, qui a été jadis prospère, a été exilé de France en 1871 pour avoir combattu dans les rangs de la Commune de Paris, le gouvernement de la révolution des travailleurs. En 1880, il bénéficie d'une amnistie et d'une autorisation de rentrer en France. Frédéric, né en 1900, est le sixième et dernier enfant de la famille. Le jeune homme admirait tant Pierre et Marie Curie qu'il avait épinglé une photographie d'eux sur le mur de sa chambre. En 1924, il se rendit au laboratoire de Marie et se proposa comme assistant. C'est alors que Marie lui permit de travailler avec sa fille, Irène, qui terminait son doctorat.

Au début, l'entourage de Marie Curie, où les liens familiaux et amicaux jouaient un rôle primordial, considérait Frédéric comme une « pièce rapportée ». Certains proches présumaient qu'Irène l'avait élu son « prince consort », d'autant que son allure de beau gosse renforçait cette impression [20]. Mais Joliot était un scientifique de premier ordre, et il en était conscient. Il pensait à juste titre qu'il était meilleur que nombre de ceux qui le méprisaient, et cela le navrait. On ne reconnut son génie qu'à contrecœur, lorsqu'il reçut le prix Nobel avec Irène.

L'isomérie nucléaire

La bourse de Bruno ne dure qu'un an [21]. Mais il rate en 1937 l'opportunité de candidater à l'université de Rome sur un poste titulaire. Il est vrai que le fascisme qui domine en Italie n'a pas dû l'encourager. Et sa relation avec Marianne, devenue sérieuse, a dû également peser dans sa décision. Par ailleurs, il commence à impressionner Frédéric Joliot-Curie, et son travail attire l'attention d'Igor Kourtchatov. Pontecorvo et Kourtchatov s'intéressent tous deux à un étrange phénomène nucléaire, l'isomérie, que le second a récemment mis en lumière à Moscou [22].

Inspiré par les travaux des garçons de la via Panisperna en 1935, Igor Kourtchatov a remarqué un phénomène surprenant en menant ses propres expériences sur les neutrons lents : partant d'un noyau donné, comportant un certain nombre de protons et de neutrons, la collision de ce noyau avec un neutron n'induit pas toujours la même radioactivité dans l'isotope final. Les isotopes produits sont identiques et ne se distinguent que par leur radioactivité. On a appelé isomérie, du grec « de masse égale », ce phénomène où des isotopes de même masse exhibent une radioactivité différente. Kourtchatov découvre en 1935 le premier exemple d'isomère, en bombardant du brome avec des neutrons. Les mois suivants, le nombre d'isomères augmente rapidement. Que se passe-t-il donc ?

Frédéric Joliot-Curie apprécie le travail de Kourtchatov sur les isomères. Et réciproquement, Kourtchatov suit de près les recherches du groupe français. Quand Bruno arrive dans le laboratoire des Joliot-Curie, il se met de lui-même à étudier le phénomène de Kourtchatov. Sa réussite dans ce domaine renforcera sa toute nouvelle réputation d'expert en neutronique.

Depuis l'année de naissance de Bruno, le modèle atomique de Niels Bohr stipule que les électrons ne se baladent pas n'importe où dans l'atome, mais occupent certaines positions, à l'instar de quelqu'un qui monte à l'échelle, barreau par barreau [23]. Quand un électron saute d'un barreau d'énergie élevée vers un barreau d'énergie inférieure, la différence d'énergie est emportée par un photon (un grain de lumière). Les divers photons que peut émettre un atome forment un spectre, qui reflète la répartition des niveaux d'énergie des électrons présents dans l'atome.

À l'époque où Bruno commence ses recherches, les équations de la mécanique quantique fournissent l'explication fondamentale de ce comportement. Lorsque Niels Bohr propose son modèle du noyau atomique, fait de neutrons et de protons agglutinés, de nombreux scientifiques se demandent s'il ne serait pas possible de lui appliquer la mécanique quantique afin de déterminer les niveaux d'énergie des neutrons et des protons au sein du noyau. Les expériences de Bruno à Paris vont aider à confirmer leur intuition.

Les noyaux qui se trouvent dans des états « excités », avec un ou plusieurs nucléons (protons ou neutrons) perchés sur un niveau élevé libèrent de l'énergie en émettant des photons, exactement comme les électrons dans l'atome. La principale différence entre les électrons et les nucléons est la nature des ondes électromagnétiques qu'ils rayonnent. Pour les électrons, ces ondes peuvent se trouver dans la région visible du spectre électromagnétique : les photons portent une énergie relativement basse. Pour les constituants du noyau, le rayonnement consiste en des rayons X ou gamma, à des énergies plus d'un million de fois supérieures [24]. Tandis que nos yeux peuvent voir la lumière qu'émettent les électrons de l'atome, il faut des instruments spéciaux pour détecter les photons émis par le noyau. Pontecorvo va bientôt exceller dans cet art de la détection.

Il faut bien comprendre qu'en soi, il n'y a rien de surprenant qu'un noyau possède des états excités, comme les électrons d'un atome. Un noyau capture un neutron et atteint un état excité, qui évolue ensuite vers un état stable en émettant des rayons gamma. Si cet état stable correspondait toujours au niveau le plus bas de l'échelle (l'état fondamental), tout serait simple. Mais la réalité est plus compliquée, et c'est bien ce qui fascine les physiciens d'alors : il existe plusieurs états finaux possibles (les isomères), correspondant au même nombre de protons et neutrons, et perdurant plusieurs heures, voire plusieurs jours.

L'ajout des isomères à la riche variété d'états nucléaires a semé la confusion, jusqu'à ce que la mécanique quantique fournisse une explication. Cette physique parvient à décrire l'atome à des échelles 100 000 fois plus petites que le monde macroscopique, régi par les lois classiques de Newton. Le noyau étant lui-même 100 000 fois plus petit que l'atome, il n'était pas du tout évident que la mécanique quantique s'y applique aussi. Mais ça marche. Par exemple, la théorie quantique autorise qu'un noyau excité présente une stabilité inattendue quand il tourne sur lui-même beaucoup plus rapidement que l'état fondamental – autrement dit, quand il possède un moment angulaire très élevé dans le jargon des scientifiques. Cela explique l'origine de tant d'isomères stables : ces noyaux possèdent effectivement un moment angulaire élevé.

Bruno Pontecorvo pénètre ce nouveau champ avec enthousiasme. Il travaille surtout seul, mû par quelques idées théoriques personnelles, conseillé à l'occasion par Frédéric Joliot-Curie. Pendant la première moitié de 1937, il commence ce qui est plus tard apparu comme un travail de pionnier dans le domaine.

Le départ forcé de Marianne

On dit qu'autrefois le mois d'août ne faisait pas partie du calendrier des Parisiens ; la ville fermait, et ses habitants partaient en vacances. En 1937, Marianne accompagne la famille pour laquelle elle travaille à Boissy-l'Aillerie, un village situé au nord de Paris, dans un charmant hôtel : L'Oiseau Bleu. L'emplacement est idéal, avec un parc où les enfants peuvent s'égailler librement, sous son étroite surveillance. Pendant ce temps, Bruno réside pour sa part dans les Alpes italiennes, à San Martino di Castrozza, une jolie station de montagne, d'où il lui envoie une carte postale. Il espère un temps qu'elle le rejoigne là-bas, mais il lui écrit le 1er septembre à L'Oiseau Bleu pour la prévenir qu'il se rend à un congrès à Venise le 12.

Le mois suivant, il donne sa première conférence publique sur les isomères, lors d'un congrès au Palais de la découverte à Paris.

Entre-temps, Frédéric, à l'âge de trente-sept ans, est nommé professeur au Collège de France, l'une des plus hautes distinctions intellectuelles françaises. Sa renommée et son influence s'accroissent de conserve, si bien qu'il parvient à convaincre la Caisse nationale de la recherche scientifique (l'ancêtre de l'actuel CNRS, Centre national de la recherche scientifique) d'acquérir une ancienne centrale électrique à Ivry-sur-Seine, dans la banlieue sud-est de Paris, et de la convertir en laboratoire de physique nucléaire. Il a l'intention d'y produire des éléments radioactifs artificiels pour la recherche[25], avec une équipe réduite mais talentueuse, qui inclut Bruno. Irène, pendant ce temps, conserve sa propre équipe de recherche à l'Institut du radium.

Deux membres du groupe de Frédéric joueront un rôle important dans la vie et la carrière de Bruno : Lew Kowarski et Hans von Halban. Kowarski est un homme imposant, un véritable ours de Russie, qui aurait pu devenir un pianiste concertiste si ses doigts n'étaient devenus trop gros pour les touches[26]. En 1937, il a trente ans et plein de doutes : malgré son savoir-faire en électronique, il craint d'être trop vieux pour percer dans les sciences. Selon lui, « Pontecorvo et Halban sont les deux personnalités les plus remarquables du laboratoire après Joliot[27] ».

Halban est un scientifique de vingt-neuf ans, déjà reconnu. À seulement vingt-quatre ans, Bruno n'est encore qu'un étudiant, mais ses résultats sur les isomères, conjugués à ses travaux précédents à Rome, lui valent une réputation internationale. Halban et

Bruno partagent une passion pour les sports de plein air, notamment l'alpinisme et le ski. Mais leurs caractères s'opposent complètement. Tandis que le second est l'ami de tout le monde, le type même de l'Italien chaleureux et ouvert, le premier, originaire de Leipzig, se montre « violemment désagréable », « brutal avec les faibles » et se comporte en tout comme « un officier prussien [28] ».

Toujours est-il que Kowarski a conçu un appareil électronique capable de mesurer l'intensité des rayonnements sur une gamme plus large que ce qu'on savait faire auparavant. Comme Joliot-Curie lui a dit qu'il n'en avait pas l'utilité dans ses recherches du moment, il consulte au début de l'année 1938 Bruno, qui, pense-t-il, « peut lui apprendre beaucoup ». Bien que le jeune Italien ne le décourage pas ouvertement, le chercheur russe croit entendre : « Pourquoi serais-je intéressé ? Ça ne me paraît pas prometteur, et tu es trop vieux de toute façon. » Voilà qui ne ressemble pas au personnage que tout le monde connaît, et il me semble que cela reflète probablement davantage l'opinion que Kowarski se fait de lui-même que celle de son collègue italien. Quoi qu'il en soit, Bruno effectue une démarche aux conséquences importantes : il présente Kowarski à Halban.

L'absence d'intérêt de Bruno pour le travail de Kowarski reflète sans doute l'état d'anxiété dans lequel il se trouve à l'époque. Dans sa vie personnelle en effet, la joie insouciante de 1937 fait place à l'inquiétude. Sa situation financière est précaire, et Marianne attend un enfant. De plus, le visa de la jeune femme expire bientôt. Le 4 janvier, Marianne quitte son logement pour vivre avec son compagnon à l'Hôtel des Grands Hommes, place du Panthéon [29].

Marianne fête son vingt et unième anniversaire avec Bruno le 5 juillet 1938. Le 30 naît leur premier fils, Gil. La situation de la jeune femme n'est guère brillante : elle n'est pas mariée, et dans six semaines, elle doit quitter la France. La raison pour laquelle ils ne se marient pas à ce moment-là reste un mystère, d'autant que cela semble le meilleur moyen pour eux de rester ensemble en France avec Gil. Pour aggraver la situation, l'enfant de Marianne ne semble pas être le bienvenu dans sa famille en Suède [30] et quelle qu'en soit la raison, il ne pourra pas l'y accompagner.

Si bien que le jeune couple est contraint de placer Gil dans un orphelinat appelé Le Nid, avenue de la Terrasse à Montmorency, dans la banlieue nord de Paris. En septembre, alors que Gil n'a que quelques semaines, ses parents partent pour la Suède. En chemin, ils visitent la Hollande et le Danemark, logeant dans des auberges de jeunesse. Ils passent la dernière semaine de septembre à Copenhague, où Bruno assiste à une conférence. Là, il rencontre un de ses amis romains, le physicien théoricien Gian-Carlo Wick. Des années plus tard, Wick se rappellera avoir vu « le gamin » en compagnie d'une « très jolie fille suédoise ». Il sera surpris par le changement de posture politique de Bruno, se souvenant que, durant leur collaboration à Rome, Bruno ne s'intéressait guère à la politique ; désormais « il se passionnait pour les événements internationaux » confiera Wick, particulièrement frappé par « l'intensité de sa foi en l'URSS [31] ».

Le couple atteint enfin Sandviken, la ville natale de Marianne en Suède. Deux ans plus tôt, peu de temps après son dix-neuvième anniversaire, Marianne quittait la maison, insouciante et cherchant l'aventure. Maintenant, elle retourne dans la petite ville conservatrice, âgée de vingt et un ans, un petit ami italien au bras et un fils de six semaines loin derrière elle, confié à un orphelinat français. En 1938, les mères célibataires n'étaient pas aussi facilement acceptées qu'aujourd'hui [32]. Quelques jours plus tard, Bruno retourne seul à Paris. Ça restera son unique rencontre avec sa belle-famille.

Plus tard, Marianne souffrira de dépression et de crises de nerfs, qui nécessiteront un traitement en clinique. On devine sa détresse de jeune maman en 1938, sans doute sujette à une dépression post-partum, séparée de son enfant par des milliers de kilomètres et des frontières que lui ferme l'administration.

Après avoir quitté Sandviken, Bruno musarde sur le chemin du retour vers Paris. Il fait une première halte à Stockholm, où il assiste à un autre congrès. Il dîne le 11 octobre chez le professeur Manne Siegbahn, un Suédois lauréat du prix Nobel de physique de 1924 * ; parmi les trente invités, Bruno et Gian Carlo Wick sont les seuls à ne pas être en habit de soirée [33], confie-t-il à Marianne. Le lendemain, il rencontre Lise Meitner et Niels Bohr.

La physicienne autrichienne Lise Meitner, qui est juive, a fui l'Allemagne nazie deux mois plus tôt. Elle travaillait dans le même

* Pour ses découvertes dans le domaine de la spectroscopie par rayons X. (N.d.T.)

laboratoire qu'Otto Hahn, avec qui elle a mené des expériences qui conduiront à la découverte de la fission nucléaire en décembre. Niels Bohr, nous l'avons vu, s'est imposé comme le père fondateur de la physique atomique ; on lui doit la notion de noyau atomique, puis l'explication de sa structure. Il réside à Copenhague, mais se rend régulièrement à Stockholm – c'est d'ailleurs lors d'un de ses séjours, au début de l'année 1939, qu'il apprendra de Meitner l'énorme potentiel de la fission. La présence de Bohr en octobre 1938 occasionne un autre « grand dîner », ainsi que Bruno l'écrit à Marianne dans une seconde lettre de Stockholm. Diplomate, il ajoute en post-scriptum : « N'oublie pas de transmettre mes hommages à tes parents et à ton frère [34]. »

Le retour vers Paris s'avère compliqué. Il passe par Cologne, en Allemagne, puis reste bloqué cinq heures à la frontière belge, parce qu'il n'a pas de visa. Il doit rebrousser chemin pour l'obtenir au consulat de Belgique en Allemagne. Quand il arrive enfin à la gare du nord de Paris, il passe de nouveau quatre heures au commissariat de police et paie 150 francs pour mettre son visa français en conformité avec un récent amendement de la loi [35]. Le lendemain, il va voir Gil à l'orphelinat.

Il est invité à dîner chez Halban le samedi suivant. L'invitation, qui s'adresse aussi à « la dame blonde scandinave », suggère que Bruno a maintenu une certaine distance entre Marianne et ses collègues. Le jeune papa retourne le dimanche à l'orphelinat de Montmorency et relate les progrès de Gil dans une lettre à Marianne. Durant les mois suivants, il écrit à Marianne après chaque visite à Montmorency ; il évoque Gil, quelques avancées en physique et ses démarches pour obtenir un visa qui les réunirait de nouveau. Sa seule allusion à la politique date de novembre, lorsqu'il confie sa crainte que « le fascisme n'arrive en France ». Cette correspondance confirme la thèse que défendront les amis de la famille, selon laquelle Marianne ne s'intéressait pas à la politique. En revanche, certains éléments indiquent que tout n'allait pas bien pour elle. Bruno s'enquiert à plusieurs reprises de sa santé : « J'espère trouver dans ta lettre que tu n'es plus malade du tout » ; « Es-tu malade ? » ; « De quelle maladie souffres-tu ? ».

Il demeure à Paris, loin de Marianne, jusqu'à la fin de l'année 1938 et durant une bonne partie de 1939. Son frère Gillo, encore adolescent, demeure en Italie, où il « continue de faire le play-boy, en s'accommodant du défaut d'être juif[36] ». Bruno lui envoie des billets qui lui permettent de le rejoindre à Paris. C'est à cette période qu'il initie son frère au communisme. C'est aussi l'époque de son travail le plus significatif sur les isomères nucléaires.

Quand on la considère du haut de nos connaissances acquises en quatre-vingts ans, la première étude de Pontecorvo sur l'isomérie nucléaire s'apparente à celle d'un taxinomiste, qui collectionne et classifie les espèces sans s'occuper de leur comportement ni de leur évolution, encore moins de leur ADN. Il admet l'existence d'isomères relativement stables[37], et en trouve le premier exemple en bombardant du cadmium avec des neutrons rapides[38]. En 1938 et 1939, il effectue deux expériences remarquables. L'une permet d'établir une corrélation entre le moment angulaire et la stabilité ; l'autre quantifie les niveaux d'énergie du noyau. Ces résultats aideront d'autres physiciens à développer la théorie de la structure nucléaire.

Une manière de mesurer le moment angulaire d'un noyau consiste à détecter les rayons gamma qu'il émet quand il se désexcite[39]. Plusieurs physiciens échouent toutefois à déceler les raies attendues, et c'est à ce moment que Pontecorvo apporte une contribution notable.

Il suggère que des électrons situés aux confins de l'atome capturent les rayons gamma que le noyau émet en se désexcitant. L'énergie du photon gamma est alors transférée à l'électron, ce qui a pour effet d'éjecter ce dernier hors de l'atome. Il propose alors un test : détecter les électrons qui possèdent une valeur particulière de l'énergie, égale à celle du photon gamma « perdu ». Le phénomène est très différent de la radioactivité bêta, où les électrons s'échappent en emportant une quantité d'énergie variable.

Bruno réalise l'expérience et trouve un cas éloquent dans un isotope du rhodium : des électrons en émergent avec une quantité d'énergie fixe, toujours la même, comme il l'a prédit[40]. Ce résultat prouve que l'isomère d'origine possède un moment angulaire élevé.

Bruno expérimente en 1939 sur le tout nouvel accélérateur électrostatique de Joliot-Curie à Ivry[41]. Un des assistants d'Irène,

André Lazard, a conçu des années auparavant avec elle un générateur Van de Graaff *, et Frédéric lui a demandé d'un construire un à Ivry. Bruno et Lazard y unissent leurs forces et découvrent ce que Frédéric Joliot-Curie appellera « la phosphorescence nucléaire ».

Dans la phosphorescence ordinaire, des molécules ou des atomes absorbent la lumière, la conservent un temps, puis la réémettent progressivement sous la forme d'une lueur visible dans l'obscurité. Au cours de ce phénomène, des électrons de l'atome utilisent l'énergie lumineuse pour s'élever vers les niveaux supérieurs de leur échelle d'énergie, avant de la relâcher lorsqu'ils retombent sur leur niveau fondamental, sous la forme de photons de même énergie. C'est un phénomène analogue que Pontecorvo et Lazard observent, mais avec les noyaux atomiques. Plutôt qu'un rayonnement visible, ils font appel à des rayons X – des photons d'énergie beaucoup plus élevée. Cela excite les nucléons à des niveaux supérieurs de l'échelle d'énergie, sans toutefois affecter le noyau. Quand le nucléon atteint un niveau supérieur plus stable que les autres, il conserve plus longtemps cet excès d'énergie, puis le relâche en retombant vers un niveau inférieur en émettant un nouveau photon X.

Ainsi, les différentes valeurs d'énergie des rayons X émis se disposent en une sorte de code-barres, qui reflète les états du noyau, de même que le spectre atomique reflète les états électroniques des atomes [42]. Frédéric félicite chaudement Bruno pour son travail, ce qui remplit de joie celui-ci. À Rome, il avait le sentiment que Fermi ne l'appréciait que pour ses performances au tennis ; les éloges de Joliot-Curie le rassurent sur sa valeur de physicien [43].

En définitive, le phénomène d'isomérie a permis de comprendre que le noyau est un conglomérat, dont les constituants bougent, tournent et vibrent les uns par rapport aux autres [44]. Il aura des applications dans l'industrie et en médecine. En l'étudiant, à l'aide

* Machine électrostatique inventée en 1929 à l'université de Princeton par le physicien américain Robert Van de Graaff. La rotation d'une courroie isolante permet d'accumuler en continu des charges électriques sur une électrode. Cela génère des tensions continues élevées, qui servent à accélérer les particules. (N.d.T.)

de faisceaux de neutrons et de détecteurs de rayons gamma, Pontecorvo a acquis une expertise qui se révélera inestimable dans toute sa carrière.

La fission nucléaire

Revenons aux noyaux d'uranium. Ils sont tellement gros et fragiles que le frôlement d'un neutron lent suffit à les casser : c'est la fission nucléaire. Lorsque Otto Hahn et Fritz Strassmann observent ce phénomène en Allemagne, le 17 décembre 1938, la découverte est si inattendue qu'ils ne comprennent pas tout de suite ce qu'ils ont obtenu. Ils ont en effet irradié de l'uranium avec des neutrons lents, puis identifié du baryum parmi les produits de la réaction ; or le baryum, avec 56 protons dans son noyau, est beaucoup plus léger que l'uranium… Jusqu'alors, les noyaux ne semblaient subir que de petites modifications : après avoir éjecté un ou deux de leurs constituants, les noyaux de la cible se transmutaient en l'un de leurs voisins immédiats de la table de Mendeleïev. L'apparition du baryum, éloigné de l'uranium dans la table, fait donc figure d'anomalie. C'est pourquoi Hahn et Strassmann annoncent leurs résultats, mais sans s'étendre davantage – on ne comprendra les implications de leurs observations que dans le courant de l'année suivante.

Lorsque l'article des deux Allemands arrive à Paris le 16 janvier 1939, Joliot-Curie réalise immédiatement ce qui a dû se passer. Irène a observé un phénomène similaire l'année précédente, mais elle n'a pas eu assez confiance en elle pour affronter les critiques, et a renoncé à publier. Désormais, Frédéric sait qu'elle avait raison et que le neutron a fait tout simplement éclater l'uranium en deux. Les jours suivants, la nouvelle alimente de vives discussions au sein du groupe. Kowarski racontera plus tard qu'on « ne parlait pas d'autre chose ». Irène enrage d'avoir perdu le crédit de la découverte et lance à Frédéric : « Quels idiots nous avons été ! » – en des termes semble-t-il plus raides [45].

Et Frédéric Joliot-Curie d'écrire à ce sujet à des physiciens soviétiques [46]. Très vite, Igor Kourtchatov cherche à savoir si des neutrons secondaires sont produits pendant le processus de fission, de même que Joliot-Curie à Paris et d'autres aux États-Unis. Car si plusieurs neutrons sont libérés pour chaque neutron provoquant une fission, ces neutrons peuvent à leur tour causer une fission, et ainsi de suite, entraînant une réaction en chaîne susceptible de libérer une énorme quantité d'énergie.

Il faut se souvenir qu'un noyau d'uranium contient plus de 140 neutrons ; soit plus qu'assez pour assurer la stabilité d'un petit noyau comme le baryum, le krypton ou le lanthane, les produits les plus courants de la fission. Il semble donc plausible que, durant la fission de l'uranium, plusieurs neutrons soient libérés. Joliot-Curie imagine rapidement un dispositif simple pour détecter ces neutrons, mais il échoue. La source de neutrons irradiant l'uranium est si intense que sa tentative d'identifier ceux qui s'échappent au cours de la fission revient à regarder tomber la pluie sous une chute d'eau…

Nullement découragé, Joliot-Curie met au point les jours suivants une nouvelle expérience, destinée cette fois à détecter la radioactivité des débris de fission de l'uranium après l'irradiation avec les neutrons. Halban, parti de Paris pour aller skier, rate l'événement. En revanche, Kowarski en est témoin.

Joliot-Curie usine deux tubes de laiton, puis recouvre l'un d'eux d'une couche d'oxyde d'uranium. Il glisse les tubes dans des anneaux de bakélite plus larges, comme on glisse des serviettes dans leurs ronds. Il vérifie au préalable qu'aucun de ces tubes n'est radioactif, même après avoir été irradié avec des neutrons : l'expérience peut maintenant avoir lieu. Il place d'abord une source de neutrons à l'intérieur du tube de laiton exempt d'uranium ; puis il dispose l'anneau de bakélite autour du tube. Il retire l'anneau après quelques minutes, l'approche d'un compteur Geiger, et constate qu'il n'est toujours pas radioactif. Il répète ensuite l'expérience, mais cette fois avec le tube recouvert d'uranium, qu'il enfile dans l'anneau de bakélite. Puis il retire ce dernier et le présente au compteur Geiger : cette fois, l'anneau déclenche le crépitement caractéristique du détecteur. C'est la preuve que des fragments radioactifs issus de la couche d'uranium ont adhéré à la bakélite, donc que l'uranium s'est brisé [47].

Joliot-Curie réalise cette expérience en présence de Kowarski le matin du 26 janvier. Il la répète cet après-midi-là devant quatre témoins, dont Irène et Bruno Pontecorvo [48]. Ce dernier écrit le lendemain à Marianne : « Le travail à Ivry avance bien et, si ça continue, il sera très important [49]. »

À son retour de la neige, Halban trouve de fait le laboratoire dans un état de grande excitation. C'est lui et Kowarski qui imaginent bientôt un moyen intelligent de détecter les neutrons libérés par la fission. L'astuce consiste à irradier l'uranium avec des neutrons lents, et d'utiliser un détecteur sensible aux seuls neutrons rapides. Par ce biais, ils peuvent discriminer les neutrons libérés lors de la fission, rapides, des neutrons émis par la source, lents. Ils s'attellent à l'expérience durant la dernière semaine de février [50].

Tout occupé par ses travaux sur la phosphorescence nucléaire dans le laboratoire d'Ivry, en banlieue, Bruno ne participe pas en personne aux expériences sur la fission ; cependant, il s'y implique intellectuellement. C'est maintenant au tour de Joliot-Curie d'aller skier. Depuis la station de Val d'Isère, il écrit à Kowarski le 3 mars pour lui demander de faire état de ses avancées à Bruno, lequel doit le rejoindre avec sa fille, Hélène Joliot-Curie. Le messager arrive et lui annonce de grands progrès. Il écrit le 27 mars à Marianne et évoque la physique pour la seconde fois seulement cette année-là : « La physique avance bien », annonce-t-il, en soulignant ces mots.

La fission aurait pu rester une simple curiosité, n'étaient deux caractéristiques remarquables. D'abord, quand le noyau d'un atome d'uranium se casse en deux, il libère cent fois plus d'énergie que la radioactivité, et près de cent millions de fois plus que les réactions chimiques. C'est le premier signe qu'il existe un moyen de libérer l'énergie nucléaire à une échelle plus grande que ce qu'on supposait jusqu'alors. Ensuite, en avril, Halban et Kowarski démontrent enfin que la fission du noyau d'uranium libère plus d'un neutron. La conséquence de cette découverte est évidente. Il apparaît possible que les neutrons libérés provoquent d'autres fissions et engendrent une réaction nucléaire auto-entretenue.

Imaginons, par exemple, que lorsqu'un neutron brise un noyau d'uranium en deux morceaux, deux neutrons soient libérés. Il y a une probabilité pour que ces neutrons heurtent deux autres noyaux d'uranium et reproduisent la fission [51]. Si la même chose se passe, quatre autres neutrons sont libérés et peuvent à leur tour provoquer quatre autres fissions, libérant huit neutrons, puis seize, et ainsi de suite, le nombre de neutrons doublant à chaque étape. Il suffirait donc d'irradier l'uranium avec quelques neutrons pour déclencher des réactions qui se poursuivraient spontanément jusqu'à ce que l'uranium soit entièrement consumé. Avec, à la clé, une énorme libération d'énergie.

Dès que la nouvelle atteint le Royaume-Uni, les scientifiques alertent le gouvernement sur l'importance stratégique de l'uranium. Enrico Fermi, alors aux États-Unis, comprend lui aussi très vite les conséquences de la fission. En Allemagne, on réagit de manière similaire : toute référence à l'énergie atomique et aux réactions de l'uranium est immédiatement censurée dans les médias allemands [52].

En France, Joliot-Curie se lance dans la mêlée, le 22 avril, il annonce que son équipe a établi la possibilité d'une réaction en chaîne, et il dépose trois brevets dans la première semaine de mai. Deux brevets consignent les applications de la fission à l'extraction de l'énergie nucléaire, et le troisième, secret, concerne les charges explosives. Quelques jours plus tard, le 8 mai, il file à Bruxelles pour négocier l'acquisition des réserves d'uranium provenant du Congo belge, avec l'intention de construire une bombe à uranium dans le Sahara français [53].

Entre-temps, divers événements précipitent le monde vers la guerre. Au début de 1939, Bruno s'inquiète sérieusement de la montée du fascisme. Il ignore quand, et même si Marianne et lui vont avoir la chance de se retrouver ensemble, l'avenir de Gil pèse davantage sur sa conscience. Il écrit en février une longue lettre à Marianne, lui donnant par endroits la forme d'un manifeste : « *a*) Si la démocratie se maintient en France *et* si je suis payé suffisamment pour vivre avec toi et Gil, je reste en France ; *b*) S'il y a la guerre, et si c'est une guerre démocratique contre le fascisme prôné par les puissances de l'Axe, je participerai à cette guerre ; *c*) Si le fascisme arrive en France, j'irai aux États-Unis. *Écris-moi si tu trouves ça juste* [54]. »

Elle répond qu'elle est d'accord avec ce plan.

Bruno poursuit donc sa déclaration d'intention et encourage Marianne à venir « immédiatement » à Paris : « Je ne veux pas t'influencer, mais si tu décides de venir, je pense qu'il vaut mieux que ce soit le plus tôt possible, non seulement pour le plaisir d'être ici, mais aussi parce que nous avons beaucoup de décisions à prendre, pour le petit et nous [55]. » Il semble qu'à ce stade, Gil relève exclusivement de la responsabilité de son père, bien qu'un soutien financier arrive régulièrement de Suède. Des conversations avec Frédéric Joliot-Curie ont renforcé la conviction de Bruno que la France, et sans doute l'Europe, courent au-devant du désastre, et que la guerre paraît inévitable. Si Gil reste à l'orphelinat de Montmorency, le jeune homme est coincé à Paris. En avril, il signe un document légal, qui sera déposé sous enveloppe scellée, et qui, si quelque chose devait lui arriver, aurait l'effet suivant : « Mademoiselle Marianne Nordblom… décidera à sa discrétion du sort de mon fils Gil Pontecorvo [56]. »

Durant l'absence de Marianne, Bruno s'entretient sur le marxisme avec son cousin Emilio Sereni et renforce ses liens et ceux de Gillo avec des groupes communistes. Le fils de Gillo, Ludo, décrira plus tard la situation : « Mon père [qui croyait fermement dans le communisme] disait toujours que Bruno y croyait encore plus fermement que lui. Celui-ci était littéralement le grand frère, de cinq ans plus âgé que mon père, la même différence d'âge qu'entre Emilio Sereni et Bruno [57]. » Ainsi, Sereni influence Bruno, qui influence Gillo.

D'ailleurs, les physiciens ne sont pas les seuls à remarquer les nouvelles idées de Bruno ; l'engagement de Pontecorvo pour le communisme est enregistré dans l'Italie fasciste, où l'agence d'espionnage locale va jusqu'à ouvrir un dossier sur le jeune scientifique [58]. On ignore si les fonctionnaires suédois sont avertis de ses activités communistes ; en tout cas, il découvre vite qu'il est *persona non grata* dans ce pays.

Bruno dépose en effet en juin 1939 une demande pour se rendre à Stockholm et « peut-être Sandviken », où il « a des amis ». Il désigne Marianne comme caution personnelle et financière, et indique qu'il est déjà allé là-bas. Il ne mentionne nulle part qu'ils sont tous deux les parents d'un petit garçon de un an. Selon les archives, l'agent Berger Hassler de la police de Stockholm téléphone à Marianne pour vérifier la légitimité de la demande [59]. Elle confirme tout et se prépare à recevoir le père de son enfant. Mais quelques semaines plus tard, celui-ci apprend que sa demande est rejetée.

Bruno incite alors Marianne, avec plus d'insistance encore, à revenir en France avec un visa adapté : « Pourquoi ne pas venir à Paris tout de suite ? », demande-t-il. Il lui met la pression en remarquant : « Nous avons beaucoup de choses à décider », pour « le petit [Gil] et pour nous [60] ».

La réponse de Marianne semble mentionner qu'elle ne se sent pas bien. C'est un thème récurrent, car Bruno répond : « Mais j'aimerais bien savoir de quelle maladie tu souffres. » Le 7 août, alors qu'il quitte Paris pour Zurich, elle n'a pas répondu. De retour à Paris, le jeune papa rend visite à Gil, comme d'habitude. Il écrit le lendemain à Marianne, dont il est sans nouvelles depuis plusieurs semaines. Il lui rappelle encore qu'ils doivent « décider beaucoup de choses » pour Gil. Deux jours après, il reçoit une carte de Marianne, disant qu'elle arrive à Paris la semaine suivante.

Le lendemain, le 23 août, Staline signe un pacte de non-agression avec le Führer, Adolf Hitler. « Grande victoire de la paix », titre *L'Humanité*, l'organe du Parti communiste français. Celui-ci prétend que le fascisme a été « forcé » de traiter avec la nation qu'il a toujours désignée comme sa pire ennemie. L'URSS est présentée comme un conciliateur, qui a « imposé [le pacte] à M. Hitler ». En résumé, c'est le « triomphe de la politique de Staline ». Dans l'atmosphère exaltée du Paris socialiste, le message de *L'Humanité* subjugue le jeune Bruno du haut de ses vingt-six ans. Le jour même, il rejoint le Parti communiste, « pour prouver sa foi dans la Russie [61] ».

Une foi fervente puisqu'il fréquente les réunions du parti et prend part à des débats passionnés. À ces réunions, chacun est libre de parler, même si « les chefs ont toujours le dernier mot [62] ». Le jeune et ardent physicien, qui attire l'attention du monde entier sur ses réalisations scientifiques, se fait alors remarquer par les membres du Komintern, l'organisation internationale communiste. Pendant ce temps, Marianne vit encore dans sa famille conservatrice, loin de toute cette politique. Ce n'est que le 6 septembre 1939, soit seulement deux jours après l'invasion de la Pologne par l'Allemagne, qu'elle retourne à Paris alors que la guerre en Europe menace de l'isoler définitivement de Bruno. Son visa

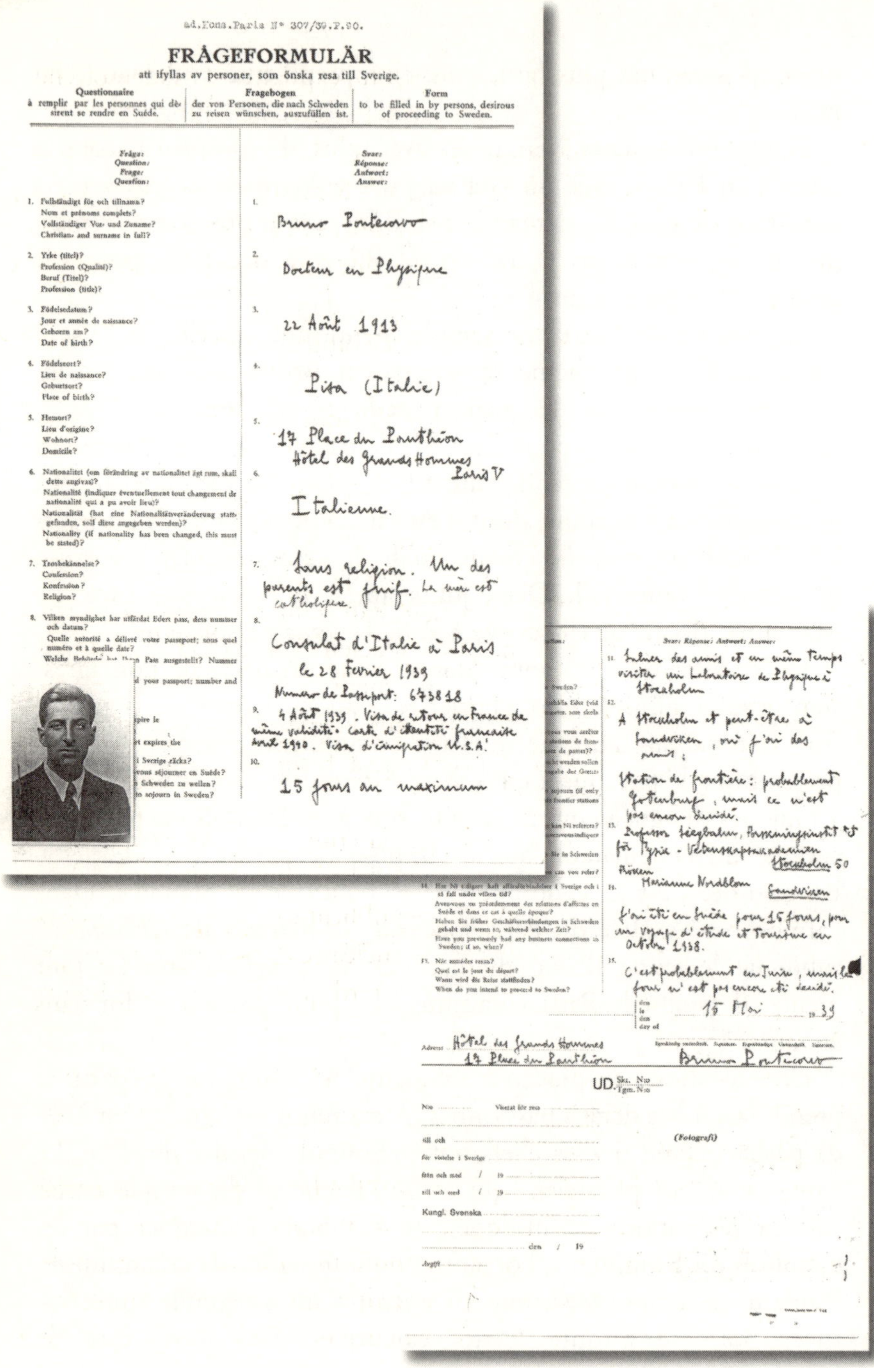

ad.Kons.Paris N° 307/39.P.90.

FRÅGEFORMULÄR

att ifyllas av personer, som önska resa till Sverige.

Questionnaire	Fragebogen	Form
à remplir par les personnes qui désirent se rendre en Suède.	der von Personen, die nach Schweden zu reisen wünschen, auszufüllen ist.	to be filled in by persons, desirous of proceeding to Sweden.

Fråga: Question: Frage: Question:	Svar: Réponse: Antwort: Answer:
1. Fullständigt för och tillnamn? Nom et prénoms complets? Vollständiger Vor- und Zuname? Christian- and surname in full?	1. Bruno Pontecorvo
2. Yrke (titel)? Profession (Qualité)? Beruf (Titel)? Profession (title)?	2. Docteur en Physique
3. Födelsedatum? Jour et année de naissance? Geboren am? Date of birth?	3. 22 Août 1913
4. Födelseort? Lieu de naissance? Geburtsort? Place of birth?	4. Pisa (Italie)
5. Hemort? Lieu d'origine? Wohnort? Domicile?	5. 17 Place du Panthéon Hôtel des Grands Hommes Paris V
6. Nationalitet (om förändring av nationalitet ägt rum, skall detta angivas)? Nationalité (indiquer éventuellement tout changement de nationalité qui a pu avoir lieu)? Nationalität (hat eine Nationalitätsveränderung stattgefunden, soll diese angegeben werden)? Nationality (if nationality has been changed, this must be stated)?	6. Italienne.
7. Trosbekännelse? Confession? Konfession? Religion?	7. Sans religion. Un des parents est juif. La mère est catholique.
8. Vilken myndighet har utfärdat Edert pass, dess nummer och datum? Quelle autorité a délivré votre passeport; sous quel numéro et à quelle date? Welche Behörde hat Ihren Pass ausgestellt? Nummer … your passport; number and …	8. Consulat d'Italie à Paris le 28 Février 1939 Numéro de Passeport: 673818
9. … expire le … expires the	9. 4 Août 1939. Visa de retour en France de même validité. Carte d'identité française Avril 1940. Visa d'émigration U.S.A.
10. … i Sverige räcka? … vous séjourner en Suède? … Schweden zu weilen? … to sojourn in Sweden?	10. 15 jours au maximum

Svar: Réponse: Antwort: Answer:

11. Saluer des amis et en même temps visiter un Laboratoire de Physique à Stockholm

12. A Stockholm et peut-être à Sandviken, où j'ai des amis ; Station de frontière : probablement Goteborg, mais ce n'est pas encore décidé.

13. Professor Siegbahn, Forskningsinstitut för Fysik - Vetenskapsakademien Stockholm 50 Frösén Marianne Nordblom Sandviken

14. Har Ni tidigare haft affärsförbindelser i Sverige och i så fall under vilken tid? Avez-vous eu précédemment des relations d'affaires en Suède et dans ce cas à quelle époque? Haben Sie früher Geschäftsverbindungen in Schweden gehabt und wenn so, während welcher Zeit? Have you previously had any business connections in Sweden; if so, when?

14. J'ai été en Suède pour 15 jours, pour un voyage d'étude et Tourisme en Octobre 1938.

15. När anträdes resan? Quel est le jour du départ? Wann wird die Reise stattfinden? When do you intend to proceed to Sweden?

15. C'est probablement en Juin, mais le jour n'est pas encore été décidé.

den / le / den / day of 15 Mai 1939

Adress Hôtel des Grands Hommes 17 Place du Panthéon

Bruno Pontecorvo

UD. Skr. N:o Tgm. N:o

N:o Viserat för resa

till och

för vistelse i Sverige

från och med / 19

till och med / 19

Kungl. Svenska

den / 19

Avgift

(Fotografi)

La demande inaboutie de Bruno pour rejoindre Marianne en Suède en 1939. (Sven-Olaf Ekman et Archives nationales suédoises) français porte désormais la mention explicite « Mademoiselle Nordblom, accompagnée de Gil, né à Paris le 30/7/38 ».

Des années plus tard, après leur fuite en URSS, plusieurs médias britanniques conservateurs présenteront Marianne comme la compagne hors mariage de Bruno, ou sa maîtresse, pour renforcer l'idée d'un couple « immoral ». En réalité, les amants se marieront le 9 janvier 1940, ce qui leur permettra d'obtenir des visas pour l'Amérique du Nord quand les nazis envahiront la France en juin.

C'est durant ces mois agités de 1939 que les collègues français de Bruno confirment par leurs expériences sur la fission qu'une réaction en chaîne est possible. Et les scientifiques désirent ardemment être les premiers à y parvenir, tant la promesse d'une énergie illimitée a tout de la pierre philosophale. Comme ils envisagent d'utiliser cinq tonnes d'uranium pour leur tentative, ils déménagent le dispositif de l'université vers les spacieux locaux d'Ivry [63]. Bien sûr, le laboratoire a besoin de financement. Et Kowarski et Halban de s'échiner durant l'été 1939, alors que la guerre menace, à remuer le ministère de l'Armement plutôt qu'à rechercher « des preuves scientifiquement rigoureuses [64] ».

À la fin de 1939, Joliot-Curie fait la couverture du *Time magazine* tant sa recherche est devenue célèbre. En revanche, l'article scientifique de l'équipe, sa dernière publication libre d'accès avant que le secret s'abatte sur la physique nucléaire dans le monde entier, tombe à plat. Kowarski racontera plus tard qu'un collègue de Fermi demanda au grand scientifique ce qu'il pensait du papier de Joliot : « Pas grand-chose », répondit Fermi. Kowarski reconnaîtra lui-même : « Fermi avait raison. Scientifiquement, l'article n'avait rien d'impressionnant, bien que la démonstration, elle, le fût [65]. »

Lorsque l'équipe commence son travail à Ivry, elle choisit d'abord l'eau ordinaire comme modérateur, ce qui n'est pas la meilleure option. L'atome d'hydrogène de la molécule d'eau amortit bien le neutron qui le heurte ; c'est le principe du « modérateur », qui permet au neutron, ralenti, de déclencher une fission. Mais ce n'est pas tout. Il arrive aussi que l'atome d'hydrogène capture le neutron, auquel cas la réaction s'arrête. Le second effet a une probabilité si élevée que l'eau ordinaire étouffe la réaction en chaîne au lieu de la nourrir. En revanche, l'eau *lourde** ne capture pas les neutrons ; quand ces derniers heurtent úne molécule d'eau lourde, ils rebondissent et ralentissent, ce qui est exactement le but recherché.

Une question a tout de suite troublé les scientifiques : si une réaction en chaîne peut libérer de l'énergie de manière explosive, pourquoi les roches qui nous entourent, qui contiennent de l'uranium et sont continuellement bombardées par les rayons cosmiques, n'explosent-elles pas ?

C'est Niels Bohr qui trouve la clé de l'énigme grâce à sa capacité hors du commun à se représenter le noyau atomique : la structure particulière du noyau implique que la fission est plus probable dans un isotope comprenant un nombre impair de constituants, comme l'U-235, que dans un isotope à nombre pair de constituants, comme l'U-238. Les neutrons lents rebondissent contre l'U-238 sans provoquer sa fission. L'U-238 peut ainsi faire écran autour d'un atome d'U-235, réduisant les chances qu'un neutron qui passe par là provoque une fission. La fission ne survient que dans le cas où un neutron rencontre un isotope U-235 au sein de la cible d'uranium[66].

La fission est par conséquent rare dans les roches naturelles, car celles-ci contiennent peu d'U-235. C'est certes une bonne nouvelle pour notre sécurité, mais il s'agit d'un obstacle à l'extraction de l'énergie nucléaire à partir du minerai d'uranium. Pour y parer, on doit d'abord augmenter la proportion d'U-235 de la cible, ce qu'on appelle l'enrichissement. C'est difficile, mais pas impossible, comme nous allons le voir. Bohr publie sa conclusion dans *Physical Review*** en septembre 1939. Autrement dit, la technique qui contribuera à mettre un terme à la Seconde Guerre mondiale est conçue en Europe au moment où celle-ci démarre…

En janvier 1940, le groupe français découvre que l'eau lourde modère efficacement les neutrons ; c'est le premier pas vers l'extraction de l'énergie nucléaire de l'uranium. Frédéric Joliot-Curie alerte le ministre français de l'Armement, Raoul Dautry : l'uranium peut

---

* Dans la molécule d'eau lourde, l'atome d'hydrogène est remplacé par son isotope, le deutérium, dont le noyau comporte un proton et un neutron. (N.d.T.)

** Une des revues de publication de recherches en physique les plus réputées, éditée par l'American Physical Society. (N.d.T.)

fournir une énergie abondante ou une arme extrêmement puissante. Il insiste aussi sur le rôle de l'eau lourde. Or le seul producteur d'eau lourde en grande quantité en Europe est la Société hydro-électrique norvégienne de l'azote, Norsk Hydro ; Frédéric explique qu'il leur faut la totalité de sa réserve [67].

Sur ce, l'équipe bénéficie d'un énorme coup de chance. Ils apprennent le 20 février 1940 que l'un des contacts militaires du ministre, Jacques Allier, a été banquier avant d'être mobilisé. Or, par un heureux hasard, sa banque est l'actionnaire principal de Norsk Hydro.

Accompagné d'agents des services secrets français, Allier se rend en Norvège et expose la situation. Il convainc les Norvégiens qu'il est essentiel de « sauvegarder » le stock entier d'eau lourde avant que les Allemands n'envahissent la Norvège. Le gouvernement norvégien craint une invasion allemande et tente d'apparaître neutre, même si ses alliances sont transparentes.

La délégation française réussit. Dans la deuxième semaine de mars 1940, les scientifiques reçoivent un télégramme classé secret défense qui les convoque à une réunion. Ils y apprennent que la réserve d'eau lourde (150 litres) est arrivée. Enfin, ils peuvent envisager des expériences destinées à déterminer les conditions nécessaires d'une réaction en chaîne !

Quelques semaines plus tard toutefois, les Allemands envahissent la France et entrent dans Paris. Commence alors une véritable épopée, Kowarski et Halban fuyant comme on le verra en Angleterre avec l'eau lourde pour éviter qu'elle ne tombe entre les mains des nazis – elle finira au Canada où, par un concours de circonstances, Pontecorvo retrouvera des années après Halban et Kowarski. Bien que Joliot-Curie ait autorisé Pontecorvo à les accompagner, les autorités britanniques s'y opposent. Sur la liste de scientifiques fournie par Frédéric, la sécurité britannique appose le commentaire suivant : « Dr PONTECORVO, collaborateur du Professeur JOLIOT, est considéré comme "légèrement indésirable" : il peut être éventuellement autorisé à travailler si c'est nécessaire à l'effort de guerre, mais seulement sous surveillance. » Aucune explication ne justifie le terme « indésirable [68] ». Quoi qu'il en soit, Bruno doit se débrouiller autrement.

En France, Pontecorvo devient la cible des nazis en tant que juif, et un étranger ennemi en tant qu'Italien. L'une des options qu'il évoquait dans sa lettre à Marianne est devenue certitude. Le fascisme est arrivé en France : il est temps pour lui de partir pour les États-Unis. Joliot-Curie restera lui à Paris, où il participera activement à la Résistance.

CHAPITRE 4

La première évasion
1940

Durant la nuit du 10 mai 1940, les tanks allemands percent la ligne Maginot à Sedan ; l'armée nazie envahit la France. Les Français tentent d'organiser la défense dans le Nord, le long de la Somme et de l'Aisne, mais ils échouent et se replient vers la Loire, au sud de Paris. En deux semaines, les Alliés abandonnent le Nord du pays : « La France a perdu une bataille, mais la France n'a pas perdu la guerre », déclarera plus tard le général de Gaulle. Les troupes sont évacuées par les Britanniques depuis Dunkerque, entre le 27 mai et le 4 juin.

En avril encore, Halban et Kowarski ont réalisé à Paris quelques expériences préliminaires avec l'eau lourde. Mais, à mesure que l'armée allemande approche, l'urgence tourne à la panique. Le 16 mai, Raoul Dautry presse Joliot-Curie par téléphone de transférer son projet hors de Paris [1]. Persuadés que la progression des Allemands s'arrêtera à la Loire, ils envoient Halban et un assistant à Clermont-Ferrand, à quatre cents kilomètres environ au sud de Paris, pour y installer un laboratoire dans une villa louée. Kowarski doit les y rejoindre plus tard, avec l'eau lourde.

Simultanément, des centaines de milliers de réfugiés commencent à quitter Paris et ses environs pour le Sud. Au milieu de la pagaille, Bruno découvre un Frédéric Joliot-Curie tendu et anxieux qui, en patriote, décide de rester dans le pays. Il pousse cependant le jeune chercheur à partir, en ajoutant : « Il vaut mieux pour toi de le faire très vite [2]. » Joliot-Curie comprend que sa situation est risquée. En tant qu'Italien, il est dorénavant un ennemi de la France ; et en tant que juif, celui des nazis.

À ce tournant de sa vie, Bruno rencontre la bonne fortune, sous les traits du physicien Emilio Segrè. Son ancien collègue était parti en 1938 à Berkeley, en Californie, pour une école d'été, lorsque Mussolini imposa les lois antisémites qui interdisaient l'accès aux postes universitaires en Italie. Étant juif, et par conséquent ne pouvant plus travailler dans son pays, Segrè est resté aux États-Unis. Un jour de 1939, il participe à un congrès d'émigrés européens vivant en Californie, où il rencontre deux autres migrants, des physiciens nucléaires qui prospectent du pétrole et souhaitent engager un expert des neutrons [3] : Segrè leur semble tombé du ciel ! Les physiciens l'invitent à visiter leur laboratoire à Tulsa, dans l'Oklahoma, ce qu'il fait en mai 1940, mais il ne se laisse pas convaincre d'y rester. Tulsa ne soutient pas la comparaison avec Berkeley, où Lawrence a construit son cyclotron avant-gardiste, et où Segrè peut admirer le soleil se coucher derrière le Golden Gate Bridge, de l'autre côté de la baie de San Francisco. Le chercheur italien décline leur offre… mais leur recommande Pontecorvo [4].

Il écrit à son compatriote : « Il y a de fortes chances que je t'ai trouvé un boulot. » C'est ainsi qu'au printemps 1940 Pontecorvo reçoit opportunément une offre d'emploi des États-Unis, quelques jours seulement avant que les nazis n'occupent Paris.

Bruno a déjà fui le fascisme une fois, quand il a quitté l'Italie en 1936. Il doit réitérer, avec cette fois une famille à sa charge. Sa sœur Giuliana et son mari, Duccio Tabet, ont aussi quitté l'Italie en 1938 et louent une maison à Toulouse [5]. Ils ont offert à Bruno, Gillo et leur cousin Emilio Sereni de considérer leur maison comme la leur si l'occasion se présentait. Ce moment est arrivé.

Le 24 mai, Marianne et Gil reçoivent des sauf-conduits, qui les autorisent à faire le voyage à Toulouse en une journée de train, ou comme passagers dans une voiture. Les documents sont valides pour trois jours, à partir du 2 juin [6].

Marianne, chargée de bagages, et Gil, très perturbé car trop jeune pour comprendre la situation, s'entassent dans le train pour Toulouse. Dès leur arrivée, Duccio Tabet déclare par écrit qu'il héberge la jeune femme et l'enfant à son domicile, au 16, rue Édouard-Baudrimont. La police de Toulouse donne son accord le 7 juin [7]. Pendant ce temps, Bruno, lui, est encore à Paris.

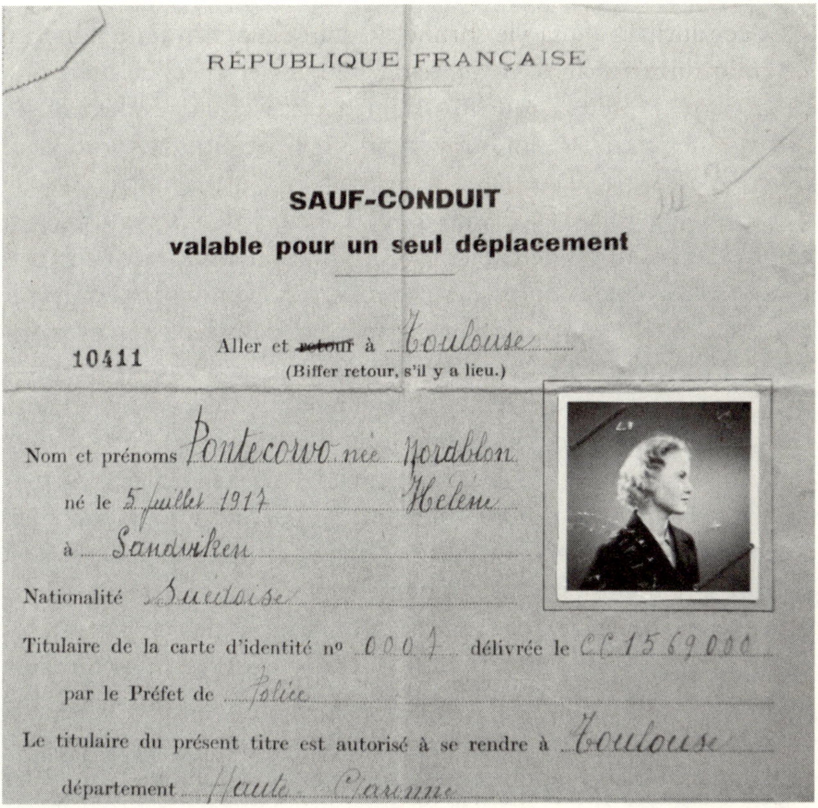

RÉPUBLIQUE FRANÇAISE

SAUF-CONDUIT
valable pour un seul déplacement

10411 Aller et ~~retour~~ à Toulouse
(Biffer retour, s'il y a lieu.)

Nom et prénoms Pontecorvo née Nordblom
né le 5 juillet 1917 Hélène
à Sandviken
Nationalité Suédoise
Titulaire de la carte d'identité nº 0007 délivrée le CC 1569000
par le Préfet de Police
Le titulaire du présent titre est autorisé à se rendre à Toulouse
département Haute Garonne

Sauf-conduit permettant à Marianne et Gil de voyager vers Toulouse en 1940. (L'auteur, The Churchill Archives Centre)

Il faut s'imaginer un début du mois de juin torride. Le jour, le soleil brille dans un ciel sans nuage [8]. Même les nuits sont chaudes et les étoiles scintillent dans un air limpide. En cette fin de lundi 3 juin, à 3 000 mètres au-dessus de la ville, un pilote allemand observe douze boulevards rayonner en étoile autour de l'Arc de Triomphe, formant une sorte de cadran d'horloge. La Seine serpente à travers la banlieue, puis se divise en deux pour enlacer l'île de la Cité, où se dresse Notre-Dame, fière d'avoir traversé intacte des siècles d'histoire et de révolutions. Juste au sud de la cathédrale, les rues étroites de la rive gauche dessinent des entrelacs. C'est dans l'une d'elles que Bruno se réveille brutalement, lorsque le pilote allemand lâche ses bombes.

Se réveillent aussi Gillo, Emilio Sereni et la petite amie française de Gillo, Henrietta. Salvador Luria, un ami et collègue italien de Bruno qui travaille à l'Institut du radium, s'effraie également de l'arrivée des nazis, étant juif séfarade [9]. Cette nuit marque aussi Irène Némirovsky, l'écrivaine française juive, qui décrit ce qu'elle voit dans son roman *Suite française*. Certains de ses personnages, comme les membres de la famille Péricand, fuient immédiatement. D'autres hésitent jusqu'au dernier moment, comme les Michaud, qui prennent le temps de faire le ménage dans leur appartement avant de le quitter, pensant innocemment qu'ils y retourneront un jour. Ces personnages de fiction figurent un million de réfugiés réels, dont les Pontecorvo, Sereni et Luria.

Juste avant l'aube du mardi 4 juin, les sirènes d'alarme retentissent : l'exode commence. Durant les derniers jours de mai, Kowarski a vidé le laboratoire qu'il partageait avec Halban et s'est préparé à tout emporter à Clermont-Ferrand, où il va rejoindre son collègue. En plus de l'eau lourde, il rassemble des amplificateurs électroniques, des détecteurs de rayonnements et un précieux échantillon de radium et béryllium, qui émet des neutrons. La tâche la plus ardue ? Déplacer les plusieurs tonnes de briques de plomb nécessaires pour protéger les expérimentateurs des rayonnements.

Le 5 ou 6 juin, on ne sait, Kowarski charge tout le plomb et le reste de l'équipement dans plusieurs camions de l'armée [10]. Puis, accompagné d'une demi-douzaine de soldats, il rejoint la marée humaine qui quitte Paris par le Sud pour échapper à l'armée nazie. Le convoi de Kowarski atteint la préfecture du Puy-de-Dôme le vendredi 7. Par mesure de sécurité, le physicien entrepose l'eau lourde dans… une prison pour femmes, à Riom. Sa femme et son fils le rejoindront par le train quelques jours plus tard.

Ce week-end-là, les rues de Paris sont presque vides. Les volets de fer couvrent les vitrines des magasins abandonnés par leurs propriétaires, lesquels ont grossi les rangs des réfugiés. Certains persistent toutefois à croire que l'exode est provoqué par des « rumeurs hystériques », colportées par des « traîtres ».

Le doute n'est plus de mise lorsque, le 9 juin, les Allemands prennent la ville d'assaut. On protège les principaux monuments avec des sacs de sable ; les canons grondent, les vitres éclatent et « les oiseaux s'envolent du haut de chaque monument [11] » de la ville. « Les Allemands auraient traversé la Seine… [même] les bêtes flairent le danger », songe un personnage de Némirovsky face à ses patrons encore indécis. Gillo Pontecorvo se souviendra que quelqu'un criait encore dans la rue : « Les Allemands sont à Pontoise ! », soit à 24 kilomètres au nord-ouest du centre de la capitale [12].

La défaite de Paris est si rapide qu'elle prend par surprise beaucoup de Français. Et pour quiconque craint de vivre sous les lois nazies, il est urgent de fuir, par tous les moyens possibles : en train, en voiture, en camion ou à bicyclette.

Des hordes terrifiées déferlent dans les gares alors que, pour la plupart, les quais restent fermés, gardés par des soldats. Les fugitifs remplissent bientôt les rues voisines et proposent des fortunes aux chauffeurs de taxi pour qu'ils les emmènent hors de la ville. L'argent n'a plus de valeur pour eux ; le tout est de sauver leur peau. Mais les taxis n'ont pas assez de carburant pour atteindre ne serait-ce qu'Orléans, à une bonne centaine de kilomètres au sud. Et ceux qui n'ont ni autorisation pour le train ni carburant – c'est-à-dire presque tout le monde – partent à pied. Les routes du sud de Paris sont encombrées de millions de réfugiés traînant leurs bagages derrière eux, parfois à l'aide de simples brouettes.

Ce sont néanmoins les derniers jours de liberté à Paris. Alors que la lune se lève, la nuit claire s'obscurcit subitement de nuages noirs : ce n'est pas encore l'orage, mais un écran de fumée, délibérément formé pour protéger la ville des bombardements [13]. Le jeudi 13, Paris est déclarée ville ouverte, tandis que le gouvernement fuit à Bordeaux. À onze heures, Bruno, Gillo, Henrietta et Emilio Sereni, ainsi que Salvador Luria, rejoignent l'exode, à bicyclette. Il est moins une : le lendemain, le 14 juin, l'armée allemande entre dans Paris.

Après ces jours clairs et chauds, c'est précisément ce 13 juin que l'orage choisit d'éclater. La pluie, drue, retarde sans doute le groupe, et après avoir pédalé à peine 2 kilomètres, ils s'arrêtent rue Mouffetard pour saluer des amis [14]. Ces derniers auraient pu servir de modèles pour la famille Michaud, qui ajourne son départ jusqu'à ce qu'il soit trop tard. Ou peut-être font-ils partie de ceux qui, courageux ou inconscients, choisissent de rester sous l'Occupation. En tout cas, ils retiennent les voyageurs et leur offrent de quoi se restaurer.

Gillo, qui vient d'avoir vingt ans, semble considérer leur entreprise comme une simple parenthèse, un brin d'aventure qui pimente sa vie de séducteur. Lui et sa petite amie Henrietta communiquent leur insouciance à Bruno, qui picore des macarons. Salvador Luria, plus vieux que Bruno d'un an et apparemment davantage conscient de la gravité de la situation, s'offusque de la décontraction de ses compagnons, qui leur fait perdre un temps précieux. Il faut partir ! À la nuit tombée, ils atteignent une auberge à 70 kilomètres environ des limites de la ville.

Le lendemain matin, quand Gillo ouvre la fenêtre de la chambre, il découvre une place couverte de tanks allemands et l'insouciance se mue immédiatement en effroi. Il manque de retourner à Paris mais Henrietta le convainc de poursuivre le voyage avec les autres cahin-caha [15].

Il faut dire que l'exode relativement discipliné de la veille a tourné au chaos. Cherchant désespérément à fuir, les gens s'agglutinent sur le bord de la route en quête de quelque moyen de transport. Des milliers de voitures accidentées ou en panne sèche jonchent les bas-côtés tandis que des files ininterrompues de véhicules civiles ou militaires roulent au pas. Chaque automobile ressemble à un bric-à-brac sur roues, le toit couvert de valises et de matelas empilés de manière instable. C'est un immense défilé de voitures, fourgons, camions, tracteurs – n'importe quoi du moment qu'il y a quatre roues. La procession au train d'escargot est submergée par un torrent de piétons et de charrettes tirées par des chevaux, qui s'infiltre entre les véhicules et empêche tout dégagement.

Et avec toute cette pagaille en toile de fond, imaginez maintenant, comme dans un film noir *, Gillo et Henrietta en shorts, juchés sur une bicyclette tandem et portant des skis, suivis de Bruno, Sereni et Luria. Quelqu'un s'exclame, outré : « Ma parole, regardez ces bourgeois partir en vacances [16] ! »

Jusqu'alors, leur voyage ressemblait effectivement à des vacances, nuit à l'hôtel comprise. Mais tout change à partir d'Orléans ; il ne

* En français dans le texte. (N.d.T.)

reste plus une chambre de libre, les gens dorment ou essaient de dormir dans leur voiture, dans les embrasures des magasins, ou même sur le trottoir, avec leur valise pour oreiller. De passage dans la ville un jour plus tôt que la bande de Pontecorvo, Sonia Tamara, la correspondante du *New York Herald Tribune*, relate des scènes « épouvantables » près de la gare de chemin de fer. Les gens sont allongés sur le sol de la gare et sur la chaussée à l'extérieur. Les enfants crient, et il n'y a strictement plus rien à manger. [17]

Les réfugiés sont partout. Certains, comme les Pontecorvo, ont une destination en tête. D'autres veulent juste partir. Personne ne sait où ni quand les Allemands leur couperont la route. Le choix de l'itinéraire s'apparente à une loterie. Nombre de routes sont fermées, ce qui oblige les fuyards à faire des détours, alors que l'armée déploie des efforts désespérés pour faire passer les véhicules militaires. Toutes les sorties de villages sont bloquées par des tas de pierres et de briques, barricades de fortune que des paysans ont montées selon la tradition révolutionnaire, pour contrôler les papiers.

Malgré cette pagaille, le service postal semble fonctionner, du moins dans le Sud, loin de Paris. Car le 14 juin, Bruno écrit une carte postale à Marianne, qui la trouvera à Toulouse [18]. Ce soir-là, le groupe a atteint Beaugency, à environ 20 kilomètres d'Orléans et 140 kilomètres de Paris, où il trouve le temps de lui écrire : « J'ai quitté Paris depuis deux jours à vélo. » Il poursuit : « J'espère maintenant pouvoir prendre un train de Blois ou d'autre part. Si je n'arrive pas à [...] prendre un train, j'arriverai à Toulouse à vélo, mais je ne sais pas quand. [...] À Paris, je n'ai [...] qu'une seule lettre de toi, mais ça se comprend parce que la poste ne fonctionnait plus. L'Hôtel des Grands Hommes était fermé quand je suis parti. Je te donnerai plus de détails à mon arrivée. »

Le 15 au matin, le groupe repart pour Blois, 50 kilomètres plus au sud. Leur espoir d'y trouver un train ne se réalise pas, si bien qu'ils poursuivent jusqu'à Vierzon, au sud de Blois. Ils parcourent environ 80 kilomètres en un jour, ce qui fait plus de 200 kilomètres depuis Paris. Le soir, Bruno envoie une carte postale à Marianne depuis Vierzon. Il lui reste près de 500 kilomètres à parcourir.

Emilio Sereni choisit de voyager par chemins et petites routes, qu'il estime moins dangereux, quand les Pontecorvo décident de tenter leur chance sur des routes plus directes. Ils atteignent Toulouse en dix jours environ ; Sereni met quelques jours de plus. À un moment donné, Salvador Luria quitte ses amis pour un autre groupe de réfugiés, qui se dirige vers Marseille. Il rejoindra les États-Unis, et recevra le prix Nobel de physiologie et médecine en 1969 pour ses travaux sur la génétique et la reproduction des virus [19].

L'heure de la capitulation a sonné

Pendant ce temps, comme on l'a vu, Halban, Kowarski et la précieuse eau lourde sont arrivés sains et saufs à Clermont-Ferrand. Toutefois, au moment où Bruno commence son voyage vers le Sud, les projets de ses collègues sont contrariés.

Le 16 juin, le Premier ministre Paul Reynaud démissionne. Le maréchal Pétain lui succède et négocie l'Armistice, qui est signé le 22 juin. En 1918, l'Allemagne s'était formellement rendue à ses ennemis de la Première Guerre mondiale dans le fameux wagon situé à Rethondes, en forêt de Compiègne. En 1940, elle savoure sa revanche (et l'humiliation de la France) en imposant aux Français leur reddition à Hitler dans le même wagon, au même endroit. L'Allemagne occupe désormais le Nord et l'Ouest de la France. Le Sud, dont Toulouse et Marseille, est reconnu « libre ». Pétain prend en charge cette zone.

Le jour de la démission du Premier ministre, Joliot-Curie arrive à Clermont-Ferrand, en zone libre. À Halban et Kowarski, il exprime sa crainte, qui est aussi celle des membres du gouvernement, que les Allemands n'occupent à terme tout le pays. Les projets d'expérience sur la fission à Clermont-Ferrand sont donc compromis et c'est pourquoi il enjoint Halban et Kowarski de partir pour Bordeaux dès le lendemain à l'aube, le 17 juin, avec l'eau lourde. De nouvelles instructions viendront ultérieurement.

Et les voilà qui s'embarquent dans deux voitures. Dans l'une, se trouve la famille Halban ; l'autre, une fourgonnette, abrite les Kowarski et vingt bidons d'eau lourde empilés à l'arrière. Ils voyagent approximativement d'Est en Ouest, croisant d'innombrables routes qui rayonnent depuis Paris vers le Sud. Ces voies, bien sûr, sont encombrées de réfugiés. Ils parviennent de nuit à Bordeaux, où ils reçoivent l'ordre de rejoindre l'Angleterre par bateau.

Des années plus tard, Kowarski se rappellera les circonstances de ces événements. Le gouvernement Pétain était déjà formé, l'armistice décidé, mais le 17 juin, le gouvernement en partance expédiait ses affaires courantes. Dans un acte désespéré, il « plaça tous ses espoirs dans ces deux magiciens en partance », l'eau lourde faisant office de baguette magique. Les physiciens se sentirent investis d'une mission de la plus haute importance pour l'honneur de la France [20].

Ce sont des représentants du ministère de l'Armement, assistés par des officiers gradés, qui acheminent sur le vapeur *Broompark* les effets personnels des scientifiques et les bidons d'eau lourde. À minuit, Halban et Kowarski montent à bord avec plusieurs autres scientifiques. Les rares cabines sont attribuées aux femmes et aux enfants, tandis que Halban et Kowarski doivent se débrouiller par eux-mêmes. Ils s'endorment finalement sur un tas de charbon. Le lendemain, le maréchal Pétain ordonne la fin des combats et se rend aux Allemands.

L'eau lourde a entamé son périple, d'abord vers l'Angleterre, puis vers l'Amérique du Nord. Elle arrive en Angleterre le 21 juin, lorsque Bruno Pontecorvo atteint Toulouse, première étape de sa propre épopée. Trois années s'écouleront avant qu'il ne retrouve ses collègues, de l'autre côté de l'océan.

De la France de Vichy au nouveau monde

Le Sud de la France est le point de départ d'une importante migration de réfugiés vers l'Amérique du Nord. Or, l'Emergency Rescue Committee ne délivre des permis d'immigration qu'aux candidats qui respectent des critères stricts. Bruno, qui a au moins un travail qui l'attend, entame des démarches incertaines auprès de l'administration corrompue du gouvernement de Vichy pour obtenir un visa de sortie. Ces bureaucrates ressemblent au capitaine Louis Renault dans le film *Casablanca* : des hommes qui portent la France dans leur cœur, mais sont forcés de composer avec les contraintes fortes de la Realpolitik. Tous n'ont pas les mêmes motivations cependant. Avidité et corruption, Bruno Pontecorvo doit se frayer un chemin dans ce labyrinthe. Il envisage de prendre un bateau à Lisbonne, et par conséquent de traverser l'Espagne. Et donc de négocier avec les gouvernements espagnol et portugais pour obtenir les permis de transit nécessaires. Tout semble très incertain.

Bruno entame ses démarches pour quitter l'Europe par une visite au consulat du Portugal à Toulouse, le 26 juin [21]. Il parcourt ensuite près de 500 kilomètres aller-retour pour se rendre, le 29 juin, au consulat américain et y obtenir un permis d'immigrer aux États-Unis, pour 9 dollars par personne [22].

Après une semaine de calme relatif, Bruno reprend alors ses tribulations en France à la recherche de tous les papiers nécessaires au départ de la famille. Le 9 juillet, on lui délivre un visa à Perpignan, à 200 kilomètres de Toulouse, près de la frontière espagnole. Ce visa les autorise à voyager en France « pour les USA, via le Portugal et l'Espagne ». Il n'est valide que jusqu'au 17 juillet ; le temps presse. Notre Italien passe la nuit à Perpignan. Le lendemain, il se rend au consulat espagnol, qui lui remet des visas, « bons pour un aller simple de Marseille vers le Portugal à travers l'Espagne ».

Ayant acquis les documents d'entrée et de transit en Espagne, Bruno se rend maintenant à Marseille, à 320 kilomètres de là, pour s'enquérir des autorisations portugaises. Il les obtient le 12 juillet : « Bon pour le Portugal en transit pour les USA, valide trente jours. » Finalement, avec tous ces papiers en sa possession, il semble qu'il ait encore besoin d'une permission officielle d'entreprendre le voyage et de sortir de France ; le 17 juillet, la préfecture du département de la Haute-Garonne, à Toulouse, délivre le dernier ensemble de visas à la famille, leur permettant de quitter la France pour les États-Unis, via l'Espagne et le Portugal. Ouf !

Le groupe parisien doit désormais se séparer. Gillo et Henrietta restent dans le Sud de la France, de même qu'Emilio Sereni et sa famille. Giuliana et Duccio partent avec Marianne, Bruno et Gil pour le Portugal et l'Amérique.

Enfin, ils quittent Toulouse par le train. Le 19 juillet, ils entrent en Espagne par Portbou, sur la côte méditerranéenne. Le voyage en France a duré une demi-journée. Il leur reste encore 800 kilomètres à parcourir jusqu'à Madrid, et cinq jours de plus avant d'arriver au Portugal.

Le train pour Madrid est plein à craquer de réfugiés. Les bagages empilés dans le couloir servent de banquette de fortune à ceux qui n'ont pas trouvé de place. Pour ajouter à l'inconfort, il fait une chaleur de four, et il n'y a pas d'eau. Giuliana est enceinte, mais elle supporte stoïquement les privations. En revanche, Marianne, enceinte également, est en souffrance [23]. Elle se sent mieux allongée, mais elle perd connaissance plusieurs fois. Son époux ne sait que faire. Longtemps, elle ne peut dormir qu'allongée sur le sol, dans le couloir.

Le 24 juillet, ils passent enfin la frontière du Portugal [24], et de là poursuivent vers Lisbonne, seul port à partir duquel on se rend encore aux États-Unis. Des milliers de migrants épuisés et angoissés gonflent la ville. Pour la plupart, ils ont quitté une maison confortable et vendu de précieux biens pour acheter des billets ou soudoyer des fonctionnaires en échange des permis nécessaires. Bruno n'échappe pas à la règle. Pour une nouvelle somme rondelette, il obtient le droit de résider pendant trente jours à Lisbonne. Où ils loueront des chambres dans un petit hôtel.

Après les privations du voyage, Lisbonne fait figure de paradis. Ensoleillée et rafraîchie par la brise marine, parfumée par les pins, la ville s'offre à eux avec ses nombreux cafés si agréables. La guerre est à des kilomètres de là, au sens propre comme au figuré. Toutefois, Marianne arbore encore « la pâleur d'un enfant malade », et quelques jours avant l'embarquement sur le bateau qui doit les mener aux États-Unis, elle fait une fausse couche.

Si son état ne lui permet pas de voyager, impossible de renoncer au voyage à ce stade. Le 9 août, les deux familles larguent les amarres sur l'océan Atlantique, pour la dernière étape de leur fuite [25]. Mais ils ne sont pas au bout de leurs peines. Malgré le temps radieux, le voyage sur le paquebot de ligne *Quanza* se révèle pénible. La cabine des Pontecorvo se trouve sur le pont inférieur, où la chaleur des moteurs est à peine supportable. De surcroît, Marianne et Giuliana souffrent du mal de mer [26].

L'arrivée en bateau à Manhattan après une longue traversée de l'Atlantique impressionne immanquablement le voyageur. Des jours et des jours de mer grise, sans aucun repère à l'horizon, font perdre toute notion de distance ou de vitesse. Finalement, les dunes de Long Island apparaissent à tribord, c'est-à-dire à main droite. Une heure après, la côte du continent grossit à bâbord. Puis, les deux masses côtières du continent américain et de Long Island se rejoignent vers l'avant, donnant à chacun l'impression de foncer sur un mur. Mais, progressivement, un étroit passage apparaît entre Staten Island et Brooklyn. C'est le détroit appelé The Narrows, qu'un pont suspendu enjambe depuis 1964 [27].

Les Pontecorvo éprouvent sans doute une émotion intense quand leur paquebot s'engage dans The Narrows pour pénétrer les eaux intérieures du Nouveau Monde. Voilà le *Quanza* dans Upper Bay, qui tourne à tribord et fait face aux gratte-ciel de Manhattan.

Mais avant cela, tous les voyageurs, surtout les réfugiés, s'attendent à vivre un moment symbolique : la vue sur la Statue de la liberté. Hélas, le 19 août, jour de l'arrivée des Pontecorvo à New York, l'emblème du monde libre se cache derrière la brume [28]. Trois jours après, Bruno fête son vingt-septième anniversaire chez son frère Paolo, au 503 West 121st Street. C'est là qu'il logera avec Marianne et Gil jusqu'à leur départ pour Tulsa, Oklahoma.

Des destins parallèles

Qu'arrive-t-il à ceux que Bruno, Giuliana et leurs familles ont laissés derrière eux en France ? Gillo et Henrietta déménagent à Saint-Tropez, où d'autres réfugiés se sont regroupés. Gillo y dispense des leçons de tennis aux bourgeois des environs et rencontre des intellectuels exilés, comme le compositeur René Leibowitz, qui lui enseigne le piano, l'harmonie et le contrepoint.

Gillo décrira plus tard cette étrange période, lorsque la guerre sévissait partout excepté dans cette étrange bulle, « vivant au-dehors de l'histoire [29] ». Il trouvera bientôt le moyen de rejoindre celle-ci. Converti à la cause par Bruno, il devient en 1942 un membre clandestin du Parti communiste italien. Tout en vivant à Saint-Tropez, il rencontre Giorgio Amendola, un communiste italien qui organise clandestinement l'opposition au régime de Mussolini. Amendola cherche désespérément quelqu'un qui accepte de rentrer en Italie pour rétablir le contact avec les antifascistes et communistes de là-bas. Les agents qui ont tenté de le faire ont tous été arrêtés de l'autre côté de la frontière. Gillo propose d'essayer, et réussit en utilisant quantité de fausses identités [30].

Bientôt, il se rend régulièrement à Milan comme courrier et relais d'information. Il travaille pour le journal clandestin du parti, *l'Unità*, durant l'été 1943, tandis que Milan subit les bombardements continus des Alliés. En 1944, il est obligé de se cacher, mais repart ensuite pour Turin, où il organise les mouvements de jeunes ouvriers. Après la Libération, il prendra la direction de *Pattuglia*, un journal destiné à la jeunesse communiste et socialiste. Il retournera ensuite à Paris en tant que représentant italien de la Fédération mondiale de la jeunesse démocratique, organisation sous-tendue par les communistes.

Salvador Luria, comme nous l'avons vu, a lui atteint Marseille puis émigré aux États-Unis. Tous nos héros ont donc survécu, contrairement à certains des personnages de Némirovsky, et contrairement à Némirovsky elle-même. Sa chronique de l'exode de Paris reflète le vécu de notre groupe, mais sa propre histoire finit tragiquement : arrêtée par la Gestapo, elle mourra à Auschwitz.

Quant à Emilio Sereni, le dernier membre du groupe à avoir fui Paris avec Bruno, il jouera un rôle important au sein du mouvement partisan communiste. Basé à Nice, il encourage les Italiens à résister contre Mussolini et publie un journal radical, *Le Monde du soldat.* En juin 1943, il est arrêté, renvoyé en Italie et condamné à dix-huit ans de prison. Il tente de s'échapper, mais il est capturé et enfermé dans un camp SS à Turin, où il passe sept mois sous la menace d'une exécution. En août 1944, il tente une nouvelle évasion, réussie cette fois. Il vit ensuite caché durant les derniers mois de la guerre.

Après la guerre, communiste zélé et désormais héros, Emilio Sereni se consacre à la vie politique de son pays et devient ministre des Affaires publiques au sein du gouvernement d'après guerre. En 1945, durant le Ve congrès du parti communiste italien, il est élu membre du Comité central et du Directoire. Il devient bientôt un membre influent du Komintern, l'Internationale communiste, cette organisation dont le but est de créer une République soviétique internationale. En 1950, Emilio Sereni voyagera régulièrement en Europe de l'Est, et aura des relations aux plus hauts niveaux à Moscou.

CHAPITRE 5

Des neutrons pour le pétrole et la guerre
1940-1941

La nouvelle carrière de prospecteur de pétrole de Bruno l'éloigne de la recherche fondamentale en physique nucléaire, désormais consacrée à la fission et aux réactions en chaîne. Réfugiés en Angleterre avec la précieuse eau lourde, Hans Halban et Lew Kowarski réalisent des expériences à Cambridge. Ces dernières montrent qu'une réaction en chaîne est possible dans l'uranium lorsque l'eau lourde joue le rôle de modérateur.

Bien avant le départ de Pontecorvo, des questions cruciales se sont imposées aux physiciens du monde entier. En 1939, Niels Bohr a remarqué qu'il valait mieux utiliser l'U-235 que l'U-238, mais combien en faut-il en pratique pour déclencher une réaction en chaîne ? Et l'uranium, est-il le seul matériau approprié ? Cela vaut la peine de remarquer que le succès de cette quête met en lumière la persécution des juifs par Hitler : beaucoup de brillants scientifiques juifs ont fui l'Europe centrale et deviendront des acteurs majeurs de la guerre scientifique contre les nazis.

En Angleterre, à l'université de Birmingham, deux réfugiés, Otto Frisch * et Rudolf Peierls **, cherchent à savoir si des neutrons

* Otto Frisch, physicien allemand, ancien collaborateur de Niels Bohr. Il participera au projet Manhattan et rejoindra Harwell au Royaume-Uni en 1946. (N.d.T.)

** Rudolf Peierls, lui aussi physicien allemand, a étudié avec Werner Heisenberg, l'un des pères de la physique quantique. Il jouera un rôle capital dans le projet Manhattan. (N.d.T.)

rapides peuvent déclencher une réaction en chaîne dans un échantillon d'U-235 pur et quelle quantité est nécessaire pour obtenir une explosion significative.

En mars 1940, les deux jeunes théoriciens font parler les équations et restent abasourdis par la réponse : « L'énergie libérée par une bombe de 5 kilogrammes équivaudrait à celle de plusieurs milliers de tonnes de dynamite [1]. » Déjà en guerre contre l'Allemagne, les Britanniques réagissent immédiatement : ils classent secret défense le travail de Frisch et Peierls – au point que les deux émigrés (considérés comme « étrangers ennemis ») sont d'abord écartés du comité officiel qui évalue leur découverte.

L'idée n'est toutefois pas mise en œuvre de suite, parce qu'on doute qu'il soit possible de construire une telle arme à temps pour influer sur la guerre, voire même qu'elle puisse un jour fonctionner [2]. L'enrichissement de l'uranium jusqu'à la proportion requise d'U-235 semble nécessiter d'énormes moyens industriels. De là découle l'idée suivante : existe-t-il d'autres éléments dont les noyaux puissent fissionner facilement ? Les scientifiques subodorent l'existence d'éléments instables au-delà de l'uranium (les transuraniens), qui seront plus tard baptisés neptunium et plutonium : voilà des candidats potentiels. Mais pour le savoir, il faudrait disposer de plusieurs grammes de ces éléments exotiques, et puisque ces éléments « transuraniens » n'existent pas dans la nature, il s'agit de les fabriquer.

Les transuraniens sont produits en faible quantité, atome par atome, parmi les produits des collisions entre des neutrons et des noyaux d'uranium. En juin 1940, les physiciens américains Edwin McMillan et Philip Abelson bombardent soigneusement de l'uranium, effectuent une analyse chimique de l'échantillon, et identifient la présence de l'élément 93, le neptunium. Ils suggèrent que l'élément 94, le plutonium, se forme aussi de cette manière [3]. À Cambridge, Egon Bretscher et Norman Feather prédisent que le plutonium a une forte propension à fissionner, bien supérieure à celle de l'U-235. Pour mettre cette proposition à l'épreuve des faits, il faut beaucoup de plutonium, donc des tonnes d'uranium, ainsi que des sources intenses de neutrons et un moyen efficace de les ralentir. Un réacteur nucléaire est la machine idéale pour cette tâche. Et en effet, la production d'éléments transuraniens sera l'un des principaux objectifs des premiers réacteurs nucléaires [4].

Le projet du Royaume-Uni est déjà classé secret. Lorsque la *Physical Review*, que n'importe qui peut se procurer, fait paraître cet été-là l'article des Américains Abelson et McMillan sur le neptunium et le plutonium, les scientifiques de Grande-Bretagne et des États-Unis protestent avec véhémence [5]. En Grande-Bretagne, nation déjà en guerre, tout le monde est conscient du danger de diffuser une découverte aussi stratégique. Quant aux États-Unis, ils ne sont pas encore impliqués dans la guerre, mais ils ont accueilli des chercheurs hors pair fuyant le fascisme, comme Einstein et Fermi. Ce sont ces derniers qui alertent les Américains sur les retombées possibles de ces découvertes. À partir de l'été 1940, toutes les recherches sur la fission qui sont menées en Occident sont classifiées, et plus aucun article ne paraît sur le sujet dans des revues accessibles.

À ce stade, la quête d'une réaction en chaîne emprunte trois voies différentes. La première consiste à enrichir l'uranium, c'est-à-dire à augmenter sa teneur en isotope U-235. La deuxième consiste à chercher un autre élément fissile, tel que le plutonium, et de le tester. En URSS, Igor Kourtchatov étudie une troisième possibilité : et si des neutrons rapides pouvaient briser à la fois l'U-235 et l'U-238, et provoquer une réaction en chaîne dans l'uranium naturel sans qu'on ait besoin de l'enrichir ?

Au début des années 1940, Kourtchatov suggère à deux jeunes collègues, Gueorgui Fliorov et Konstantin Petrzhak, de tester une série de sources qui émettent des neutrons à différentes énergies. Les expérimentateurs les placent à l'intérieur d'une sphère d'uranium, et mesurent le flux de neutrons [6]. Ils trouvent que les neutrons rapides déclenchent un nombre insignifiant de fissions, mais découvrent aussi un phénomène inattendu : il se produit des fissions de manière sporadique dans l'uranium, en l'absence de tout bombardement.

Au début, ils supposent que des rayons cosmiques venus de l'espace heurtent les atomes d'uranium et les brisent. Pour s'en affranchir, ils répètent l'expérience en sous-sol dans la station de métro Dinamo à Moscou, où une couche de terre et de roches protège l'échantillon d'uranium. Or les fissions spontanées persistent. Cela prouve que c'est un phénomène intrinsèque, bien que rare. L'équipe annonce sa découverte à l'Académie soviétique des sciences en mai 1940, et Kourtchatov envoie un court compte-rendu à la revue américaine *Physical Review*, qui le publie en juillet [7].

Nous savons aujourd'hui qu'une fission spontanée a lieu parce que l'uranium naturel est légèrement instable. Le phénomène est trop rare pour produire de l'énergie, mais il risque de perturber le délicat réglage d'une bombe atomique. En quelques mots, pour provoquer une explosion nucléaire, il importe de démultiplier le nombre de fissions de manière exponentielle en une fraction de seconde. La fission spontanée et la fission déclenchée par les rayons cosmiques peuvent aboutir à une libération prématurée de l'énergie nucléaire, et ce avant qu'une réaction en chaîne ne se développe. Quelques années plus tard, ce phénomène deviendra l'un des nombreux problèmes à résoudre pour mettre au point une bombe à uranium.

L'URSS, qui n'est pas encore en guerre, poursuit ses recherches. Le 29 août 1940, Kourtchatov, Fliorov et d'autres collègues élaborent un programme en vue de « l'exploitation de l'énergie de fission de l'uranium au cours d'une réaction en chaîne [8] ». Ce programme est largement discuté en novembre, lors de la Ve conférence de l'Union sur la physique nucléaire, à Moscou. Le besoin d'énormes quantités d'uranium apparaît évident. La manière de se procurer cet élément rare en Union soviétique l'est beaucoup moins.

C'est alors que deux jeunes théoriciens russes, Iouli Khariton et Iakov Zeldovitch, reportent désormais leur attention sur une question que, sans qu'ils le sachent, Frisch et Peierls ont déjà résolue en mars : combien faut-il d'U-235 pur ? À la fin de 1940, ils obtiennent le même résultat que les chercheurs britanniques : quelques kilogrammes d'U-235 suffisent. L'Union soviétique reconnaît l'importance stratégique de la découverte et la classe secret défense [9]. Les Soviétiques soupçonnent déjà qu'un projet nucléaire secret est engagé à l'Ouest. Ils en ont eu l'intuition durant l'été, après la parution de l'article de Fliorov et Petrzhak dans *Physical*

Review : la découverte de la fission spontanée était capitale, et pourtant personne aux États-Unis ne l'a (apparemment) commentée [10].

Jusqu'alors, n'importe quel physicien bien informé pouvait se tenir au courant des progrès réalisés dans le domaine. Inutile d'espionner donc. Le principal secret de l'Occident est la découverte de Frisch et Peierls. Bruno, au même titre que le grand public, l'ignore. Les Soviétiques, de leur côté, ont fait la même découverte grâce à Khariton et Zeldovitch. La grande inconnue, bien sûr, est de savoir ce qu'il en est en Allemagne. Tout le monde est conscient que la réaction en chaîne est de nature à accomplir le rêve de Prométhée, produisant une quantité illimitée d'énergie. Et un an auparavant, en avril 1939, l'Allemagne a interdit l'exportation d'uranium et commencé des expériences sur la fission. C'est assez pour pousser les Alliés à s'engager dans la course à la technologie nucléaire.

Il faudra deux ans avant que Bruno ne rejoigne la physique nucléaire de pointe. Durant cette période, beaucoup de choses auront changé, la discipline devenant un outil de guerre et la recherche connexe classifiée. Un secret qui s'applique non seulement aux nouveaux résultats, mais aussi à la nature même des travaux.

Prospecteur de pétrole

Quand les Pontecorvo arrivent aux États-Unis en août 1940, Enrico Fermi travaille à l'université Columbia, à New York. Une des premières choses que fait « le gamin » à son arrivée est tout naturellement de rendre visite aux Fermi, à Leonia, dans le New Jersey, à 3 kilomètres de Manhattan sur la rive opposée de l'Hudson. Des années plus tard, l'épouse d'Enrico, Laura, se souviendra d'avoir été perturbée par cet épisode.

Bruno arrive seul et explique que Marianne est épuisée par la traversée et a besoin de repos. Comme Laura n'a jamais rencontré ni Marianne ni Gil, elle est déçue qu'il ne les ait pas amenés. La fatigue de Marianne est certes compréhensible : « Traverser l'Atlantique sur un navire bondé de réfugiés fuyant l'Europe ne devait pas être une partie de plaisir. » Mais il lui semble curieux que, lorsqu'elle lui offre d'aller voir sa femme, le jeune homme refuse en déclarant qu'il n'y a absolument rien qu'elle puisse faire pour eux et qu'il ne leur présenterait pas le petit Gil [11].

Laura fera ce récit en 1953, lorsque Pontecorvo aura disparu derrière le Rideau de fer, sans que personne ne sache encore ce qu'il est devenu. Elle alimentera ainsi la légende médiatique selon laquelle Marianne était une femme manipulatrice et mauvaise, secrète car dissimulatrice. La vraie explication de son comportement est assurément bien plus simple, et plus dramatique. Marianne a enduré une grossesse difficile, puis une fausse couche, juste avant la traversée de l'Atlantique, ce que Laura Fermi ignore. En outre, la jeune femme était sans doute maladivement timide, très mal à l'aise avec des étrangers.

Après un bref séjour à New York au domicile de Paolo, les Pontecorvo repartent pour leur destination finale, 2000 kilomètres au sud-ouest, à Tulsa, dans l'Oklahoma. Bruno va devenir un prospecteur de pétrole pour la compagnie Well Surveys.

« Fabrique une souricière plus efficace, et le monde frappera à ta porte », aurait dit le philosophe Ralph Waldo Emerson pour encourager l'innovation. Dans les années 1930, lorsque le besoin de pétrole augmente considérablement aux États-Unis, le « monde », ce sont les compagnies telles que Standard Oil, Texaco et Phillips ; et la « souricière », c'est une méthode pour localiser les précieuses nappes de pétrole.

La compagnie Well Surveys en Oklahoma s'est spécialisée dans la prospection pétrolière. Sa méthode repose sur l'idée que la radioactivité des roches aide à localiser le pétrole. Elle a donc besoin d'un expert en physique nucléaire et en radioactivité. Voilà pourquoi, selon la recommandation d'Emilio Segrè, elle a engagé Bruno Pontecorvo [12].

Les deux scientifiques de Well Surveys qui ont contribué à cette embauche sont aussi des immigrés, dont le parcours attirera plus tard l'attention des agences de sécurité de la nation. Jakov (surnommé Jake ou Jack) Neufeld est polonais, et Serge Alexandrovich Scherbatskoy est russe.

Né en 1906, Neufeld a appris la physique nucléaire à l'université de Liège, en Belgique, puis a été engagé à l'université Cornell. De là, il a intégré la société Seismic Surveys, qui deviendra par la suite

Well Surveys. À l'époque, Scherbatskoy dirige précisément la recherche de la compagnie.

Scherbatskoy est né en 1908 à Constantinople, où son père Alexander était diplomate au consulat russe. Après la révolution russe de 1917, Alexander a travaillé dans les bureaux de la Ligue des nations à Berlin, puis à Paris. Quand il était en Allemagne, Serge a suivi des études d'ingénieur à Stuttgart. En France, il s'est inscrit à la Sorbonne, d'où il est sorti diplômé de physique en 1926.

Il a débarqué aux États-Unis en 1929, juste avant le krach. Selon certaines sources, il n'avait pas de passeport, mais il a été admis et rebaptisé Serge Alexander au lieu de Serge Alexandrovich. Il a travaillé pour les téléphones de Bell Labs, puis il a été licencié en 1932 à cause de la Grande Dépression et a occupé divers emplois dans l'électronique. En 1936, il a obtenu une place dans la société Seismic Services à Tulsa.

C'est là qu'il a rencontré Neufeld. Ils ont mis en commun leurs expériences respectives en électronique et en physique nucléaire pour détecter les rayons gamma qu'émettent les atomes radioactifs des roches. Les schistes argileux, qui sont la signature des nappes de pétrole, contiennent de l'uranium et du thorium, tous deux radioactifs. Le sable et les sédiments, au contraire, ne sont pas radioactifs. Leurs détecteurs n'ont pas leur pareil pour repérer les champs pétrolifères riches en schistes argileux.

Impressionnée par leur recherche, la compagnie Standard Oil les a subventionnés. Cela a aidé les deux compagnons à créer Well Surveys en 1937, Scherbatskoy prenant la direction de la recherche, avec Neufeld à ses côtés. Leur objectif est de trouver d'autres applications de la physique nucléaire à la prospection.

En s'inspirant de la découverte de la radioactivité artificielle par Frédéric et Irène Joliot-Curie et sachant, grâce aux garçons de la via Panisperna, que les neutrons peuvent la déclencher, Neufeld et Scherbatskoy décident de provoquer artificiellement la radioactivité des roches. Par ce moyen, ils espèrent que les couches profondes émettront un signal (dans le domaine des rayons gamma) bien plus intense que celui dû à la radioactivité naturelle. C'est ce qui les conduit à engager Bruno Pontecorvo.

Celui-ci s'attache alors à développer la première application industrielle des neutrons en vue de la localisation des roches pétrolifères, une technique encore en usage plus d'un demi-siècle plus tard. Son invention rentabilisera d'ailleurs largement son embauche. Dans une interview de 1990, il commentera avec amertume : « J'aurais pu devenir millionnaire si j'avais breveté ma découverte. Mais je ne l'ai pas fait, et maintenant le brevet appartient à la compagnie pour laquelle j'ai travaillé. Je n'ai aucun sens pratique [13]. » En outre, le projet Manhattan utilisera l'invention de Bruno pour cartographier les vastes ressources minières des régions sauvages du Canada et y repérer discrètement l'uranium. Cela aura des conséquences importantes sur le développement de l'énergie nucléaire, ainsi que sur la politique de la guerre froide.

Mais n'allons pas si vite et décrivons en quoi consiste l'invention. La prospection du pétrole à l'aide des neutrons comporte trois étapes. D'abord, produire des neutrons ; puis, après avoir installé la source de neutrons au fond d'un puits de forage, détecter le signal résultant de l'interaction entre ces neutrons et les minerais profonds. Enfin, et c'est le but de l'exercice, analyser ce signal pour en déduire la nature de la couche géologique.

Pour Bruno, produire un faisceau de neutrons est un jeu d'enfant. Il utilise du radium, qui émet un flux continu de particules alpha, et du béryllium, dont les atomes libèrent des neutrons après un choc avec des particules alpha. Au cours de la prospection, les neutrons viennent heurter les atomes au voisinage du trou de forage. La plupart d'entre eux sont seulement déviés, traversent les roches, et ne seront plus visibles, mais certains sont réfléchis vers le détecteur ou absorbés par des éléments des roches. Or, quand des neutrons sont absorbés par un matériau, ils convertissent les noyaux atomiques de celui-ci en émetteurs miniatures. Le résultat final est que l'information revient au détecteur sous la forme de rayonnements, tels que des rayons gamma, ou de neutrons réfléchis.

L'appareil que Bruno met au point tient dans un mince cylindre de deux mètres de long et dix centimètres de diamètre, que l'on enfonce dans des puits de forage profonds. Le cylindre contient une source de neutrons, une chambre d'ionisation (semblable à celle d'un compteur Geiger) et un amplificateur électronique permettant d'enregistrer le faible signal qu'émet la chambre d'ionisation quand un rayonnement la traverse.

À Rome, le jeune physicien a contribué à découvrir que les noyaux lourds tendent à absorber des neutrons lents [14]. Ces noyaux deviennent alors radioactifs et réagissent en émettant, par exemple, des rayons gamma. Bruno exploite cette propriété pour identifier, à l'aide du spectre des rayons gamma émis, les isotopes des éléments lourds présents dans les roches. Cette méthode de recherche de champs pétrolifères consistant à irradier les roches avec des neutrons s'appelle sonde « neutron-gamma ».

Pontecorvo développe aussi une autre méthode, dite « neutron-neutron », dans laquelle on détecte les neutrons réfléchis par les roches. Quand un neutron heurte un élément lourd, il l'ébranle à peine et repart avec presque toute son énergie incidente. Quand il heurte un élément léger, à l'inverse, il lui cède une partie de son énergie incidente en le faisant reculer sous le choc, et repart donc ralenti. Si on sait mesurer les énergies des neutrons réfléchis, on a donc un moyen de différencier, au moins grossièrement, les éléments légers des éléments lourds de la roche.

Si l'idée paraît simple, elle est quelque peu délicate à mettre en œuvre. L'une des difficultés réside dans le fait que la source émet des neutrons rapides, tandis que le détecteur est plus sensible aux neutrons lents. Pour s'affranchir de cette contrainte, Pontecorvo enveloppe le détecteur de paraffine, laquelle ralentit les neutrons. Cela augmente la sensibilité du détecteur, mais pose un autre problème : pour convertir le comptage des neutrons en information sur leur énergie, il a besoin de savoir en quelle proportion les neutrons rapides incidents sont ralentis, et à quel point. Il effectue pour cela une série de tests au laboratoire afin de caractériser la réponse de son détecteur à des sources connues de neutrons. Puis, il compare à ces abaques les données provenant de la couche géologique.

Bruno doit aussi déterminer la quantité optimale de paraffine à utiliser. Une trop petite quantité ne ralentirait pas un nombre suffisant de neutrons jusqu'aux vitesses qui conviennent au détecteur. À l'autre extrême, une trop grande quantité de paraffine absorberait trop de neutrons et n'en laisserait pas passer suffisamment. Il doit donc exister une situation intermédiaire, pour laquelle l'intensité des neutrons lents est maximale. Ce n'est qu'une fois ces étalonnages faits au laboratoire qu'il sera possible d'identifier les couches géologiques sur le terrain.

En Italie, Bruno a appris que le niveau de radioactivité provoquée dans les éléments lourds dépend surtout de la vitesse des neutrons incidents. Un neutron d'une certaine vitesse peut n'avoir qu'un effet modeste, tandis que la réponse serait énorme s'il était légèrement plus rapide ou plus lent. En 1936, Fermi et Edoardo Amaldi ont étudié l'absorption et la diffusion des neutrons dans divers matériaux, et ont tracé des graphiques, appelés courbes Amaldi-Fermi (ou AF), qui montrent la réponse radioactive de ces matériaux en fonction de la vitesse des neutrons [15]. Les courbes AF sont pratiques pour analyser les mesures de physique nucléaire, donc Pontecorvo décide d'exploiter ce savoir, en examinant ce qui se passe quand on bombarde de neutrons des strates faites d'un méli-mélo de minéraux, et en se servant des courbes pour interpréter les résultats.

Cela amène une autre question : comment distinguer le rayonnement issu des roches de celui provenant directement de la source ? Il remarque que la source émet un niveau constant de rayonnement, tandis que le signal émis par les roches varie énormément lorsque l'appareil passe d'une strate à une autre, à mesure qu'on l'enfonce dans le puits. La variation est suffisante pour qu'il puisse discriminer le bon signal.

En juin 1941, Bruno dresse un bilan des tests qu'il a effectués et cherche à déterminer la composition chimique et la porosité des roches à partir de ses données [16]. D'après son rapport, chaque couche géologique réagit différemment, ce qui permet de distinguer clairement le schiste argileux, le calcaire et le grès. Cette méthode d'analyse des roches se révèle plus efficace que les techniques existantes, y compris l'appareil à rayons gamma que Neufeld et Scherbatskoy ont l'habitude d'utiliser.

Cette année-là, Bruno publie un article dans *Oil and Gas Journal*, montrant la superbe corrélation entre les signaux de son détecteur et les diverses variétés de roches. Il relève par ailleurs un atout majeur de son appareil : « On peut choisir une source de neutrons d'intensité assez élevée, [de sorte qu'on puisse] réaliser l'analyse de terrain par [cette] nouvelle méthode très rapidement. » Cet article, paru dans une revue accessible à tous, comporte une manière d'annonce publicitaire : « Si les essais restent favorables, le nouveau dispositif sera rapidement mis sur le marché [17]. »

La famille Pontecorvo à Tulsa, en 1940. (Gil Pontecorvo, archives de la famille Pontecorvo)

Bruno cherche ensuite à optimiser la source de neutrons. L'utilisation de la paraffine pour ralentir les neutrons limite la précision des mesures. Il s'enquiert alors de sources de neutrons de plus basse énergie, pour s'affranchir de la paraffine [18]. Cela le conduit à solliciter des compagnies qui fournissent des matériaux radioactifs, comme le polonium et l'actinium, en vue de remplacer le mélange radium-béryllium qu'il a utilisé jusqu'alors. Il y passe plusieurs mois [19]. À la fin de 1941, Bruno a la conviction que les neutrons constituent un nouvel outil formidable, à même de révéler la limite entre les couches de grès et d'argile, ou entre le grès et le calcaire.

Le grand public s'approprie le concept de « neutron », parfois d'une manière inattendue. Durant l'un des déplacements de Bruno sur le terrain, le conducteur d'un camion s'arrête devant lui et lui lance : « Avez-vous vu les neutrons [20] ? » Le chauffeur s'enquiert de son collègue en charge de l'équipement de prospection, dont fait partie l'appareil d'analyse par neutrons inventé par Pontecorvo. Par un raccourci sémantique, il appelle cet appareil « les neutrons ». Pontecorvo se félicite d'avoir fait entrer dans la vie des hommes, au moins sur les gisements de pétrole, une particule qui lui est chère, car liée à ses recherches avec Fermi [21]. Il est en train de jeter les bases d'une nouvelle industrie, qui utilise les neutrons pour localiser les minerais pétrolifères.

Durant tout ce temps, Bruno, Marianne et Gil sont confortablement installés dans une maison typiquement américaine à Tulsa. Celle-ci est bien plus spacieuse que le logement étudiant qu'ils occupaient à Paris, avec sa salle de bains commune [22]. À Tulsa, ils sont chez eux, avec un grand living-room, des chambres à l'étage et un jardin. La population les apprécie. Un journal local raconte l'histoire de la petite famille qui a fui la guerre en Europe : un séduisant Italien aux cheveux sombres, sa charmante épouse suédoise aux cheveux blonds et leur jeune garçon tout bouclé. Ils envisagent de s'installer définitivement aux États-Unis.

Cependant, la situation change lorsque les États-Unis entrent en guerre, en décembre 1941. Le président Roosevelt déclare que l'Allemagne et l'Italie menacent les États-Unis d'« une invasion ou d'une incursion militaire », et Pontecorvo devient, une fois de plus, un étranger ennemi [23]. C'est ce climat qui le conduit à se renseigner sur les possibilités d'acquérir la nationalité américaine.

CHAPITRE 6

Entre l'Est et l'Ouest
1941-1942

L'armée nazie envahit l'Union soviétique en juin 1941 et marche sur Moscou. Les Soviétiques ont alors des sujets de préoccupation plus pressants que la fission. Ils pensent que le jour où celle-ci fournira la puissance destructrice d'une arme n'adviendra que dans un avenir lointain – ce ne serait pas pour cette guerre-ci. Les difficultés que représentent l'enrichissement en U-235 et le contrôle de la réaction en chaîne menant à l'explosion semblent insurmontables. Pourquoi poursuivre un projet à long terme, au succès douteux, alors que Moscou risque de tomber en quelques semaines ? La recherche soviétique sur la fission est soudain interrompue.

Gueorgui Fliorov, le protégé de Kourtchatov qui a découvert la fission spontanée, déplore cette stratégie. Il serait selon lui désastreux de perdre la course à la bombe atomique. Il estime que les neutrons rapides peuvent provoquer une réaction en chaîne équivalente à 100 000 tonnes de TNT, sans que l'on ait à enrichir l'uranium en U-235. Il imagine même, sans le savoir, une bombe assez similaire à celle que Frisch et Peierls envisagent en secret au Royaume-Uni. Il écrit en décembre 1941 à Kourtchatov pour lui exposer son opinion. Malheureusement, Kourtchatov souffre d'une pneumonie et ne peut répondre [1].

C'est alors que la Russie et les États-Unis deviennent alliés, du moins dans le sens où les ennemis de nos ennemis sont nos amis. En réalité, chacun se méfie de l'autre. Les États-Unis et le Royaume-Uni ne dévoilent rien de leurs projets d'arme atomique à leur allié soviétique. Ce qui ne veut pas dire que les Soviétiques n'en sont pas informés.

Klaus Fuchs, un autre physicien théoricien ayant fui le fascisme, travaille en 1941 avec Rudolf Peierls à Birmingham. Après l'invasion de l'URSS par les Allemands, Fuchs, qui est communiste, juge que l'Union soviétique a le droit de savoir ce que cherchent les Britanniques. Il contacte l'attaché militaire du consulat soviétique en été 1941 et lui dévoile les expériences britanniques sur la séparation de l'U-235 [2]. Outre les informations que fournissent des espions tels que Fuchs, il existe dans la littérature scientifique des indices prouvant l'existence de programmes secrets, du moins pour qui sait les interpréter, comme Fliorov.

Au début de l'année 1942, Gueorgui Fliorov sert dans l'armée soviétique. L'État l'a arraché à ses chères recherches en physique et l'a envoyé se battre sur le front, près de Voronej, à environ 500 kilomètres au sud de Moscou. À ce moment, l'université d'État de Voronej a été évacuée, mais les rayons de la bibliothèque contiennent encore des numéros récents de revues internationales. Un jour, alors qu'il a quelques heures à perdre, Fliorov explore la bibliothèque en quête des dernières nouvelles américaines sur la fission. Il est surpris par ce qu'il trouve : rien.

Perplexe, Fliorov feuillette les revues occidentales disponibles et trouve des articles de divers auteurs dans tous les domaines de la physique, sauf sur la fission. Pour être plus précis, non seulement les articles sur la fission ont disparu, mais aussi les meilleurs physiciens nucléaires. Aucun des chercheurs les plus influents du domaine, tels que Fermi, Bethe et Bohr, n'a publié quoi que ce soit depuis plusieurs mois.

Fliorov en devine alors la raison : les articles font défaut, car la recherche américaine sur la fission est devenue secrète. Cela explique aussi l'absence de scientifiques nucléaires : ils gardent le silence tout en travaillant sur une arme nucléaire.

Au moins, Américains et Soviétiques sont dans le même camp. Ce qui l'inquiète, c'est que les Allemands nazis comptent parmi eux des scientifiques de premier plan, susceptibles d'avoir les mêmes idées. De surcroît, ils ont accès à de grandes quantités d'uranium et savent peut-être l'enrichir. Il écrit à Staline en avril 1942 pour lui faire part de ses inquiétudes et le presser de réunir les meilleurs scientifiques nucléaires de la nation [3]. Son intervention ne fait que confirmer les informations qu'il ne possède pas : les secrets transmis par Klaus Fuchs. On ignore si la lettre de Fliorov est parvenue jusqu'à Staline, mais les scientifiques soviétiques ont bien été alertés.

C'est au printemps 1942 que l'attitude du Kremlin envers la recherche nucléaire change. L'une des raisons en est que l'offensive allemande contre Moscou a été repoussée [4]. Par ailleurs, Lavrenti Beria, l'acolyte de Staline qui présidera plus tard le Comité spécial sur la bombe atomique, a appris par Klaus Fuchs que le Royaume-Uni savait séparer l'U-235. Beria en déduit que les Britanniques ont surmonté, au moins en théorie, certains obstacles à la conception de la bombe atomique, et que la construction d'un tel engin ne relève plus que de l'ingénierie.

Les Allemands reprennent l'avantage sur l'Armée rouge dans le courant de l'année : ils envahissent Sébastopol et avancent sur Stalingrad. Cette nouvelle menace occupe toute l'attention de Staline, mais Beria sait désormais qu'une bombe atomique est faisable, et il décide de lui consacrer un programme de recherche. La lettre de Fliorov contient des informations probablement dépassées, mais avant tout, elle le désigne comme expert. Celui-ci est donc rappelé du front Sud-Ouest à la mi-juillet 1942, convoqué à Moscou et renvoyé à sa recherche sur les neutrons. Kourtchatov le rejoint en septembre. Il prend la direction des travaux sur la bombe atomique soviétique en octobre, alors que la bataille de Stalingrad bat son plein.

Pendant ce temps au Royaume-Uni, à la suite du calcul de Frisch et Peierls, les scientifiques se sont lancés dans la réalisation de l'arme nucléaire. Les Britanniques ont pris la tête de la course en 1941. Ils ont enrichi de l'uranium à Oxford et progressé sur les aspects théoriques de la bombe à uranium.

James Chadwick, qui a commencé toute cette saga en découvrant le neutron, se consacre désormais aux expériences et coordonne plusieurs équipes du Royaume-Uni. L'expérimentateur de talent, travailleur acharné, se révèle un brillant administrateur de la science. Comme les experts de l'Union soviétique et bien d'autres, Chadwick a d'abord cru que rien ne sortirait de cette recherche avant la fin de la guerre. Jusqu'à ce que, au printemps 1941, des chercheurs britanniques parviennent à séparer l'élément fissile U-235 du minerai d'uranium naturel, et ce pour un coût supportable. Fuchs, qui était au courant, a passé sans tarder l'information à l'URSS. La réaction de Chadwick est plus personnelle : lorsqu'il prend conscience qu'une bombe nucléaire est non seulement possible, mais inévitable, il commence à avaler des somnifères : « C'était le seul remède », racontera-t-il plus tard [5].

Chadwick rédige un rapport, résumant ses conclusions sur la faisabilité d'une arme atomique, et Winston Churchill lance fin 1941 son projet secret sous le nom de code « Tube Alloys * ». Bien entendu, les Soviétiques l'apprennent par leurs espions [6].

Tube Alloys rassemble de nombreux scientifiques et ingénieurs, avec à leur tête deux hommes : Wallace Akers, directeur de recherche de la compagnie Imperial Chemical Industries (ICI), et Michael Perrin, administrateur de celle-ci. À cette époque, Halban et Kowarski se trouvent à Cambridge avec l'eau lourde. Ils travaillent au sein d'un groupe de physiciens de l'université, dans le but de déclencher une réaction en chaîne et de libérer l'énergie nucléaire. Contrainte de piloter le projet dans le cadre de l'effort de guerre, la compagnie ICI voit néanmoins dans le développement de l'énergie nucléaire une excellente opportunité commerciale pour l'après guerre [7].

L'eau lourde focalise l'attention. L'intérêt que les Allemands lui portent trahit leur engagement sur la voie de la technologie nucléaire. De l'autre côté de la Manche, le Royaume-Uni, même s'il a gagné la bataille d'Angleterre de 1940, reste sous la menace d'une invasion par les nazis. Si on installait en Angleterre un équipement de taille industrielle pour séparer l'U-235, exploiter la fission nucléaire, puis construire une bombe, celui-ci serait vulnérable à une attaque ennemie. Pour sauvegarder la précieuse eau lourde et sans doute pour s'assurer le contrôle d'une future exploitation commerciale, le Royaume-Uni délocalise en 1942 le projet au Canada, lieu relativement sûr. Ainsi débute l'aventure anglo-canadienne de Tube Alloys, dont les héros seront Halban, Kowarski et leurs collègues de l'université de Cambridge.

* Que l'on pourrait traduire par « alliages pour tubes ».

Le caractère de Halban pose problème dès la formation de l'équipe canadienne, et cela continuera jusqu'à ce que le projet s'intègre au projet Manhattan des États-Unis. Le physicien autrichien tente en effet de s'approprier tout le travail du groupe sur l'eau lourde. Kowarski exècre cette habitude qu'a son collègue de tirer la couverture à lui, et refuse de l'accompagner en tant que sous-fifre. En conséquence de quoi, Kowarski reste à Cambridge [8]. Halban, lui, se rend aux États-Unis pour monter son équipe et s'entretenir de physique nucléaire avec Enrico Fermi.

1942 : la pile de Fermi

Quand Fermi, le premier aux États-Unis, a lancé ses travaux sur la faisabilité d'une réaction en chaîne, il a utilisé de l'eau pour modérer les neutrons, c'est-à-dire les ralentir à la vitesse optimale pour déclencher des fissions. Comme les Français, il a vite compris que l'eau n'était pas un modérateur efficace, car elle tend à capturer les neutrons du faisceau. L'eau lourde étant rare aux États-Unis, Fermi décide d'essayer le graphite. Ce matériau est constitué de carbone, dont l'atome est assez léger pour amortir efficacement les neutrons.

Fermi travaille d'arrache-pied durant l'année 1942 pour déclencher une réaction en chaîne auto-entretenue dans l'uranium à l'aide de neutrons lents. Pour ce faire, il doit produire des sources intenses de neutrons et déterminer le composé d'uranium le plus adapté.

Depuis ses précédents travaux avec Pontecorvo, Fermi a identifié les matériaux qui conviennent aux expériences de petite échelle. Il cherche désormais à obtenir un comportement similaire sur une plus grande échelle, pour faire fonctionner un réacteur. La recherche sur les propriétés du plutonium a commencé à Chicago, et puisque l'un des objectifs d'un réacteur nucléaire est la production de plutonium, le premier prototype de réacteur de Fermi devra être localisé à Chicago.

Le physicien italien confectionne son réacteur à partir d'un stock d'oxyde d'uranium débité en morceaux de la taille d'une balle de tennis, entourés de blocs de graphite. Ces derniers sont empilés, ce qui a inspiré le nom de ce type de réacteur nucléaire : une « pile ».

Ajouter une source de neutrons, et vous avez l'essentiel d'un réacteur nucléaire, du moins en théorie. En pratique, le réacteur comprend beaucoup d'autres composants, ne seraient-ce que le plancher et la structure générale, faits de métal et de béton. Ces matériaux diffusent ou absorbent les neutrons qui les atteignent, ce qui peut influer sur les réactions nucléaires au sein du réacteur. Par conséquent, pour construire un réacteur opérationnel, Fermi a besoin de savoir comment les neutrons réagissent, non seulement avec l'uranium, mais aussi avec une grande variété d'éléments chimiques. Il doit faire de nombreux tests, consistant à irradier des composés avec des neutrons, pour voir s'ils les absorbent ou les diffusent, et avec quelle vitesse. Fermi en est à ce stade de ses investigations, lorsque Bruno Pontecorvo lui rend visite.

Pendant vingt mois, Bruno s'est tenu à l'écart de ce monde secret. Sans rien savoir de la passion grandissante de l'Occident pour les réacteurs nucléaires, il est cependant devenu un expert sur bien des sujets utiles à leur conception. Et, lorsqu'en 1942 Fermi commence à construire sa pile, Bruno en sait plus que lui sur de nombreux points.

La rencontre avec Fermi… et Halban

Vers la fin de 1941, Bruno constate qu'il est de plus en plus difficile de se procurer des matériaux radioactifs pour son travail. Certes, le radium abonde, mais l'approvisionnement en matériaux plus rares semble se tarir, comme si quelqu'un s'appropriait le marché. La raison en est, bien sûr, que la recherche qui aboutira au projet Manhattan monopolise déjà la plupart des ressources disponibles. Bruno, au même titre que le grand public, ignore tout cela, mais il a le sentiment que quelque chose cloche. Il rédige un rapport le 17 novembre 1941, à propos des conséquences du manque de sources radioactives sur le développement de nouvelles méthodes de prospection [9]. Et sollicite son mentor Enrico Fermi en avril 1942, dans l'espoir que celui-ci l'aide à se fournir plus facilement.

Fermi a passé l'hiver à faire des allers et retours entre New York et Chicago pour préparer son réacteur expérimental. Lui aussi est un « étranger ennemi », et il doit obtenir une permission à chaque voyage [10]. Il s'installera plus tard à Chicago, mais il vit encore à New York quand Bruno lui rend visite. L'ancien collègue de Bruno à Paris, Hans Halban, et le physicien tchèque George Placzek sont aussi de la partie.

Pendant leur petite réunion, Bruno raconte aux scientifiques son travail sur les abaques de neutrons, sans leur épargner les détails techniques. Fermi se révèle particulièrement intéressé, faisant des suggestions, étalant son savoir et posant moult questions. Bruno, qui ignore tout du projet secret de Fermi, s'en étonne. Il pensait que son travail ne présentait aucun intérêt en dehors de la prospection pétrolière et, pourtant, son ancien professeur manifeste une soif insatiable d'informations. Naturellement, Fermi ne cesse de penser à son réacteur. Pour faire aboutir son projet, il doit en effet irradier l'uranium avec des neutrons en présence de graphite et de nombreux autres matériaux, et il est essentiel pour lui d'en savoir autant que possible sur le comportement des neutrons.

Bruno ne parvient à obtenir de Fermi aucun matériau utile, mais la rencontre confirme ses soupçons au sujet de l'existence d'un important projet nucléaire. Les questions de Fermi, la présence de Halban (qui a étudié la fission sous ses yeux en 1939) et ses connaissances en physique nucléaire lui suffisent à deviner ce qui occupe son ancien professeur. Si les détails de la pile nucléaire lui restent inconnus, il apprend toutefois certains résultats de ses recherches sur les neutrons : dans le compte rendu de sa visite qu'il rédige le 15 avril, Bruno indique avoir reçu de Fermi des données qui « n'ont pas été publiées et ne peuvent pas l'être avant longtemps, à cause de leur nature confidentielle [11] ».

Ainsi, contrairement à ce que prétendra le gouvernement britannique après la disparition de Bruno en 1950, le « gamin » détient quelques informations de pointe dès 1942, plusieurs mois avant que Fermi ne termine son premier réacteur nucléaire. En outre, il sait désormais que les neutrons sont entrés dans la recherche nucléaire de guerre.

Bruno n'est d'ailleurs pas le seul à comprendre ce qui se passe. D'autres aux États-Unis se rendent à l'évidence. Son frère Paolo fréquente le physicien Harry Lipkin, qui travaille à l'époque sur les micro-ondes et deviendra plus tard un théoricien nucléaire reconnu. Les deux hommes élaborent un radar capable de repérer les avions au-dessus de la mer, et ils passent en 1943 deux semaines dans le Parc national d'Acadia, dans le Maine. Ils deviennent amis à cette occasion. Selon Lipkin [12], Paolo a compris que les Américains travaillaient sur la bombe atomique, car plusieurs physiciens nucléaires italiens connus de Bruno, dont Fermi, semblaient avoir littéralement disparu de la circulation, leurs publications de recherche s'étant soudainement interrompues. Le seul moyen de les joindre est de leur écrire en poste restante, sans qu'il soit possible de les localiser… Il est évident qu'un projet top secret est engagé, et Paolo et Harry en ont deviné la teneur.

La visite de Bruno Pontecorvo chez Enrico Fermi en avril 1942 va le conduire à participer à ce projet top secret. Ce n'est toutefois pas Fermi qui recrute son ancien élève ; Bruno rejoindra l'équipe anglo-canadienne de Halban.

La filière canadienne

En 1930, le prospecteur minier canadien Gilbert LaBine a découvert des dépôts de radium et d'uranium dans les territoires du Nord-Ouest du Canada. À cette époque, le radium était fort recherché pour traiter le cancer, tandis que l'uranium était jugé inutile. Les dépôts canadiens et les mines du Congo belge assuraient l'approvisionnement mondial de radium. Au déclenchement de la guerre en Europe, le marché du radium s'est effondré, et les mines canadiennes se sont trouvées en difficulté. Mais la situation a changé lorsqu'on a découvert la réaction en chaîne et, avec elle, l'énorme potentiel de l'uranium comme source d'énergie.

La mine *Eldorado* de LaBine commence en 1942 à approvisionner les États-Unis en uranium pour le réacteur de Fermi. Le gouvernement canadien en prend le contrôle en 1943 [13].

L'agent de LaBine s'appelle Boris Pregel et est basé à New York. Originaire d'Ukraine, il a migré à Paris après la révolution d'Octobre en 1917, puis il s'est enfui, comme Bruno, lorsque les nazis ont envahi la France en 1940. En arrivant aux États-Unis, Pregel a fondé la Canadian Radium and Uranium Corporation of New York, qui pourvoit des sources radioactives de neutrons, des enseignes luminescentes et divers minerais canadiens [14]. C'est donc tout naturellement que Pregel s'intéresse au physicien Bruno Pontecorvo, et vers la fin 1942, il tente de le convaincre de rejoindre son laboratoire à New York [15].

Il se trouve que Pontecorvo n'est plus aussi heureux à Well Surveys. Sa quête de matériaux radioactifs piétine, alors que ceux-ci sont indispensables à son travail. Il est prêt à accepter l'offre de Pregel, lorsque le destin s'interpose sous la forme de trois de ses anciens collègues de la période parisienne : Bertrand Goldschmidt, Hans Halban et Pierre Auger.

Goldschmidt (un chimiste) et Auger (un physicien) sont sur le point de rejoindre Halban dans le projet de réacteur anglo-canadien, à Montréal. Auger doit prendre la tête de la division de physique, tandis que la physique théorique doit être menée par George Placzek, lequel a rencontré Pontecorvo dans le laboratoire de Fermi un peu plus tôt cette année-là. C'est Goldschmidt, futur directeur de la division de chimie, qui joue un rôle pivot dans cette histoire, car il a travaillé dans le laboratoire de Pregel à New York. Il considère que Pontecorvo mérite mieux que le poste qu'on lui propose, et préconise à Halban de l'engager.

À cette époque, le projet emploie environ cent scientifiques et ingénieurs. Soucieux de protéger ses intérêts sur les brevets, Halban a pris soin de tenir à l'écart de son équipe quiconque pourrait avoir les mêmes revendications que lui [16]. Un diktat qui a valu à Kowarski son exclusion, mais qui joue en faveur de Bruno. Le jeune expert italien a assisté aux expériences avec l'eau lourde à Paris, sans toutefois participer aux brevets, comme on l'a souligné. Un entretien est donc organisé en novembre 1942, qui débouche sur une offre d'embauche pour Pontecorvo sur le projet de réacteur anglo-canadien. L'équipe envisage de construire un réacteur nucléaire à base d'uranium et modéré à l'eau lourde, à la différence du réacteur de Fermi à Chicago, qui sera lui modéré au graphite. Le but déclaré du réacteur canadien est de fournir de l'énergie nucléaire après la guerre ; cependant, il pourrait aussi produire du plutonium et des formes rares d'uranium, susceptibles de servir plus tard dans les armes atomiques.

L'opportunité de migrer au Canada arrive à point nommé pour Bruno, tant sa vie devient compliquée. Aux États-Unis pendant la guerre, un étranger ennemi s'expose à de fâcheuses mésaventures. Un jour, Bruno effectue une manœuvre interdite par le code de la route au volant d'un camion chargé d'instruments de géophysique. Des agents de police constatent l'infraction, le poursuivent et le font s'arrêter sur le bord de la route. Ils deviennent suspicieux quand ils découvrent dans le camion tout un assortiment d'instruments inhabituels, munis de nombreux boutons et cadrans. Lorsque Bruno entreprend de leur expliquer la fonction des instruments, ils réalisent qu'il n'est pas américain et s'écrient : « Étranger ennemi ! » Bruno tente alors de sortir ses papiers de sa poche arrière. « Comme dans une scène de film », racontera-t-il plus tard, un des policiers pense qu'il cherche une arme et l'immobilise brutalement [17]. Lorsqu'ils comprennent enfin la situation, les agents confient à Bruno qu'ils auraient pu le tuer sur place.

L'incident finit bien et fournit à Bruno une nouvelle anecdote à raconter. Mais une autre mésaventure tournera au vinaigre… Un battement d'ailes de papillon au Brésil peut-il déclencher une tornade au Texas, se demandait Edward N. Lorenz, l'un des pères de la théorie du chaos ? Toujours est-il qu'une simple visite du FBI aura des conséquences disproportionnées sur la vie des Pontecorvo.

Deux agents fédéraux se rendent en effet au domicile de Bruno le 25 septembre 1942, au sujet de son statut d'« étranger ennemi [18] ». Bruno est en déplacement pour plusieurs jours sur des champs de pétrole, si bien que les compères interrogent Marianne. Sur le coup, l'entrevue semble sans conséquence, sauf sur un point : les agents repèrent dans la maison « vingt-cinq à trente livres ou pamphlets contenant de la littérature communiste ». Ils demandent à Marianne si Bruno est communiste. Elle répond qu'elle « ne comprend pas et ne sait pas ce qu'est un communiste ». Les agents remarquent que Marianne « parle bien anglais et semble avoir compris toutes les questions posées jusque-là ». Selon les archives, elle dit aussi que Bruno « a étudié avec Madame Curie quand il était en France », ce qui montre bien qu'il y a un problème de compréhension. Des années plus tard, Bruno racontera avoir senti en Amérique un « antisoviétisme intense », personne ne semblant partager sa « passion pour l'URSS [19] ».

CHAPITRE 7

La pile de Chalk River
1943-1945

Pendant que Bruno était au-dehors de l'univers du secret, de l'eau a coulé sous les ponts. Les événements qui finiront par l'engloutir débutent en 1941, lorsque le Premier ministre britannique Winston Churchill décide de se doter de l'arme nucléaire sous l'égide du programme Tube Alloys qui, au moment où Bruno le rejoint, est sur le point d'être intégré au projet Manhattan.

Le projet Manhattan comporte lui-même plusieurs volets. À Oak Ridge, dans le Tennessee, une énorme usine de diffusion gazeuse *, destinée à séparer l'uranium fissile U-235 du minerai naturel, a supplanté une forêt de plusieurs centaines d'hectares. La bombe proprement dite est conçue et fabriquée à Los Alamos, dans le Nouveau-Mexique. Parmi les physiciens nucléaires qui quittent le Royaume-Uni pour participer à Tube Alloys se trouvent deux personnages remarquables que nous avons déjà rencontrés : Rudolf Peierls, le premier à avoir compris le potentiel de la bombe, et son collègue Klaus Fuchs, qui transmet déjà à cette époque des informations à l'Union soviétique.

Les réacteurs nucléaires sont indispensables au projet Manhattan, car susceptibles de produire le plutonium nécessaire à la fabrication d'une bombe. Conduit par le pugnace général Leslie Groves, le

* La diffusion gazeuse consiste à faire passer un composé d'uranium sous forme gazeuse à travers des parois poreuses. L'isotope U-235 étant plus léger que l'U-238, il traverse plus facilement les parois, si bien qu'il s'enrichit à chaque passage. (N.d.T.)

projet démarre vraiment le 2 décembre 1942, lorsque la pile de Fermi amorce sa première réaction en chaîne entretenue, dégageant de l'énergie à taux constant. Dans le jargon consacré, la pile « devient critique ». Le développement de réacteurs nucléaires est précisément l'objectif du projet Tube Alloys, auquel Bruno Pontecorvo va bientôt être intégré.

Bien entendu, ce projet relève du secret défense, et ses membres sont surveillés de près. Le fait que le programme de Halban soit considéré comme anglo-canadien peut d'ailleurs surprendre, puisque l'initiative est née en France auprès de Frédéric Joliot-Curie, et qu'il y a davantage de Français que d'Anglais parmi ses premiers membres. L'équipe senior est presque exclusivement constituée d'émigrés de France et d'Europe centrale, qui ont travaillé avec Halban et Kowarski à l'université de Cambridge. Lorsque Halban propose de recruter Bruno Pontecorvo, qu'il a connu dans le laboratoire de Joliot-Curie, Edward Appleton, secrétaire d'État * du Department of Scientific and Industrial Research (DSIR), proteste dans un premier temps qu'il ne souhaite pas « augmenter le nombre de non-ressortissants britanniques [1] » travaillant sur ce projet secret. Cette objection fait sourire aujourd'hui, quand on sait qu'Alan Nunn May, le seul membre britannique du groupe emprunté à Cambridge, sera plus tard convaincu d'espionnage pour les Soviétiques.

L'histoire ne dit pas comment le Tchèque George Placzek et le Français Pierre Auger, déjà très impliqués dans le projet, supportent l'attitude insulaire d'Appleton. Dans tous les cas, ils vantent les mérites du « brillant physicien Pontecorvo [2] » tant et si bien qu'ils obtiennent gain de cause. Bruno a bénéficié d'une formation de physique auprès de Fermi à la fois expérimentale et théorique, et il travaille sur les neutrons depuis presque une décennie. En outre, il a la possibilité de consulter son mentor à Chicago, dans l'intérêt évident du projet anglo-canadien. À Tulsa, Bruno a étudié l'interaction des neutrons avec un grand nombre de matériaux, ce qui se révélera crucial pour concevoir un réacteur opérationnel. En bref, il est le seul « spécialiste de [sa] trempe disponible en Amérique du Nord [3] ».

* Soit l'équivalent d'un ministre de la Recherche scientifique et industrielle. (N.d.T.)

Le DSIR demande à l'ambassade britannique à Washington de mener « une enquête discrète [sur Pontecorvo] avant d'entamer toute démarche de recrutement » le 4 novembre 1942. Le 30 novembre, l'ambassade répond qu'elle considère son embauche par une agence britannique comme « assez satisfaisante du point de vue de la sécurité ». Elle ajoute, avec une certaine condescendance, que « [Pontecorvo] est italien de naissance et juif de race, mais son attitude montre assez clairement son entière sympathie à la cause alliée [4] ».

Les services de sécurité britanniques fournissent le 9 décembre un rapport sur Bruno « inhabituellement enthousiaste », qui le décrit ainsi : « L'un des jeunes physiciens nucléaires les plus prometteurs, expert reconnu de la physique des neutrons lents – sur lesquels il menait ses recherches avant que ne démarre le projet d'énergie atomique [5] ».

Bruno quitte donc l'industrie du pétrole et prépare son déménagement au Canada. Il se rend au Kansas depuis Tulsa le 7 janvier 1943, pour obtenir son passeport, rentre chez lui le lendemain, puis va à New York le 15 pour signer son engagement dans le programme Tube Alloys. Il y passe le reste du mois de janvier, durant lequel on le forme sur le projet. Enfin il emménage avec sa famille à Montréal le 7 février [6]. Il travaillera durant sept ans sur le projet secret de physique nucléaire des Alliés et des Britanniques.

À l'insu des services de sécurité du Canada, quinze jours après la nomination de Pontecorvo, le FBI et la British Security Coordination à Washington s'échangent trois lettres. Le FBI s'y inquiète des sympathies communistes de Pontecorvo, depuis que, quelques mois plus tôt, deux de ses agents se sont rendus chez lui à Tulsa et ont interrogé Marianne en son absence. Bien que ces lettres soient échangées après la nomination de Bruno à Tube Alloys, celui-ci est encore à l'essai et attend son embauche définitive. Bizarrement, « à la suite de quelque erreur d'organisation [7] », les autorités compétentes n'en ont pas connaissance, si bien que le 3 mars 1943, Bruno est engagé sans réserve [8].

Le Canada se révélera un atout important pour les Alliés. Il dispose de grands gisements d'uranium au Grand lac de l'Ours, dans les Territoires du Nord-Ouest, et d'une raffinerie d'uranium à Port

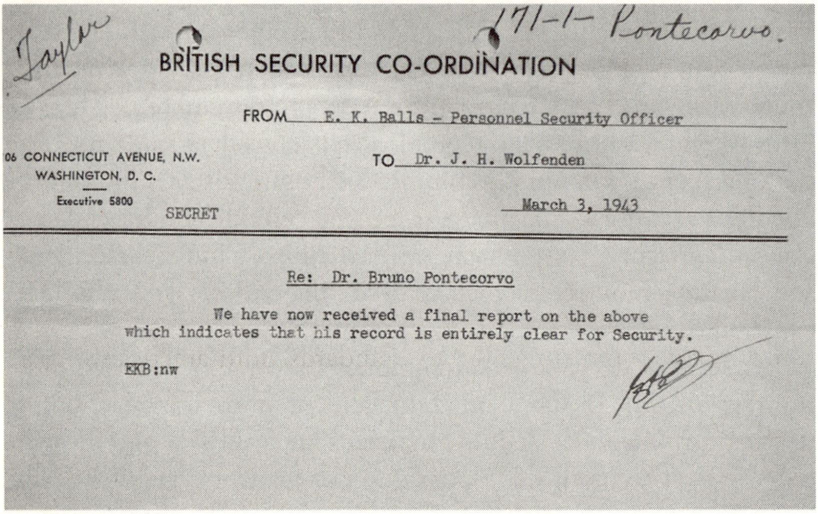
Taylor
171-1- Pontecorvo.

BRITISH SECURITY CO-ORDINATION

FROM E. K. Balls - Personnel Security Officer

06 CONNECTICUT AVENUE, N.W.
WASHINGTON, D. C.
Executive 5800

TO Dr. J. H. Wolfenden

SECRET

March 3, 1943

Re: Dr. Bruno Pontecorvo

We have now received a final report on the above which indicates that his record is entirely clear for Security.

EKB:nw

Le certificat de sécurité de Bruno Pontecorvo, datant du 3 mars 1943. (L'auteur, Archives nationales)

Hope, dans l'Ontario. Bruno mettra à profit son habileté à localiser les minerais du sous-sol. Le projet consiste à mettre au point un réacteur nucléaire X (NRX), qui deviendra la source de neutrons la plus puissante du monde occidental et une source d'énergie nucléaire révolutionnaire. Le réacteur de Chalk River au Canada deviendra l'installation expérimentale à partir de laquelle le programme nucléaire de la Grande-Bretagne d'après guerre prendra son essor, et il servira aussi à produire du plutonium, l'un des éléments entrant dans la composition de l'arme nucléaire [9]. Par conséquent, Chalk River intéressera particulièrement les espions soviétiques [10]. Tandis que des communistes déclarés tels que Frédéric Joliot-Curie sont tenus à l'écart du projet Manhattan pour des raisons de sécurité, Bruno Pontecorvo, en taisant son enthousiasme pour cette cause, passe entre les mailles du filet.

L'arrivée à Montréal

En déménageant de l'Oklahoma vers Montréal, Bruno Pontecorvo subit un choc. Après avoir grandi sous le climat chaud de l'Italie, puis passé six ans en France et à Tulsa, où les hivers sont doux, il fait connaissance avec l'hiver canadien. Montréal l'accueille avec des températures largement négatives, même mesurées sur l'échelle Fahrenheit (0 °F équivaut à presque -18 °C) [11]. Son haleine givre devant lui. Et les grands froids persistent plusieurs semaines. En février, la température plafonne à 0 °C durant deux jours, avant de chuter à nouveau jusqu'à -30 °C.

Les Pontecorvo louent un appartement à l'extrémité sud du mont Royal, dans une rue transversale du chemin de la Côte-des-Neiges, à environ 3 kilomètres du centre-ville. Le logis familial est confortable, assez petit selon les standards nord-américains, mais doté d'une jolie vue sur l'oratoire Saint-Joseph, un imposant édifice religieux sis au sommet du mont. Du balcon, Bruno aime offrir à ses invités le spectacle des fidèles gravissant à genoux les nombreuses marches de pierre menant à l'Oratoire.

Pour les Européens, c'est-à-dire la majorité des membres du programme anglo-canadien, le Québec des années 1940 est un désert culturel, secoué par des querelles religieuses. La province française catholique, qui avait soutenu les fascistes de la guerre civile espagnole, approuve alors la collaboration du maréchal Pétain avec les nazis en France. Au contraire, la communauté anglophone locale, qui avait encouragé les Républicains espagnols, soutient alors la Résistance française.

On apprend peu de sciences à l'université de Montréal, et on ne peut s'inscrire à la faculté que si l'on est membre pratiquant de l'Église catholique romaine. Les nouveaux arrivants découvrent avec stupeur l'immense pouvoir de l'Église, qui censure livres et films. Même les cinémas *drive-in* sont interdits, considérés comme autant de lieux de débauche.

Cependant, le centre-ville de Montréal est cosmopolite, avec de nombreux restaurants, français, chinois et juifs principalement. On s'y rend pour dîner, mais comme c'est loin du laboratoire, on emporte son casse-croûte pour le déjeuner, que l'on consomme dans la pièce commune de l'université. Les conversations y battent leur plein. Diverses origines géographiques et sociales se mêlent. Au début, chacun s'enquiert de la marche du monde, mais bientôt on organise des échanges plus formels.

C'est lors de ces réunions que Bruno commence à prendre ses marques. Non seulement il s'imprègne des divers aspects du programme et des problèmes physiques à résoudre, mais il fait ample connaissance avec l'ensemble des membres du laboratoire. Il réussit de cette manière à contourner la hiérarchie et l'organisation du travail, où les scientifiques sont séparés en groupes disjoints. À trente ans à peine, Bruno est considéré comme un senior, et en tant que tel il collabore avec tous les scientifiques seniors. En revanche, les juniors s'occupent de questions fragmentées et leur accès à l'information est soumis à conditions ; par conséquent, ils échangent peu. L'un des scientifiques juniors se souviendra : « La hiérarchie prévalait. L'ambiance était davantage militaire qu'académique[12]. »

En bref, cela crée une tension, que subissent tous les scientifiques durant la guerre. La science progresse grâce aux discussions libres, qui permettent d'exprimer des idées non abouties et débouchent parfois sur des collaborations inattendues. Au contraire, les administrateurs militaires tels que le général Groves, obsédés par la sécurité, créent des pare-feu entre les groupes de chercheurs pour isoler des poches de savoir. Dans leur idéal, l'information doit être compartimentée, de sorte que seule une poignée de responsables puisse avoir une vue d'ensemble. C'est une abomination pour les scientifiques, par nature pétris de scepticisme et méfiants envers l'uniforme. On connaît de nombreuses anecdotes sur la manière dont les règles ont été contournées à Los Alamos. C'était la même chose au Canada. Les scientifiques parlent entre eux, c'est inévitable. Le moteur du progrès des connaissances se révèle aussi un cauchemar pour la sécurité en temps de guerre.

Un membre du groupe de physiciens théoriciens racontera que Bruno avait de nombreux centres d'intérêt en physique, science et philosophie[13]. En principe, il était affecté à un poste d'expérimentateur au sein du projet, mais la théorie l'attirait. Il cherchait la compagnie des théoriciens pour les entretenir de sujets qui dépassaient les problèmes courants du programme.

L'équipe de théoriciens se compose principalement de jeunes mathématiciens aux connaissances limitées en physique nucléaire. Bruno instaure un échange fructueux avec eux. Ses connaissances sur les neutrons les aident à appliquer la théorie aux problèmes de physique nucléaire ; en retour, leur fréquentation assidue lui permet de développer ses propres capacités en physique théorique.

Certaines discussions portent sur les processus fondamentaux sous-jacents à la radioactivité et aux transmutations nucléaires. Elles conduisent Bruno à apprécier le rôle singulier et important du neutrino. Cette particule fantomatique, alors encore hypothétique, fascinait Fermi *, quand il était encore son professeur. Après la guerre, le neutrino deviendra le centre d'intérêt de Bruno pour le restant de sa vie.

Bienvenue en Halbanie

Bruno s'attache en premier lieu à rattraper son retard de connaissances sur la fission. À Paris, il a participé aux expériences avec l'eau lourde, et il a appris que chaque fission d'un noyau d'uranium libère deux ou trois neutrons. Plus tard, en expérimentant à Cambridge, Halban et Kowarski se sont convaincus qu'une réaction en chaîne était possible, les neutrons libérés par une fission pouvant déclencher à leur tour de nouvelles fissions.

Enrico Fermi a provoqué une telle réaction en chaîne dans sa pile d'uranium et de graphite le 2 décembre 1942. En revanche, le groupe de Halban n'est pas encore parvenu à ce résultat. L'orgueilleux Halban se satisfait de sa « démonstration », obtenue à Paris et à Cambridge, qu'une réaction en chaîne peut être amorcée dans l'uranium modéré par l'eau lourde. Et il revendique des droits sur les applications futures. Loin de se laisser impressionner, les Américains contestent les brevets français. De leur point de vue, Fermi (qui doute des résultats de Halban) a dépassé la simple possibilité théorique brevetée par les Français, en déclenchant sa propre réaction en chaîne. Ils décident de placer la collaboration entre Britanniques et Américains sous le contrôle scientifique de Fermi, ce que Halban refuse catégoriquement.

Ainsi Bruno évolue dans un laboratoire où une recherche passionnante reste à l'état de promesse. Dès avant son arrivée, les États-Unis et le Royaume-Uni se chamaillaient sur leurs intérêts nationaux respectifs [14]. La bombe atomique a été conçue en Europe,

* C'est même Enrico Fermi qui la baptisa ainsi, par le diminutif italien qui signifie « petit neutre », voir le chapitre 2, note 1. (N.d.T.)

mais elle est fabriquée en Amérique ; qui la contrôlera après la guerre ? Pour l'administration américaine et le général Groves, la réponse est évidente : ce seront les États-Unis, sur le sol desquels la bombe est construite et dont les contribuables financent le plus gros de l'ouvrage. Les Britanniques considèrent toutefois la bombe comme leur invention. Leurs scientifiques en ont imaginé la possibilité et établi les premiers principes. Ils ont démontré que l'U-235 pouvait être isolé, et ils jouent un rôle de premier plan en Amérique du Nord [15].

En outre, chacun considère que l'énergie nucléaire pourra satisfaire les besoins énergétiques du monde, ce qui en fait un enjeu au moins aussi important que la bombe. Les États-Unis ne voient pas d'un bon œil que la société britannique ICI (Imperial Chemical Industries), qui dirige Tube Alloys, affiche un intérêt commercial dans le développement de l'énergie nucléaire. Les Britanniques, de leur côté, soupçonnent les Américains de briguer l'hégémonie en matière de technologie nucléaire d'après guerre.

Malgré leur alliance contre un ennemi commun, les divergences politiques des deux nations quant à leurs ambitions à long terme les amènent à protéger leurs données sensibles. Après la percée de Fermi en décembre 1942, les Américains limitent drastiquement les contacts avec le projet anglo-canadien de Montréal.

Le mécontentement de l'équipe de Montréal n'a rien de surprenant, mais les scientifiques américains ne se réjouissent pas davantage de la restriction de l'accès aux données [16]. Finalement, des membres des deux équipes trouvent les moyens de contourner ces contraintes [17]. Par exemple, Pierre Auger, chef du programme de physique expérimentale de Montréal, donc supérieur hiérarchique direct de Bruno, rend visite en février 1943 au groupe de Fermi à Chicago, accompagné du chimiste Bertrand Goldschmidt. Tous deux détiennent des laissez-passer datant de l'époque où ils étaient consultants du laboratoire de Fermi. Ils les présentent aux portes et sont accueillis par des scientifiques américains bien disposés à leur égard. Quand ils rentrent le soir même à Montréal, ils rapportent un copieux butin : Auger a obtenu les principes de fonctionnement de la pile, et Goldschmidt transporte deux tubes, l'un contenant des produits de fission, l'autre contenant quatre microgrammes de plutonium [18].

Comprenons bien l'importance du butin. Dans un réacteur en fonctionnement, des noyaux d'uranium baignent dans un flux de neutrons. Parfois un noyau absorbe un neutron et fissionne en libérant de l'énergie, ce qui est le but recherché. Il arrive qu'un noyau absorbe un neutron sans fissionner, si bien que le neutron semble perdu. Toutefois, dans certains cas, le noyau au neutron excédentaire se transforme en plutonium par radioactivité naturelle au bout de quelques jours. Or le plutonium est fissile : au contact d'un neutron ultérieur, il fissionne en libérant de l'énergie.

Très rare dans la nature, le plutonium est plus efficace que l'uranium pour déclencher des réactions en chaîne *. C'est donc un bon combustible pour les armes. Les physiciens le savent dès 1943. On peut par conséquent faire fonctionner un réacteur nucléaire à des fins civiles et lui trouver en plus des débouchés militaires. Encore faut-il extraire le plutonium du réacteur par une méthode chimique, sachant que des tonnes d'uranium n'en engendrent que quelques grammes par jour. Le précieux échantillon que Goldschmidt rapporte de Chicago permettra aux radiochimistes de Montréal de s'essayer à l'extraction du plutonium.

Pendant ce temps, Bruno étudie la fission dans l'eau lourde. Au cours des premières semaines passées à Montréal, il analyse les articles de Halban-Kowarski avec le chef du groupe de physique théorique George Placzek et l'expérimentateur Alan Nunn May. Ce dernier ressemble à une caricature du scientifique de l'époque : chauve, portant un pince-nez de spectacle et une petite moustache. Rien à voir avec l'allure de star de cinéma de Bruno Pontecorvo. Formé à l'université de Cambridge, Nunn May sait caractériser les processus nucléaires avec une grande précision [19]. Il est aussi communiste, ce qui semble avoir échappé à la vigilance de ses recruteurs dans l'équipe anglo-canadienne, alors qu'aucun de ses collègues canadiens n'ignore ses opinions politiques [20].

La direction de Halban ne fait pas l'unanimité durant cette période. Certes, il est l'un des pionniers de la fission, mais il promet plus qu'il ne donne. Son légendaire arrivisme transparaîtra dans sa

* Le plutonium a une probabilité de fission plus élevée que l'uranium et libère davantage de neutrons par fission, ce qui augmente la vitesse de divergence. (N.d.T.)

nécrologie : « Il naviguait aisément entre le laboratoire et la salle de conférences, en passant par les bureaux du ministère[21]. » Il est même capable d'esbroufe, comme le montre l'anecdote suivante. Un samedi matin, au cours d'une réunion à New York entre les deux groupes, britannique et américain, il téléphone à ses collègues de Montréal pour leur demander de sortir des documents du coffre et de les lui envoyer sous couverture diplomatique. On le rappelle de Montréal pour savoir de quels papiers il a besoin. « N'importe lesquels, répond-il, cela n'a aucune importance[22]. » Le but, selon Nunn May, est simplement de faire des effets de manche, pour impressionner les Américains.

Dans l'équipe anglo-canadienne, on juge que la recherche sur l'eau lourde sert moins la recherche scientifique que les ambitions commerciales de Halban et la société ICI. Nunn May en particulier a le sentiment que les scientifiques de Montréal sont « des pions dans une partie d'échecs qui se joue entre les Britanniques et les Américains[23] », et qu'ils vivent « sous un régime Halbanais[24] ».

Bruno passe de longues heures à évaluer la fiabilité des données de Halban sur la fission et les réactions en chaîne, mais il lui tarde d'entamer un vrai travail expérimental. La seule eau lourde dont il pourrait disposer à Montréal en 1943 est le stock de 185 kilogrammes que Halban et Kowarski ont sauvé, mais celui-ci est resté à Cambridge. S'il faisait la traversée jusqu'au Canada, ce stock permettrait certes de réaliser quelques expériences préliminaires, mais il ne suffirait pas à alimenter un grand réacteur ; il leur en faudrait plus d'une tonne. Le projet anglo-canadien risque de mourir avant l'heure. Les scientifiques rongent leur frein durant ces premiers mois, comme s'en souviendra plus tard Alan Nunn May : « Notre présence au Canada avait perdu tout son sens. [Nous] n'avions aucun équipement, aucun laboratoire, aucun moyen d'obtenir du matériel, et les Américains s'étaient coupés [de nous][25]. »

Enfin l'eau lourde arrive de Cambridge par les airs au printemps 1943. Les investigations sérieuses commencent. Il s'agit avant tout de reproduire les expériences de Halban-Kowarski avec des instruments de mesure plus précis. Les résultats d'origine sont confirmés dans les grandes lignes : la fission relâche des neutrons, lesquels participent à une réaction en chaîne. Mais le moral replonge lentement, car les autorités britanniques et américaines se disputent toujours le contrôle de l'ensemble du projet atomique.

Le Premier ministre Winston Churchill et le président Franklin D. Roosevelt se rencontrent à Québec en août 1943. Ils décident que les deux équipes doivent coopérer davantage. Cela redonne espoir aux Anglo-Canadiens, qui attendent avec impatience l'arrivée de quantités suffisantes d'uranium et d'eau lourde pour lancer leur programme. Cependant, les Américains tardent à satisfaire leur accord. Ce n'est qu'en décembre que se prépare la première conférence entre les deux groupes, laquelle se tient à Chicago en janvier 1944.

Entre-temps survient un changement important : à la tête du programme, un autre physicien d'envergure, John Cockcroft, remplace Halban, rétrogradé au département de physique. Cockcroft avait conçu l'accélérateur de particules de Cambridge qui fut, en 1932, le premier à obtenir une désintégration nucléaire artificielle (voir le chapitre 2). Depuis 1944, il administrait la recherche scientifique sur le radar, mais celle-ci n'a plus été prioritaire quand l'armée soviétique a commencé à refouler les Allemands sur le front de l'Est. L'urgence s'est alors reportée sur la physique nucléaire[26]. L'arrivée de Cockcroft va transformer le projet anglo-canadien et, avec lui, le destin de Bruno Pontecorvo.

Espionner pour la Grande-Bretagne

Cockcroft donne une nouvelle impulsion au projet. À son arrivée, le réacteur existe à peine sur le papier ; il le fera sortir de terre. Pour éviter tout incident grave, il décide de le construire à plus de 160 kilomètres de la première ville. Il choisit un emplacement dans la forêt, à environ 200 kilomètres à l'Ouest d'Ottawa : le village de Chalk River. L'eau de la rivière Ottawa alimentera le circuit de refroidissement du réacteur.

Il commence par inciter son équipe à tirer davantage d'informations des Américains. Ces derniers les aident volontiers à fabriquer leur réacteur modéré à l'eau lourde, mais leurs responsables administratifs et militaires leur imposent le silence sur les autres technologies, en particulier le réacteur modéré au graphite. La Grande-Bretagne, le regard tourné vers l'avenir, voit dans les réacteurs au graphite la réponse à ses besoins énergétiques d'après guerre (une intuition qui se confirmera). Par conséquent, désapprouvant toute restriction, les Britanniques font de leur mieux pour soutirer aux Américains des informations sur cette technique. La stratégie consistant à contourner les autorités dirigeantes et à partager entre scientifiques des données et des idées est donc officiellement autorisée.

Un tel échange a lieu en mars 1944, à l'occasion d'un voyage à Chicago de Nunn May et un collègue canadien, Ted Hincks, pour acheminer du matériel expérimental. Les ingénieurs et physiciens du groupe canadien confient à Nunn May une « liste de courses », comportant plusieurs questions essentielles à poser aux Américains [27]. À Chicago, Nunn May s'entretient avec Herbert Anderson, responsable des expériences sur la pile [28]. Ce dernier reconnaît que les ordres du général Groves sont trop restrictifs et appliqués avec trop de zèle. Il autorise Nunn May à lire plusieurs rapports alors inaccessibles à Montréal. Et il renouvellera son autorisation lors de visites ultérieures.

Après les premiers essais de bombe atomique, lorsque des cadres scientifiques de Los Alamos font escale au Canada pour rallier l'Europe, Cockcroft les intercepte et les presse de questions. Quand Aage Bohr, fils de Niels et futur lauréat du prix Nobel, se rend au Canada, Cockcroft enjoint Bruno Pontecorvo et Nunn May à lui tirer les vers du nez [29].

La situation est cocasse : alors qu'à cette époque Nunn May renseignait l'URSS et qu'on soupçonnera plus tard Pontecorvo de l'avoir également fait, Cockcroft leur demande à tous les deux d'espionner pour le compte de la Grande-Bretagne. Durant 1944 et 1945, Nunn May a régulièrement accès au laboratoire de Fermi pour effectuer des expériences. Même si rien ne prouve que Bruno Pontecorvo ait passé des informations aux Soviétiques à cette époque, sa connivence avec Nunn May le compromettra quand celui-ci sera convaincu d'espionnage en 1945.

Des années plus tard, Pavel Soudoplatov, le directeur adjoint de l'espionnage atomique pour l'URSS durant la Seconde Guerre mondiale, affirmera que Pontecorvo, mais aussi Bohr, Fermi et quelques autres renseignaient les Soviétiques [30]. D'aucuns en ont déduit que ces célèbres physiciens étaient des espions, ce qui ne manque pas de surprendre de la part de Bohr et de Fermi. D'autres considèrent que Sudoplatov divaguait. Le fait est que les affirmations de Sudoplatov manquent de cohérence, mais finalement pas tant que cela : on sait aujourd'hui que les Soviétiques recevaient des informations, via Nunn May, sinon Pontecorvo, « en provenance » de Fermi et de membres importants du projet Manhattan. On sait aussi, nous l'avons vu, que Fermi a évoqué des informations secrètes devant Pontecorvo en avril 1942. Rien ne prouve que ces données aient été d'un quelconque intérêt pour l'Union soviétique, ni même que Pontecorvo les ait communiquées à d'autres que ses collègues de Well Surveys. Mais force est de constater que Fermi maniait parfois l'information avec légèreté [31].

Manifestement, Pontecorvo ne faisait pas d'effort particulier pour cacher le fait qu'il était communiste. Selon son frère Gillo, il exprimait ouvertement ses opinions quand il vivait en France et aux États-Unis, et ce n'est que lorsqu'il rejoint le programme atomique au Canada qu'il semble se désintéresser de la politique. Gillo était convaincu que tout cela n'était qu'une couverture car, lors de leurs rencontres après la guerre, Bruno « était trop bien informé sur les actualités et la littérature communistes [32] ». Cependant, même après son installation au Canada, on devine où vont ses préférences politiques. Quand son deuxième fils naît en mars 1944, il le prénomme Tito Nils : Nils d'après l'idole scientifique de Bruno, Niels Bohr, et Tito, comme il l'expliquera plus tard, « en l'honneur du héros communiste qui libéra la Yougoslavie [33] ». Deux ans après que Marianne a déclaré au FBI ne pas savoir ce qu'est un communiste, le couple affiche publiquement ses sympathies.

1944 : les expériences fondatrices

Bruno et quelques autres fréquentent souvent le laboratoire de Fermi à Chicago en 1944 et en 1945. Pour mettre au point un réacteur, on a besoin de savoir comment les neutrons interagissent avec divers matériaux. On doit expérimenter, mais à Montréal on ne dispose pas de source de neutrons assez puissante pour le faire. En revanche, le réacteur de Chicago produit des faisceaux de neutrons bien plus intenses, qui permettent de faire des mesures probantes. Il faut nouer des collaborations, obtenir des données, les rapporter au Canada, les évaluer et repartir à Chicago avec de nouveaux questionnements en tête. Cela nécessite plusieurs visites, auxquelles Bruno participe et dont il rédige les comptes rendus.

Les matériaux de construction d'un réacteur nucléaire doivent absorber le moins de neutrons possible, et ce pour deux bonnes raisons. D'abord les neutrons doivent être assez nombreux dans le cœur pour y déclencher des fissions. Ensuite ceux qui s'en échappent ne doivent pas induire une radioactivité indésirable, qui risquerait d'empoisonner le réacteur, voire le bloquer. On veut donc connaître la probabilité de capture d'un neutron par un élément quelconque, non seulement le combustible et le modérateur (l'uranium et l'eau lourde ou le graphite), mais aussi le béton et les alliages qui composent l'ensemble. On comprend alors l'intérêt de Fermi pour le travail que l'ancien prospecteur de pétrole a effectué en 1942 sur les neutrons. L'équipe explore un champ nouveau, où l'expérience pratique surpasse n'importe quelles connaissances théoriques. L'expertise de Bruno dans ce domaine se révèle inestimable au Canada [34].

Bruno Pontecorvo se rend une première fois à Chicago en janvier 1944, avec Nunn May, Auger et un autre membre senior du groupe [35]. Cette visite marque le coup d'envoi du travail des Canadiens sur leur réacteur nucléaire. En vertu du principe de compartimentation des connaissances, les physiciens tels que Pontecorvo n'assistent qu'aux réunions qui concernent la physique, d'autres sessions étant consacrées à la chimie et l'ingénierie [36]. Durant les deux premières réunions, seules neuf personnes s'entretiennent à propos du choix des matériaux selon leur usage au sein du réacteur.

L'équipe canadienne fait le voyage à plusieurs reprises [37]. Bruno travaille à Chicago durant la première semaine de mars, rentre chez lui pour la naissance de Tito Nils le 20 mars, puis repart à Chicago durant la première semaine d'avril. Ses comptes rendus témoignent de son remarquable travail d'organisation et d'investigation, ainsi que le reconnaîtra le gouvernement britannique [38].

Les principes physiques d'une réaction en chaîne paraissent simples, mais la construction d'un réacteur nucléaire l'est beaucoup moins. À mesure que le groupe canadien progresse, de nouvelles questions émergent. Par exemple, dans un réacteur à eau lourde, faut-il mélanger le composé d'uranium avec l'eau lourde en une boue homogène ? Ou est-il préférable d'immerger des barres solides dans le liquide ? Dans le premier cas, quelle est la proportion idéale ? Dans le second, quel est le meilleur agencement des barres ?

Certains problèmes semblent triviaux mais peuvent devenir fâcheux. L'un d'eux découle du fait qu'un réacteur en fonctionnement produit de l'énergie et s'échauffe. Les barres d'uranium solides peuvent se dilater, voire se déformer ; quel risque cela fait courir au réacteur ? Faut-il refroidir les barres en soufflant de l'air ou un autre gaz dans l'eau lourde, ou en faisant passer de l'eau ordinaire dans des tuyaux ? Mais l'eau ordinaire risque de maintenir froids les barres d'uranium et ralentir le réacteur, voire le faire caler. Cela fait l'objet de la réunion du mois de mai.

Ces études prennent du temps, mais elles sont incontournables. Igor Kourtchatov, le chef scientifique du projet de bombe atomique soviétique, devine que si des agents placés en Amérique du Nord lui fournissent ce genre d'informations, son programme gagnera des mois, voire des années d'efforts. Cependant, l'accès aux données et aux règles de bonnes pratiques ne remplace pas l'expérience pratique [39].

Une des nombreuses incertitudes qui narguent les physiciens nucléaires en 1944 est la suivante : que se passe-t-il quand des neutrons frappent l'eau lourde ? Les expériences menées par les deux équipes, à Chalk River et à Chicago, donnent des résultats contradictoires. Nunn May se rend alors à Chicago au printemps 1944 pour répéter les tests à l'aide du faisceau de neutrons intense des Américains [40].

Un échantillon escamoté

À l'époque, les scientifiques savent que les isotopes fissiles contiennent un nombre impair de neutrons. L'uranium-235 et le plutonium-239 sont les plus connus, mais un autre isotope à nombre impair, l'uranium-233, pourrait tout aussi bien faire l'affaire. Pour le vérifier, les chercheurs s'efforcent de créer des noyaux d'uranium-233 dans la pile de Chicago, un par un, jusqu'à en obtenir une quantité suffisante pour déterminer ses propriétés.

L'uranium-233 a deux avantages sur les deux autres candidats. D'abord, les chimistes pensent qu'il sera plus facile à raffiner que le plutonium. C'est l'argument scientifique avancé pour poursuivre cette recherche, par le groupe anglo-canadien comme par les Américains. Mais il en existe une autre, plus politique. Pour obtenir de l'U-233, on bombarde des atomes de thorium avec des neutrons. Or le thorium abonde en Inde, pays que la Grande-Bretagne contrôle encore à l'époque. Et l'uranium naturel est bien plus rare. Par conséquent, les Britanniques envisagent un marché de niche pour le thorium, ce qu'ils se gardent de révéler aux Américains. Sur le papier, le fait que l'U-233 est plus facile à raffiner constitue une raison suffisante pour s'y intéresser. Avec cet objectif scientifique en tête, les Américains irradient du thorium dans leur réacteur et produisent quelques milligrammes d'U-233, une quantité suffisante pour le comparer à l'U-235.

C'est encore Nunn May qui se rend à Chicago pour effectuer ces comparaisons, en septembre 1944. Cela rentre dans le cadre de la collaboration avec Herbert Anderson, selon leur accord de janvier [41]. Grâce à l'ouverture d'Anderson, Nunn May a le grand privilège de recevoir un petit échantillon d'U-233. À cette époque, Chicago est la seule source d'U-233 dans le monde entier. Le registre de Cockcroft rapporte qu'Alan Nunn May « rentre à Montréal avec des données très utiles ». Il rentre avec davantage que cela, bien sûr. Mais Nunn May conserve pour lui l'échantillon d'U-233, et il le passera à un contact soviétique.

Bruno, chercheur d'uranium

Passé maître dans l'art de détecter des radiations à l'aide d'instruments électroniques et d'identifier leur source, Bruno fait fructifier son expertise en l'appliquant à la prospection d'uranium et autres minerais rares, essentiels au projet atomique. Sa technique servira notamment à cartographier le Nord du Canada.

Il se rend aux États-Unis en janvier 1944, cette fois à New York, pour rencontrer Gilbert LaBine, le prospecteur minier canadien que nous avons rencontré au chapitre 6. La mine *Eldorado* de LaBine a déjà fourni aux États-Unis l'uranium de la pile de Fermi, mais il faut de nouvelles sources pour satisfaire les besoins du réacteur de Chalk River et de l'ensemble du projet Manhattan. À l'issue de la rencontre de New York, LaBine confie une mission à quelques anciens collègues de Bruno à Tulsa, dont Serge Scherbatskoy : tester les différentes méthodes de prospection de l'uranium dans les régions du Canada qui en possèdent, afin de déterminer laquelle est la plus efficace. Cela les occupe tout l'été jusqu'à la fin de l'année 1944. Bruno rejoint le groupe de chercheurs d'uranium à Port Radium, près du Grand lac de l'Ours, dans les Territoires du Nord-Ouest, durant cinq jours en septembre.

Ils comparent différentes méthodes de détection de l'uranium dans la pechblende, un minerai naturel. Les chambres d'ionisation et les compteurs Geiger se valent pour localiser le minerai dans les roches d'affleurement. En revanche, quand le minerai est enfoui à plus de trente centimètres sous la surface, les chambres d'ionisation s'avèrent supérieures. Ils effectuent des relevés aériens, à l'aide d'instruments légers embarqués dans des hélicoptères, et des relevés en surface, avec des instruments encombrants transportés dans des camions. Pour caractériser des roches et cailloux ordinaires, la difficulté est de discriminer le signal de l'uranium du bruit provenant de divers types de radioactivité [42]. Sur ce plan aussi, les chambres d'ionisation restent les meilleures ; cette technique gagne la préférence de Bruno.

Pontecorvo présente à Cockcroft un résumé complet des découvertes du groupe, et annonce ses conclusions en octobre, lors d'une réunion spéciale à New York en présence de militaires gradés américains. Cette association de la physique nucléaire et de la géologie se révèle si efficace pour trouver de l'uranium que le projet Manhattan l'adopte. C'est un autre domaine où l'expertise de Pontecorvo intéressera particulièrement l'URSS.

La ZEEP et la fin de la guerre

Après avoir consacré tous ses efforts à la recherche d'uranium durant le dernier tiers de 1944, Pontecorvo s'intéresse aux produits de fission du radium-226 et de l'uranium-233, pour déterminer si ces éléments risquent de contaminer le réacteur [43]. Il participe en outre depuis juin 1944 à un nouveau projet, tout droit sorti de la tête chauve et moustachue d'Alan Nunn May : la pile expérimentale à énergie nulle, ou ZEEP.

Halban ayant quitté le Canada en 1944, Nunn May le remplace alors à la tête de la division de physique. Il propose de construire un mini réacteur, la ZEEP, pour tester le bien-fondé des calculs théoriques de l'équipe concernant la disposition optimale des barres d'uranium dans le réservoir d'eau lourde du futur NRX[44]. La ZEEP doit être assez grosse pour entretenir des réactions en chaîne, mais pas assez pour produire de l'énergie, ce qui épargne la mise en place d'une protection de béton et d'un circuit de refroidissement. Plusieurs configurations des barres pourront y être testées.

Dans l'esprit de Nunn May, la ZEEP présente un autre avantage, dont les documents officiels ne font pas état. Il lui semble impératif, même s'il ne l'exprime qu'oralement, que le groupe anglo-canadien soit capable à l'issue de la guerre de présenter un réacteur en état de marche aux politiciens et aux journalistes[45]. Or la réalisation du NRX leur prendra beaucoup trop de temps.

La construction de la ZEEP est confiée à Lew Kowarski. Le physicien français avait choisi en 1940 de rester à Cambridge, mais depuis que sa « bête noire », à savoir son ancien collaborateur Halban, a quitté le Canada, plus rien ne l'empêche de rejoindre le programme Tube Alloys. Kowarski se rappellera son étonnement quand il vit pour la première fois un réacteur en fonctionnement. C'était à Chicago, en septembre 1944. La machine se présentait comme un simple cube de béton peint : rien d'impressionnant. Puis Herbert Anderson l'invita à s'approcher de la pile : « Touche, c'est chaud ! »

Cette visite à Chicago lui inspire le plan de la ZEEP. En outre, Pontecorvo lui explique les principes de fabrication de la pile, tels qu'il les a lui-même appris de l'équipe américaine en décembre 1942. Kowarski racontera que Bruno lui fit « un cours d'un après-midi, ce qui était bien suffisant[46] ».

La ZEEP paraît indispensable au programme anglo-canadien, mais le général Groves, aux États-Unis, est sceptique. Le responsable du projet Manhattan n'a qu'un objectif : achever la bombe atomique pour gagner la guerre. Lors d'une visite à Chalk River, Groves demande franchement à Kowarski : « Êtes-vous celui qui construit ce fichu réacteur inutile ? » Kowarski confirme, et Groves reprend : « L'Amérique fournit beaucoup d'eau lourde pour ça, et c'est très, très cher. Ne la gaspillez pas [47]. » C'est dit sans ménagement, mais c'est vrai : l'eau lourde est précieuse.

La ZEEP devient critique le 5 septembre 1945, trois jours après la reddition du Japon qui met fin à la Seconde Guerre mondiale. L'équipe de chercheurs fête cette réussite, et Nunn May, dans son discours, déclare que Kowarski mérite une accolade. Puis, se souvenant qu'il vient de France, il l'embrasse sur les deux joues. Pour Nunn May cependant, la fête sera de courte durée. Au moment même où la cérémonie commence [48], Igor Gouzenko, un agent secret du service du chiffre, au consulat soviétique à Ottawa, remplit fébrilement sa mallette d'une liasse de documents. Ces papiers contiennent des informations concernant un réseau d'espions travaillant pour l'Union soviétique. Gouzenko a l'intention de s'en servir comme monnaie d'échange pour obtenir l'asile politique au Canada. Ses révélations aboutiront à l'arrestation puis à la condamnation de Nunn May six mois plus tard, en mars 1946 [49].

À ce moment-là, Pontecorvo est un chercheur convoité, à qui plusieurs universités d'Amérique du Nord et d'Europe offrent un poste. En février 1946, à la surprise de ses collègues, il choisit de rejoindre l'Atomic Energy Research Establishment, tout nouveau laboratoire nucléaire à Harwell, en Angleterre. Puis, le même mois, il revient sur ce choix inattendu et décide de rester au Canada. Il explique qu'il préfère continuer à travailler sur le réacteur NRX, qui est l'objectif du projet. Il a consacré de gros efforts à sa conception, en rédigeant quelque vingt-cinq rapports à son sujet de 1943 à 1945. Pour le démarrage du NRX, il élabore en 1945 et 1946 des moniteurs de flux de neutrons, capables de confirmer la transition entre un flux nul et les toutes premières réactions. Grâce à ces responsabilités, Bruno est l'un des quatre physiciens autorisés à pénétrer dans la salle de contrôle du NRX à ses débuts [50].

Le NRX devient critique le 21 juillet 1947 ; il engendre le faisceau de neutrons le plus puissant du monde occidental en 1949, et il conservera ce statut durant plusieurs années. C'est à ce moment-là toutefois que Pontecorvo déménage finalement à Harwell, pour travailler sur le programme de réacteur britannique. Pourquoi ce choix ? Cette question deviendra lancinante après sa défection pour l'Est. Est-ce un choix personnel ou le volet d'une stratégie orchestrée par d'autres ? Nous verrons que des raisons personnelles ont pu légitimement déterminer le choix de Pontecorvo. D'un autre côté, sa décision coïncide de manière troublante avec les événements impliquant Nunn May et Fuchs, et d'aucuns pensent que cela ne relève pas du hasard.

CHAPITRE 8

Retour à la physique fondamentale 1945-1948

La paix revenue en 1945, Bruno Pontecorvo se consacre de nouveau à la science fondamentale et à l'exploration du monde subatomique. Avant les années 1940, les physiciens ont établi que l'atome est constitué d'électrons, de protons et de neutrons. À la suite d'une prédiction théorique de Wolfgang Pauli, ils supposent l'existence d'une particule de plus, le neutrino, qu'ils imaginent semblable à l'électron mais sans charge ni masse. Cette idée de neutrino flottait dans l'air du temps, et Enrico Fermi l'a incorporée en 1934 à sa théorie de la radioactivité bêta. Toutefois, personne n'a su prouver son existence de manière expérimentale. Bruno entame alors une quête qui durera toute sa vie : comment saisir cette particule fantomatique et énigmatique ?

Le fantomatique neutrino

Les neutrinos font aujourd'hui l'objet de recherches en physique des particules, et en astronomie des neutrinos, une nouvelle branche de la physique. L'étudiant Pontecorvo s'y intéressait déjà lorsque son professeur et mentor Enrico Fermi lui enseignait la radioactivité bêta. Selon la théorie de Fermi, un noyau radioactif émet un neutrino lorsqu'il subit une désintégration bêta*.

* Par exemple, un noyau de carbone-14 se désintègre en un noyau d'azote-14 (qui comporte un proton de plus que le noyau de carbone), en émettant un électron et une particule que Fermi supposait être un neutrino. Le carbone-14

À l'inverse, un neutrino est susceptible de déclencher une désintégration lorsqu'il heurte un noyau atomique. L'ensemble libère alors un électron, de charge électrique négative, tandis que le noyau augmente sa charge positive *. Comme dans la désintégration bêta, l'atome qui en résulte a changé d'identité : il a avancé d'une case dans le tableau de Mendeleïev. Et ce sous la seule action d'un neutrino.

Autrement dit, à la manière de l'homme invisible bousculant la foule, un neutrino signale sa présence en interagissant avec un noyau atomique. Malheureusement, selon la théorie de Fermi, cette interaction est si rare qu'il apparaît extrêmement difficile de la surprendre. La plupart des scientifiques la pensaient indétectable.

Bruno commence sérieusement à réfléchir à la question des neutrinos en 1945. Il est le mieux placé pour faire une percée. S'étant engagé sur la voie de l'énergie nucléaire avec Fermi dès 1934, il est désormais à deux doigts de faire fonctionner un réacteur. Sa pratique de la technologie nucléaire lui fait penser que, si la théorie de Fermi est correcte, un réacteur à uranium devrait produire plus d'un million de milliards de neutrinos par seconde **.

De l'avis de Pontecorvo, réussir à détecter le neutrino n'est pas exclu. Certes, les chances de capturer un neutrino sont infimes, mais elles ne sont pas nulles. Il est vrai qu'un neutrino donné, émis par désintégration bêta, traverse des années-lumière de matière sans en être affecté, mais la perspective change si l'on dispose d'une source intense qui libère des milliards de neutrinos par seconde : il suffit alors qu'un ou deux d'entre eux « bousculent une foule » d'atomes, dans un détecteur bien conçu. Bruno pense pouvoir obtenir cela

---

est naturellement, par le bombardement cosmique sur le carbone-12, le plus abondant de l'atmosphère. Sa radioactivité permet de dater la mort d'êtres vivants, c'est-à-dire l'instant où ils ont cessé d'incorporer du gaz carbonique dans leurs tissus par respiration. (N.d.T.)

* Pour prendre un exemple qui nous intéressera dans la suite, un noyau de chlore-37 rencontrant un neutrino se transforme en noyau d'argon-37 (qui comporte un proton de plus que le noyau de chlore) plus un électron. (N.d.T.)

** En effet, la plupart des produits de fission se désintègrent ensuite par radioactivité bêta. Dans le cas de l'uranium-235, les principaux noyaux fils : strontium-90, iode-129, césium-135 et césium-137, sont des radionucléides émetteurs bêta. (N.d.T.)

à proximité d'un « dispositif expérimental moderne [1] », tel qu'un réacteur nucléaire.

Il réfléchit aux caractéristiques que devrait avoir son détecteur. Pour intercepter les insaisissables neutrinos, la cible devrait être constituée d'une grande quantité de matière, laquelle devrait donc être bon marché. Un liquide serait pratique, car son volume ne dépend que de la taille du récipient, et il peut être renouvelé. Si un atome qui capture un neutrino devient radioactif, il suffirait de détecter sa désintégration pour signaler qu'un neutrino est passé par là.

Son choix du liquide se porte sur un détachant bon marché, le tétrachlorure de carbone (aujourd'hui interdit à la vente à cause de sa toxicité), dont la molécule comporte des atomes de chlore. Chaque interaction avec un neutrino convertit un atome de chlore en un atome d'argon. Ce dernier devient alors l'aiguille à extraire de la botte de foin, ce qu'on fait simplement en portant le liquide à ébullition, car l'argon est un gaz chimiquement inerte. Les atomes d'argon créés par les collisions de neutrinos sont faiblement radioactifs, avec une demi-vie assez longue pour qu'on puisse les extraire, puis les identifier. Après un temps suffisant, l'interaction avec les neutrinos devrait produire de l'argon en quantité mesurable, ce qui devrait confirmer l'existence des neutrinos.

Telle est, en quelques mots, la stratégie de détection des neutrinos que Bruno Pontecorvo décrit dans son célèbre article de 1946. Cependant, un document plus ancien, rédigé le 21 mai 1945, montre comment et avec qui il l'a élaborée [2]. Cet article de 1945 attribue l'idée de l'utilisation du tétrachlorure de carbone au chimiste français Jules Guéron. Cet homme trapu, au visage rond et au front haut, expert en radioactivité, travaille avec Bruno à Chalk River. C'est aussi lui qui suggère que la radioactivité de l'argon puisse servir de preuve.

Dans un deuxième temps, la remarque de Guéron sur l'argon radioactif déclenche une discussion plus poussée avec un certain Dr Frisch, qui conduit Bruno à la conclusion que l'argon, du fait de son inertie chimique, confère un avantage considérable à la stratégie du tétrachlorure de carbone : c'est « la méthode la plus prometteuse selon le Dr Frisch et l'auteur [3] ».

Bruno évalue que plusieurs mètres cubes de détachant liquide pourraient lui faire décrocher le gros lot, à condition de placer le fluide près d'un réacteur nucléaire. Une petite quantité de gaz d'argon radioactif serait produite, et son taux de radiation révélerait le nombre d'atomes d'argon produits. De là, on en déduirait combien de neutrinos ont frappé la cible. Si l'idée de détecter des neutrinos à proximité d'un réacteur nucléaire vient bien du physicien italien, la manière de le faire a jailli d'autres cerveaux. Et la découverte effective du neutrino – en 1956, par deux physiciens américains, Frederick Reines et Clyde Cowan – ne doit rien à cette technique, car la méthode chlore-argon n'est pas appropriée pour détecter l'émission d'un réacteur. Personne ne sait à l'époque que les réacteurs émettent en fait des antineutrinos – antiparticules des neutrinos – et non pas des neutrinos.

Enfin, nous arrivons à l'idée des neutrinos solaires, pour lesquels Bruno deviendra célèbre. Dans le corps du texte, Pontecorvo se concentre sur les opportunités de mesure qu'offre un réacteur nucléaire ; il ne mentionne pas les neutrinos solaires. Il conclut qu'un réacteur légèrement plus puissant que celui qui a été conçu au Canada produirait assez de neutrinos pour apporter le succès. Toutefois, à la fin du texte, après la signature de Bruno, se trouve une note de bas de page. Cet appendice exprime une idée que lui a soufflée après coup Maurice Pryce, un théoricien britannique de Chalk River.

Pryce signale à l'auteur que si le Soleil est bien le siège de fusions nucléaires, comme les astrophysiciens l'imaginent, il projette vers la Terre, chaque seconde, 10 milliards de neutrinos par centimètre carré. Bruno Pontecorvo crédite clairement Maurice Pryce de cette suggestion : « Dr Pryce a signalé à l'auteur que le flux de neutrons provenant du Soleil est considérable. »

Pryce est donc le véritable père de l'idée des neutrinos solaires. Toutefois, Bruno et lui écartent cette proposition, car l'intensité du flux de neutrinos à la surface de la Terre leur semble « trop faible pour le type d'expérience suggéré ». Ils pensent avoir besoin d'un flux un million de fois supérieur pour réussir une détection.

Le champ du nucléaire est si sensible que cet article est tout de suite classé secret et le restera durant une vingtaine d'années[4]. Pourtant, le 4 septembre 1946, le secret n'a plus lieu d'être, puisque

Bruno donne une conférence à Chalk River, dont le contenu est ensuite publié sous forme d'article. C'est cette dernière version qui est entrée dans le domaine public et qui deviendra célèbre. Comme cet article ne mentionne plus ni Guéron ni Pryce, on créditera Pontecorvo de plusieurs idées qui n'étaient pas de lui [5].

La quête des neutrinos solaires par Davis

Deux ans plus tard, en 1948, le chimiste américain Raymond Davis rejoint le Brookhaven National Laboratory, une installation spécialisée dans la recherche en physique nucléaire fondamentale, située à Long Island, près de New York. Davis est devenu durant la guerre un expert en chimie des explosifs, et il a intégré à la fin du conflit la US Atomic Energy Commission afin de travailler sur la radiochimie, la chimie des matériaux radioactifs. Le nouveau patron de Davis à Brookhaven lui conseille d'explorer la bibliothèque, lire des articles de recherche et choisir le sujet qui lui plaira.

Par hasard, Davis trouve dans les rayons un article sur les neutrinos, qui va déterminer toute sa carrière [6]. Il a entendu parler de cette particule hypothétique, sans en savoir plus, et croit tenir là l'occasion d'en apprendre davantage. Mais à la lecture de l'article, il comprend que personne n'est plus renseigné. Il vient de mettre le doigt sur une question ouverte, pleine de potentiel, et son intérêt grandit. L'article mentionne brièvement que Bruno Pontecorvo a suggéré en 1946 une méthode pour détecter le neutrino avec du chlore et la radiochimie. Davis pense que c'est dans ses cordes.

L'expérience que propose Pontecorvo lui paraît cependant un peu trop facile, et il a raison. Sa première tentative sur le réacteur de Brookhaven échoue, car l'impact des rayons cosmiques, particules de haute énergie provenant du ciel profond, brouille le moindre signal éventuellement provoqué par les neutrinos provenant du réacteur. En 1955, à proximité du puissant réacteur de Savannah River, en Caroline du Sud, il construira un détecteur avec 4 000 litres de tétrachlorure de carbone, qu'il protégera soigneusement des rayons cosmiques ; mais il ne décèlera toujours aucune trace de neutrino. Ce résultat négatif aidera à comprendre que les réacteurs produisent des antineutrinos, auxquels la méthode chlore-argon est insensible[7].

Davis rate la découverte du neutrino, ou plutôt de l'antineutrino, mais l'existence de la particule fantôme sera confirmée en 1956 auprès de ce même réacteur de Savannah River. On comprendra par ailleurs la différence entre le processus à l'œuvre dans un réacteur nucléaire, qui émet des antineutrinos, et celui qui se produit à l'intérieur du Soleil et émet des neutrinos *. Cela encouragera Davis à appliquer en 1959 la méthode de Bruno Pontecorvo à un objectif légèrement différent : détecter les neutrinos qui proviennent du Soleil.

Quarante années s'écouleront encore avant que la quête des « neutrinos solaires » aboutisse. Ray Davis recevra le prix Nobel en 2002, à l'âge de quatre-vint-sept ans, pour avoir passé sa carrière à – pour reprendre ses termes – faire ce qu'il voulait et être payé pour cela !

Qui a commandé cela ?

Pendant ce temps à Chalk River, partant d'une intuition tombée du ciel avec les rayons cosmiques, Pontecorvo taille l'une des pierres angulaires de l'actuel modèle standard de la physique des particules.

Les rayons cosmiques ont révélé aux scientifiques quantité de phénomènes inconnus dans les années 1930 et 1940. Ils représentaient une nouvelle frontière pour qui s'intéressait aux particules

* Dans la radioactivité bêta la plus courante sur Terre, un noyau contenant un excédent de neutrons trouve un état plus stable par transformation de l'un de ses neutrons en un proton. Il émet alors un électron, ce qui équilibre les charges électriques, ainsi qu'un antineutrino, pour respecter une autre règle de conservation de charge, dite leptonique : neutron -> proton + électron + antineutrino. On appelle cette transformation désintégration bêta-moins, du signe de la charge électrique de l'électron.

Dans le Soleil, la fusion de deux noyaux d'hélium en un noyau de béryllium s'accompagne d'une transformation d'un proton en neutron : proton -> neutron + positon + neutrino, où le positon est l'antiparticule de l'électron, de même masse, mais de charge électrique opposée. C'est la désintégration bêta-plus. (N.d.T.)

constitutives de la matière. Un rayonnement extraterrestre constitué de noyaux d'éléments chimiques lourds, créés pour la plupart au cours d'explosions d'étoiles lointaines, bombarde en permanence la couche supérieure de l'atmosphère. La collision de ces particules de haute énergie avec les atomes de la haute atmosphère engendre des gerbes de particules subatomiques, moins énergétiques. Celles-ci atteignent la surface terrestre en une « douce pluie », inoffensive pour les humains, et intéressante pour les scientifiques.

Parmi les débris produits par le choc des rayons primaires contre l'atmosphère, on a découvert toute une faune de nouvelles particules. En 1932, le physicien américain Carl Anderson y met en évidence le positon, ou antiélectron *. Le muon y est découvert en 1937, puis les particules dites « étranges » et le pion en 1947. Qu'est-ce que tout cela ?

Les forces électromagnétiques se manifestent par un rayonnement dont la lumière visible est un cas particulier et que la théorie quantique décrit sous la forme de photons. En 1935, le théoricien japonais Hideki Yukawa prédit que, dans les noyaux, la force nucléaire forte qui maintient ensemble les neutrons et les protons se manifeste d'une manière similaire ; perturbez violemment un noyau atomique et, sous certaines conditions, il émettra de l'énergie sous forme de particules qu'on appellera plus tard pions.

Deux ans après, les rayons cosmiques révèlent de nouvelles particules qui semblent confirmer la théorie de Yukawa. Cette découverte se situe à la pointe de la physique quand débute la Seconde Guerre mondiale, et elle reste en suspens jusqu'à ce que les physiciens tels que Bruno Pontecorvo retournent à la science fondamentale en 1945. À l'évidence, les rayons cosmiques complètent la description des noyaux atomiques et des particules.

Toutefois, les scientifiques réalisent bientôt qu'ils se sont trompés de clients. Trois jeunes Italiens, qui se cachent des Allemands à Rome vers la fin de la guerre, ont installé un laboratoire de fortune dans un sous-sol [8]. Ils utilisent un mur de compteurs Geiger pour

---

* Le Britannique Paul Dirac a prédit l'existence du positon en 1928, alors qu'il cherchait une description de l'électron à la fois quantique et relativiste : son équation permettait l'existence d'une particule de même masse que l'électron, mais de charge opposée. Dirac et Anderson partagèrent le prix Nobel en 1936.

tracer le passage de rayons cosmiques ; ils espèrent mesurer ainsi la durée de vie des nouvelles particules de Yukawa. La théorie de Yukawa prédit deux particules, l'une de charge électrique positive et l'autre, de charge négative. Cette dernière, pensent-ils, devrait être attirée par les noyaux, de charge positive, puis se faire capturer par la force nucléaire forte avant qu'elle n'ait le temps de se désintégrer. En revanche, la particule chargée positivement devrait être repoussée loin du noyau et avoir le temps de se désintégrer. L'expérience italienne réussit, mais réserve une surprise : les deux types de particules se désintègrent. Cela signifie que la nouvelle particule n'a aucune affinité avec le noyau atomique ; par conséquent, ce ne peut pas être le pion prédit par Yukawa.

Le pion se manifestera pour de bon en 1947, ce qui achèvera la description de la force nucléaire forte, mais laissera perplexes les scientifiques : qu'est donc la particule découverte en 1937 ? Pour la distinguer du pion, ils la nomment *muon*. Un nom est une sorte de classification, ce qui procure certes le sentiment de contrôler la situation, mais ne fournit aucune explication. La découverte du pion relance la question de l'identité du muon. C'est alors que Bruno semble se désintéresser des réacteurs nucléaires au profit des rayons cosmiques et du muon.

Nous l'avons vu, Pontecorvo connaît bien la radioactivité bêta, phénomène à l'origine de la transmutation des éléments dans un réacteur nucléaire et, comme nous le savons aujourd'hui, dans les étoiles. Le processus inverse, où un proton du noyau capture un électron pour se transformer en neutron, existe aussi dans la nature, et se nomme capture électronique. Bruno observe qu'un noyau atomique capture de la même façon un muon, et il propose avec audace que cette ressemblance a un sens. Avec une intuition hors du commun, il conclut : le muon est une version plus massive de l'électron, que chacun connaît.

« Qui a commandé ça ? » s'exclame le physicien Isidor Rabi *. De fait, aucun théoricien n'a prédit une telle particule. Il faudra attendre trente ans pour obtenir un début de réponse.

Le premier pas vers la réponse à la question de Rabi consiste à comprendre comment naissent les muons. Très vite, les expériences

---

* Cette réplique est devenue une plaisanterie courante chez les physiciens des particules, qui fuse au moindre résultat inhabituel. (N.d.T.)

établissent que le muon est créé lors de la désintégration des pions. Bruno postule une analogie entre ce processus et la radioactivité bêta ordinaire. Il s'intéresse ensuite à la désintégration des muons. Contrairement aux électrons, qui sont stables, les muons n'existent que pendant un millionième de seconde avant de se désintégrer. Le chercheur se demande en quelles particules ils se désintègrent.

Le muon et l'électron portent la même charge électrique. Pour que la charge électrique soit conservée lors de la désintégration du muon, il faut qu'un électron soit créé. Et pour que la conservation de l'énergie et de l'impulsion soit respectée, il faut qu'une ou deux particules supplémentaires l'accompagnent. Parmi les candidats possibles, les plus plausibles sont : un photon isolé, quelque particule massive encore inconnue jusque-là, ou une paire de neutrinos [9]. Soit le muon n'est qu'une version plus massive de l'électron, et il doit être capable de dissiper de l'énergie en émettant un photon après s'être converti en un électron. Soit la relation entre muon et électron est plus subtile, et cette désintégration sera très rare, voire inexistante. Bruno met au point une expérience susceptible de trancher entre ces deux hypothèses.

Si un muon se désintègre en un électron et un photon, les deux particules produites doivent s'éloigner dos à dos, chacune emportant une quantité définie d'énergie. Si la désintégration donne un électron et deux neutrinos, l'énergie se répartit statistiquement entre les trois particules. Bruno propose donc de mesurer l'énergie de l'électron émis dans des centaines de désintégrations du muon, et de déterminer si elle a toujours la même valeur (alors son compagnon est un photon) ou si elle en prend plusieurs possibles (alors deux neutrinos l'accompagnent).

Il publie cette proposition en 1947 [10], puis monte l'expérience avec son collègue Ted Hincks. Sur le trajet des électrons, il place une cible faite d'un matériau qui les absorbe. Plus les électrons sont énergétiques, plus ils pénètrent profondément dans la cible. Bruno compte le nombre d'électrons capables de traverser la cible, en fonction de l'épaisseur de celle-ci. Si tous les électrons issus de la désintégration des muons portent la même énergie, comme le prédit le scénario électron-photon, alors leur nombre compté de l'autre côté de la cible devrait chuter d'un coup lorsque l'épaisseur de celle-ci dépasse une valeur critique. En revanche, si leur énergie prend toute une gamme de valeurs possibles, comme le prédit l'autre scénario, leur nombre devrait varier graduellement.

Les résultats de cette expérience paraissent en 1948 [11]. Pontecorvo et Hincks parviennent à éliminer la possibilité que le muon se désintègre en un électron et une autre particule massive, mais ils échouent à trancher entre l'hypothèse du photon et celle des deux neutrinos. Un physicien américain travaillant à Chicago, Jack Steinberger, les coiffe au poteau. Avec une expérience similaire, dont il publie les résultats dans le même journal [12], il est le premier à montrer que le scénario dans lequel un muon se désintègre en un électron et deux particules légères (des neutrinos) s'accorde le mieux avec les données expérimentales [13]. Ce ne sera pas la seule fois que Steinberger devancera Bruno sur une découverte capitale.

La force faible universelle

Isaac Newton comprit au XVIIe siècle que les marées océaniques, les orbites de la Lune et des planètes, ainsi que la chute des pommes, n'étaient que différentes manifestations de la force de gravitation, ou attraction universelle. Bruno Pontecorvo propose une idée similaire au milieu du XXe siècle, en 1947 : une force « faible » universelle est à l'origine de phénomènes variés de physique atomique, tels que la transmutation d'éléments par radioactivité bêta, la production et la désintégration du muon, l'instabilité du pion et le comportement des « particules étranges ».

La comparaison entre Newton et Pontecorvo s'arrête là, même si tous deux ont su unifier des phénomènes disparates. Après avoir reconnu le caractère universel de la gravitation, Newton a lui-même établi les lois quantitatives qui régissent son comportement. Pontecorvo, lui, a conjecturé l'existence de la force faible et effectué des expériences qui aideront à prouver sa réalité. Mais la théorie quantitative de la force faible ne sera établie qu'un quart de siècle plus tard, et par d'autres. Néanmoins, ce laps de temps souligne la difficulté de la tâche, car il faut beaucoup de clairvoyance pour discerner une cause unique à la chorégraphie compliquée de ces particules.

Aujourd'hui, la force faible est considérée comme l'une des quatre forces fondamentales de la nature, avec la gravitation, l'électromagnétisme et la force nucléaire forte. La découverte de la force faible constitue l'une des avancées les plus importantes du XXe siècle [14]. Bruno a compris en outre que cette universalité fonde un lien de parenté entre l'électron, le muon et le neutrino. Après avoir confirmé le lien entre le muon et l'électron, il observe l'existence de deux sortes de neutrino, auxquelles il applique la même idée : le neutrino de la première sorte est associé à l'électron, celui de la seconde au muon.

Cette manière d'associer les particules fondamentales en familles constitue le fondement du modèle standard des particules et des forces. Chacune des intuitions de Bruno Pontecorvo concernant la force faible et la danse des particules méritait sans exagérer un prix Nobel.

Paternité d'instruments

Entre son article de 1947 sur la genèse du muon et sa recherche sur la désintégration de celui-ci, Bruno voyage en Europe pour voir ses parents, visiter Harwell et passer quelques jours avec son frère Guido à Glasgow.

À cette époque, lui et ses collègues de Chalk River mettent au point un nouvel instrument pour monter l'expérience sur la désintégration du muon. Appelé aujourd'hui compteur proportionnel à gaz, il sert à mesurer l'énergie d'un rayonnement ionisant. Quand ce dernier possède une énergie suffisante, il arrache des électrons aux atomes d'un gaz inerte, et laisse sur son sillage des ions de charge positive ; rien ne se passe quand son énergie est trop faible. Dans le compteur proportionnel, le rayonnement passe à travers une petite chambre remplie d'un gaz inerte et ionise des atomes. Ce faisant, il perd de l'énergie jusqu'à épuisement de son pouvoir ionisant. Le nombre d'ions créés est par conséquent proportionnel à l'énergie du rayonnement incident. Comme chaque ion déclenche un signal dans le détecteur, l'amplitude totale de ce signal révèle l'énergie du rayonnement incident. Bruno Pontecorvo devient un expert en matière de mesure d'énergie d'un rayonnement.

Pendant ce temps, au département de physique de l'université de Glasgow, Samuel Curran, expert des compteurs Geiger, et John Angus, doctorant en physique nucléaire, cherchent de nouvelles méthodes pour détecter des particules bêta et mesurer leur énergie.

Comme Bruno donc, qui, durant sa visite chez Guido, passe un coup de fil au département de physique de Glasgow et rencontre Curran.

Il est difficile de savoir s'il était déjà au courant des travaux de Curran et s'il rencontrait celui-ci pour comparer ses résultats aux siens, ou s'il découvrit son projet à cette occasion. Toujours est-il que l'équipe de Glasgow eut le sentiment d'avoir donné plus de renseignements qu'elle n'en obtint, car un conflit apparut sur la paternité de la technique. Le registre de l'université indique que, au cours de la recherche de l'équipe de Glasgow, « Curran a décrit la méthode à un membre de l'équipe de Chalk River, au Canada [15] ».

Curran et Angus décrivent leur nouvelle technique en un paragraphe dans un court article sur la désintégration bêta du tritium, au sein de l'édition du 21 août 1948 de la revue *Nature*. Bruno et deux collègues développent une idée similaire une semaine plus tard, dans *Physical Review* [16]. Le groupe canadien a soumis son article en juin, deux mois avant la publication de celui de l'équipe de Glasgow. On ne connaît pas la date de soumission de ce dernier.

Le registre de l'université porte le commentaire suivant, faisant explicitement référence à la visite de l'Italien : « Une semaine après le court article de Curran dans *Nature*, parut un article concurrent du groupe de Chalk River (dont Pontecorvo) [17]. » Étant donné l'expertise des deux équipes, il est possible que les mêmes idées soient apparues en deux endroits différents et aient mûri en même temps. Quant à savoir qui a influencé qui, cela reste l'un des nombreux mystères de cette histoire.

Bruno se rend ensuite à Harwell pour quelques semaines, avant de s'envoler vers l'Italie le 8 décembre. Il donne une conférence à Rome le 17 décembre, qui incite la compagnie pétrolière nationale Agip à utiliser son tube neutronique pour la prospection pétrolière ; le jeune inventeur en fournit notamment les plans de montages électriques [18].

Dans le cadre de son recrutement à Harwell, les autorités de sécurité britanniques sont en train d'enquêter sur le physicien italien. Ils notent que son retour vers le Canada comprend une halte à Paris, où il passe le réveillon du nouvel an à Montmartre avec son ancien collègue Jules Guéron. Les observateurs du MI5 rapportent que le séjour se limite aux festivités, sans aucun autre contact scientifique [19]. Les autorités britanniques, avec leur xénophobie traditionnelle, se méfient des sympathies politiques des Français en général, et en particulier de Frédéric Joliot-Curie, membre du parti communiste. Bruno ne reste à Paris que vingt-quatre heures, puis repasse par l'Angleterre pour rallier le Canada le 6 janvier. L'agent de sécurité de Harwell rapporte au MI5 qu'il lui paraît être un « honnête citoyen, sans engagement politique [20] ».

Bruno et la politique internationale

À Harwell, de même qu'au Canada, Bruno Pontecorvo se déclare en effet sans opinion politique et peu informé de l'actualité internationale. Son frère Gillo déclarera au MI5 en 1950, après sa disparition : « Mes parents ainsi que [notre frère aîné] Guido avaient l'impression qu'après la guerre, Bruno n'était plus intéressé par la politique et évitait tout contact avec le communisme, à la fois dans ses lectures et dans ses fréquentations. Mes parents attribuaient cela à son emploi à Chalk River et à Harwell. » Gillo, qui est très proche de son frère, n'est pas dupe. Il perçoit lors d'une rencontre en Italie en juin 1946 que ce désintérêt apparent pour la politique n'est « qu'une couverture, parce que Bruno [connaît] en détail certaines questions cruciales pour les communistes ». Par exemple, Gillo relève que son frère comprend parfaitement les mobiles du dictateur yougoslave Josip Tito. Il conclut : « Il a dû se tenir au courant par des publications communistes [21]. »

Sa sensibilité politique transparaît dans une autre de ses réactions à l'actualité de 1945. Lorsqu'une bombe atomique test explose le 16 juillet au Nouveau-Mexique, toute l'équipe canadienne se livre à des spéculations concernant les conséquences géopolitiques de l'essai nucléaire. La question est de savoir si on va utiliser la bombe contre le Japon. Selon l'un des participants aux discussions, seul Bruno s'est déclaré certain de la réponse. Pour lui, les Américains vont utiliser la bombe « pour des raisons politiques, avant que les Japonais ne se rendent, et avant que les Russes n'obtiennent leur reddition [22] ». C'est extrêmement perspicace. Les Américains larguent la bombe sur Hiroshima le 6 août, puis sur Nagasaki le 9. Dans la soirée du 8 août, Staline déclare la guerre au Japon. Peu après minuit, les troupes soviétiques envahissent puis annexent la Mandchourie, la Mongolie-Intérieure et la Corée du Nord. Le Japon se rend aux Américains le 2 septembre 1945.

CHAPITRE 9

Choix décisif
1945-1950

Les bombardements de Hiroshima et de Nagasaki mettent fin à la Seconde Guerre mondiale. Ils écourtent par ailleurs la collaboration des Alliés en physique nucléaire et marquent le lancement de programmes nationaux d'énergie nucléaire, à visées pacifiques et militaires. Le programme civil de développement d'énergie nucléaire démarre au Royaume-Uni à Harwell, dans une nouvelle installation dénommée Atomic Energy Research Establishment.

L'objectif du projet est de concevoir et fabriquer le premier réacteur du Royaume-Uni et, de fait, de l'Europe de l'Ouest. Il est piloté par l'Atomic Energy Authority et placé sous la tutelle du Ministry of Supply * le 1er janvier 1946. John Cockcroft quitte Chalk River pour diriger le projet britannique. Bruno Pontecorvo, qui s'était rendu indispensable sur le réacteur de Chalk River, est invité par les Britanniques à rejoindre leur nouvelle entreprise dès 1945.

Il reçoit également cette année-là plusieurs propositions prestigieuses et lucratives de la part d'institutions américaines, mais il choisira finalement Harwell. Sa décision paraîtra suspecte aux yeux de certains, dont Emilio Segrè, qui exprimera plus tard au FBI son sentiment qu'elle a été dictée par ses relations communistes en Europe, en faisant de vagues allusions à la malveillance soviétique. Selon Oleg Gordievsky, un agent double du KGB qui s'établira au Royaume-Uni en 1985, Pontecorvo était une précieuse source

* Ministère de l'Armement. (N.d.T.)

d'information du KGB depuis 1943. Si cela est vrai, Segrè a vu juste.

Bruno visite l'université du Michigan, qui souhaite l'engager, reçoit une offre de l'université de Rochester, puis une autre du Radiation Laboratory de l'université de Californie à Berkeley, le fief de Segrè. Il échange des lettres avec des ténors de la physique, tels que Hans Bethe à Cornell, Robert Marshak * à Rochester, Arnold Siegert ** à Syracuse et le directeur du département de physiques du MIT. Il hésite. Cette réaction semble naturelle de la part d'un physicien talentueux et convoité, qui pèse le pour et le contre de diverses options afin de choisir la meilleure pour sa carrière et sa famille. Cependant, la correspondance de Bruno montre qu'il ignore en combien de temps il se décidera, comme s'il n'était pas tout à fait maître de son propre destin [1].

Plusieurs lettres arrivent de l'université de Rochester. On propose à Bruno un poste de professeur associé à 6 000 dollars par an, à occuper « au moment de [sa] convenance, selon [sa] disponibilité, d'ici à septembre 1946 ». Les installations y sont superbes : elles comportent un « petit cyclotron en fonctionnement » et l'université envisage de construire un « réacteur uranium-neutron ». Il est précisé qu'en plus de ces avantages évidents, Rochester se trouve à 150 kilomètres de Cornell, où réside le maître de la physique théorique nucléaire : Hans Bethe. Bruno annonce entre-temps à l'université du Michigan qu'il prendra sa décision en janvier 1946, après avoir rencontré certaines personnes du « projet britannique ». Harwell lui imposerait en effet certaines contraintes, si on se réfère aux échanges qu'il a eus avec James Chadwick à ce propos.

C'est une période difficile pour Bruno. Depuis plusieurs mois, lui et d'autres membres non britanniques de l'équipe canadienne voient en effet leur liberté restreinte. La sécurité se resserre à mesure que l'essai de la bombe atomique approche. Le général Groves se méfie des collaborations internationales, et le FBI s'inquiète du nombre de scientifiques étrangers impliqués, surtout au Canada.

---

* Robert Marshak a préparé sa thèse de doctorat avec Hans Bethe. Il contribuera plus tard à la description des pions. (N.d.T.)

** Arnold Siegert a été l'étudiant en Allemagne de Werner Heisenberg, l'un des pères fondateurs de la physique quantique. (N.d.T.)

Cette pression a toujours été présente, mais elle atteint alors des sommets. Plusieurs scientifiques français du programme anglo-canadien n'ont pas été autorisés à rentrer chez eux, ni pour fêter le débarquement de juin 1944 en Normandie, ni pour la libération de Paris en août.

Churchill retire les visas de tous les non-ressortissants britanniques de Tube Alloys en septembre 1944. Halban s'est rendu en France peu de temps auparavant pour s'entretenir avec Joliot-Curie sur les développements de la fission. Il se sent en droit de le faire, puisque Joliot-Curie et lui détiennent des brevets dans ce domaine. Mais le général Groves entre dans une colère noire en l'apprenant, ce qui aura des conséquences pour tout le monde. À l'instar de ses collègues français, Bruno souhaite rendre visite à sa famille en Europe au plus tôt, mais les autorisations de sortie pour les non-Britanniques sont désormais limitées, si bien que sa demande de séjour en Italie pour l'été 1945 est rejetée.

James Chadwick dirige à cette époque la politique britannique du nucléaire depuis Washington. Il décrète que toute offre d'emploi à Harwell doit s'assortir pour Bruno d'une interdiction de voyager sur le continent européen. Celui-ci ne peut accepter une telle restriction de sa liberté à long terme, surtout depuis que la guerre est terminée. Il rencontre Chadwick à Washington juste avant Noël 1945 pour discuter ce point [2], en vain.

Bruno se rend à New York et Washington du 23 au 29 janvier 1946 pour le colloque de l'American Physical Society, et c'est là qu'il semble prendre enfin sa décision [3]. Pendant la conférence, plusieurs employeurs potentiels le courtisent. Le croyant toujours disponible, la compagnie General Electric lui envoie une proposition le 7 février, que Bruno décline immédiatement, expliquant qu'« il serait dommage de quitter la pile canadienne juste au moment où la recherche prend le pas sur l'ingénierie ». Il reste au Canada « pour au moins un an », précise-t-il. Arnold Siegert, physicien à l'université de Syracuse, s'enquiert lui aussi de la disponibilité de Bruno, mais en le remerciant de son intérêt celui-ci lui répond sans équivoque le 13 février : « Je reste ici. »

Otto Frisch lui écrit le 4 février de Los Alamos pour lui vanter l'intérêt du nouveau laboratoire de Harwell et l'encourager à accepter un poste là-bas. Il évoque également l'« oncle James » (Chadwick) et rappelle que « le grand spectacle » du Canada (le réacteur NRX) commencera à la mi-mars.

Bruno finit par annoncer aux responsables de Harwell qu'il acceptera leur offre uniquement si on l'autorise à voyager. Il insiste sur le fait que le centre britannique représente pour lui l'opportunité de se rapprocher de sa famille et de ses racines italiennes, après dix ans d'absence. Ses conditions semblent enfin acceptées, puisque le 21 février Otto Frisch lui exprime par écrit sa joie de pouvoir travailler avec lui en Angleterre [4].

Bruno Pontecorvo est une recrue de choix pour la science britannique, malgré les réticences du gouvernement à engager des non-ressortissants britanniques. La xénophobie qui s'était manifestée lors de son recrutement à Chalk River en 1943 refait surface. Harwell a absolument besoin de lui, mais ses origines italiennes manquent de tout faire capoter. Sa fiabilité est également remise en question par le général Groves.

Pour sortir de l'impasse, Chadwick suggère à l'Italien de « prendre des mesures pour acquérir la nationalité britannique ». Il est naturalisé un peu plus tard, le 7 février 1948, au motif qu'il a travaillé durant cinq ans pour un projet britannique. Un rapport sur lui, adressé au Premier ministre Clement Attlee, commente : « Pontecorvo a déjà fait une demande de papiers aux États-Unis, mais a exprimé une préférence pour la naturalisation britannique s'il pouvait l'obtenir. » Avec le recul, cela reflète peut-être les préoccupations de Bruno au sujet de l'attitude des Américains envers le communisme [5].

Les efforts que déploient les Britanniques pour obtenir Pontecorvo, jusqu'au rapport au Premier ministre, témoignent de l'importance que revêt le physicien italien à leurs yeux. Le nombre d'institutions de qualité lui offrant un poste en Amérique du Nord atteste aussi de sa stature internationale. Bruno a toutes les cartes en main en 1946 et peut faire carrière où bon lui semble.

En dépit des affirmations selon lesquelles Bruno aurait choisi Harwell dans le but d'espionner, nombre de ses collègues estiment que ses motivations étaient sincères. Étant donné que John Cockcroft avait quitté le Canada pour prendre la direction de Harwell, et que plusieurs collègues canadiens l'ont suivi, cela assurait la continuité de sa recherche. Godfrey Stafford, un scientifique de

Harwell qui prendra plus tard la direction du laboratoire voisin, le Rutherford Laboratory, témoigne qu'il flottait à Harwell une atmosphère très stimulante : « À cette époque, c'était comme une page blanche », explique-t-il. Il se souvient qu'on se sentait attiré par sa devise tacite : « Venez faire ce qui vous plaît[6]. » La proximité du centre avec les universités d'Oxford, de Bristol et de Londres, dont les départements de physique caracolent à la pointe de la recherche, le favorise nettement par rapport à certains laboratoires d'Amérique du Nord. Enfin Bruno reconnaît lui-même apprécier de se rapprocher de l'Italie après une décennie d'absence.

C'est sans doute par dépit que Segrè dénoncera aux autorités de sécurité en 1949 les prétendus motifs politiques de Bruno, lui reprochant d'avoir choisi Harwell plutôt que Berkeley ; cependant, ses allégations ne resteront pas sans conséquences. Le rapport de Segrè coïncidera en effet avec l'hystérie anticommuniste grandissante des États-Unis, alimentée par le sénateur Joseph McCarthy et la Commission parlementaire aux activités antiaméricaines. Ces derniers procéderont à une impitoyable chasse aux sorcières au sein du gouvernement, de la science et de Hollywood. Ils braqueront bientôt leurs projecteurs sur Bruno Pontecorvo.

Entre-temps, d'alléchantes offres d'emploi aux États-Unis continuent d'affluer vers lui. Il se rend à Cornell en 1947, où Hans Bethe lui propose un poste de professeur associé permanent, avec un salaire de 7 000 dollars par an, pour une charge d'enseignement « d'au plus six heures par semaine ». Le ton de la lettre de Bethe semble suggérer que Pontecorvo est toujours disponible, comme si celui-ci n'avait pas pris de décision définitive. Peut-être est-ce le cas, puisqu'il reste au Canada jusque fin 1948, tout en travaillant en tant que consultant pour Harwell, au sein d'un groupe de discussion sur la production d'une pile. James Kendall, l'ingénieur responsable à Harwell de la conception de la pile, raconte à son retour d'une réunion au Canada que la contribution de Pontecorvo « vaut à elle seule autant que toutes les autres réunies ».

Déboires conjugaux au Canada

L'époque où Bruno vit au Canada est aussi celle où l'écart se creuse entre son image publique et sa vie privée. Par exemple, il prétend à ses amis et collègues qu'il ne fait pas de politique, alors qu'il est membre du parti communiste. Si les motivations d'un tel silence sont évidentes, le fait qu'il réussisse si bien à garder le secret montre qu'il sait très bien à quoi s'en tenir. Cette habileté à cacher des vérités embarrassantes dévoile un caractère plus complexe qu'il n'y paraît. Avec ses collègues et amis, il se montre extraverti et simple, fêtard et boute-en-train ; sa vie personnelle se révèle en revanche plus compliquée.

Laura Fermi rapporte deux anecdotes qui dévoilent la nature de l'homme et de sa vie privée. Bruno téléphone chez les Fermi durant un passage à Chicago en janvier 1944. Il s'est cassé la jambe au ski et cherche des béquilles. L'accident le place au centre de l'attention, et il en rajoute beaucoup [7]. Bruno Pontecorvo renvoie l'image d'un bateleur. Mais tandis que tout le monde le croit insouciant, il souffre d'un complexe d'infériorité [8]. C'est un héritage de son enfance : étant le quatrième de huit enfants talentueux, il a dû se démener pour attirer l'attention sur lui. Son apparence séduisante et sa personnalité pétillante sont des leurres qui cachent son insécurité.

Laura Fermi souligne aussi la grande timidité de Marianne. Nous avons vu combien les Fermi ont été contrariés de ne pas avoir rencontré Marianne et Gil en 1940, peu après l'arrivée des Pontecorvo en Amérique. Laura est tout aussi déçue lorsque Bruno passe les voir en 1943 avant de migrer au Canada, car, comme la fois précédente, « ni sa femme ni son fils ne l'accompagnent ». Leur première et dernière rencontre avec Marianne a lieu fin novembre 1948, peu de temps avant qu'il ne déménage pour Harwell [9]. Les deux anciens collègues italiens participent à un colloque de l'American Physical Society à Chicago, et Enrico invite la famille à dîner.

Ce jour-là, Marianne est sortie faire des courses en ville dans l'après-midi, et elle se perd sur le chemin du retour vers l'hôtel. Cela les met en retard pour le dîner, « et ce petit fait bouleverse Bruno bien plus que cela ne le mérite [10] ». Au cours de la soirée, Bruno se montre aussi volubile que d'habitude, même s'il est clairement contrarié. En revanche, Marianne « n'ouvre pas la bouche » et, d'après Laura, se montre « si timide qu'on en est mal à l'aise ».

Un collègue du Canada se souvient que Marianne était une belle femme. Il dit de Bruno qu'il était « beau, séducteur, très italien, la coqueluche de toutes les femmes célibataires ». Ces souvenirs concordent avec ceux de David Jackson, un jeune doctorant qui effectue en 1947 des calculs pour les expérimentateurs de Chalk River : « Nous connaissions bien *Ponte*, un Italien glamour qui jouait beaucoup au tennis et flirtait avec les jeunes femmes à Deep River [la ville voisine de Chalk River]. Je suis sûr que Marianne n'était pas heureuse, bien qu'elle fût elle-même très séduisante [11]. »

Un jour, alors qu'ils se rendent à une conférence à Montréal en juin 1947, Bruno et son collègue Ted Hincks (avec qui il a monté l'expérience sur la désintégration du muon) emmènent deux jolies secrétaires de la division de chimie du laboratoire [12]. Les jeunes femmes souhaitent séjourner quelques jours dans leur famille près de Montréal, et les deux physiciens s'empressent de leur assurer le transport. Ils conviennent de les ramener à Deep River après la conférence. Mais un problème scientifique est soulevé durant le congrès. Bruno pense pouvoir le résoudre auprès d'un autre scientifique situé au MIT, dans la banlieue de Boston [13]. On a oublié depuis longtemps le nom du physicien en question, mais ce qui s'est passé ensuite est entré dans la mémoire collective de Chalk River : Bruno et Hincks invitent les demoiselles à les accompagner à Boston avant de retourner à Deep River.

Les autres participants du colloque de Montréal rentrent à Chalk River et répandent la rumeur du dernier exploit de *Ponte*. Marianne s'en indigne, retire de la banque tout l'argent de son mari (1 800 dollars) et part dans les Rocheuses canadiennes, à des milliers de kilomètres de là. Elle séjourne un temps dans la station touristique canadienne de Banff avec leurs trois enfants : Gil, Tito et le petit dernier, Antonio, né en juillet 1945. Bruno rentre trois jours plus tard, et cherche Marianne partout. L'un de ses amis finira par la retrouver et la convaincre de rentrer à la maison.

Après cette aventure et durant tout le restant de son séjour au Canada, Bruno portera le surnom de « Ramon Navarro », d'après un acteur vedette du cinéma mexicain. Il est vrai que notre physicien possède une vague ressemblance avec le sex-symbol Navarro : mêmes cheveux noirs lissés en arrière, mêmes yeux enjôleurs et même élégance latine. Avec sa peau claire, ses cheveux blonds et son allure nordique, le physique de Marianne, sans parler du caractère, tranche avec celui de Bruno. Un collègue qui fréquentait le couple au Canada puis à Harwell se souvient de Marianne comme d'une femme belle et calme, au tempérament « typiquement scandinave, ce qui semblait un choix étrange pour un Italien passionné [14]. »

La journaliste italienne Miriam Mafai expliquera dans sa biographie de Bruno Pontecorvo que Marianne se tenait en retrait et en silence, car son mari était « très courtisé et recherché, et cela ne pouvait pas plaire à sa femme ». Ce n'est pas le principal problème car, durant leur séjour au Canada, Marianne manifeste les premiers signes d'une maladie nerveuse, qui s'aggravera des années plus tard.

Vers la fin de sa vie, Bruno racontera à Mafai que Marianne se comportait de manière « singulière », notamment à l'occasion de leurs obligations mondaines. Par exemple, quand ils étaient sur le point de sortir pour dîner chez des amis (chez les Fermi sans doute), Marianne annonçait soudain qu'elle ne venait pas. Bruno, de mauvaise humeur, lui répondait quelque chose du genre : « Tu es folle ! », sans se rendre compte que cette timidité extrême était le symptôme d'un malaise plus profond [15].

Bruno fournira ces détails après la grave dépression de Marianne survenue en URSS. Ces troubles existaient cependant depuis longtemps. Nous avons vu qu'en 1938, Bruno évoque dans ses lettres une mystérieuse maladie, qu'elle passe sous silence, alors qu'elle est séparée de son fils Gil durant un an [16]. L'abandon de Gil, âgé de quelques semaines seulement, à une garderie française a dû être très difficile à vivre pour cette femme mélancolique.

Considérons du point de vue de Marianne les années qui ont suivi cet épisode douloureux. Enfin réunie avec Gil et Bruno, elle doit s'envoler pour l'Amérique du Nord juste après une fausse couche. Elle tente ensuite de construire sa vie autour des exigences de la carrière de son mari, séparée de ses proches par un océan et des milliers de kilomètres. Elle vit aux États-Unis en 1943 avec un communiste, qui doit cacher ses opinions tout en s'apprêtant à travailler sur un projet secret au Canada. Quand on rapproche ces faits de sa timidité naturelle, on comprend sa réticence à rencontrer le professeur de son mari, célèbre lauréat du prix Nobel. Une femme dans sa situation avait besoin de compassion et de soutien.

Marianne est aussi attirante que Bruno est séduisant, et celui-ci aime se pavaner en compagnie de sa jolie épouse. Il joue le rôle du charmeur et du meilleur ami de tout le monde. Sa maturité affective ne semble pas en rapport avec son intelligence scientifique. D'un autre côté, il a peut-être pris en considération l'avis de Marianne en décidant de s'installer à Harwell, car elle désirait comme lui revoir ses parents plus souvent, et cela pouvait contribuer à la faire se sentir mieux. Rien ne le prouve, mais cet élément a pu peser dans son choix.

Quelles qu'en soient les raisons, la vie des Pontecorvo en Amérique du Nord s'achève fin 1948. Bruno solde ses jours de congé pour voyager dans l'Ouest des États-Unis du 2 novembre au 3 décembre 1948. Il visite différentes universités de la côte Ouest et fait un détour par le Mexique. À partir de là, la carrière de Bruno l'entraînera toujours plus à l'Est. Le couple quitte Chalk River le 24 janvier 1949 et s'envole pour la Grande-Bretagne, via New York. Bruno commence son travail à Harwell le 1er février [17].

INTERLUDE

Des espions venus de l'Est

Revenons légèrement en arrière, en 1942. Tandis que les prodigieuses applications de la fission se concrétisent, les scientifiques soviétiques ne pensent pas pouvoir disposer d'une bombe atomique à temps pour infléchir le cours de la guerre. Ils savent en outre, par Klaus Fuchs, que les chercheurs britanniques et américains sont passés à l'échelle industrielle. En 1943, Staline comprend donc qu'il a perdu la course à la bombe atomique. Il n'autorise qu'un projet relativement modeste, pour disposer d'une « protection contre les aléas futurs [1] ».

Lorsque Igor Kourtchatov prend en charge la conception de la bombe atomique pour les Soviétiques, il commence par se renseigner sur ce que les autres en connaissent. Il passe plusieurs jours au Kremlin à étudier les données concernant le projet atomique britannique et, grâce aux informations provenant de Fuchs, il brûle quelques étapes laborieuses [2].

Le fait de savoir, par l'intermédiaire des espions, qu'une réaction en chaîne peut être déclenchée dans un mélange d'uranium et d'eau lourde est notamment capital. Les scientifiques soviétiques croyaient cela impossible, car ils surestimaient la probabilité que le matériau absorbe un neutron avant que celui-ci ne rencontre un noyau d'U-235. Ne disposant pas d'assez d'eau lourde pour faire les tests eux-mêmes, ils en sont réduits à « emprunter » les données des autres.

Divers emprunts concernent le plutonium. Kourtchatov étudie minutieusement le dernier article publié avant l'instauration du secret, et en déduit que le plutonium offre une voie alternative pour la bombe, qui éviterait d'avoir à séparer l'U-235. Il tire cette conclusion des derniers articles non censurés, mais aussi en se fondant sur sa propre connaissance de la physique nucléaire et sur plusieurs calculs. Il lui manque toutefois des données cruciales. En particulier, deux questions le taraudent : la fission du plutonium doit-elle être déclenchée par des neutrons lents ou rapides ? Et le plutonium, est-il spontanément fissile ?

La fission spontanée limite la quantité d'uranium que l'on peut stocker. Chaque neutron libéré par une fission peut, soit déclencher une nouvelle fission en heurtant un autre noyau, soit au contraire s'échapper de l'échantillon. La seconde possibilité est plus probable dans les petits échantillons que dans les grands, car le volume (où se produit la fission) grandit plus vite que la surface (de laquelle les neutrons s'échappent) quand le rayon de l'échantillon augmente. Un nourrisson a besoin d'être enveloppé chaudement, même lorsqu'un adulte est légèrement vêtu, car il a une plus grande surface, rapportée à sa taille, à travers laquelle il perd sa chaleur corporelle. De la même manière, les petits échantillons d'uranium perdent des neutrons plus facilement que les gros fragments. Et il existe une masse critique d'uranium ou de plutonium au-dessous de laquelle la fission n'est plus entretenue.

Or une fission peut se produire par accident, par exemple à la suite d'une collision entre une particule cosmique et un atome d'uranium ou à cause de la radioactivité naturelle. Par conséquent, le risque existe qu'une réaction en chaîne se déclenche spontanément et entraîne une explosion non contrôlée. Pour l'éviter, on conserve des échantillons d'uranium enrichi « sous-critiques », c'est-à-dire de taille assez petite pour que les neutrons soient davantage enclins à s'échapper par la surface qu'à alimenter une réaction en chaîne dans le volume. Pour faire une bombe atomique à U-235, il suffit de préparer deux échantillons sous-critiques, et de les mettre brusquement en contact lorsqu'on veut déclencher l'explosion. Kourtchatov comprend ce principe en URSS, et découvre que l'Occident l'a saisi avant lui.

Il élabore alors un plan de recherche et développement, qui fait ressortir les problèmes à résoudre. Il dresse en mars 1943 la liste des laboratoires d'Amérique du Nord qui ont probablement déjà trouvé les solutions. Le service de renseignements soviétique, le

NKVD (l'ancêtre du KGB), envoie aussitôt ses requêtes à ses agents à l'étranger [3].

L'URSS est ainsi en train de mettre en place son réseau d'informateurs pour couvrir le projet atomique de l'Occident. Peter Ivanov, un employé du consulat soviétique à San Francisco fin 1942 ou début 1943, demande des informations secrètes à l'ingénieur britannique George Eltenton, qui a travaillé à Leningrad et mène alors ses recherches au Radiation Laboratory de Berkeley. Ivanov approche aussi Haakon Chevalier, un ami communiste de Robert Oppenheimer, ce dernier restant à l'écart de la combine. Il courtisera d'autres chercheurs du Radiation Laboratory, avec qui il parviendra à ses fins [4].

L'espionnage soviétique s'infiltre largement dans les laboratoires américains. La trahison de Gouzenko et l'arrestation de Nunn May montreront que le réseau s'étendait jusqu'au Canada. Bruno Pontecorvo en faisait-il partie ? D'aucuns l'affirment depuis qu'il a fui vers l'URSS en 1950 [5]. Le Joint Committee on Atomic Energy n'en a cure : il le considère comme le « second ennemi mortel », bien qu'ils ne possèdent aucune preuve contre lui, autre que sa disparition. Son rapport de 1951 comporte cet argumentaire à charge :

« Que Pontecorvo ait trahi ou non des secrets avant de disparaître derrière le Rideau de fer importe peu, puisque toute sa mémoire, contenant ces secrets, est aujourd'hui disponible en Russie. Son intelligence scientifique hors du commun peut aussi servir au développement d'un réacteur soviétique [6]. »

Si Pontecorvo servait les Soviétiques dès les années 1940, comme certains le prétendent, alors cela a dû laisser des traces. On devrait pouvoir confirmer ou infirmer sa contribution en étudiant l'histoire du projet atomique soviétique, ainsi que la manière dont les Soviétiques se sont tenus informés des progrès réalisés par l'Occident. L'une au moins des accusations à son encontre doit être écartée : celle selon laquelle il aurait annoncé aux Soviétiques le succès de la pile nucléaire de Fermi en décembre 1942 [7].

Dans son mémo listant les questions à poser aux espions, Kourtchatov écrit en effet le 22 mars 1943 qu'il ignore encore « si un système à uranium naturel et graphite [est] possible ». Or c'est précisément la méthode que Fermi a employée pour faire fonctionner son réacteur trois mois plus tôt : la nouvelle de ce succès américain n'a donc pas encore atteint l'URSS. Lorsque Pontecorvo rend visite à Fermi en avril 1942 et discute avec lui quelques détails de l'expérience, c'est longtemps avant sa réalisation. Puis il ne rejoint le projet anglo-canadien qu'en 1943, et ne reprend contact avec Fermi qu'en 1944. Il ne peut donc pas être très au fait de la pile de Chicago. Au vu de l'aveu d'ignorance exprimé dans le mémo de Kourtchatov, il s'avère très improbable que Pontecorvo ait relayé l'information.

Plus tard, en 1943 et 1944, quelques employés du Metallurgical Laboratory de Chicago seront accusés de passer des informations aux Soviétiques et congédiés sommairement. Il semble plus naturel de supposer que l'un de ces employés ait renseigné l'URSS sur l'expérience de Fermi, plutôt que Pontecorvo, qui était loin et sans lien direct à cette époque.

Les renseignements américains ont aussi soupçonné des fuites concernant l'usine de diffusion gazeuse d'Oak Ridge. Or, à aucun moment Pontecorvo n'a été lié à Oak Ridge. S'il a jamais passé des informations aux Soviétiques, celles-ci ne peuvent se rapporter qu'aux connaissances qu'il a acquises durant son séjour au Canada, de 1943 à 1948, ou à Harwell, entre 1949 et 1950. Voilà qui restreint les pistes.

Oleg Gordievsky, agent double du KGB, prétend que Pontecorvo renseignait généreusement les Soviétiques. Ses déclarations semblent assez précises, mais elles se révèlent sans fondement. Dans un ouvrage coécrit avec l'historien Christopher Andrew, qui publiera plus tard une histoire autorisée du MI5, il déclare par exemple que Bruno a contacté une ambassade soviétique « probablement » à Ottawa « un jour entre 1943 et 1945 ». Il précise que Bruno aurait présenté son rapport non pas au GRU (l'agence de renseignement militaire de l'URSS), mais à son « voisin », le KGB. Le « résident » du KGB à l'ambassade aurait dans un premier temps ignoré Pontecorvo, le soupçonnant d'être un agent provocateur agissant pour le compte des Canadiens. Finalement convaincu de sa fiabilité, le KGB l'aurait adopté. Des années plus tard, des contacts du KGB auraient dit à Gordievsky qu'ils « assignaient au travail de Pontecorvo une valeur aussi haute qu'à celui de Fuchs [8] ».

Lorsque Gordievsky m'a rapporté ces témoignages, il a ajouté : « Bruno Pontecorvo était un agent du KGB depuis longtemps. Il avait probablement été recruté durant la guerre d'Espagne. Ses renseignements avaient une grande valeur [9]. » Mais il n'a su citer aucune source, aucun fait précis, aucun secret révélé par Bruno. Il n'a pas non plus développé l'allusion au « probable » recrutement de Pontecorvo pendant la guerre civile d'Espagne.

Ce dernier point, en particulier, est difficile à concilier avec son récit précédent, dans lequel l'agent soviétique au Canada doutait de la fiabilité de Pontecorvo. De surcroît, la chronologie des faits ne colle pas. La guerre civile espagnole coïncide avec le séjour de Bruno à Paris. À cette époque, il n'y avait rien à espionner : il ne pouvait participer à un projet qui n'existait pas encore, et dont la raison d'être (la fission nucléaire) n'avait pas encore été découverte ; de plus, lorsque la fission a été découverte (en décembre 1938), la recherche sur le sujet est restée accessible par les publications quelques mois encore. Ce qui est plausible en revanche, c'est que le jeune physicien ait attiré l'attention sur lui en tant que sympathisant communiste, avec une brillante carrière scientifique devant lui. L'URSS a pu le repérer lorsqu'il a rejoint le parti communiste en 1939. Mais cela n'explique toujours pas cette méfiance des Soviétiques au Canada que décrit initialement Gordievsky [10].

Le « laboratoire numéro deux » (nom de code du projet de réacteur soviétique) est placé sous la responsabilité de Kourtchatov le 12 avril 1943. Celui-ci estime qu'un réacteur nécessite deux tonnes d'uranium avec quinze tonnes d'eau lourde (pour une pile à eau lourde), ou entre cinquante et cent tonnes d'uranium avec mille tonnes de graphite (pour une pile au graphite). Le graphite est plus facile à obtenir que l'eau lourde, si bien qu'il choisit la seconde filière. Il ne dispose pas d'uranium, mais il demande à des théoriciens de déterminer comment optimiser la construction du réacteur. L'un d'eux, le remarquable physicien Isaac Pomeranchouk, rencontrera Pontecorvo plus tard.

Kourtchatov fabrique un cyclotron pour produire le plus vite possible de petites quantités de plutonium à des fins de recherche, car la construction d'un réacteur prendra des années. Le cyclotron, qui accélère un faisceau de deutérons (des noyaux d'hydrogène lourd), entre en service le 25 septembre 1944. Malgré cet équipement avancé, les Soviétiques ne réussiront toutefois à séparer le plutonium de l'uranium irradié qu'en 1946 [11].

Mais le plus gros problème de Kourtchatov est de trouver de l'uranium et du graphite ultra-pur pour sa pile. Au tout début, le gouvernement soviétique commande carrément aux Américains, en janvier 1943, 10 kilogrammes d'uranium métallique et 100 kilogrammes d'oxyde d'uranium, dans le cadre de l'accord Prêt-Bail *. C'est bien joué. L'URSS est un allié et, dans le contexte de l'effort de guerre, la demande semble tout à fait innocente. Pour les États-Unis, bien sûr, l'uranium a pris beaucoup de valeur, mais cela doit rester secret. Afin de n'éveiller aucun soupçon, le général Groves, à la tête du projet Manhattan, accède à la requête, sans se douter que le projet atomique de l'Occident n'est déjà plus un secret pour les Soviétiques. La prospection d'uranium en URSS débute en 1943, mais sans être prioritaire, car Staline n'y voit qu'un projet à long terme. L'exploitation minière à grande échelle ne commencera qu'en 1945.

En juillet 1943, Kourtchatov rédige un nouveau rapport pour le Kremlin. Comme celui du mois de mars, ce mémo dénote une connaissance vague et imprécise du projet nucléaire occidental. De fait, le chercheur soviétique est encore moins bien informé sur les progrès des Britanniques qu'il ne l'était en 1941 et 1942 grâce aux rapports de Klaus Fuchs [12]. Il assène qu'il a besoin d'informations sur les éléments 93 et 94 (neptunium et plutonium), qu'Emilio Segrè et Glenn Seaborg étudient à Berkeley.

Fuchs voyage de l'Angleterre à New York en décembre 1943 ; il passe la majeure partie de l'année suivante à travailler sur la méthode de diffusion gazeuse pour séparer l'isotope rare U-235 de l'isotope majoritaire et plus lourd U-238. Il informe alors l'Union soviétique que les États-Unis ont choisi la diffusion gazeuse pour séparer les deux isotopes, et qu'ils le font à une échelle industrielle. Fuchs ne sait cependant rien sur le plutonium, ni sur la pile

* Le Prêt-Bail est un programme d'armement mis en place par les États-Unis avant leur entrée en guerre, afin de fournir du matériel de guerre aux pays amis, sans avoir à intervenir directement dans le conflit. (N.d.T.)

nucléaire de Chicago [13]. Quoi qu'il en soit, les Soviétiques connaîtront début 1945 les grandes lignes du programme occidental et seront convaincus que la bombe atomique est faisable.

Quant au projet de réacteur anglo-canadien, il est lui aussi « infiltré par des agents soviétiques [14] ». Nous avons vu l'un d'eux à l'œuvre : Alan Nunn May a remis à l'URSS des échantillons microscopiques d'U-235 et U-233 durant son séjour au Canada. Selon les rapports soviétiques, Kourtchatov est très excité de recevoir ces échantillons, et rédige une demande prioritaire pour en obtenir davantage, dans l'idéal plusieurs grammes.

À un moment donné, des plans du réacteur à eau lourde parviennent en URSS, mais on ne connaît par leur source [15]. Si c'est Pontecorvo, cela corrobore l'affirmation de Gordiesvky selon laquelle les officiers du KGB bien informés le « considéraient comme un espion atomique au moins aussi important que Fuchs [16] ». Mais voici qui soulève d'autres questions : qu'a-t-il transmis ? À qui ? Et comment ? Au sujet de la troisième question, Herbert Skinner, un collègue de Pontecorvo, partagera ses doutes avec le MI5 en 1950, remarquant que Bruno se rendait régulièrement sur la frontière entre le Canada et les États-Unis, « où il rencontrait peut-être quelqu'un [17] ». En outre, on peut s'étonner que lorsque Pontecorvo est photographié avec des collègues durant cette période, il évite systématiquement de regarder l'appareil (voir les figures ci-contre). Bien sûr, cela ne constitue pas une preuve, mais ce comportement délibéré et fuyant semble caractéristique de cette période de sa vie.

Après l'arrestation de Nunn May, des scientifiques de Chalk River, dont Pontecorvo, font l'objet d'une nouvelle enquête des services occidentaux de renseignements. On ne peut rien déduire du fait que Bruno ait réussi ce test, car l'enquête semble avoir été inefficace, voire fautive. Les collègues de Nunn May savaient par exemple qu'il était communiste, bien que cela ait échappé au MI5 [18]... Fuchs passe aussi à travers les mailles du filet, alors que de nombreux indices auraient pu l'incriminer. Le désir de disposer des meilleurs experts rend les autorités aveugles à la politique. Le cas de Fuchs montre que cette cécité persiste, peut-être inconsciemment, même après la mise en cause de Nunn May. Ainsi l'enquête sur Pontecorvo ne décèle pas ses accointances communistes.

Deux photographies des scientifiques seniors de Chalk River, montrant Bruno fuyant l'objectif. Les scientifiques sont, de droite à gauche, Henry Seligman, Bruno Pontecorvo, Bertrand Goldschmidt, Jules Guéron, Hans von Halban et Pierre Auger. (En haut, Bruno regardant ses pieds ; avec l'aimable autorisation de la collection Paul Broda et Alan Nunn May. En bas, Bruno regardant sur le côté ; avec l'aimable autorisation de l'American Institute of Physics)

Rien n'indique, en dehors des affirmations de Gordievsky, que Pontecorvo a transmis des plans, des échantillons d'uranium ou quelque renseignement que ce soit sur le projet anglo-canadien. Difficile néanmoins d'écarter l'hypothèse que l'Union soviétique l'ait approché à un moment ou à un autre. Il paraît peu probable que le KGB, pressé par Kourtchatov de recruter des agents dans les laboratoires nord-américains, n'ait pas été averti qu'un membre du parti communiste travaillait à Chalk River – qui plus est, un expert de l'uranium et des réacteurs nucléaires, dont les précédentes recherches en physique nucléaire étaient connues du physicien soviétique. En effet, lorsqu'il menait ses recherches dans le laboratoire de Joliot-Curie, Pontecorvo citait dans ses articles les travaux de Kourtchatov, et réciproquement. Il semble impossible qu'une « infiltration par des agents soviétiques », orchestrée par Kourtchatov, n'ait pas comporté un quelconque rapprochement avec Pontecorvo. Quelle fut sa réaction, nous l'ignorons.

Le réseau d'espionnage d'Ottawa

C'est en juin 1943 que le service de renseignements militaires soviétique, le GRU, envoie une nouvelle équipe à Ottawa, à la suite de l'intervention de Kourtchatov auprès de Staline. Celle-ci est dirigée par le colonel Nikolai Zabotin, qui finira dans un camp de travail après la trahison de l'agent secret de son équipe, le lieutenant Igor Gouzenko. Parmi ses membres, le lieutenant Pavel Angelov établit le contact avec Nunn May, et le colonel Pavel Motinov transporte à Moscou les échantillons d'uranium fournis par le physicien britannique.

Le KGB est dirigé à cette époque par Lavrenti Beria, le futur coordinateur du projet de bombe atomique soviétique. Sous l'autorité de Beria, l'espionnage atomique prend de l'importance, et le KGB recrute ses agents par le Komintern, l'Internationale communiste qui coordonne les partis communistes de nombreux pays [19].

Le KGB est responsable du contre-espionnage dans les ambassades soviétiques. À Ottawa, il mène des opérations importantes sous le contrôle de l'agent résident Vitaly Pavlov, même si elles sont de moindre envergure que celles du GRU. Le KGB garde un œil sur le GRU, tandis que le GRU, de son côté, n'a pas accès aux communications du KGB.

Staline a pris l'habitude de confronter les informations fournies indépendamment par les agents du GRU et du KGB avant de leur accorder le moindre crédit. Les données qu'envoie Ted Hall, par exemple, sur le projet de bombe de Los Alamos confirment celles de Klaus Fuchs, et *vice versa*. Staline « se méfie des renseignements » s'ils n'émanent pas « d'au moins deux sources indépendantes [20] ».

Cela a son importance si l'on accepte les affirmations de Gordievsky concernant Pontecorvo. Emilio Sereni, le cousin de Bruno, est relié au Komintern, à travers lequel les Soviétiques recrutent des contacts. Si Pontecorvo a passé des informations pour le compte du KGB, Gouzenko, qui opérait au GRU, n'en a rien su. Et nous verrons plus tard que le KGB utilisait au Canada un courrier particulièrement habile, dont l'histoire recoupe étrangement celle de Pontecorvo.

Le colonel Zabotin du GRU acquiert peu de temps après son installation à Ottawa la réputation d'un bon vivant, amateur de fêtes et grand séducteur d'épouses de diplomates. Tapageur et charismatique, il devient le favori des cercles diplomatiques. Voilà qui paraît idéal pour connaître les secrets intimes d'une communauté. Ce rythme frénétique ralentit toutefois lorsque les épouses des membres de l'équipe arrivent de Russie. La présence du KGB dégrise également l'équipe du GRU, au moins au sens figuré…

Les Soviétiques connaissent l'existence du laboratoire de Chalk River, mais celui-ci est si bien sécurisé qu'ils n'ont au départ aucune idée de sa fonction. Les sympathies communistes de Nunn May étant connues des Russes, le chef du GRU à Moscou, Fyodor Kouznetsov, ordonne donc à Zabotin de l'approcher. Ce dernier attribue alors à Nunn May un contact, Angelov, ainsi qu'un nom de code, ALEK, simple déformation de son vrai prénom, Alan.

Après la mise en cause de Nunn May, la Commission royale canadienne responsable de l'enquête notera : « Étant donné son passé et la position qu'il occupait, il était logique que les Russes cherchent à obtenir de lui des renseignements sur l'énergie atomique [21]. » Nunn May racontera lui-même à son beau-fils, Paul

Broda, qu'il a été approché par les Soviétiques dès 1945. À cette époque, Angelov ignorait que le laboratoire de Chalk River faisait de la physique nucléaire ; il pensait à tort que c'était une usine fabriquant des explosifs conventionnels [22] ! Ainsi, même en tenant compte du pare-feu entre le GRU et le KGB, il apparaît peu probable que qui que ce soit, sans parler de Pontecorvo, ait passé des informations significatives dès 1943.

Nunn May emprunte des rapports à la bibliothèque de Chalk River à plusieurs reprises le vendredi soir, vraisemblablement pour les apporter à Angelov, celui-ci les lui rendant le dimanche soir, afin qu'il les restitue à la bibliothèque le lundi matin. Par ce biais, les Soviétiques accumulent quantité de connaissances fondamentales : chimie de l'uranium et du plutonium, description du réacteur au graphite de Chicago et données nucléaires fondamentales [23]. Nunn May ne transmet cependant rien concernant le réacteur à eau lourde, ni détail spécifique ni plan. Comme nous l'avons vu, Kourtchatov a choisi de suivre la filière du graphite plutôt que celle de l'eau lourde. La ZEEP est presque terminée à cette époque, tandis que le réacteur NRX ne naîtra que trois ans plus tard.

Nunn May délivre les fameux échantillons d'U-233 et U-235 à Angelov dans la première semaine de juillet 1945 [24]. L'ambassade soviétique informe Moscou par télégramme : « ALEK [Nunn May] nous a livré… 162 microgrammes d'uranium 233 sous la forme d'une couche mince d'oxyde. » La nouvelle semble avoir fait sensation à Moscou, car le colonel Motinov, l'adjoint de l'attaché militaire à Ottawa, a l'ordre d'apporter personnellement les échantillons à Moscou.

Le « directeur » à Moscou envoie un télégramme le 28 juillet 1945 au colonel Zabotin à Ottawa : « Tâchez d'obtenir de lui [ALEK] avant [son retour en Angleterre] des informations détaillées concernant l'avancement des études sur l'uranium. Discutez avec lui : pense-t-il opportun pour notre entreprise de rester sur place ; pourra-t-il le faire ou est-il plus utile et nécessaire pour lui de partir pour Londres ? »

Zabotin se rend en août chez un ami qui vit près de Chalk River, et fait une croisière sur la rivière pour tâcher d'apercevoir les installations. Il en rend compte à Moscou. Ses supérieurs lui répondent le 14 août, demandant si son ami connaît des gens dans l'usine. Ils poursuivent avec ces instructions le 22 août : « Débrouillez-vous pour obtenir des documents sur la bombe atomique ! Le procédé technique, les dessins, les calculs. »

Zabotin n'a reçu jusqu'alors aucune appréciation de Moscou sur la qualité des informations qu'il a envoyées, si bien qu'il télégraphie ceci à ses supérieurs : « Je vous prie de m'indiquer dans quelle mesure les contributions d'ALEK sur la question de l'uranium vous ont satisfaits, vous et nos scientifiques (ses rapports de production, etc.). Nous devons le savoir *de manière à être capables de proposer certaines tâches sur ces questions à d'autres clients*[25] » (c'est moi qui souligne). Le GRU a clairement identifié Chalk River comme une priorité. Il est inconcevable que le KGB n'ait pas fait de même.

La défection d'Igor Gouzenko depuis l'ambassade d'Ottawa en septembre 1945 retentit comme un coup de tonnerre à Moscou, et Staline ordonne à Lavrenti Beria de limiter les dégâts. Le GRU et le KGB coupent immédiatement le contact avec leurs agents, sans explication[26]. Mieux vaut protéger les agents sur le long terme, même si cela signifie une perte de renseignements pour un temps.

Selon Gordievsky, la trahison de Gouzenko n'a pas compromis tous les agents soviétiques du Canada. Nunn May travaillait pour le réseau du GRU, dissous par les Soviétiques dès qu'il est exposé. Un réseau d'agents du KGB demeure cependant « pratiquement intact »[27]. Si l'on en croit les contacts de Gordievsky au KGB, Bruno Pontecorvo en faisait partie[28].

L'omniprésence de Kim Philby

La trahison de Gouzenko, trois jours seulement après la reddition des Japonais, confirme aux puissances occidentales que leur ancien allié est devenu un nouvel adversaire[29]. Le nom le plus important et le plus surprenant que divulgue Gouzenko est celui du collègue de Bruno, Alan Nunn May. Or Bruno hésite à cette époque entre l'offre de Harwell et celles de diverses institutions américaines. Quelle qu'ait été l'influence de cet événement sur sa décision, il existe un point commun entre les deux : le rôle du célèbre agent double Kim Philby.

Philby est alors à la tête de la section de contre-espionnage antisoviétique à Londres – c'est du moins la fonction qui lui sert de couverture. En réalité, Philby est un agent double qui travaille pour l'Union soviétique, tout en étant rémunéré par les Britanniques, ce qui ne sera découvert que dans les années 1950 [30]. Lorsqu'il apprend la trahison de Gouzenko et ses conséquences, Philby alerte Moscou : Nunn May est dans le collimateur [31]. Nous le savons grâce à des télégrammes diplomatiques soviétiques qui seront décryptés plus tard [32]. Ceux-ci montrent que Pavel Fitin, un agent haut placé du NKVD (la police politique) de Moscou, a envoyé le 17 septembre un message à un correspondant du NKVD à Londres lui demandant de vérifier l'information de Philby concernant « le GRU à Ottawa [33] ».

Nunn May est censé retourner au Royaume-Uni fin 1945 et prendre un poste au King's College de Londres. Outre sa charge à l'université, il doit remplir la fonction de conseiller auprès du gouvernement sur le programme naissant de recherche nucléaire britannique, qui inclut un nouveau laboratoire à Harwell. Cela le place dans une position très intéressante pour les Soviétiques. Les Britanniques n'ont pas de preuves assez solides à ce stade pour arrêter Nunn May, si bien que des agents de sécurité du MI5 attendent son retour en Angleterre le 16 septembre et le suivent en espérant le surprendre en train de passer des informations à un contact [34]. Philby le sait. Il réussit à alerter les Soviétiques, qui annulent alors la rencontre entre Nunn May et son contact soviétique prévue le 7 octobre à Londres [35]. C'est la première de trois interventions cruciales de Philby concernant des scientifiques atomiques, comme nous le verrons. Ce n'est qu'en mars 1946 que les Britanniques se sentent suffisamment sûrs pour entamer des poursuites contre Nunn May.

Après les révélations explosives de Gouzenko, les autorités occidentales redoutent que les Soviétiques n'aient ciblé d'autres scientifiques. Pontecorvo est de nouveau évalué, parmi plusieurs à Chalk River. Toutefois, l'enquête ne parvient pas à déterminer si quelqu'un d'autre a collaboré avec les Soviétiques ou partagé des informations secrètes avec des personnes non autorisées – au moins en ce qui concerne l'équipe canadienne. Nous avons vu que Pontecorvo hésitait entre diverses propositions de postes dans des institutions américaines durant la seconde moitié de 1945, pour finalement les décliner en faveur de Harwell ; ce que Segrè trouvera louche. Le fait est qu'on peut s'étonner de la coïncidence entre ce choix et la mise en garde des Soviétiques par Philby au sujet de l'implication de Nunn May. Et ce ne sont pas les seules pièces de l'échiquier du renseignement nucléaire à se déplacer à ce moment-là.

Klaus Fuchs, par exemple, se trouve encore à Los Alamos, au-dessus de tout soupçon. Il déclare à son directeur soviétique en septembre 1945 qu'il rentrera en Angleterre après la guerre. Il passe un entretien en novembre pour un poste à Harwell et obtient sa nomination là-bas. Il se prépare ensuite à quitter les États-Unis, ce qu'il fait en juin 1946, pour prendre son poste à Harwell en août.

Entre-temps, alors que l'affaire Nunn May n'est pas encore rendue public, Chadwick donne son accord pour engager Pontecorvo à Harwell, sans restriction de voyage. Mais Bruno répond tout à coup qu'il veut rester au Canada, au moins pour un temps [36].

Ces événements concomitants ne le sont peut-être que par pure coïncidence, puisque les installations de Harwell sont encore en construction et que son personnel est en cours de recrutement. Quand on admet cependant que Pontecorvo travaille pour les Soviétiques depuis 1943, il devient tentant d'établir des relations de cause à effet : si Fuchs couvre Harwell, Pontecorvo est plus utile à Chalk River. Dans tous les cas, le rôle de Philby apparaît central dans l'affaire : d'abord il alerte les Soviétiques quand la communauté du renseignement occidental s'intéresse à Nunn May ; ensuite, il les prévient au sujet de Fuchs ; et plus tard, ce sera au sujet de Pontecorvo, comme nous verrons.

Lona Cohen, alias Helen Kroger

Nunn May travaille exclusivement avec le GRU. De son côté, le KGB possède son propre réseau d'espions. À Los Alamos, l'un d'eux est le jeune prodige Ted Hall. Celui-ci a intégré Harvard à l'âge de seize ans et a rejoint l'équipe de Los Alamos deux ans plus tard, où il est l'un des plus jeunes scientifiques à travailler sur la bombe. Ce que ses collègues ignorent, c'est que les discussions de Hall avec ses copensionnaires de Harvard ont cristallisé chez lui une fidélité à l'idéologie marxiste. Il estime essentiel que l'URSS fabrique une bombe, afin d'échapper au monopole américain.

Hall a probablement une connaissance plus approfondie de la bombe que Klaus Fuchs [37]. Ce dernier est célèbre parce qu'il a été mis en cause en 1950 puis condamné avec beaucoup de publicité. Le nom de Hall est moins connu. Il a été identifié à la suite des décryptages par Venona *, qui mentionnent l'existence d'un agent au nom de code MLAD, mot russe signifiant « jeunot ». Les messages décodés révèlent aussi le détail des voyages de Mlad, ce qui a permis de mettre le doigt sur sa véritable identité au printemps 1950 [38]. Cependant, son nom ne sera révélé au public que dans les années 1990.

Les raisons pour lesquelles Hall n'a jamais été déclaré coupable sont multiples. L'une d'elles est qu'il n'a jamais avoué, contrairement à Fuchs et Nunn May. Une autre clé de son succès est son contact au KGB : l'Américaine Lona Cohen. Elle et son mari, Morris, sont sans conteste les espions les plus doués de tous ceux dont disposent les Soviétiques en Amérique du Nord, et ils seront plus tard reconnus comme des « héros du renseignement soviétique [39] ».

Née dans le Connecticut en 1913, juste quatre mois avant Bruno, Lona est fille d'immigrés juifs, la cinquième de dix enfants, ce qui n'est pas sans rappeler la situation de Bruno, le quatrième de huit enfants. Ses parents travaillaient dans une filature, tandis que le père de Bruno en possédait une. Bruno menait une vie plutôt aisée, qu'il a quittée à l'âge de vingt-trois ans pour aller à Paris, où sa curiosité intellectuelle l'a ouvert au communisme. Lona, a grandi dans la dure réalité de la crise de 1929, et a vu ses parents grappiller sur tout pour élever leurs enfants. Elle a quitté la maison à l'âge de treize ans pour trouver du travail à New York, où elle a découvert l'injustice sociale, s'est engagée à gauche, puis inscrite en 1935 au Parti communiste des États-Unis d'Amérique.

Bruno a rencontré Marianne en 1936, et son engagement communiste a déterminé le cours de leur vie. Lona a rencontré Morris en juillet 1937, et celui-ci l'a recrutée comme agent de l'Union

* Venona est un projet américain de cryptanalyse des messages soviétiques, qui a démarré en 1943. (N.d.T.)

soviétique[40]. Elle porte le nom de code HELEN, qui marquera plus tard son identité.

Quand les États-Unis entrent en guerre, Morris est enrôlé dans l'armée américaine, si bien que « Helen » prend en charge son réseau de sept agents. Elle fait partie des courriers de l'espionnage soviétique. Son rôle consiste à effectuer des copies clandestines de documents provenant de centres de recherche, à les transporter discrètement à travers le pays et à les livrer au contrôleur central, dans son cas le « résident » soviétique à New York. Ce système permet d'isoler la source d'information du contrôleur central, qui connaît son nom de guerre, mais pas toujours sa vraie identité. Lona se montre si efficace que le résident lui confie bientôt des sources supplémentaires. C'est ainsi qu'elle entre en contact au printemps 1945 avec Ted Hall, le jeune physicien de Los Alamos.

Certains des documents les plus importants que les Soviétiques aient reçus concernant la science nucléaire proviennent de Hall et ont été livrés par la femme que celui-ci ne connaît que sous le nom de Helen[41]. La longue impunité de Hall (et son refus d'avouer) a aussi protégé l'identité des Cohen durant la guerre et les deux décennies suivantes.

Or, avant que « Helen » ne commence son travail de courrier avec Los Alamos, elle s'est rendue à la frontière canadienne pour rencontrer un contact qui lui a remis des documents provenant du Canada. Cela s'est passé au début de 1945. Le nom de son contact n'a jamais été révélé. Il est tentant d'imaginer que ses rendez-vous se faisaient avec Bruno Pontecorvo, surtout à la lumière du témoignage de Skinner selon lequel il se rendait régulièrement à la frontière entre le Canada et les États-Unis. Mais les dates auxquelles Pontecorvo a fait ces voyages ne concordent pas avec celles de Lona Cohen. Il s'est rendu brièvement aux États-Unis au nouvel an 1944 puis est retourné au Canada le 2 janvier, tandis que le KGB n'a envoyé Lona Cohen au Canada que le 11 janvier[42]. Interrogée des années plus tard, elle se souviendra de sa première course sur la frontière canadienne durant « les premiers mois glaciaux de 1945 ». Le second voyage connu de Pontecorvo aux États-Unis se passe en mai, ce qui ne coïncide pas non plus avec la description de Cohen — mais il est possible que sa mémoire défaille.

À la fin de la guerre, Lona Cohen est très impliquée dans le trafic de renseignements provenant à la fois de Los Alamos et du Canada. Morris est libéré de l'armée en novembre 1945, et s'engage de nouveau auprès du KGB. La trahison de Gouzenko en septembre n'ayant compromis directement que le réseau du GRU, le KGB prend soin de se protéger en mettant quelques agents en hibernation pour deux ans. Les Cohen restent alors inactifs et mènent une vie de citoyens modèles des États-Unis [43]. Des années plus tard, quand un historien du KGB interrogera Lona et Morris à Moscou, elle se tournera vers son mari : « Tu te souviens du cas canadien ? Nous y sommes liés [44]. »

À la fin de 1947, Lavrenti Beria désespère d'obtenir des informations récentes de l'Occident sur les armes nucléaires. Il réactive alors les réseaux du temps de guerre. En Angleterre, Klaus Fuchs, en dormance depuis 1946, renoue avec un contact soviétique et l'informe qu'Enrico Fermi et Edward Teller, alors à l'université de Chicago, cherchent à créer une bombe thermonucléaire « à hydrogène », utilisant du tritium et du deutérium (deux isotopes lourds de l'hydrogène). En Amérique du Nord, les Cohen refont surface également. Il se trouve que Ted Hall travaille désormais à l'université de Chicago, et les Cohen envisagent d'obtenir par son biais des nouvelles de Fermi et Teller.

L'épouse de Ted Hall, Joan, se souviendra d'une rencontre qu'ils ont eue tous deux avec les Cohen en 1949. Morris Cohen avait rencontré Ted l'année précédente, et avait fait pression sur lui pour qu'il reprenne son activité d'espion [45]. Il avait réussi, mais après un an Hall avait souhaité rompre de nouveau, ce qui avait provoqué cette nouvelle rencontre de Joan et Ted Hall avec Lona et Morris Cohen dans un parc de New York [46]. De l'avis de Joan Hall, les Cohen s'efforçaient vigoureusement de renouer avec leurs anciens contacts, en partie pour prouver à Moscou qu'ils, Lona et Morris, représentaient toujours un puissant atout.

Les Cohen sont parvenus à réactiver leur relation avec Hall, au moins en 1948 et 1949. Ils réussissent aussi avec le Canada.

La biographie officielle de Lona Cohen, validée par le KGB, révèle que, à cette époque, « elle a obtenu un échantillon d'uranium du Canada », qu'elle a apporté à son contact soviétique à New York [47]. V. N. Krasnikov, l'adjoint au résident du KGB à New York, se souvient qu'à la fin des années 1940, il s'intéressait non seulement à la bombe H, mais aussi aux minerais d'uranium : « Nous avions des contacts sur ce sujet. Dans mon coffre à New York se trouvait une enveloppe contenant de l'uranium sous forme de poudre. » Il ajoute : « L'espionnage russe crédite Lona Cohen comme l'origine du seul échantillon d'uranium à avoir atteint New York[48]. »

L'échantillon d'uranium de Lona Cohen n'est pas celui de Nunn May. Ce dernier a été apporté durant l'été 1945 et transporté sous bonne escorte d'Ottawa à Moscou, comme nous l'avons vu. Après qu'il fut arrivé à Moscou, Igor Kourtchatov en a demandé davantage. L'uranium de Cohen est donc une réponse aux « ordres du Centre[49] ». Cela suggère que l'échantillon d'uranium obtenu par Cohen, dont parle Krasnikov ci-dessus, est postérieur à 1945. Or l'uranium du réacteur canadien n'est disponible qu'après 1947, et les Cohen sont restés cachés entre fin 1945 et début 1948.

Le réacteur NRX fonctionne à Chalk River en 1948. Il produit à la fois du plutonium et de l'U-233. Si les Cohen étaient pressés de réactiver leurs réseaux à cette époque, comme l'a ressenti Joan Hall, ils ont dû contacter leur(s) précédente(s) source(s) au Canada en plus de Ted Hall. Cette période de la fin des années 1940 est aussi celle où les Soviétiques commencent à s'intéresser au développement de la bombe à hydrogène ; elle nécessite du tritium, qui peut être produit dans un réacteur à eau lourde. Par conséquent, les Soviétiques ont un réel intérêt à obtenir des plans, ainsi que des échantillons d'uranium provenant du réacteur canadien.

En définitive, la source de Lona au Canada n'a jamais été identifiée. Si Gordievsky s'est trompé en désignant Pontecorvo, c'est que d'autres personnes ont bien conservé leur secret depuis tout ce temps.

PARTIE II

CHAPITRE 10

Réaction en chaîne
1949-1950

En 1949, Bruno poursuit son épopée à Harwell au cœur de l'Angleterre, où il participe au projet de réacteur nucléaire britannique. Il consacre aussi une partie de son temps à la recherche fondamentale sur les rayons cosmiques, tandis que le neutrino, son autre passion, reste hors de sa portée : les réacteurs conçus à Harwell n'en produisent pas assez pour lui.

Avec ses cottages à colombages et toits de chaume, le village de Harwell offre un paysage de carte postale typique de l'Angleterre. La région des Downs s'étend sur environ 16 kilomètres vers le Sud. Durant la majeure partie des années 1930, cette région était calme et idyllique, mais elle a cessé de l'être en 1939, lorsqu'on y a construit un camp d'aviation pour bombardiers Wellington. Puis le site est devenu juste après la guerre, en 1946, « the Atomic », le laboratoire de Harwell.

The Atomic a l'air mystérieux, voire menaçant. Hautes cheminées, tours, bâtiments de briques rouges agrémentés de fenêtres à guillotine, confèrent à l'endroit une allure de site industriel, ce qu'il est en effet. On a transformé les pistes de l'ancien camp d'aviation en routes et la large zone bétonnée sur laquelle étaient tractés les avions en gare routière : un grand nombre de cars servent à transporter les employés entre le laboratoire et les villages environnants, à plusieurs kilomètres de là. Derrière la barrière de sécurité tenue par des policiers en armes, les hangars où étaient parqués les avions servent de laboratoires. Les personnes qui sont autorisées à y pénétrer participent à la « Big Science » d'après guerre. Les murs des hangars soutiennent trois niveaux de bureaux et laboratoires, que l'on atteint par des escaliers métalliques. Depuis les passerelles suspendues, on aperçoit les empilements de graphite et des blocs de béton, qui constitueront un réacteur nucléaire.

Les scientifiques portent costume et cravate. Certains complètent l'ensemble par un gilet, d'où dépasse un crayon ou un stylo à portée de main pour noter des données. Ils surveillent des petites lumières et des aiguilles sur des écrans, actionnent des boutons de bakélite sur des appareils électroniques, tout en fumant la pipe. C'est ainsi que se fait la science en Grande-Bretagne dans les années 1940.

Avec le recul de soixante ans, on a l'impression que la disparition de Pontecorvo était inéluctable, tel un effet domino qui démarre par quelques événements géopolitiques de la première moitié de l'année 1950 et se termine par un drame personnel.

Après tout, Bruno s'est toujours senti persécuté : par les fascistes en Italie, par les nazis en France, par le FBI en Amérique ; puis il a vécu dans une ambiance de suspicion au Canada. Il ne travaille à Harwell que depuis un an quand, en février 1950, son collègue Klaus Fuchs se fait arrêter. Tous deux ne collaboraient pas, mais ils partageaient un même idéal, et l'événement n'est pas de nature à le rassurer [1].

Lorsque des plaques tectoniques s'entrechoquent au fond des océans, elles déclenchent des vagues imperceptibles jusqu'à ce que, des milliers de kilomètres plus loin, un tsunami ravage la côte. Pour Pontecorvo, le malheur frappe en septembre 1950. Des vagues invisibles se sont formées pendant des mois, mais leur source, le séisme métaphorique qui a tout mis en branle, a eu lieu en 1949, aux États-Unis. Et c'est son vieil ami Emilio Segrè qui amorce la fatale réaction en chaîne.

Le sénateur Joseph McCarthy annonce aux États-Unis une chasse aux sorcières et une persécution des « Rouges » par une kafkaïenne épreuve de loyauté : pour prouver son allégeance, on doit donner des noms de personnes dont on sait qu'elles sont communistes ou qu'elles ont tenu des propos communistes, ou de gauche ou du centre, ou… Et on « balance » des noms. Quiconque refuse de se soumettre au test est poursuivi. Comme dans la mauvaise blague de l'arroseur arrosé, les États-Unis adoptent des pratiques qui sont en vigueur en URSS et qu'ils diabolisent.

Voici comment Emilio Segrè a endossé le rôle de Judas Iscariote.

Segrè, comme Pontecorvo, est l'un des garçons de la via Panisperna. Les militaires ont récupéré leur recherche durant la guerre, comme nous l'avons vu. La paix revenue, l'Atomic Energy Commission (AEC) que le gouvernement américain vient de former s'en empare à son tour. La méthode des neutrons lents, développée et brevetée par les garçons de la via Panisperna, est cruciale pour ce programme. Segrè a besoin d'argent et désire percevoir les dividendes de ce brevet. Toutefois, les négociations piétinent entre l'AEC et les propriétaires du brevet, et le gouvernement américain s'intéresse à dessein au passé politique des « garçons », leur cherchant des poux dans la tête pour mieux défendre ses intérêts.

Segrè est acculé. Il travaille alors à l'université de Californie, laquelle s'illustre tristement en imposant sans retenue le test de loyauté à ses employés. Segrè connaît bien la famille de Pontecorvo. Il sait que la fratrie comporte plusieurs communistes déclarés, et que leur cousin Emilio Sereni participe au gouvernement italien en tant que communiste. Et Segrè craint que son association passée avec Pontecorvo ne mette en doute sa propre loyauté. Il rencontre donc Robert Thornton, un vieil ami de Berkeley devenu fonctionnaire à l'AEC, et lui révèle le 9 novembre 1949 les accointances communistes de Bruno. Thornton transmet l'information au FBI [2].

Le FBI consulte ses dossiers et, comprenant que Pontecorvo travaille à Harwell au Royaume-Uni, en informe comme il se doit les services de sécurité britanniques. Il fournit en outre au MI5 une deuxième pièce qui corrobore les déclarations de Segrè. Cette note envoyée le 15 décembre « concernant les possibles tendances communistes ou procommunistes de deux physiciens nucléaires et d'un biologiste [3] » protège sa source, mais son contenu montre qu'elle ne provient pas de Segrè [4]. En voici un extrait :

« L'informateur A qui a prouvé sa fiabilité quant aux affaires communistes se porte garant de l'informateur B qui dit avoir été présenté par le Prof Langevin à Paris à trois individus exposés au virus du communisme. Il s'agit de Bruno Pontecorvo, Sergio de Benedetto et Salvatore Luria. [B] dit avoir plus tard rencontré Bruno Pontecorvo sur le navire *Quanza*, puis Benedetto et Luria, à New York, en dehors du travail. [B] rapporte qu'il a eu l'impression à Paris que ces trois-là étaient procommunistes ou carrément communistes. Il dit que les conversations qu'il a eues avec eux aux USA tendaient à renforcer cette impression. Il les a vus pour la dernière fois en 1944. [B] rapporte que les trois étaient amis avec Mr Sereni, un communiste. »

Le paragraphe ci-dessus est souligné dans le dossier de Pontecorvo [5]. Le MI5 prend note.

La déposition se poursuit : « [B] rapporte que Ambroglio et Berti sont retournés en Italie et que Sereni n'est pas allé aux USA. [B] rapporte que Pontecorvo a exprimé à un moment son accord total avec les communistes. En outre, il rapporte que son beau-frère (Ducio Tabet) était aussi procommuniste et qu'il est retourné en Italie. » Le FBI enquête alors sur la famille de Bruno et découvre que sa sœur Giuliana, qu'ils ont aussi identifiée comme une possible communiste, vit à deux pas d'un membre présumé du Komintern [6].

L'image de Bruno Pontecorvo que se fait le FBI est celle d'un physicien nucléaire aux opinions communistes, d'une famille de communistes, dont certains proches ont, selon toute probabilité, des relations avec le Komintern. Si Segrè a désiré se disculper pour revendiquer ses droits sur son brevet, sa déclaration a un effet secondaire indésirable. Lui et l'informateur B alimentent l'hystérie anticommuniste rampante au sein de l'AEC et du FBI. La tentative de Segrè de se couvrir en nommant Pontecorvo a au contraire encouragé l'AEC à enquêter plus avant sur les activités de Bruno. Le FBI s'acharne sur les opinions politiques de Pontecorvo en 1949 et au début de 1950.

Au Royaume-Uni en revanche, le MI5 ne fait rien. Il est vrai que le cas de Klaus Fuchs absorbe l'équipe de sécurité de Harwell et le MI5 en 1949, lorsqu'ils reçoivent ces informations sur les sympathies communistes de Pontecorvo. Fuchs est interrogé le 21 décembre, puis le 30, et une troisième fois le 13 janvier [7]. L'enquête sur lui s'achève fin janvier, et on l'arrête le vendredi 3 février 1950.

La semaine suivante, à partir du 10, Harwell accueille une conférence de quatre jours, destinée à déterminer quels sujets de physique nucléaire méritent de rester secrets et lesquels peuvent être déclassifiés désormais que la guerre est finie. C'est pendant ces réunions que les révélations inquiétantes sur Bruno atteignent Harwell et scellent son avenir professionnel.

Le samedi soir a lieu une réception dans le hall de Ridgeway House, un austère bâtiment de briques qui sert de résidence aux visiteurs. Sir John Cockcroft invite Bruno « à rencontrer les délégués américains et canadiens [8] ». Robert Thornton fait partie de la délégation américaine de l'AEC. La soirée semble conviviale, les anciens collègues se rappelant ce qu'ils ont vécu ensemble pendant la guerre, mais l'ambiance se révèle tendue. Thornton a déjà transmis au FBI les informations de Segrè concernant Bruno. Il prévient à présent Cockcroft que Pontecorvo et sa famille sont communistes [9].

La nouvelle effraie Cockcroft. Il a connu Bruno en tant que collègue et ami au Canada, et a exprimé ses inquiétudes quant à ses antécédents en 1946, lorsque son transfert à Harwell a été évoqué pour la première fois. À cette époque toutefois, aucun lien n'avait été établi entre Pontecorvo et le communisme, car le message du FBI de 1942 concernant la présence d'ouvrages communistes à son domicile s'était égaré… Cockcroft transmet alors l'information de Thornton à son chef de la sécurité, le lieutenant-colonel Henry Arnold, et lui demande de tirer cette histoire au clair [10].

D'allure mince et mondaine, Arnold est un modèle de « gentleman anglais [11] ». Lorna Arnold, l'historienne officielle de la bombe à hydrogène britannique (et sans lien familial avec Henry), le décrit comme le « parfait agent du renseignement ». Lorna et Henry ont travaillé dans le même service de la UK Atomic Energy Authority à la fin des années 1950, et le courrier interne mélangeait souvent leurs correspondances. Par conséquent, se souvient Lorna, « Henry venait souvent dans [son] bureau ». Elle se rappelle un homme « très gentil, plaisant et courtois ; de taille et de corpulence moyenne ». Il était le parfait agent du renseignement, explique-t-elle, parce que « son allure discrète et sa personnalité lui permettaient de se fondre dans le décor. Il était très observateur et empathique. » Il savait aussi sonder l'esprit des suspects, en gagnant leur confiance puis en les déstabilisant [12].

La méthode d'Arnold pouvait se résumer à un mot d'ordre : « tout doux, tout doux ». Il avance masqué en rencontrant Pontecorvo dans le cadre de son travail. Pontecorvo travaille à l'époque sur les rayons cosmiques, et envisage de participer à une expérience au col de Jungfraujoch, dans les Alpes suisses. Or les voyages à l'étranger doivent recevoir l'aval de la division de sécurité, si bien qu'Arnold se sert de cette formalité pour avoir des conversations en apparence innocentes avec lui sur son voyage. Il lui demande s'il compte en profiter pour rendre visite à ses parents, qui vivent à Milan, ou à des frères et sœurs ailleurs en Italie. Bruno confirme qu'il a récemment rencontré son frère Gillo lors d'une conférence internationale au lac de Côme en 1949, et qu'il compte le revoir à l'occasion de ce voyage. Arnold obtient des informations importantes au cours de la conversation, qu'il répète au MI5 par téléphone : « Pontecorvo a révélé que son frère, qui est aussi un scientifique de niveau international *, est un activiste communiste [13]. »

Voilà qui confirme l'alerte. Arnold rapporte en outre que l'université de Liverpool a récemment proposé un poste à Bruno Pontecorvo. Un moyen facile d'éliminer tout risque pour la sécurité serait de le transférer là-bas, loin du projet secret de Harwell. Arnold promet d'envoyer au MI5 d'autres faits sur la famille Pontecorvo, « de manière à ce que [le MI5] puisse dispenser ses conseils en temps utile ».

Un surcroît d'information sur la famille de Pontecorvo parvient au MI5 le lendemain, non pas en provenance d'Arnold, mais d'une source inattendue. Les services spéciaux de la police britannique, qui se concentrent sur des questions de sécurité, rapportent avoir appris de source sûre en Suède que Marianne, l'épouse de Pontecorvo, est une communiste : « À Enskede, une banlieue de Stockholm, vit une certaine Fru PONTE CORVO, une Suédoise mariée à un sujet né italien dont la nationalité présente est inconnue. Mr PONTE CORVO vit en Angleterre où il travaille dans l'une des installations atomiques britanniques. Fru PONTE CORVO était en Angleterre durant l'été 49 avec ses deux [sic] fils. Elle et son mari sont décrits comme des communistes avérés. »

L'auteur de la lettre attire l'attention sur cette dernière remarque en traçant deux traits pleins dans la marge. Puis il commente : « Ce

---

* Cela révèle une autre confusion. Gillo, communiste, a étudié les sciences mais n'a pas de réputation internationale. Guido, le frère aîné, est un scientifique reconnu mais n'est pas communiste.

rapport semble se référer à Bruno Pontecorvo employé à [Harwell] [14]. »

Bien que véridiques dans les grandes lignes, les informations de cette lettre apparaissent déformées comme dans le jeu du « téléphone arabe ». Par exemple, les autorités suédoises pensent que Bruno a six sœurs et un frère, alors qu'il a trois sœurs et quatre frères ; qu'il a deux enfants, alors qu'il en a trois. Plus important, la vraie « Fru Ponte Corvo » vit en Angleterre et n'a fait que rendre visite à ses parents en Suède. Face à ces bourdes, le destinataire de la lettre doit décider si ce ne sont que des méprises insignifiantes ou s'il y a erreur sur la personne. Elles sont corrigées quelques semaines plus tard, avec les excuses des services spéciaux. De plus l'auteur insiste sur le fait que la source « confirme l'autorité de l'informateur [15] », sans doute pour sauver la face.

Arnold est sans doute occupé par d'autres affaires en mars, car il ne transmet rien de plus au MI5 concernant Pontecorvo. Des articles et des procès-verbaux sur Pontecorvo circulent toutefois entre plusieurs services du MI5 : le contre-espionnage (section B), le contrôle des pièces d'identité (section C) et la sécurité (section D). Les chefs de ces services et leurs adjoints tentent d'évaluer le niveau de menace avant de décider que faire. Le colonel John Collard, de la section C, juge nécessaire le 20 mars d'établir la crédibilité de la source suédoise. Son homologue du contre-espionnage, J. Robertson, ordonne à son service de lancer sa propre enquête. Impatient, son collègue W. S. Mars ajoute une note au dossier le 20 mars : « Aurons-nous bientôt des nouvelles d'Arnold ? » Collard s'entretient au téléphone le 26 mars avec Arnold, lequel « projette de revoir Pontecorvo quand l'occasion se présentera ».

La teneur de ces échanges nous laisse une impression mitigée sur la préoccupation et les priorités du gouvernement. D'un côté, les informations qui émanent de sources telles que Segrè, le FBI et l'informateur suédois, dont l'identité et la fiabilité ne sont connues que d'une poignée, provoquent une grande agitation dans les bureaux londoniens du MI5. De l'autre, à Harwell où est basé Pontecorvo, Henry Arnold poursuit son travail sans précipitation.

Durant l'appel téléphonique du 26 mars, Collard prévient Arnold que le MI5 se méfie de Pontecorvo, et lui demande d'organiser une entrevue plus formelle avec lui. L'« occasion » qu'Arnold attend se présente une semaine plus tard. Que Bruno le perçoive ou non, il intéresse beaucoup les autorités. Arnold converse longuement avec lui le mercredi 5 avril. Son habileté à soutirer des informations par la douceur transparaît dans son rapport. Il indique que Pontecorvo dévoile « assez librement » que son « frère Gilberto [Gillo] est un communiste déclaré ». Bien plus, Arnold affirme : « J'ai compris que l'épouse de Gilberto, qui est française, est aussi une Camarade. »

Arnold a dû demander directement quelles étaient les opinions de Bruno, car il rapporte :

« Pontecorvo répète qu'il n'est pas communiste et que ses opinions politiques, s'il en a, sont celles du Parti travailliste. Ses vues sont assurément "de gauche", mais il m'est difficile de définir à quel point elles le sont. Sa femme Helene [Marianne]… partage les mêmes opinions politiques que son mari, mais là encore, Pontecorvo insiste pour dire que ni lui ni son épouse ne sont communistes. [Pontecorvo] comprend qu'avec ce contexte familial "rouge" les autorités de sûreté aient quelques doutes sur lui, mais il fait remarquer que la proportion de communistes est bien plus élevée sur le continent que dans ce pays, si bien qu'il est difficile d'y trouver une famille cultivée sans liens communistes [16]. »

Plus tard, après la disparition de la famille Pontecorvo, le MI5 se justifiera par le fait que le physicien reconnaissait volontiers que certains de ses proches étaient communistes, tout en niant l'être lui-même. Le MI5 interprétera cette attitude comme une tentative d'éloigner les soupçons qui n'auraient pas manqué d'apparaître si les autorités avaient découvert par elles-mêmes l'existence de ces proches communistes. Cette interprétation se tient, car nous savons aujourd'hui que les déclarations de Bruno étaient fausses. Nous avons vu qu'il était un communiste enthousiaste dès ses premiers jours à Paris et qu'il est devenu un membre actif du Parti communiste français au moment du pacte de non-agression germano-soviétique en 1939. En réalité, c'est bien lui qui a initié au communisme ses sœurs Giuliana et Laura, ainsi que son frère Gillo.

Arnold se montre perspicace dans l'évaluation qu'il rédige en avril 1950 pour le MI5 : « Mon point de vue personnel sur Pontecorvo est qu'il a obtenu la nationalité britannique pour les avantages scientifiques que celui lui donnait, et qu'il pourrait bien en changer encore pour les mêmes raisons. » Puis il ajoute une remarque dont l'ironie n'apparaîtra que plus tard : « Naturellement, je n'inclus pas les pays qui sont sous domination russe [ici quelqu'un a tracé à la main un point d'exclamation] mais il a déjà envisagé l'idée d'un poste à l'université de Rome et il considère à présent une offre venue d'Amérique [17]. »

Arnold conclut : « Du point de vue de la sécurité, il est difficile de considérer comme sûr quelqu'un qui a la stature internationale et l'histoire familiale de Pontecorvo, et je pense qu'il serait bon qu'il obtienne un poste dans une université britannique où nous pourrons continuer à utiliser ses indubitables capacités en tant que Consultant sur des sujets bien déterminés [18]. »

Le colonel John Collard, chargé de l'affaire au MI5, relit le dossier de Bruno Pontecorvo à la lumière du nouveau rapport d'Arnold. Il identifie trois faits nouveaux. Premièrement, le fait que Bruno reconnaisse l'existence de membres communistes de sa famille à l'étranger, ajouté au rapport suédois « mal fondé » selon lequel lui et Marianne sont eux-mêmes communistes. Lors de son enquête sur Bruno pour son embauche à Harwell en 1946, Arnold avait indiqué au MI5 qu'il le voyait comme « un honnête citoyen sans opinion politique ». Collard souligne avec amertume le changement en 1950.

Deuxièmement, le fait que Pontecorvo mentionne Rome et les États-Unis montre qu'il peut reporter son intérêt ailleurs qu'à Harwell, voire ailleurs qu'au Royaume-Uni, « malgré sa récente naturalisation ». Entre les lignes, Collard se montre dans son mémo déçu par Pontecorvo, qui ne manifeste ni esprit d'équipe, ni même loyauté envers les Britanniques.

Troisièmement, Harwell ne considère plus Pontecorvo comme « indispensable ».

À partir de ces trois nouvelles données, Collard conclut que les services de sécurité doivent désormais réévaluer le cas Pontecorvo, après quoi ils pourront débattre avec Harwell de ce qu'il conviendra de faire.

L'inquiétude des responsables du MI5 augmente à la fin du mois d'avril. Ils reçoivent le 27 des compléments d'information sur le rapport suédois. Mme Pontecorvo, tout le monde en convient, vit en Angleterre et a rendu visite à sa mère en Suède. Au moins ces éléments sont désormais corrects. Cette dernière lettre souligne que « notre source connaît personnellement Mme Pontecorvo » et confirme qu'« elle exprime entre amis des sympathies communistes ». Roger Hollis, le futur directeur général du MI5, lit cette note et la commente ainsi : « Cas à considérer. Assurément nous devons examiner si nous pouvons le faire muter. » Quatre jours plus tard, le 10 mai, Hollis rapporte dans son journal avoir conversé avec le directeur du contre-espionnage et qu'ils décèlent un risque pour la sécurité. Hollis conclut que le cas Pontecorvo n'appelle pas une purge standard, mais qu'on ne peut « pas se satisfaire de le laisser où il est [19] ».

Martin Furnival Jones, une autre étoile montante des services de sécurité qui succédera à Hollis, débat de ce point le lendemain avec la section juridique du MI5. Ils redoutent que ce cas, qui leur cause déjà des migraines, crée encore plus de problèmes si Pontecorvo – sans doute un sympathisant communiste passé entre les mailles du filet – accepte un poste aux États-Unis. Ils proposent d'envoyer une note au ministère de l'intérieur, et que Cockcroft mute Bruno au sein du Royaume-Uni. On s'arrange par conséquent pour transférer le chercheur italien de Harwell à l'université de Liverpool, loin des projets secrets. Même sans connaître toutes ces manigances, Bruno a dû se sentir menacé par les questions d'Arnold et par les enquêtes générales des dirigeants du laboratoire qui se sont succédé après l'affaire Fuchs [20].

Pontecorvo se rend à Paris à la fin du mois d'avril pour fêter les cinquante ans de Frédéric Joliot-Curie. Ce qui en ressort renforce son sentiment de persécution.

Joliot-Curie est en 1950 haut-commissaire au Commissariat à l'énergie atomique français, le CEA, dont l'objectif est de construire des réacteurs nucléaires *. Le physicien français souhaite fournir une énergie abondante à sa nation, tout en rejetant l'inévitable application : la production de plutonium pour des bombes. Il mène une campagne tonitruante contre les armes nucléaires. Il se trouve à Stockholm le 19 mars, jour de son anniversaire, dans une réunion du Mouvement mondial des partisans de la paix, où il signe l'Appel

* Frédéric Joliot-Curie a contribué à la création du CEA en septembre 1945. Il en a résulté notamment la divergence de ZOE, la première pile atomique française, le 15 décembre 1948. (N.d.T.)

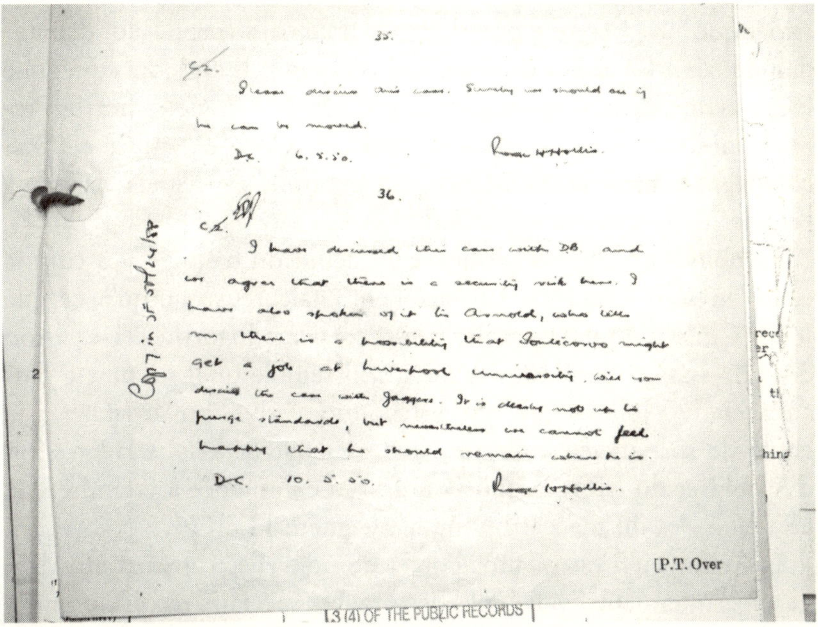
35.

C.X.

Please discuss this case. Surely we should see if he can be moved.

D.C. 6.5.50. Roger Hollis.

36.

C.X.

I have discussed this case with D.B. and we agree that there is a security risk here. I have also spoken of it to Arnold, who tells me there is a possibility that Pontecorvo might get a job at Liverpool University. Will you discuss the case with Jaggers. It is clearly not up to purge standards, but nevertheless we cannot feel happy that he should remain where he is.

D.C. 10.5.50. Roger Hollis.

[P.T. Over

3 (4) OF THE PUBLIC RECORDS

Billet de Roger Hollis daté de mai 1950, inséré dans le dossier de Bruno Pontecorvo. Hollis reconnaît un risque pour la sécurité, mais pas au point de déclencher une purge standard. Il ajoute : « Néanmoins nous ne pouvons nous satisfaire de le laisser où il est. » Il recommande une mutation du physicien vers l'université de Liverpool. (L'auteur et The National Archives)

de Stockholm, exigeant l'interdiction internationale des armes nucléaires. Des millions de personnes de par le monde signent ce document. Les médias américains l'attaquent et associent le nom de Joliot-Curie à celui de Klaus Fuchs, récemment arrêté. La CIA accuse le haut-commissaire et la moitié du comité scientifique du CEA d'être des « sympathisants communistes ».

Joliot-Curie n'étant pas à Paris pour son anniversaire, la fête a été reportée. Ses proches collègues du CEA ont alors organisé un banquet somptueux et intime au restaurant La Popote des Ailes à Viroflay, près de Versailles, le soir du 26 avril. Bruno fait partie du petit nombre d'invités. Entre-temps, plusieurs événements importants surviennent.

Le 5 avril, Joliot-Curie apparaît au Congrès national du Parti communiste français, où il déclare haut et fort que « jamais les scientifiques progressistes, les scientifiques communistes, ne donneront une parcelle de leur science pour faire la guerre contre l'Union soviétique [21] ». Il ajoute que si le gouvernement français lui demandait de faire des armes nucléaires, il refuserait. Il est alors convoqué le 26 avril, dans l'après-midi qui précède le banquet, chez le Premier ministre français, Georges Bidault. Celui-ci, qui a été son compagnon dans la Résistance, lui exprime ses regrets d'avoir à l'écarter de la direction du CEA.

La nouvelle n'est pas annoncée au début du banquet. La cuisine et le vin sont délicieux, l'atmosphère chaleureuse, jusqu'à ce que Joliot-Curie prenne la parole. C'est alors une logorrhée. Le patron déchu ressasse « pendant des heures, il semble qu'il ne puisse plus s'arrêter [22] ». Joliot-Curie est un homme brisé. En assistant à la chute de son ancien collègue alors qu'il est déjà sous la pression d'Arnold et du MI5, Bruno Pontecorvo commence à craindre que les tentacules du maccarthysme n'atteignent l'Europe.

D'autant qu'il est bientôt l'objet de nouvelles rumeurs au MI5. Le superintendant Evan Jones des services spéciaux reçoit durant la première semaine de juin une lettre de quelqu'un dont le nom est caché, mais qui dit avoir apprécié le dîner du service : il est donc l'un de ses membres, actuel ou ancien. Les vagues allégations de la lettre, bien que fausses en général, sont assez perspicaces :

> « Cher Evan,
>
> Un vieil informateur, fiable, m'a dit il y a quelques jours qu'un scientifique italien est employé ou a des relations étroites avec une usine ou un laboratoire ultrasecret près de Bristol. Bien qu'il ne s'en vante pas, il est communiste, il connaît Fuchs et quand il est en ville il fréquente le restaurant où Fuchs avait ses habitudes. Mes amis et d'autres le suspectent. Ces éléments sont ténus et peuvent constituer une fausse piste, mais je suis sûr que mon ami ne m'en aurait pas parlé s'il n'y avait pas anguille sous roche... Je ne connais aucune usine ou autre près de Bristol et donc je ne peux pas vérifier cela. Il semble que le scientifique italien soit né britannique ou naturalisé, car je ne peux imaginer qu'on ait donné à un étranger l'accès à une quelconque installation de recherche, surtout après l'affaire Fuchs. »

Harwell est en rase campagne, à mi-chemin entre Londres et Bristol, ce qui suggère que l'informateur n'est pas très fort en géographie. L'expression « en ville » désigne Londres dans le langage courant de 1950, mais la mention du restaurant que Fuchs fréquentait semble fantaisiste et hors de propos, car on ignore si Fuchs donnait ses rendez-vous dans un restaurant.

Cette lettre, à l'instar de celle de l'informateur suédois, contient des informations douteuses, mais elle est enregistrée par le MI5 le 9 juin et vient épaissir le dossier déjà riche de Pontecorvo. Michael Perrin, l'ancien administrateur d'Imperial Chemical Industries (ICI) devenu en 1950 le directeur de l'énergie atomique auprès du Ministry of Supply, décide dès lors d'évaluer le bien-fondé de ces diverses déclarations qui convergent vers la même idée. Il téléphone au MI5 pour s'enquérir de la fiabilité de la source de Suède, dont les données sont les plus explicites. Cela déclenche des enquêtes internes au sein du MI5. Le rapport de ces enquêtes est encore censuré, mais il révèle que « R. Badham », de la section C, « a parlé à [X] par téléphone ce jour pour l'interroger sur la fiabilité de leur "source" ». Celui-ci l'a rappelé plus tard pour dire que la source est « absolument fiable[23] ».

Badham téléphone ensuite à Perrin et lui confirme que la source est « absolument fiable ». Perrin, qui souhaite des garanties avant de prendre une décision, lui pose une série de questions. La source connaît-elle Pontecorvo personnellement ? Le MI5 garantirait-il la source à cent pour cent ? Badham répond qu'il a dit à Perrin tout ce qu'il savait. Agacé, Perrin comprend que s'il veut se faire une opinion solide, il doit passer outre ces pare-feu internes et s'entretenir directement avec Roger Hollis. Toutefois, après réflexion, il s'abstient et décide que cela n'est pas nécessaire « à ce stade[24] ».

Et en effet, Perrin n'investiguera pas davantage avec Hollis, et Hollis lui-même ne fera rien[25]. La pièce suivante versée au dossier du MI5 est une lettre provenant de l'ambassade britannique à Washington, reçue le 19 juillet ; après quoi, tout le monde semble être parti en vacances d'été. Rien n'est ajouté au dossier Pontecorvo avant que la nouvelle de sa disparition ne tombe en octobre[26]. À partir de ce moment, les nouveaux éléments du dossier servent à limiter l'impact politique de la bévue, comme nous le verrons. Il est clair que le MI5 et presque tout l'appareil de sécurité britannique ont été pris au dépourvu. À mon avis, personne n'imaginait durant cet été 1950 que Bruno Pontecorvo était sur le point de quitter l'Angleterre pour toujours. Pas même l'intéressé.

CHAPITRE 11

Départ d'Abingdon, destination inconnue
1950

Harwell est un village champêtre, entouré de fermes, vergers et écuries de chevaux de course, à 24 kilomètres au sud d'Oxford. Dans les années 1940, c'était un coin perdu [1], ce qui en faisait l'endroit idéal pour le projet du gouvernement : accessible depuis Londres et l'université d'Oxford, et suffisamment isolé pour rester secret. Si l'on excepte le petit village de Harwell, dont le laboratoire porte le nom, les agglomérations les plus proches se répartissent sur un anneau de 8 kilomètres de rayon environ. Abingdon, un bourg situé au nord à mi-chemin entre le laboratoire et Oxford, est le lieu de résidence favori des employés.

Abingdon borde la Tamise à 80 kilomètres en amont de Londres ; au temps des Tudor, le roi Henry VIII y a séjourné pour échapper à la peste. La ville compte plusieurs bâtiments historiques, dont le lycée pour garçons de Roysse, fondé au XIIe siècle. Cet établissement, qui accueille des élèves de onze à dix-huit ans, prend de l'importance lorsque James Cobban en prend la direction en 1947. Cobban s'est distingué à la guerre, bien que dispensé du débarquement en Normandie pour cause d'appendicite ; il a obtenu le grade de lieutenant-colonel pour sa contribution aux renseignements militaires.

À l'arrivée de Cobban, le lycée marquait les limites de la ville, mais la création du laboratoire de Harwell provoque une soudaine expansion de l'agglomération, des centaines de scientifiques arrivant avec leurs familles. Abingdon se transforme en une sorte de cité résidentielle pour ceux qui dépendent de « The Atomic ».

On construit un lotissement de maisons de briques rouges pour accueillir le personnel, de l'autre côté de la route qui longe le lycée. Les Pontecorvo emménagent dans l'une de ces maisons, au numéro 5, avenue Letcombe, à cinq minutes à pied du club de tennis et juste à côté du lycée Roysse. De nombreux fils d'employés de Harwell sont inscrits dans ce lycée en 1949, dont Gil Pontecorvo.

La première année à Roysse est difficile pour Gil, qui a onze ans. Ses amis sont restés à l'école de Chalk River, tandis que lui a changé de continent et doit tout recommencer à zéro. En Angleterre, certains élèves pensent qu'il est américain, et ils le taquinent : « Vous les Américains, vous voulez lancer des bombes sur nous ! »

Gil se souviendra aussi avoir entendu à l'un des clubs du lycée une conversation sur Moscou qui ressemblait à « un conte des mille et une nuits, avec des marchands assis en tailleur dans la rue pour vendre leurs marchandises, mais à la place des rues pavées d'or, Moscou était sale et froide [2] ». L'image de Moscou que cela laissera dans son esprit ressemble à une ville du Far West, sans loi. J'imagine que tout un chacun en Occident, moi compris, avait une représentation très similaire de Moscou et des pays situés derrière le Rideau de fer : des régions plongées dans l'obscurité, remplies de spectres inconnus, une *terra* (et terreur) *incognita.*

Gil rejoint la classe des plus jeunes le 19 septembre 1949, en même temps qu'un garçon nommé Anthony Gardner [3]. Ce dernier et son jeune frère Paul, habitant deux maisons plus loin que les Pontecorvo, au numéro 9, deviennent les amis de Gil et ses frères. Leur père, John, est un directeur de Harwell et un excellent joueur de tennis, ce qui fait qu'il a tout de suite sympathisé avec Bruno. Au coin de la rue vit Egon Bretscher, qui vient de Los Alamos. Son fils, Mark, plus jeune que Gil, doit commencer à Roysse au début de l'année scolaire suivante, en septembre 1950. Gil et Mark ne sont pas des amis proches, mais leurs familles se connaissent. Gil ayant déjà un an d'expérience à Roysse s'engage durant l'été 1950 à accompagner Mark lors de son premier jour de lycée, pour l'aider à se familiariser avec ce nouvel environnement.

Mark deviendra un microbiologiste reconnu, Anthony Gardner sera acteur et son frère Paul demeurera à Abingdon. Quand je les ai rencontrés, ils n'ont eu aucun mal à évoquer cette période de restrictions d'après guerre ; les familles élevaient des poules, des canards et même des chèvres pour les œufs et le lait ; et les garçons parcouraient à vélo les routes environnantes sans rencontrer de voiture.

Sous le couvert de professeur de musique, un agent du MI5 dénommé Royd « Doggie » Barker s'installe à Roysse en janvier 1950, alors que Fuchs est déjà soupçonné et que les services de sécurité enquêtent sur l'éventuelle implication d'autres employés de Harwell [4]. C'est du moins ce que pensent plusieurs élèves. Ce fantasme, si c'en est un, est alimenté par les événements de cette année-là, à commencer par l'arrestation de Klaus Fuchs, lequel a vécu plusieurs mois dans les locaux mêmes du lycée.

Le long du campus de Roysse se trouve une maison ancienne, appelée Lacies Court, que le lycée a acquise pour héberger ses professeurs célibataires [5]. Des scientifiques célibataires, dont Fuchs, ont également pu loger temporairement à Lacies Court, grâce aux bonnes relations de Harwell avec le lycée. L'arrestation du physicien espion en février 1950 excite les garçons et fait naître des rumeurs au sujet du professeur de musique.

Tous les adolescents inventent des histoires d'espions dans les années 1950, en pleine guerre froide. Pour les élèves de Roysse, qui vivent plusieurs intrigues en quelques mois (la première avec Fuchs, la seconde avec Pontecorvo), les imaginations s'enflamment. Aucun des anciens élèves que j'ai interrogés ne se rappelait toutefois pourquoi ils avaient jeté leur dévolu sur Barker.

Quoi qu'il en soit, les garçons avaient raison, puisque Barker mènera une belle carrière au MI5 : il dirigera la section A, « responsable de la coordination des opérations de technique et de surveillance du Service », autrement dit la mise sur écoute [6]. Quand il prendra sa retraite en 1984, il sera récompensé par Margaret Thatcher pour « service remarquable à la Couronne [7] ».

Royd Barker se distingue par sa démarche aux grandes enjambées, un peu sautillantes. Une telle particularité n'aide pas un agent des renseignements à se fondre dans le décor, mais cela présente un avantage pour qui veut être bien accueilli et intégré dans une communauté. Il possède un caractère ouvert, mais apprécie aussi la discipline. Certains garçons le décriront comme un professeur apprécié, tandis que d'autres se souviendront d'un bâton qui ne le quittait jamais et dont il se servait pour maintenir l'ordre [8].

L'arrivée d'un grand nombre de personnes cultivées, originaires du monde entier, apporte un souffle créatif à la paisible ville de campagne d'Abingdon. Les sociétés de théâtre et de musique prospèrent. Le musicien Barker s'y sent comme un poisson dans l'eau. Au sein de cette communauté singulière, où il rencontre les fils des scientifiques pendant sa journée au lycée et se mêle aux chorales des employés de Harwell durant ses loisirs, il accède à tous les ragots de « the Atomic ».

Nous l'avons vu, James Cobban, le directeur de Roysse, a pris en charge le lycée en 1947 après une carrière remarquée dans les services de renseignements. On ignore si Barker était déjà un espion et s'il a été intégré au personnel du lycée dans le cadre de l'effort national de sécurité, ou si Cobban l'a repéré à Abingdon comme une recrue possible pour les services de sécurité. En ce temps-là, le MI5 recrutait toujours par « le réseau des anciens », et Cobban, en bon découvreur de talents, a peut-être recommandé Barker après l'avoir choisi parmi ses employés [9].

Un ami qui a fréquenté l'agent musicien durant plusieurs années m'a confié : « Je pense qu'il a été recruté pendant ses études à Oxford [10]. » Dans ce cas, son poste d'enseignant lui servait de couverture [11]. Cette hypothèse concorde avec la politique du MI5. Guy Liddell, longtemps directeur général adjoint du service, avait recommandé en 1946, après la mise en cause de Nunn May, que le MI5 « poste des informateurs » dans les laboratoires s'occupant d'énergie atomique, afin de surveiller « le mode de vie général et les opinions politiques des jeunes scientifiques [12] ».

Pour ajouter du mystère à l'intrigue, Barker a demandé et obtenu en 1952 de quitter le lycée pour quelques semaines « afin d'effectuer une tournée musicale en Yougoslavie ». Il n'existe aucune trace d'une quelconque relation musicale entre Abingdon et la Yougoslavie communiste en 1952. Et effectivement, les anciens élèves assurent que tout le monde connaissait à l'époque les liens de Barker avec le MI5 et qu'ils n'ont pas fabriqué ce souvenir après coup [13].

Si cela est vrai, on se demande ce qu'il a fait à Roysse en 1950. De toute évidence, il n'a pas su anticiper le scandale de Pontecorvo, qui allait marquer toute la communauté.

Les frères Gardner se souviendront de Bruno comme d'un charmeur, un adulte qui avait conservé sa gaieté d'enfant et savait se mettre à leur niveau. L'avenue Letcombe est en pente douce d'une extrémité à l'autre, et Anthony se rappellera que « Bruno montait la côte à bicyclette… en marche arrière [14] ». « J'aurais pu travailler dans un cirque [15] », jugera plus tard le « gamin », et ce tour, l'un de ses favoris parmi de nombreux autres, lui donne raison.

Les Gardner prennent souvent le thé chez Gil. Les maisons restent ouvertes à cette époque, et les garçons entrent et sortent constamment. Ils se souviendront de Marianne comme d'un elfe au visage doux, calme et agréable, toujours heureuse de servir du thé ou, lorsque les familles se rencontrent pour dîner, des assiettes de spaghetti, un mets exotique pour l'Angleterre profonde des années 1940 [16].

Un autre ami, David Lees, est souvent invité chez les Pontecorvo les dimanches. Il racontera que la maison était désordonnée, avec des jouets éparpillés partout, et que Bruno circulait de pièce en pièce en pyjamas, en parlant une langue étrange. C'est de l'italien, lui explique-t-on, « la langue que nous parlons le dimanche à la maison [17] ».

Bruno a l'habitude de jouer au tennis dans le club situé dans le Parc Albert, dont les terrains de gazon se nichent entre les arbres et les buissons. De grandes maisons de style édouardien entourent le parc sur trois côtés ; le lycée complète le carré. Imaginez un paysage anglais tel qu'Agatha Christie les dépeint dans ses romans. La saison du tennis sur gazon ne commençant que fin avril ou début mai, la scène que je vais décrire a dû se dérouler quelques semaines avant le départ des Pontecorvo.

Bruno et John Gardner s'affrontent dans une partie de tennis, quand soudain le premier s'interrompt. Il a remarqué quelqu'un parmi les arbres. « Je dois parler à cet homme », s'écrie-t-il en quittant le terrain. Quelques minutes plus tard, il revient, s'excuse et reprend le jeu sans donner d'explication. Dans les souvenirs d'Anthony Gardner, son père a trouvé cela très bizarre [18].

L'homme n'est pas Henry Arnold, l'agent de sécurité de Harwell. Car celui-ci n'aurait pas eu besoin de s'approcher si discrètement, et Gardner l'aurait reconnu. La rencontre était peut-être innocente,

Gardner lui attribuant après la disparition de Bruno plus d'importance qu'elle ne le méritait. Mais il est difficile de comprendre pourquoi son compagnon de jeu n'a fourni aucune explication. Il se peut aussi que l'incident ait été déformé de version en version.

Le plus jeune de la fratrie Pontecorvo, Giovanni, vit à Amersham, à une cinquantaine de kilomètres de Harwell, et les deux frères se rencontrent, chez l'un ou chez l'autre, une fois toutes les trois semaines environ. Après la disparition de Bruno, ces visites à Amersham tracasseront le MI5 : « S'il était en contact avec un agent d'une puissance étrangère, il ne le rencontrait probablement pas dans les environs de Harwell. En revanche, il pouvait le rencontrer dans ce secteur [19]. »

Bruno accompagne un jour Giovanni et sa fiancée à une pièce de théâtre à Londres. D'humeur enjouée comme d'habitude, le physicien se procure un flacon de solution savonneuse et souffle des bulles dans la file d'attente. Cela n'amuse pas tout le monde, car la fiancée de Giovanni décrira le physicien au MI5 comme « un drôle de loustic », « très puéril [20] ».

Giovanni élève des poulets et manque d'argent. En juin 1950, il demande à Bruno de lui prêter 30 livres. Celui-ci ne dispose pas de cette somme, mais promet de se porter garant pour un emprunt. Les frères se rencontrent pour la dernière fois le 7 juillet au 5, avenue Letcombe. Ils évoquent à cette occasion le prochain voyage en camping de Bruno à travers la France, la Suisse et l'Italie, et le physicien promet à Giovanni qu'ils auront une longue discussion sur son élevage à son retour en Angleterre. Il explique qu'il pense obtenir une coquette somme d'argent grâce aux brevets sur les neutrons, que des avocats tentent alors de faire valoir aux États-Unis. « Quand j'aurai obtenu mon dû, nous n'aurons plus à nous en faire », assure l'inventeur à son jeune frère. « Je soutiendrai ton affaire [21]. »

Bruno et Marianne se sont rendus à Liverpool en juin, pour visiter l'université et choisir un logement, leur déménagement étant prévu en janvier 1951.

Le professeur Herbert Skinner, chef du département de physique à Liverpool, a bien connu les Pontecorvo, à la fois au Canada et à

Harwell. Il est enthousiaste à l'idée que Bruno rejoigne son département. Il se souviendra que celui-ci faisait « un effort évident pour convaincre Marianne du changement », car elle trouvait la ville « froide ». Skinner est persuadé que le physicien italien a accepté le poste en toute sincérité [22].

Le département de physique de l'université de Liverpool était alors en train de construire le plus grand accélérateur de Grande-Bretagne, voire d'Europe. Les collègues de Bruno qui le connaissaient le mieux assurent que les moyens dont disposaient les scientifiques de Liverpool l'auraient enthousiasmé. Bruno lui-même a rapporté à son frère Giovanni que les installations étaient formidables. Des années plus tard, Guido, l'aîné de la fratrie Pontecorvo, visitera Liverpool et constatera que la maison où son frère et son épouse envisageaient de vivre était « très grande [23] ».

Tout semble sur des rails pour leur emménagement à Liverpool. Si bien que, le 24 juillet, la veille du départ de leur départ pour les vacances d'été, Pontecorvo écrit au vice-recteur de l'université pour accepter le poste de professeur : il se déclare impatient de commencer.

La première année de Gil à Roysse se termine le jour où Bruno envoie sa lettre. Le transfert à Liverpool étant arrangé pour le mois de janvier suivant, la famille s'apprête à partir en vacances. Ils ont l'intention de parcourir le continent en voiture, en compagnie d'Anna, la sœur de Bruno qui vit à Londres.

Un avantage de son départ forcé de Harwell est qu'il peut cumuler plusieurs semaines de congé. Il prévoit de passer six semaines de vacances à camper, rendre visite à la famille en Italie, puis de rentrer en Angleterre par le ferry de Dunkerque le 4 septembre, juste à temps pour une conférence de physique à Harwell le 7 septembre [24]. Gil doit reprendre l'école le 19 septembre [25]. Bruno envisage de passer du temps à Liverpool durant l'automne, pour préparer son installation au début de l'année suivante.

Il faut décider si Gil restera à Abingdon comme pensionnaire ou si on l'inscrit dans un autre lycée à Liverpool. Bien sûr, l'éducation de Gil n'est pas gratuite, même comme externe. La facture du troisième trimestre, qu'il vient de terminer, totalise un peu plus de

14 livres britanniques de l'époque, soit presque 700 euros [26]. Elle arrivera au 5, avenue Letcombe après le départ de la famille.

Les Pontecorvo possèdent des canards. Ces oiseaux représentent bien plus que des animaux de compagnie : leurs œufs améliorent l'ordinaire en ces temps de restrictions d'après guerre. Les Gardner, qui gardent des poules, acceptent de veiller sur les canards pendant leur absence.

La famille Pontecorvo et Anna s'entassent dans la précieuse Standard Vanguard le 25 juillet. Avec l'équipement de camping, trois adultes et trois garçons, les bagages sont réduits à l'essentiel, comprimés dans des sacs de toile : deux sacs de surplus militaire, un sac mou à fermeture éclair qui contient des sous-vêtements et quelques vêtements, et un petit porte-documents que le scientifique garde toujours près de lui [27].

Paul Gardner se rappellera du départ : « Ils s'éloignaient dans l'avenue à bord de la Vanguard de couleur claire, et j'agitais la main pour leur dire au revoir. » La voiture tourne à gauche dans la rue Bath, et prend la direction du sud puis l'est, vers Douvres où ils prendront le ferry de nuit pour Dunkerque [28]. C'est la dernière fois que Paul les voit.

Les Pontecorvo traversent la Manche en ferry la nuit du 25 juillet. Débarqués en France, ils roulent vers Arras, puis Dijon, et atteignent Neuchâtel, en Suisse, le 28. Ils arrivent le 31 juillet dans la ville italienne de Menaggio, sur le lac de Côme. Là, ils croisent l'épouse du professeur Piero Caldirola, un physicien nucléaire de Milan, qui leur suggère de rencontrer son mari. Bruno invite le professeur Caldirola à la conférence de physique du 7 septembre à Harwell, lui confie son adresse à Abingdon, et lui donne rendez-vous là-bas à la fin de l'été. La famille campe à Menaggio jusqu'au 4 août. Anna quitte le groupe pour prendre un bateau jusqu'à Côme, tandis que les autres passent quelques jours dans les Dolomites [29].

Les vacances se poursuivent sur ce mode idyllique lorsque Bruno emmène sa famille rendre visite à ses parents à Milan, autour du 12 août [30]. Anna les y rejoint et ils se préparent pour la dernière partie de leur voyage, qui doit les mener à Rome. Avant de quitter la maison de ses parents, le physicien les prévient qu'il compte aller voir une expérience de rayons cosmiques près de Chamonix à la fin du mois, avant de repartir vers l'Angleterre. C'est l'occasion pour la famille de se réunir à nouveau et pour ses parents de visiter les Alpes, si bien qu'ils conviennent de se revoir à Chamonix le 24 août [31].

Après la disparition de la petite famille, sa mère décrira dans une lettre à Guido son impression de la visite à Milan : « Quand Bruno et sa famille sont venus nous voir… ils étaient si heureux, sereins et normaux. Ils ne pouvaient pas avoir un tel projet en tête. Ils nous ont dit au revoir, à la manière dont on dit au revoir à quelqu'un qu'on va revoir très bientôt, comme nous l'avions prévu [32]. »

Pourtant, Bruno ne reverra plus jamais ses parents.

Lamentables mensonges

Le groupe arrive autour du 17 août à Ladispoli, une petite station balnéaire près de Rome où Giuliana, la sœur de Bruno, a loué une maison de vacances. Bruno et Marianne partent ensuite pour Circé, une autre ville côtière à deux heures environ vers le sud, où ils campent, nagent et pêchent dans la Méditerranée. Ils ont laissé leur fils Antonio à Ladispoli avec Anna et Giuliana, car il semble souffrir d'insolation. Anna et Antonio demeurent à Ladispoli jusqu'au 21, puis partent avec Giuliana chez elle, dans le quartier San Giovanni à Rome. Le frère de Bruno, Gillo, et sa femme, Henrietta, s'y rendent aussi.

Le 22 août, c'est le trente-septième anniversaire de Bruno. Gillo regrette que son frère soit passé à Rome pour aller de Ladispoli à Circé sans passer le voir. Il part donc pour Circé avec Henrietta et Anna pour fêter l'anniversaire, et ils passent la journée à faire de la plongée avec tuba dans les eaux chaudes de la Méditerranée. Ils passent la nuit, puis repartent vers Rome le 23, tandis que Bruno et Marianne restent à Circé.

Jusqu'ici, tout semble normal. Les événements prennent ensuite un tour étrange, et la chronologie se brouille. Dans la nuit du 23 août, Bruno envoie soudain un télégramme de Circé à ses parents, annulant sa visite à Chamonix. Il n'explique pas ce changement de programme, mais promet de le faire par lettre [33]. Dans son courrier, il raconte qu'il a eu un accident de voiture, « qui a plié le pare-chocs et cassé un phare ». Pourtant, ni son frère ni sa sœur ne remarqueront à Rome les dommages sur la voiture. Le lieu et la date de l'accident sont également confus. Il serait survenu quelque part entre Circé et Rome, le 23 août. Or l'assurance de la voiture pour l'Europe expire ce jour[34]. Il semble que Bruno ait prévu de conduire sans assurance pour le retour vers l'Angleterre, à moins que ce ne soit là l'unique indice qu'il ait jamais eu l'intention de rentrer.

Cet épisode paraît insignifiant, à côté de ce qui est sur le point de se produire. Mais les circonstances de l'accident, si accident il y a eu, semblent liées à la décision de Bruno de fuir. Elles révèlent en tout cas une certaine mystification de sa part. Comme nous allons le voir, ses parents, ainsi que le MI5, discerneront plusieurs incohérences dans sa version des faits.

Toujours est-il que Bruno, Marianne et les garçons doivent retrouver ses parents à Chamonix le 24 août. C'est lui qui a organisé cette rencontre seulement une semaine plus tôt. Mais quelque chose a dû se passer le 23 qui le force à changer ses plans. Le voyage à Chamonix en 1950 prend une journée complète de voiture[35]. Et le 23 août, Bruno, seul dans sa voiture, a un accident. Du moins, c'est ce qu'il raconte à ses parents. Le jour où est censé se dérouler cet épisode, il annonce sans équivoque dans le télégramme qu'il envoie à six heures quarante de l'après-midi de Circé : « Très déçu d'avoir à annuler définitivement la visite à Chamonix. Allez-y seuls, cela vous fera beaucoup de bien. Une lettre suit[36]. »

La lettre qu'il envoie le 25 août est reproduite en entier ci-dessous. Elle montre qu'il a tardé à envoyer le télégramme, ce dont il tente de s'excuser. Il évoque d'abord le télégramme de la veille, alors qu'en réalité, deux jours se sont écoulés. Il mentionne explicitement un accident pour la première fois et en donne les détails. Il prétend en outre que les enfants sont malades, et que cela constitue une raison supplémentaire pour annuler le rendez-vous.

« Cette lettre suit mon télégramme d'hier de Circé. Je n'ai pas écrit plus tôt parce que j'ai espéré venir à Chamonix, mais l'état des enfants ne le permet pas. Hier [24 août] je suis retourné à Rome pour récupérer la voiture réparée, et j'ai eu votre carte disant que vous étiez déjà parti quand j'ai envoyé le télégramme. Nous avons eu finalement des soucis avec la voiture qui a subi un accident sérieux, par bonheur sans conséquence pour nous, mais avec des dégâts matériels. J'ai heurté un arbre en tentant d'éviter un cycliste qui a traversé devant la voiture. Je ne suis pas blessé (j'étais seul), mais la voiture est sérieusement endommagée et elle a dû être réparée. Par ailleurs, les enfants et moi avons beaucoup profité de la mer et ils étaient en forme jusqu'au 23, mais ils sont maintenant alités avec des problèmes digestifs. C'est sans doute une insolation ou une intoxication alimentaire. Pour le moment, nous avons laissé Gil [sic] à Ladispoli où il s'amuse sans arrêt, et nous restons à Circé, un endroit délicieux, où nous avons pris une chambre. Dès que les enfants seront rétablis, nous retournerons en Angleterre. Nous ne pouvons aller à Chamonix, nous n'en avons pas le temps, et cela fatiguera les enfants. Je suis désolé de ne pas être en mesure de vous rejoindre et de ne pas avoir pu vous prévenir à temps, mais il n'y a pas eu moyen. Je me console en me disant que même sans nous le voyage à Chamonix vous fera beaucoup de bien. J'espère que ça ne vous contrarie pas trop. Encore un millier d'excuses[37]. »

Sa mère comprend tout de suite que quelque chose cloche. Bruno ne verra jamais la réponse de ses parents, qu'ils envoient quelques jours plus tard : la lettre arrivera chez lui à Abingdon, où elle restera cachetée dans la maison vide jusqu'à ce que le MI5 la trouve en octobre. Mme Pontecorvo remarque une incohérence quand il déclare que l'indisposition soudaine des enfants a influé sur ce changement de programme. Elle le réprimande comme il se doit : « Mais est-ce VRAIMENT ce qui s'est passé ? Parce que quelque chose n'est pas clair pour nous. Antonio était déjà malade à Ladispoli [le 17 août]. Ce n'est pas une bonne politique, Bruno, de mentir d'une façon si lamentable[38]. » Cette lettre est un indice utile pour nous aider à reconstituer la genèse de sa brusque décision de fuir.

Quelque chose d'important est sans aucun doute arrivé à Bruno le 23 août. Il a fêté son anniversaire dans l'insouciance le 22. Deux jours plus tard, il envoie des messages mensongers à ses parents au lieu de les retrouver à Chamonix, et apparemment raconte aussi des bobards à Anna. Celle-ci, alors chez Giuliana à Rome, ne remarque pas les dégâts de la voiture. Bruno lui dit qu'« un phare avant est cassé et le pare-chocs plié, et si l'état de la voiture est satisfaisant pour faire de courts trajets, il ne permet pas de voyager à travers toute l'Europe[39] ». Il montre qu'il ne contrôle plus les événements lorsque Gillo proteste sur la manière dont il traite leurs parents. Bruno répond alors sèchement : « Ils vont devoir s'y faire, pour une fois. » L'épouse de Gillo, Henrietta, répétera cette réplique au MI5, mais sous une forme encore plus rude : « Ils vont devoir s'y habituer[40]. »

S'il est vrai que Bruno parcourt plus de 100 kilomètres de Circé à Rome le jeudi 24 août ou le vendredi 25 août, son but n'est probablement pas de mener la voiture au garage. Des réparations légères comme celles qu'il décrit ne méritent pas un tel voyage, et il n'y a aucune trace qu'il ait contacté le concessionnaire de Standard Vanguard à Rome[41]. De surcroît, il utilise apparemment la voiture les jours suivants, avant de s'en débarrasser à Rome et de disparaître. Dans tous les cas, le comportement du physicien devient confus. Quelque chose de singulier s'est passé le mercredi 23 août, qui a radicalement changé sa vie.

Quel événement de ce jour a pu l'affecter ? Chez Giuliana, les nouvelles arrivent par *L'Unità*, l'organe du parti communiste italien. Durant les mois précédents, la guerre froide et la chasse aux sorcières en Amérique se sont aggravées. La troisième guerre mondiale menace d'éclater, alors que la confrontation militaire en Corée s'intensifie[42]. Puis le conflit sur les brevets entre les garçons de la via Panisperna et le gouvernement américain fait les gros titres le 23. Dans la version de l'histoire fournie par *L'Unità*, les Américains ont spolié l'équipe de scientifiques italiens.

Pontecorvo apparaît soudain sous les projecteurs, dans un conflit avec le gouvernement américain. L'histoire fait grand bruit en Italie, à cause de l'implication de l'équipe de Fermi, tandis qu'elle est à peine évoquée au Royaume-Uni. Bruno craint toutefois que le mouvement maccarthyste n'exploite son appartenance au parti communiste pour le décrire comme un traître, et que cela ne déclenche un gros scandale public. Dans cette hypothèse, il s'imagine subir de nouvelles enquêtes de sécurité, qui menaceraient la poursuite de sa carrière scientifique. Dès lors, il panique[43].

La crise des brevets a probablement déclenché la chaîne d'événements qui aboutira à sa fuite en URSS, mais elle n'est sans doute pas la seule cause de sa disparition.

Dans la famille, la personne qui jouit de la plus grande influence sur Bruno est son cousin Emilio Sereni. Communiste influant, membre du Kominform (l'organisation qui succède au Komintern), ce dernier est entré dans le gouvernement italien en 1950. Il est aussi en relation avec des dirigeants de l'administration soviétique [44]. Il se trouve à Prague du 14 au 18 août, et on pense qu'il a des contacts avec son cousin dans les derniers jours du mois [45].

Ce sont les implications politiques de la crise des brevets qui auraient conduit Bruno à consulter Sereni à Rome le 23 ou le 24. Cependant, les nouvelles qu'il reçoit ne sont pas de nature à le rassurer. Au contraire. Il apprend à Rome, peut-être lors d'une rencontre avec son cousin, que d'autres arrestations doivent suivre celles de Fuchs, de Greenglass et des époux Rosenberg : Bruno est ni plus ni moins dans le collimateur du FBI.

Nous verrons plus tard comment cette surprenante information a atteint le KGB. En tout cas, elle suffit vraisemblablement à affoler Bruno. Prenant le pas sur tout le reste, elle précipite sa fuite.

Aujourd'hui, nous savons que les Soviétiques préparaient son avenir dès cette époque [46]. Ses voyages à Rome juste après son anniversaire ont donc davantage à voir avec Emilio Sereni et d'autres contacts communistes qu'avec la réparation de la voiture. C'est sûrement Sereni qui encourage et organise la fuite de son jeune cousin en Russie, comme le conclura plus tard Ronnie Reed du MI5 [47].

On s'en souvient, le clan se rassemble à Ladispoli ce week-end du 26 au 27 août. Selon l'entretien d'Anna avec le MI5, Gil et Tito arrivent de Circé à Ladispoli – « on ne voit pas bien comment », commentera Ronnie Reed plus tard [48]. Giuliana annonce le dimanche après-midi qu'elle doit rendre visite à des amis, à quelques kilomètres de là. Bruno lui propose de l'emmener dans sa voiture, mais « quand elle lui précise que ses amis sont communistes ou sympathisants, il refuse de la prendre ». Plus tard, Reed considérera cela comme révélateur, mais sans rien en conclure.

Anna a une place pour deux à l'opéra le dimanche soir. On discute pour savoir qui de Bruno ou Marianne va l'accompagner ; Marianne déclare qu'elle n'est pas une intellectuelle et préfère aller danser [49]. Interrogée par Ronnie Reed, Anna se souviendra nettement de cet épisode, et c'est aussi ce qu'elle consigne dans son agenda à la date du dimanche 27 [50].

Anna part avec Marianne faire du shopping à Rome le lundi 28 août, qui doit être son dernier jour en Italie. Elle déclarera plus tard au MI5 que son frère s'est séparé du groupe, puis l'a rejoint chez Giuliana dans l'après-midi pour participer à une réunion de famille au sujet de leur sœur Laura [51]. Bruno proteste au sujet du shopping, car la famille est à court de devises ; il en est à rationner le lait des enfants, et ils n'ont plus d'argent. Les touristes britanniques ne peuvent en effet emporter à l'époque qu'une quantité limitée de devises à l'étranger. Le maximum autorisé pour la famille Pontecorvo est de 205 livres, plus 10 livres pour la voiture, et quand ils ont quitté l'Angleterre, Bruno n'a déclaré que 150 livres en traveller's chèques et 10 livres en liquide. Son compte en banque en Angleterre montre qu'il n'a pas dépensé de grosses sommes d'argent [52]. Ce manque d'argent en fin de vacances constitue un élément essentiel, car Bruno se procurera deux jours plus tard des billets d'avion pour toute la famille sur un vol Rome-Stockholm, pour lesquels il paiera 602 dollars américains en liquide [53].

Le physicien se rend entre-temps à l'université de Rome, où le verra Giuseppe Fidecaro, alors étudiant en physique de vingt-quatre ans. Il souhaite rencontrer son ancien collègue Edoardo Amaldi, mais celui-ci voyage alors aux États-Unis. Il bavarde donc avec un autre ancien collègue, Mario Ageno, le mentor de Fidecaro.

Ce dernier me racontera que Bruno est venu à l'institut une première fois le matin, puis une seconde fois dans l'après-midi. Il remarquera, avec un sourire : « Je ne pouvais imaginer Bruno perdant du temps à faire du shopping avec [Marianne et Anna] ! Et, inversement, je ne m'imaginais pas deux femmes faire du shopping toute une journée avec un homme sur le dos ! » L'université se trouve près du domicile de Giuliana, ce qui permet à Bruno de participer à la réunion de famille qu'évoquera Anna, puis d'y retourner.

Fidecaro se souviendra avoir accompagné son visiteur et Mario pour une promenade de fin d'après-midi : « Nous avons quitté l'institut pour flâner dans la lumière dorée d'une fin d'après-midi d'été à Rome. Je pense qu'il n'était pas plus tôt que six heures trente ou sept heures du soir. » Bruno et Mario parlent *« del più e del meno »*, en un bavardage informel et amical, sans que Fidecaro ne participe à leur conversation. « Puis nous nous sommes salués, aux environs de la Stazione Termini, chacun partant dans sa direction. Mario et moi sommes rentrés chacun chez soi. » Le quartier San Giovanni où habite Giuliana, la gare Roma Termini, l'université, le quartier des magasins et le garage de la Piazza Verdi (où Bruno laissera sa voiture le lendemain) sont tous dans un mouchoir de poche.

Cette chronologie des faits concorde avec les mémoires de Bruno, rédigés des décennies plus tard, où il raconte avoir mené sa voiture au garage le 29 août [54]. Selon Fidecaro, il est possible que Mario lui ait recommandé le garage de la Piazza Verdi, où sera abandonnée la Vanguard. Anna soulignera soixante ans plus tard qu'« il n'y avait rien d'anormal » dans le comportement de son frère. Jusqu'à son départ de Rome, elle ne remarque aucun changement dans ses manières ni dans celles de Marianne ; Bruno en particulier semble « détendu et naturel [55] ». Anna dort ce soir-là chez Giuliana et part le matin du 29 à sept heures et demie, sans revoir Bruno ni Marianne. Quand elle dit *arrivederci* à son frère, rien n'indique que trente ans s'écouleront avant qu'ils ne se retrouvent.

Bruno a dû « perdre » la voiture pour ne pas éveiller les soupçons lorsqu'il a décidé de fuir en Russie. Si Giuliana n'était pas au courant, elle risquait de donner l'alerte en découvrant que la voiture était restée chez elle ; et si elle était complice et manquait de signaler la disparition de son frère aux autorités, la présence du véhicule lui aurait causé de sérieux problèmes [56]. Bruno a donc exploité l'histoire de l'« accident », qui lui avait donné un alibi pour son voyage à Rome le 24 – non pas pour réparer la voiture, mais pour rencontrer Sereni.

Il confie la Vanguard au garage de la Piazza Verdi le 29 août [57]. Il se rend ensuite, le même jour, à l'agence de la compagnie aérienne scandinave (SAS) à Rome et commande des billets pour Stockholm.

D'après l'enquête que mènera Ronnie Reed du MI5, c'est Anna Radimska, une petite femme brune, Polonaise de Varsovie, qui lui vend les billets. Elle se souviendra du couple, car ces clients lui ont causé des soucis. Ils arrivent dans le bureau le 29 et réservent un vol pour Stockholm, pour eux et leurs trois enfants [58]. L'homme prend son billet au nom de Pontecorvo, et ceux de son épouse et ses enfants au nom de Nordblom-Pontecorvo. Marianne est « visiblement contrariée et au bord des larmes, et à un moment elle écarte [Bruno] du comptoir en tirant sur un pan de sa veste [59] ». Le rapport du MI5 précise : « Pontecorvo semblait serein [60]. »

Marianne se languit de fait de sa mère, comme cela transparaît dans les lettres que le MI5 trouvera dans la maison d'Abingdon [61]. Elle a un temps espéré passer deux semaines en Suède, avant de rejoindre Bruno et les garçons en Italie, mais sa mère a insisté pour qu'elle reste au moins un mois, si bien que ce projet a été abandonné [62]. Dans ces circonstances, on comprend que la perspective d'aller à Stockholm sans passer voir sa mère l'ait affligée. Cinq ans s'écouleront avant que Marianne n'ait la possibilité d'écrire en Suède, et elle ne reverra jamais sa mère.

L'usage veut que les réservations d'avion soient confirmées le jour même, mais Bruno demande qu'elles soient maintenues jusqu'au lendemain, quand il reviendra les payer. Cela suggère qu'il manque de garanties pour son entreprise. Anna Radimska déclarera aux policiers venus l'interroger quelques semaines après leur disparition que les Pontecorvo manquaient d'allure : « J'ai été frappée par leur aspect misérable. Ils paraissaient comme chiffonnés [63]. » Persuadée qu'ils sont trop pauvres pour se payer ce voyage, elle parie avec un collègue qu'ils ne reviendront pas. Le 30 à midi, personne ne s'étant présenté, elle considère avoir gagné son pari et annule les réservations. À quatre heures de l'après-midi, Bruno réapparaît seul. Anna doit alors s'activer pour récupérer les réservations.

Le prix des billets équivaut à 175 livres, que son client présente en lires. Mais il y a un problème : les étrangers résidant pendant moins de six mois en Italie doivent payer en dollars américains, en l'occurrence 602 dollars [64]. Lorsque Anna lui expose cette obligation, Bruno pique une grosse colère, dont elle se souviendra [65].

Très irrité, il lui demande de conserver les réservations et sort. Il revient juste avant la fermeture du bureau, avec une poignée de billets de 100 dollars. Ces coupures de billets ne courent pas les rues de Rome à l'époque, sauf pour les citoyens américains ou pour les membres d'organisations clandestines.

Voilà qui suggère que l'exfiltration de Bruno a été organisée par les Soviétiques à haut niveau. Un touriste britannique, soumis à un strict règlement monétaire, n'aurait pas pu se procurer autant d'argent liquide après avoir voyagé cinq semaines à l'étranger. Sa sœur Anna sera très étonnée d'apprendre cet épisode, en se rappelant à quel point il manquait d'argent vers la fin de son séjour.

Bruno est parvenu à changer des lires en dollars sans trop de difficultés et en peu de temps. En 1950, le MI5 considère cela comme le premier indice solide qu'une tierce personne a orchestré son départ. Personne à l'époque ne soupçonne les relations de son cousin Emilio avec les finances soviétiques.

Le physicien envoie une carte postale le 31 août à ses collègues de Harwell, qu'ils reçoivent le 4 septembre : « J'ai bien profité de la pêche sous-marine, mais j'ai eu des problèmes de voiture. Je dois reporter mon arrivée jusqu'au premier jour de la conférence [le 7 septembre]. Pouvez-vous prévenir Egon Bretscher. J'espère que tout le monde a préparé son intervention et a bien travaillé à Chamonix. Je suis désolé d'avoir manqué Chamonix, je n'ai pas pu y participer. Salut tout le monde. Bruno. »

La date et le contenu de cette carte postale seront plus tard l'objet de débats entre experts. Le message se termine par « Salut tout le monde ». Cela sonne définitif, alors que le passage expliquant qu'il reporte son arrivée ne suppose qu'un simple retard. On est en droit de considérer cette carte postale comme une fourberie de plus, puisqu'il prenait sciemment à ce moment la tangente vers l'URSS. Toutefois, ce n'est un mensonge que s'il savait qu'il allait rester définitivement en Russie, ce qui n'était pas forcément le cas.

Bruno envoie le même jour un dernier télégramme à ses parents : « D'après votre carte, je comprends que vous n'avez pas reçu mon télégramme à Milan et poste restante à Chamonix… expliquant que je ne peux vous rejoindre… indisposition des enfants, dégâts de la voiture ; j'espère que les montagnes vous font du bien. Maintenant nous allons bien [66]. »

Bruno, Marianne et les trois garçons s'envolent en tout cas de Rome vers Munich à huit heures du matin le 1er septembre 1950.

De là, ils prennent un vol direct pour Stockholm. Leurs bagages, qui pèsent au total 60 kilogrammes, consistent en dix sacs, chacun d'entre eux de la taille d'un bagage à main d'aujourd'hui. Ce ne sont rien d'autre que les affaires qu'ils ont prises pour camper, entassées dans de petits sacs de toile.

L'enregistrement de la compagnie aérienne révèle d'autres détails sur le voyage de la famille. Les billets de Marianne et des garçons portent des numéros qui se suivent, tandis que le billet de Bruno provient d'un autre carnet, issu d'un autre bureau[67]. Sur le même vol, deux hommes nommés Wittka et Allegrini possèdent des billets du même carnet que celui de Bruno et dont les numéros suivent pratiquement le sien. Ces hommes voyagent comme les Pontecorvo de Rome à Stockholm, via Munich. L'un d'eux est apatride et n'enregistre aucun bagage ; l'autre, un Italien, enregistre deux pièces totalisant à peine 15 kilogrammes. Le MI5 soupçonnera ces deux hommes d'avoir eu pour mission de surveiller les Pontecorvo[68]. L'agence à Rome n'a pas su dire aux services secrets britanniques pourquoi la famille avait des billets séparés et qui étaient messieurs R. Allegrini et F. Wittka. En tous les cas, la présence de ce mystérieux tandem évoque les méthodes connues du KGB pour assurer un contrôle solide[69].

À Munich, les Pontecorvo passent en salle de transit avec d'autres passagers, puis s'envolent vers Stockholm, où ils arrivent dans la soirée[70]. Selon les sources du MI5, ils ont réservé une nuit dans un foyer de l'Armée du Salut. Les sources rapporteront aussi que Bruno a rencontré un homme à Stockholm tard dans la soirée. Le correspondant à Stockholm du journal italien *Il Tempo* ira plus loin, déclarant que les Pontecorvo ont passé la nuit du 1er septembre dans « une maison occupée par l'ambassade soviétique » et se sont rendus à l'aéroport vers onze heures du matin le 2 septembre « dans une voiture de l'ambassade soviétique[71] ». Gil ne se souviendra que d'un petit hôtel.

Quoi qu'il en soit, il est certain qu'ils ne rendent pas visite aux parents de Marianne, qui vivent à seulement quelques kilomètres de l'aéroport. Gil racontera : « Je voulais aller chez ma grand-mère. J'ai demandé "pourquoi pas ?", mais je ne me rappelle plus la réponse[72]. »

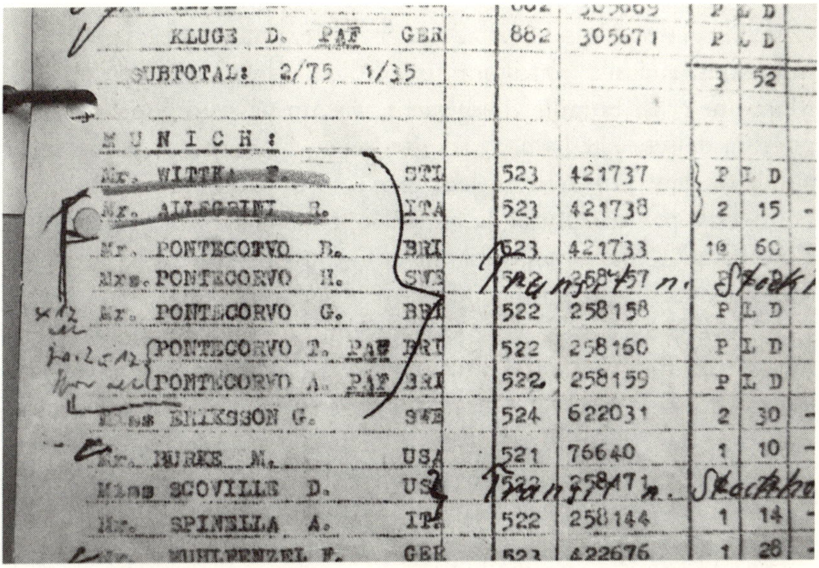

KLUGE D. PAF	GER	882	305671	P	L D
SUBTOTAL: 2/75 1/35				3	52
MUNICH:					
Mr. WITTKA F.	STL	523	421737	P	L D
Mr. ALLEGRINI B.	ITA	523	421738	2	15
Mr. PONTECORVO B.	BRI	523	421733	10	60
Mrs. PONTECORVO H.	SWE	522	258157		
Mr. PONTECORVO G.	BRI	522	258158	P	L D
PONTECORVO T. PAF	BRI	522	258160	P	L D
PONTECORVO A. PAF	BRI	522	258159	P	L D
Miss ERIKSSON G.	SWE	524	622031	2	30
Mr. BURKE M.	USA	521	76640	1	10
Miss SCOVILLE D.	USA	522	258147		
Mr. SPINELLA A.	ITA	522	258144	1	14
Mr. MUHLFENZEL F.	GER	523	422676	1	28

Enregistrement de la compagnie aérienne du vol des Pontecorvo en provenance de Rome. Le numéro du billet de Bruno est plus proche de celui de deux autres passagers, Wittka et Allegrini, que de ceux de sa famille. Les billets portent un numéro de carnet (par exemple 523) et un numéro au sein de ce carnet (par exemple 421733). À côté des noms figurent les nationalités : STL pour apatride, SWE pour suédois et BRI pour britannique. Les deux colonnes de droite indiquent le nombre de bagages et le poids total en kilogrammes. Les Pontecorvo emportent dix sacs pour un total de 60 kilogrammes. Leurs mystérieux accompagnateurs voyagent tout aussi légèrement. C'est sans doute le MI5 qui a surligné les noms de Wittka et Allegrini. (L'auteur, The National Archives)

Les Pontecorvo arrivent à Helsinki, en Finlande, le 2 septembre. Quelqu'un a dû leur fournir à Stockholm de nouveaux billets et de l'argent. À Rome, Bruno n'a acheté des billets que pour Stockholm, et il est arrivé en Suède sans dollars américains. Quand il atteint Helsinki, il détient pourtant plus de 400 dollars en liquide[73].

Un homme et une femme se présentent au personnel de l'aéroport d'Helsinki juste avant que l'avion n'atterrisse pour accueillir la famille Pontecorvo[74]. Ils demandent que leurs bagages soient déposés directement dans leur voiture, au lieu d'être disposés sur le carrousel de la compagnie aérienne. Un représentant des douanes racontera au MI5 que ces deux personnes se rendaient souvent à l'aéroport d'Helsinki ; il ne les connaissait pas, mais il a toujours cru que c'étaient des fonctionnaires de la légation britannique[75].

Le journal suédois *Dagens Nyheter* révélera plus tard que les fonctionnaires suédois ont commis plusieurs bévues. Par exemple, Marianne et les enfants voyageaient avec un passeport suédois temporaire, délivré par l'ambassade de Suède à Londres. Ce passeport aurait dû leur être retiré à leur arrivée à Stockholm. Et il ne leur permettait pas de quitter la Suède le lendemain pour Helsinki [76]. Étrangement, alors que Marianne et les garçons entrent en Finlande sans encombre, Bruno rencontre un obstacle.

Il voyage avec son passeport britannique, et il y a un accroc lorsque les fonctionnaires finlandais réclament son visa : il n'en a pas. Ceux-ci conservent alors son passeport pour le confier au ministère des Affaires étrangères finlandais. Bruno étant citoyen britannique, ce n'est pas un gros problème : son visa devrait être émis dans le courant de la nuit, et il devrait récupérer son passeport le lendemain. Il signe sans hésiter divers documents autorisant son entrée, prétendant qu'il voyage pour le tourisme, et que son séjour durera une semaine environ. Il déclare aussi aux fonctionnaires qu'ils peuvent le joindre à son hôtel.

Mais il n'y a pas d'hôtel, et il ne récupérera jamais son passeport. C'est la dernière fois qu'on le voit en Occident. Les Pontecorvo disparaissent le 2 septembre 1950, et on n'entendra plus parler d'eux pendant cinq ans…

CHAPITRE 12

Ces chers disparus
1950

Le premier signe que quelque chose ne tourne pas rond apparaît à la fin du mois d'août, lorsque les parents de Bruno débarquent à l'Hôtel Terminus à Chamonix. Arrivés le 24, ils s'apprêtent à passer quelques jours avec leur fils et sa famille, comme ils en étaient convenus quinze jours plus tôt. Ils écument les terrains de camping pendant trois jours. Ils téléphonent au laboratoire des rayons cosmiques du Pic du Midi, où travaillent des collègues de Bruno, et rencontrent l'un d'eux, le Dr D. P. Price. Celui-ci leur apprend qu'il attend lui aussi le physicien italien pour qu'il les aide sur plusieurs expériences, mais que personne ne l'a vu.

Le télégramme que Bruno a envoyé à Milan dans la soirée du 23 août n'atteint ses parents à Chamonix que le 26. Il envoie le second télégramme le 31 août. La lettre dans laquelle il met son absence sur le compte de l'accident de voiture et d'une intoxication alimentaire des enfants prend plus de temps. Ses parents demeurent à Chamonix après avoir reçu ces messages jusqu'au 9 septembre, espérant un courrier plus explicite. Puis ils passent trois jours à Annecy et retournent en Italie.

Ils ont reçu deux télégrammes et une courte lettre, et ils attendent d'autres nouvelles de Bruno, qui doit être, pensent-ils, rentré en Angleterre. Sa mère envoie durant leur séjour à Annecy, le 11 septembre, une première missive inquiète chez lui, à Abingdon : « Très cher, nous ne savons toujours pas ce qui vous est arrivé et nous sommes très inquiets. Nous t'avons prié de nous envoyer un mot dès ton arrivée en Angleterre pour nous tranquilliser. Vous avez dû traverser la mer et arriver en Angleterre le 3, mais toujours pas un mot… Écris IMMÉDIATEMENT à Milan pour dire comment s'est passé le voyage et comment vont les enfants : TOUTE LA VÉRITÉ [1]. »

Les parents de Bruno ont reçu pendant leur absence un télégramme d'Egon Bretscher de Harwell, invitant le physicien à venir à Chamonix pour l'aider à mener des expériences sur les rayons cosmiques. Ils écrivent au Dr Price, son collègue qu'ils ont rencontré à Chamonix, pour lui expliquer pourquoi ils n'ont pas pu transmettre le message à leur fils. La lettre exprime leur inquiétude. Ils se disent « anxieux » d'être sans nouvelles de « leur garçon » depuis un moment : « Nous n'avons pas de signe de lui depuis son télégramme et sa lettre. Nous avons voyagé en Savoie, et comme il sait que nous avons changé d'adresse à Milan, car nous avons quitté le meublé que nous habitions, il ne peut plus nous écrire. Nous avons envoyé notre nouvelle adresse à Abingdon… mais il n'aura pas notre lettre avant d'arriver là-bas [2]. »

Leur fille Laura téléphone le 15 septembre. Elle est à Rome, ce qu'ils ignoraient. Elle les rassure en leur racontant ce qu'elle sait : Bruno est parti le 31 août, l'accident n'a causé que des dommages superficiels à la voiture, et tous se portent bien. Le lendemain, le père de Bruno lui écrit à Abingdon. Il lui dit que, après bien des inquiétudes, les nouvelles de Laura les a tranquillisés, mais il ajoute une petite réprimande : « Nous n'avions pas de nouvelles et nous avons imaginé toutes sortes de mésaventures après l'accident de voiture et l'indisposition des enfants. Mais… tu devrais envoyer une carte postale pour dire que tu es bien arrivé, comme nous te l'avons demandé. »

La mère de Bruno, toutefois, semble moins sereine. Son intuition lui dit que quelque chose ne va pas. Voici ce qu'elle ajoute à la lettre :

« Mon cher Bruno. Je dois rectifier l'affirmation de papa selon laquelle Laura NOUS aurait rassérénés. Il serait plus juste de dire qu'il est rassuré, parce que en ce qui me concerne, savoir que vous avez pris le chemin du retour me fait très plaisir, mais ne me rassure qu'à moitié. Pour être pleinement satisfaits de tout, nous avons besoin de seulement deux mots (ce n'est pas beaucoup demandé, et ce serait suffisant), qui nous confirment que vous êtes arrivés en Angleterre, en forme, sans accident, et les enfants pas trop épuisés ! Mais ces mots ne nous sont pas parvenus. Et ton silence est inexplicable. Depuis l'accident que tu as eu, tu dois comprendre que notre cœur ne bat plus. Nous sommes restés dans cet état d'esprit à Chamonix et à Annecy jusqu'à chez nous. Nous attendons quelques lignes de ta part pour dire que tout va bien et que les enfants se sont remis de leur indisposition… Ne recommence jamais. »

Après la réprimande vient l'amour maternel, avec une clairvoyance tragique : « Pauvre petit Bruno. En plus de tes mésaventures, tu dois supporter nos plaintes, mais fais en sorte la prochaine fois, s'il y a jamais une prochaine fois, de penser à nous. Baisers et amour à tous, signé : Mama [3]. » Pontecorvo, alors en URSS, n'a jamais reçu cette lettre. Et il n'y aura pas de « prochaine fois ».

La lettre arrive au numéro 5, avenue Letcombe, à Abingdon. Le postier la glisse sous la porte d'entrée, où elle rejoint un monceau de lettres et les journaux. L'anxiété des parents augmente de nouveau en l'absence de réponse. Guido reçoit une lettre d'eux à Glasgow, le 21 septembre, lui demandant si son frère est retourné en Angleterre, car « ils n'ont aucune nouvelle de lui [4] ». Il fait de son mieux pour se renseigner, mais il échoue et leur envoie un télégramme le 23 : « Bruno pas encore rentré. Des collègues se renseignent [5]. » Giovanni, à Amersham, reçoit lui aussi une carte de ses parents, le 24, qui dit leur angoisse.

Ils conjecturent que les nouvelles de Bruno se sont égarées, car ils viennent d'emménager dans un nouvel appartement à Milan. Ils contactent l'Hôtel Terminus à Chamonix dans un dernier espoir qu'il leur ait écrit. Le directeur de l'hôtel reçoit le 26 septembre la carte où ils s'enquièrent de nouvelles de leur fils. Mais reste incapable de les aider.

Absents d'Angleterre

Pour leurs vacances d'été, les Pontecorvo ont suspendu les livraisons quotidiennes de lait, les abonnements à la presse et la délivrance du courrier à leur domicile d'Abingdon. (Il est prévu que les livraisons reprennent à leur retour.) Anthony Gardner se souviendra que durant cet été particulier, sa mère leur annonçait souvent, à lui et son frère Paul, « Les canards ont encore disparu [6]. »

Les volatiles ont besoin d'eau, et il n'y a pas de mare dans le jardin des Pontecorvo, ni dans celui des Gardner. Paul et Anthony savent où les chercher : leur endroit favori est la Stert, une maigre rivière qui coule près de la maison. À ce signal de leur mère, les garçons se rendent à la rivière, dénichent les volatiles et les ramènent à la maison.

Le livreur dépose des bouteilles de lait sur le seuil de la maison des Pontecorvo, le lundi 4 septembre, à l'aube. Puis le postier délivre le courrier. Les Gardner, qui ont passé l'été à jouer à cache-cache avec les canards, attendent avec impatience le retour de leurs voisins.

Ils croient d'abord à un simple retard. Puis ils commencent à craindre qu'il ne leur soit arrivé malheur. Les bouteilles s'accumulent à la porte chaque jour. Le lait tourne, puis les livraisons cessent. Les Pontecorvo doivent à la laiterie le prix du lait livré juste avant leur départ et après la date prévue de leur retour. Le propriétaire, John Candy, enverra plus tard une facture à l'ambassade soviétique, mais « personne ne lui a jamais répondu et il attend toujours son argent [7] ».

Les voisins, les écoliers et plusieurs livreurs savent à ce moment-là que les Pontecorvo ne sont pas rentrés. Mais personne à Harwell ne soupçonne quoi que ce soit de fâcheux. Avec le recul, pourtant, on s'aperçoit que les signes se multiplient.

À quatre-vingt-dix ans, Joe Hatton, un physicien qui travaillait avec Bruno Pontecorvo à Chalk River et Harwell, se souviendra de lui : « C'était un homme des plus agréables qu'on puisse imaginer. Il avait une présence extraordinaire. Il savait apprivoiser un bouvreuil sauvage. » À sa disparition durant l'été 1950 : « Je me souviens de ma réaction. Une carte postale est arrivée de quelque part en Italie. »

Joe se rappelle qu'elle ressemblait à une carte postale de vacances, sauf qu'elle donnait l'impression que Bruno n'allait plus jamais le revoir. Cela l'a remué : « J'étais surpris. Je me demandais ce que cela signifiait. Il a dû l'envoyer quand il était sur le point de fuir… Peu après, on a annoncé qu'il avait mis les voiles [8]. »

Plusieurs semaines s'écoulent avant que la vérité n'apparaisse. Hatton a reçu sa carte postale quelques jours avant la conférence de Harwell sur la physique nucléaire. Celle-ci représente un rendez-vous international majeur, programmé le 7 septembre sur une semaine. Le jour de l'ouverture, il n'y a aucun signe de Bruno, mais personne ne s'en inquiète encore. Niels Bohr arrive le 11, et c'est un événement que des experts tels que Pontecorvo ne manqueraient pour rien au monde [9]. Le professeur Piero Caldirola, que Bruno a rencontré en Italie et invité à la conférence, cherche en vain son nouvel ami. Le dernier jour, Caldirola se rend à son domicile à Abingdon et glisse une carte par la porte. Il lui explique qu'il a espéré le rencontrer à la conférence, mais que cela n'a pas été possible, puisqu'il n'est pas arrivé avant la fin. Caldirola repart perplexe. [10]

Il devient clair que les Pontecorvo ne reviendront pas à Abingdon de si tôt, si ce n'est jamais. Les Gardner se font une raison, ce qui provoque les premières victimes de « l'affaire Pontecorvo » : ils mangent les canards.

La rentrée de septembre

Les garçons font leur rentrée à Roysse durant le week-end du 17 septembre, pour la nouvelle année scolaire.

Parmi eux se trouve Mark Bretscher, dont le père, Egon, est un collègue proche de Bruno. Mark fait partie des nouveaux et se prépare pour son premier jour de lycée. Nous avons vu que Gil Pontecorvo, qui a déjà fait un an au lycée, est censé accompagner Mark dans ce rite de passage. Cependant, Gil n'est pas rentré, si bien que Mark doit faire le plongeon tout seul. On comprend alors que « quelque chose cloche [11] ».

Les registres du lycée montrent que les frais de scolarité devaient être payés deux ou trois semaines à l'avance. Les Pontecorvo ont toujours payé à temps jusqu'alors, même si, au cours de l'année, les paiements se sont rapprochés de la date limite [12]. Si l'on en croit l'année écoulée, les frais de scolarité auraient dû être réglés à la fin du mois d'août 1950. À première vue, les registres du lycée semblent indiquer qu'ils le sont : « Pontecorvo – frais de scolarité payés – pour le premier trimestre, à partir du 19 septembre (rentrée des internes le 18 septembre) [13]. »

Cela n'est toutefois qu'une mention par défaut, et, dans la colonne « payé », apparaît à la place de la date une note disant que le chèque attendu n'est pas arrivé. Quelqu'un a biffé au crayon le nom de Gil Pontecorvo et ajouté un point d'interrogation. Les administrateurs de Roysse ne comprennent pas ce qu'il se passe : Gil ne s'est pas présenté et ses frais de scolarité n'ont pas été réglés.

Premières inquiétudes

Un employé de Harwell qui a fait le voyage du Pic du Midi pour la conférence de physique nucléaire rapporte à ses collègues que Bruno a annulé sa visite à Chamonix à la suite d'un accident et de l'indisposition de ses enfants. La nouvelle provenant de ses parents confirme le message qu'il a envoyé en personne à Harwell le 31 août [14].

La conférence se termine le 14 septembre et, comme Bruno n'a encore donné aucun signe de vie, Egon Bretscher envoie des télégrammes à Edoardo Amaldi et à ses parents. Il leur demande de lui passer un message s'ils arrivent à le joindre : le groupe des rayons cosmiques du Pic du Midi rencontre des difficultés avec son appareil et réclame l'aide du physicien italien. Ce télégramme confirme la pire crainte des parents de Bruno : leur fils n'est pas rentré à la maison. Il s'ensuit les deux lettres à Guido et Giovanni. Ceux-ci contactent alors le Dr Price, à Chamonix, pour lui dire qu'ils sont toujours sans nouvelles et très inquiets. Price prévient Bretscher à Harwell ; c'est alors que les services de sécurité britanniques commencent à consigner les faits concernant la disparition de Pontecorvo. Leurs dossiers nous aident à reconstituer le déroulement de la crise.

Ce n'est pas avant le 20 septembre que Cockcroft, le directeur de Harwell, « s'inquiète et demande à l'agent de sécurité [Henry Arnold] d'enquêter sur ce qu'est devenu Pontecorvo [15] ». Cette enquête n'aboutit pas. Arnold téléphone le 26 au colonel John Collard, son contact au MI5, pour annoncer que le physicien, que l'on attendait le 9, n'est pas rentré. Collard conseille à Arnold de traiter cette affaire « d'abord comme une question administrative ». Il lui demande de s'enquérir de manière informelle des mouvements de Bruno auprès de sa sœur, sans l'alerter sur les conséquences que pourrait avoir sa disparition sur la sécurité [16].

Ce conseil dénote l'attitude assez laxiste de Henry Arnold et du MI5, surtout compte tenu du laps de temps qui s'est déjà écoulé. Mieux vaut tard que jamais, quelqu'un passe enfin à l'action. Le fait est que Bruno Pontecorvo a disparu, et qu'il y a une forte probabilité qu'il soit parti en URSS. Ronnie Reed, le chef du contre-espionnage contre les Soviétiques au MI5, s'empare de l'affaire.

Des agents du MI6 commencent entre-temps à enquêter en Italie et sur le continent européen. Edoardo Amaldi a reçu le télégramme de Bretscher. À présent, « quelqu'un du renseignement britannique » lui demande par téléphone si Bruno lui rendrait visite s'il se trouvait en Italie. Amaldi lui répond que cela serait probable, car c'est un collègue et ami de longue date. Son correspondant lui demande alors : « S'il le fait, prévenez-nous à ce numéro s'il vous plaît », sans plus d'explication [17]. La signification de cet appel lui apparaîtra plus tard, lorsque la nouvelle de la disparition de Bruno sera rendue publique [18].

Le 5 octobre, on ajoute au dossier la note suivante : « En plus des actions menées par le MI6, l'enquête de Harwell auprès de la banque et de l'Association automobile confirme que les Pontecorvo ont réservé leur retour en voiture sur le Ferry de Dunkerque le 4 septembre, mais qu'ils ne se sont pas présentés [19]. » Le MI5 décide alors de fouiller leur domicile à Abingdon. Un agent de sécurité et un agent de la police locale s'introduisent dans la maison « sous prétexte de fermer l'eau [20] ». Forcer les serrures est un jeu d'enfant, mais pénétrer à l'intérieur est une autre histoire : la porte est coincée par le monceau de lettres, cartes postales et journaux qui encombrent le couloir.

Des jouets traînent encore sur le sol du living-room, et des photos de famille sourient dans leurs cadres sur le buffet. À l'étage, le manteau de fourrure de Marianne est suspendu dans l'armoire [21]. Ronnie Reed en déduit que la famille comptait rentrer à Abingdon, et que la disparition de Bruno, loin d'être préparée, a été improvisée : « Ils ont laissé beaucoup de biens et d'affaires qui leur auraient été précieux en Russie, à lui et à sa famille. Leurs vêtements d'hiver sont encore ici [22]. » Cela est confirmé par le témoignage d'un passager de l'avion entre Stockholm et Helsinki, qui décrit les Pontecorvo comme « les passagers les plus mal habillés de l'avion. Marianne ne semblait même pas avoir un manteau de fourrure [23] ».

La nouvelle s'ébruite

Les classes de Roysse sont rentrées depuis un mois, et il n'y a toujours aucun signe de Gil. Paul Gardner va au cinéma Regal avec David Lees le samedi 21 octobre [24]. Il oubliera vite le film qu'ils ont vu, tandis que son retour à la maison le marquera à vie.

L'avenue Letcombe est aujourd'hui encore très calme. Elle se trouvait en 1950 à la périphérie d'Abingdon, en bordure de la campagne. Quand Paul tourne à l'angle de l'avenue, il découvre « une foule : des hommes au chapeau de feutre grouillent partout ». Alors qu'il passe devant la maison des Pontecorvo pour entrer chez lui, un homme l'attrape et lui demande : « Tu habites ici ? — Oui. — Tu as des photos d'eux ? » Alors qu'il répond qu'il ne sait pas, sa mère sort et le pousse à l'intérieur de leur maison. Elle s'exclame : « Je ne sais pas ce qui se passe dehors, mais il est évident que cela a un rapport avec les Pontecorvo [25]. »

Son frère aîné, Anthony, se rappellera que les reporters tapaient à leur porte pour se renseigner sur leurs voisins : « Papa m'a dit de ne rien dire d'autre que nous étions amis. » Des hordes de photographes prennent des photos de la maison des Pontecorvo, « une maison très ennuyeuse, dois-je ajouter », faite de briques rouges, un logement typique de fonctionnaire [26].

David Lees se rappellera aussi que la rue « fourmillait de journalistes et de photographes » en face du domicile des fugitifs. Les « jeunes gars trouvaient flatteur d'être la meilleure source d'information disponible », racontera-t-il en riant. Un taxi londonien s'est arrêté un jour sur l'avenue Letcombe. « Il en est sorti un homme très élégant, portant un costume trois pièces, qui s'est écrié : "Attendez-moi, chauffeur, je ne serai pas long, gardez le moteur en marche. Quelqu'un peut-il me dire un mot ?" Alors nous, les garçons, nous avons raconté nos petites anecdotes et il est parti. Cela a pris environ dix minutes. » Ainsi la plupart des « faits » sur la vie des Pontecorvo, qu'ils cherchaient un professeur de russe par exemple, qu'ils donnaient des signes annonciateurs de leur disparition prochaine et autres délires propagés ensuite durant des décennies, ont germé dans l'imagination de garçons préadolescents [27].

Après quoi les titres fleurissent en une des journaux : « Traque du scientifique atomique disparu » ; Bruno Pontecorvo « s'est éclipsé au nez et à la barbe de la police italienne et des services de renseignements britanniques » ; « On suppose que la famille est partie en Union soviétique [28] ».

L'affaire paraît en une des journaux du monde entier. « Un scientifique atomique "perdu" en Europe », titre le *Sydney Morning Herald*. Aux États-Unis, le *Palm Beach Post* rapporte qu'on passe au peigne fin la Finlande (où il a été vu pour la dernière fois) « pour retrouver le scientifique atomique qui s'est évaporé dans les airs ». On lit dans tous les journaux des hypothèses sur le lieu où se serait réfugié Pontecorvo, à côté de comptes-rendus de procès d'espions, de guerres contre les « Rouges » en Asie, et de la probabilité qu'une bombe atomique soit lancée sur la ville du lecteur. Par association d'idées, et parfois même de manière explicite, le physicien disparu se trouve lié à tout cela. Les médias occidentaux n'ont aucun doute : c'est le troisième et sans doute le plus dangereux des « espions atomiques » qui ont fui en Union soviétique avant que le filet ne se referme sur eux. Un policier est placé en faction devant la maison vide d'Abingdon. Le *Melbourne Age* annonce que pour « aider le MI5 » les Américains ont envoyé « deux agents spéciaux » qui « se sont installés à Abingdon déguisés en fermiers [29] ».

Les médias révèlent ensuite qu'un bateau russe a quitté le port d'Helsinki, à destination de Leningrad, quelques heures après l'arrivée des Pontecorvo en Finlande. Ils précisent que le fugitif détient, outre onze « malles », un « porte-documents brun bourré » qu'il « conserve sur lui », comme dans un roman d'espionnage [30]. La description laisse entendre aux lecteurs que le porte-documents contient des secrets atomiques.

On suppose que les Pontecorvo se sont échappés vers la Russie par ce bateau, car ils n'ont plus de passeports et ne sont enregistrés dans aucun hôtel de Finlande. Des journalistes plus scrupuleux découvrent toutefois que le navire est en réalité parti quelques heures avant que l'avion n'arrive. Néanmoins, cette théorie perdurera dans l'imaginaire populaire.

Anthony Gardner se souviendra que « tous ceux qui connaissaient Gil étaient excités. Spéculer sur leur départ dans un pays communiste, de l'autre côté du Rideau de fer, et sur le fait qu'ils se trouvaient alors en URSS, c'était comme lire un roman d'espionnage et y participer [31] ».

Le fils de Gillo Pontecorvo, Ludo, devenu physicien, se rappellera plus tard que son père a deviné où Bruno était parti dès qu'il a appris sa disparition : « En URSS [32]. » Ugo Amaldi me dira que son père Edoardo a eu la même réaction [33]. Mais personne n'a pu expliquer pourquoi cela s'était passé si soudainement et dans la précipitation ; tous ceux qui ont vu le couple durant les chaleurs d'août 1950 les ont trouvés très détendus.

Gil, le fils de Bruno, me racontera : « Je pensais que [ma tante] Giuliana était dans le coup. Quand je l'ai revue dans les années 1980, je lui ai demandé : "Savais-tu quelque chose ?" Elle a répondu : "Bien sûr que non". » « Mais cela ne veut rien dire », a-t-il ajouté en riant [34]. Cela semble perspicace, car les réponses de Giuliana aux questions que la police italienne lui a posées en 1950 pour le compte du MI5 suggèrent qu'elle en savait plus qu'elle ne l'admettait.

Giuliana raconte durant son interrogatoire, début octobre, une histoire à la chronologie fantaisiste. Elle dit que Bruno a « déposé sa voiture au garage le 31 août pour des réparations mineures ». Dans sa version, la famille s'est levée tôt « le 5 ou le 6 septembre » pour « rentrer en Angleterre par étapes ». Elle affirme avoir reçu « vers la mi-septembre » une lettre de Bruno « depuis Rome », lui demandant de payer les dépenses du garage et d'envoyer la voiture en Angleterre. Elle ne se rappelle plus ni la date ni l'origine du tampon de la poste.

Le MI5 apprend de ses collègues italiens que Giuliana est restée « évasive » dans ses réponses. Le directeur général du MI5 demande alors aux Italiens de retourner la voir pour clarifier les informations fallacieuses [35].

Lorsqu'on pointe les incohérences de son histoire lors du second interrogatoire, vers le 10 octobre [36], elle répond : « Oh, j'ai dû mélanger les dates [37]. »

D'autres membres de la famille partagent les soupçons de Gil sur l'éventuelle complicité de Giuliana, en dépit du fait qu'elle n'ait rien avoué à quiconque. Guido fait remarquer à Ronnie Reed en 1950 que « Giuliana et son mari Tabet... ont pu influencer Bruno, mais non pas organiser quoi que ce soit, tandis qu'Emilio Sereni avait assez de pouvoir pour le faire, et l'a vraisemblablement fait[38] ». Ronnie Reed est lui aussi convaincu de l'implication d'Emilio Sereni, son cousin communiste et influent[39]. Et il est probable que Giuliana connaissait ses plans.

Limiter les dégâts

Les amis de Gil à Abingdon croient vivre un roman d'espionnage. Mais pour d'autres, la défection de Pontecorvo aura des conséquences bien concrètes.

Les autorités britanniques cherchent à minimiser la gravité de la situation lorsque la nouvelle de la disparition est rendue publique, durant le week-end du 21 octobre, et que sa défection pour l'URSS se confirme. Vu la façon dont les relations anglo-américaines se sont tendues à la suite de l'affaire Fuchs, un peu plus tôt cette année-là, ce n'est pas le moment de reconnaître qu'un autre espion a filé entre les mailles du filet.

Le cabinet de l'ambassade britannique à Washington propose des réponses toutes faites pour la presse dans un télégramme du 20 octobre. Classé « TOP SECRET », il conclut : « Il n'y a aucune preuve qu'il ait rejoint la Russie et nous devons tout faire pour nier ce fait. Prière de contacter au plus vite le State Department et l'AEC [Atomic Energy Commission] pour leur demander de répondre à la presse sur la même ligne que nous. Il est possible que la presse arrête de publier quoi que ce soit par peur d'une action en diffamation si Pontecorvo réapparaît[40]. »

Guy Liddell, le directeur général adjoint du MI5, se confie pendant ce temps à son journal. Il écrit que le 21 octobre, il reçoit « les dernières nouvelles sur la disparition de Pontecorvo, scientifique de Harwell ». Il découvre que le FBI a écrit à la British Security Coordination (BSC) à New York en 1943 pour dire qu'elle a trouvé de la littérature communiste au domicile des Pontecorvo. Liddell note : « Personne ne sait ce que sont devenus ces rapports, car les registres de la BSC ont été détruits [41]. » Nous verrons que ces lettres sont la clé de l'affaire.

Pontecorvo étant vraisemblablement en URSS, on révise son dossier d'urgence. La sécurité de Harwell l'a décrit en 1948 comme « un honnête citoyen, sans engagement politique ». Les registres établissent qu'il ne s'intéresse pas à la politique, n'exprime aucune opinion politique, ainsi que « l'a confirmé le Dr Cockcroft ». Bruno a été naturalisé citoyen britannique alors qu'il était au Canada, et non au Royaume-Uni. « S'il avait été au Royaume-Uni, il aurait subi l'enquête de naturalisation de la police », note le rapport [42]. Les autorités britanniques manœuvrent pour rejeter la responsabilité sur d'autres.

Il y a cependant un aspect troublant dans cette histoire : les lettres manquantes, que le FBI avait envoyées en 1943 au bureau de la BSC. Le procès-verbal du MI5 établit : « Le FBI a rendu compte à la BSC le 2/2/43 et de nouveau le 19/2/43 d'une visite au domicile de Pontecorvo dans l'Oklahoma. On a demandé à la Royal Canadian Mounted Police une information contradictoire. Le 31/12/46, ils ont envoyé trois noms mais pas celui de Pontecorvo. Donc les Canadiens n'avaient rien de négatif sur lui en décembre 46 [43]. »

Londres essaie ici de transférer l'éventuelle responsabilité sur le Canada. De leur côté, les autorités canadiennes tentent de se dédouaner. Elles notent que le nom de Pontecorvo n'est pas mentionné dans les documents livrés par Gouzenko en 1946, et que « à aucun moment avant sa disparition, les autorités canadiennes n'ont reçu des informations [de sources américaines ou britanniques] indiquant qu'il représentait un risque pour la sécurité ». Puis vient le coup de grâce * : « Pontecorvo a été blanchi par les autorités de sécurité britanniques quand il est arrivé au Canada… en accord avec les procédures convenues. » Le fait que Bruno soit employé par l'équipe d'énergie atomique britannique, qui « est envoyée au Canada », signifie que cela aurait dû être de « la responsabilité des autorités britanniques de le dépister [44] ».

---

* En français dans le texte (N.d.T.)

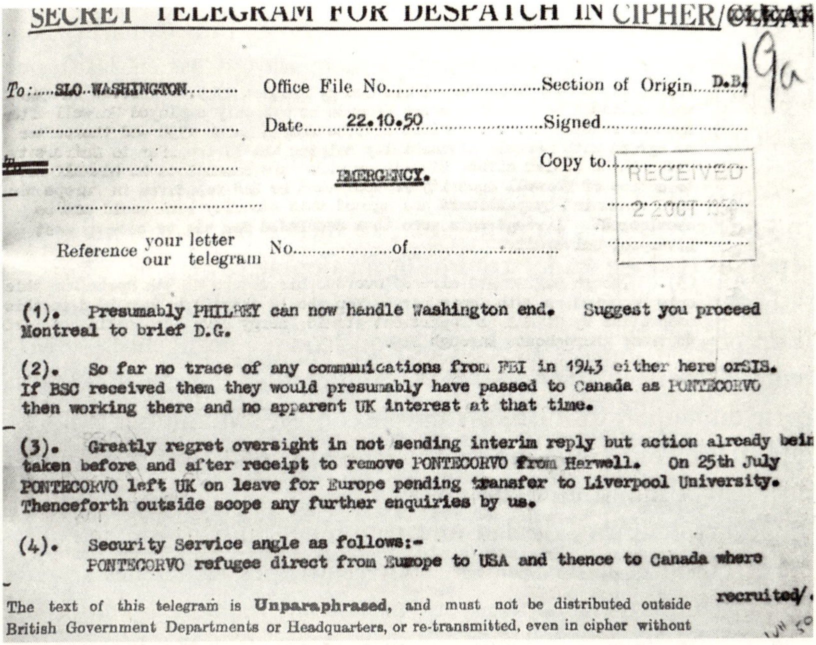

SECRET TELEGRAM FOR DESPATCH IN CIPHER/CLEAR

To: SLO WASHINGTON Office File No. Section of Origin D.B. 19a

Date 22.10.50 Signed

EMERGENCY. Copy to.

RECEIVED 22 OCT 1950

Reference your letter / our telegram No. of

(1). Presumably PHILBEY can now handle Washington end. Suggest you proceed Montreal to brief D.G.

(2). So far no trace of any communications from FBI in 1943 either here orSIS. If BSC received them they would presumably have passed to Canada as PONTECORVO then working there and no apparent UK interest at that time.

(3). Greatly regret oversight in not sending interim reply but action already bein taken before and after receipt to remove PONTECORVO from Harwell. On 25th July PONTECORVO left UK on leave for Europe pending transfer to Liverpool University. Thenceforth outside scope any further enquiries by us.

(4). Security Service angle as follows:- PONTECORVO refugee direct from Europe to USA and thence to Canada where recruited/.

The text of this telegram is **Unparaphrased**, and must not be distributed outside British Government Departments or Headquarters, or re-transmitted, even in cipher without

Le télégramme secret du 22 octobre 1950 demandant que « Philbey » [sic] conduise les efforts du bureau de Washington pour gérer les répercussions de l'affaire Pontecorvo. Le paragraphe (2) se réfère aux lettres disparues émanant du FBI en 1943. (L'auteur, The National Archives.)

Alors que le Canada se tire d'affaire, on soupçonne de plus en plus à Londres et à Washington que quelque chose est allé de travers. L'ambassade britannique à Washington envoie un télégramme secret à Londres le 21 octobre :

« Patterson, qui a été en contact avec le FBI, nous dit qu'il y a eu des communications du FBI en 1943 et [encore] récemment réclamant des informations sur les sympathies communistes de Pontecorvo.

Si c'est vrai, le FBI risque de déclarer à la presse qu'il échangeait avec les autorités de sécurité britanniques au sujet de Pontecorvo. Dans ce cas, on conclura inévitablement qu'on le soupçonnait.

La question suivante sera alors pourquoi, si on le soupçonnait, on l'a autorisé à quitter le Royaume-Uni. Il sera très difficile d'y répondre. Nous ne sommes pas certains du cadre légal, mais je présume qu'il est impossible de retenir des personnes ou de les empêcher de voyager uniquement sur la base de soupçons. En même temps, l'opinion publique américaine considère que la protection des secrets atomiques est la priorité de la sécurité nationale. Après l'affaire Fuchs, nous aurons du mal à les convaincre que nous n'avons pas été laxistes en laissant partir Pontecorvo si nous avions des doutes sur son compte [45]. »

La réponse, qui arrive le 22 octobre, est reproduite ci-contre. Ironie de l'histoire, l'affaire doit être menée par Kim Philby, qui sera plus tard démasqué comme agent double soviétique…

Les autorités britanniques et américaines épluchent leurs dossiers le 23 octobre, à la recherche d'une quelconque négligence. Le MI5 tente d'étouffer l'affaire lorsqu'il comprend les conséquences de la perte du rapport du FBI. Sa stratégie consiste à minimiser la portée de l'affaire Pontecorvo, non seulement en public, mais aussi auprès du Premier ministre britannique.

Cockcroft affirme dès la confirmation de la disparition de Pontecorvo qu'« il était très peu en contact avec les recherches secrètes durant ces dernières années, et s'est surtout intéressé à l'étude des rayons cosmiques. Au début de son séjour au Canada, il a eu accès à des informations sur la Pile, puis ses éventuelles contributions secrètes ne concernaient que des questions de détail [46] ». Cette note sert à briefer le Premier ministre Clement Attlee. Guy Liddell raconte dans son journal la séance avec Attlee : « Le PM a demandé à quel point Pontecorvo avait accès à des informations sensibles. J'ai dit que… [selon l'opinion du directeur de l'énergie atomique, Cockcroft] Pontecorvo était très peu en contact avec les recherches secrètes depuis plusieurs années [47]. »

Chapman Pincher, qui a couvert cette affaire en tant que correspondant scientifique pour le *Daily Express* en 1950 et a enquêté avec zèle sur les renseignements britanniques pendant un demi-siècle, pense que, devant le Premier ministre, Liddell a « grossièrement minimisé » l'accès du physicien italien aux secrets [48]. Cette affirmation, « Pontecorvo était très peu en contact avec les recherches secrètes depuis plusieurs années », n'est pas de bonne foi, étant donné ce que l'on sait de ses recherches. De surcroît, elle est en totale contradiction avec la recommandation du MI5 du 25 avril à Harwell selon laquelle il représentait un risque pour la sécurité du fait de son « accès à des informations secrètes [49] » ! Le passage du rapport du Foreign Office qui disait à l'origine « Bruno

Pontecorvo a accès à des informations secrètes » est modifié en « d'un point de vue de sécurité, un risque potentiel existe [50] ». Cette dissimulation révèle combien le MI5 est déterminé à minimiser la catastrophe en interne.

La Chambre des communes britannique entame le lundi 6 novembre un débat sur Pontecorvo, « qui détient peut-être des secrets atomiques importants pour l'ennemi [51] ». Le matin, Michael Perrin prépare avant le débat sir Roger Makins, sous-secrétaire délégué du Foreign Office, un « homme des plus courtois, grand et mince, avec une présence imposante, à la manière d'un grand chevalier normand [52] ». Voici le briefing de Perrin.

« Le principal apport de Pontecorvo au programme d'énergie atomique russe découlerait de sa connaissance du dispositif global NUCLÉAIRE de la pile à eau lourde du projet canadien. Il n'a probablement pas de connaissance d'expert sur les dispositifs technologiques importants de la pile, tels que la purification de l'eau lourde et le système de recombinaison, les procédures de confinement, etc. Il possède une bonne vision générale des performances des différents types de réacteurs qui peuvent compter dans un programme d'énergie, bien qu'il ne soit pas capable d'en décrire les spécifications détaillées, pour aucun d'eux. Il n'a eu aucun contact avec les recherches sur les armes atomiques. Un physicien nucléaire remarquable tel que lui peut néanmoins représenter une grande valeur s'il s'associe au projet en toute liberté. Mais, si l'on en croit l'expérience, il est probable qu'on l'interroge et consulte, sans l'autoriser à travailler sur le projet principal [53]. »

Tandis qu'on manœuvre de la sorte avec le Foreign Office et le Premier ministre, John Edgar Hoover, directeur du FBI à Washington, et son homologue à Londres, sir Percy Sillitoe, directeur général du MI5, négocient de leur côté. Ils se mettent d'accord pour couvrir les manquements possibles de leurs agences respectives quant au traitement de ces fameuses lettres du FBI.

Le jour du débat, Roger Hollis du MI5 s'entretient avec des hauts fonctionnaires sur la manière d'informer le Minister of Supply, George Strauss. Ce dernier souhaite savoir comment répondre si on l'interroge durant le débat sur les sujets pour lesquels le briefing indique : « à ne pas divulguer ». Hollis explique à ses collègues que le directeur général Sillitoe a récemment rencontré

John Edgar Hoover et qu'ils sont convenus de ce qui suit : « Ne jamais faire des déclarations à la presse sur les services secrets de l'autre sans les avoir mises au point au préalable avec l'autre. Il est important de ne rien dire qui laisse entendre que le FBI n'a pas transmis ses informations aux autorités britanniques. » C'est une déclaration infamante de la part de Hollis, sous-entendant un manquement du FBI. On prépare alors une réponse dans la langue de bois pour Strauss : « Les services de sécurité britannique et américain s'échangent constamment des informations sur les questions de sécurité [54]. »

Dans le débat qui s'ensuit à la Chambre des communes, Strauss affirme que Pontecorvo ne dispose pas d'accès direct aux secrets depuis un certain temps, « sinon dans une moindre mesure ». Il reconnaît toutefois qu'il est impossible d'être sûr qu'il n'a pas acquis des informations de Harwell ou du Canada qui auraient « une certaine valeur pour l'ennemi ». Il ajoute : « Je n'ai aucune indication certaine sur sa localisation actuelle, mais je suis certain qu'il se trouve en Russie [55]. »

Bien que le FBI et le MI5 « s'échangent constamment des informations », ils trompent les fonctionnaires des autres services du gouvernement. Par exemple, sir Oliver Franks (l'ambassadeur britannique à Washington) évoque une note échangée avec le FBI dans une lettre du 29 novembre destinée à Roger Makins (au Foreign Office). Mais la lettre de Franks qui parvient à Gordon Arneson, à l'US State Department, a perdu un paragraphe crucial… Le passage manquant signale que le FBI a transmis un rapport compromettant Pontecorvo en février 1943 aux services de sécurité britanniques, et que les services de renseignements des deux nations se demandent pourquoi cette note a été éludée ou négligée. Le procès-verbal constatant cette disparition porte l'annotation : « Il est bien sûr préférable que ces faits ne soient pas connus du public [56]. » En cela, les services réussiront. Ces manigances resteront cachées pendant presque un demi-siècle.

Il existe un épilogue ironique à ce fiasco. Deux officiers supérieurs du renseignement italien rendent visite à Liddell en 1951. Ils confirment qu'ils connaissaient les activités de Bruno Pontecorvo avec Emilio Sereni et d'autres communistes repérés à Paris dans les années 1930. Les Italiens possédaient un dossier sur lui, qui rendait

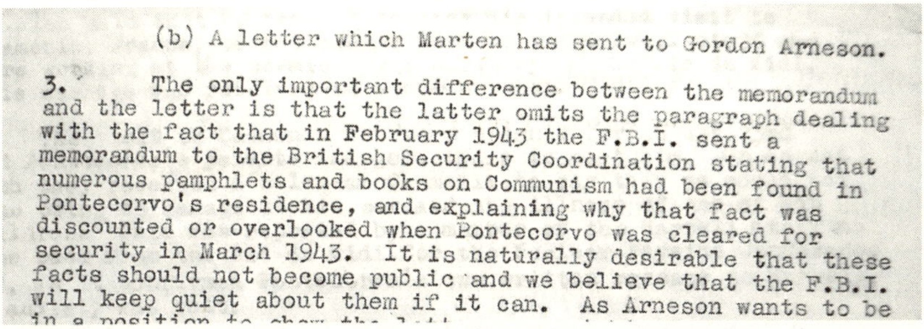
(b) A letter which Marten has sent to Gordon Arneson.

3. The only important difference between the memorandum and the letter is that the latter omits the paragraph dealing with the fact that in February 1943 the F.B.I. sent a memorandum to the British Security Coordination stating that numerous pamphlets and books on Communism had been found in Pontecorvo's residence, and explaining why that fact was discounted or overlooked when Pontecorvo was cleared for security in March 1943. It is naturally desirable that these facts should not become public and we believe that the F.B.I. will keep quiet about them if it can. As Arneson wants to be

Extrait d'une lettre montrant la volonté de couvrir des manquements de la part du MI5 et du FBI, relatifs à la disparition des informations concernant les opinions communistes de Pontecorvo. (L'auteur, The National Archives.)

compte de ses alliances communistes. Pourquoi personne n'a consulté le renseignement italien en 1943, lors de l'enquête de fiabilité ? Ainsi que le remarque Liddell dans un soupir : en 1943, la Grande-Bretagne était en guerre contre l'Italie, de sorte que « cette consultation aurait été problématique [57] ».

Les retombées

Guido Pontecorvo écrit à ses parents le 23 octobre qu'il pense que Bruno est parti en URSS. Ils répondent : « Tout cela nous semble fou, et nous ne pouvons pas croire que notre Bruno ait pu partir entièrement de son plein gré. N'importe quelle théorie de ce genre se heurte à des objections insurmontables, surtout pour ceux qui, comme nous, le connaissent. Nous croyons rêver. »

Ils sont assaillis par les reporters ; ils évoquent dans leur lettre à Guido la « détestable campagne de presse ». Son père écrit : « Je ne te raconte pas le siège que nous font subir les journalistes, mais il nous a été impossible de nous soustraire aux flashs des photographes. » La mère de Bruno ajoute, plongée dans l'angoisse : « Qu'est-il arrivé à notre garçon et à ses chers petits [58] ? »

Guido répond à ses parents en évaluant la portée de la disparition de Bruno. Ils lui écrivent en retour : « Nous espérons qu'ils sont bien traités et que Bruno n'est pas trop malheureux. Tout ceci est un grand et douloureux mystère. Le fait que nous ne pouvons rien savoir, ni même recevoir un mot est insupportable. Mais tu dis que nous devons nous y faire et nous assurer que tout ce qui est aujourd'hui incompréhensible sera un jour élucidé. »

Et sa mère ajoute à la fin : « J'éprouve une telle angoisse au sujet des trois enfants de Bruno. Ils étaient si heureux et c'était une petite famille tellement sereine [59]. »

Les parents de Marianne sont tout autant dévastés et profondément blessés lorsqu'ils apprennent que leurs fille et petit-fils sont passés par Stockholm sans passer les voir. Ils ignoreront ce qu'elle deviendra pendant plusieurs années. Marianne était la préférée de son grand frère. Ce dernier et son épouse donneront naissance en 1954 à une fille, qu'ils baptiseront Ann Mari Helen, en souvenir de sa tante, dont les prénoms étaient Helene Marianne.

Les services de sécurité continuent de surveiller de près les membres de la famille élargie de Bruno. Lorsque Guido et son épouse rentrent à Glasgow depuis Copenhague le 6 avril 1952, leur arrivée à l'aéroport de Prestwick est rapportée aux services de renseignements [60].

Massimo et Maria, les parents de Bruno, arrivent à Folkestone, en Angleterre, le 6 septembre de cette année, après avoir traversé la Manche depuis Calais. Le MI5 est informé que « les contrôles ont montré qu'ils sont les parents du scientifique disparu. Ils ont dit n'avoir aucune nouvelle de lui malgré les tentatives qu'ils ont faites pour retrouver sa trace via le Parti communiste italien. Ils sont ici pour passer quatre ou six semaines avec David, Guido et Anna ». Le rapport porte aussi ce délicat commentaire : « Ils semblent former un vieux couple convenable, et ont donc débarqué sous conditions. » Le MI5 en a néanmoins été informé [61].

Au moins, ces faits discrets n'ont-ils aucun effet sur leurs vies. Pour Paolo en revanche, le frère de Bruno qui vit aux États-Unis sous le nom anglicisé de Paul, les conséquences sont rudes.

Paul travaille pour Raytheon, une entreprise d'électronique impliquée dans la Défense nationale. Il était sur le point de prendre des responsabilités dans l'entreprise, mais après la disparition de Bruno, la carrière prometteuse de Paul est mystérieusement mise au point mort [62]. Cette situation n'est pas le fruit de son imagination, mais bien celui des interventions du gouvernement. Les Britanniques ont appris que Paul Pontecorvo était employé aux États-Unis « pour des travaux de recherche sur le radar », et le directeur général du MI5 a décidé que cela « devait être rapporté au FBI ». Ce dernier en a pris note. Un fichier du FBI daté du 11 décembre 1950 remarque que Paul Jacob Pontecorvo, ingénieur radio chez Raytheon ayant « accès à des informations confidentielles », est le frère de celui qui a « sans doute fui en URSS vers le 2 septembre [63] ». Le reste du fichier est effacé.

Son autre frère Giovanni en pâtit lui aussi. Non seulement il ne bénéficie pas de l'aide financière que Bruno lui a promise pour son élevage de volailles, mais son affaire décline après que les médias l'ont harcelé en pleine foire d'agriculture à Londres, faisant fuir les clients. Il changera son nom pour celui de jeune fille de sa mère, devenant David Maroni. C'est le seul moyen de reprendre son activité et éviter les persécutions.

La saga des brevets

Le brevet sur les propriétés des neutrons lents est lui aussi rattrapé par l'affaire Pontecorvo, et les garçons de la via Panisperna ratent leur chance de faire fortune. Emilio Segrè, en habile homme d'affaires, convoite peut-être davantage que les autres les dividendes que promettent les brevets. Qu'il ait eu tort ou raison sur les raisons du choix de Harwell par son ancien collègue, les conséquences de son intervention auprès du FBI en 1949 s'avèrent désastreuses, pour Bruno comme pour lui-même.

La découverte des propriétés des neutrons lents par les garçons de la via Panisperna a permis de construire des réacteurs et des armes nucléaires. Les scientifiques et ingénieurs du projet Manhattan l'ont exploitée. Et on se dispute désormais la propriété des droits d'invention.

Le groupe a déposé un brevet italien en 1935 pour cette découverte. Mais ses membres ignorent comment faire enregistrer des brevets à l'étranger. Ralentir des neutrons est une chose, mais ralentir les recherches afin de négocier avec des avocats en est une autre. La chance leur sourit dans le visage de Gabriello Giannini, un des premiers étudiants de Fermi. Ambitieux et désireux de faire fortune, Giannini a migré aux États-Unis en 1930, où il réussit malgré la crise financière de 1929, grâce à son esprit vif et son assurance. Il acquiert vite une expérience juridique. Ses anciens collègues pensent qu'il est leur homme et passent un marché avec lui : si Giannini parvient à enregistrer les brevets en Europe et en Amérique pour le procédé à neutrons lents, il deviendra le huitième membre du consortium et recevra le huitième des éventuels dividendes.

Giannini obtient d'abord des brevets en Europe, puis retourne aux États-Unis. « G. M. Giannini & Co. » dépose en octobre 1935 une demande au Bureau de brevets des États-Unis. Cinq années s'écoulent avant que les pouvoirs publics admettent que les candidats sont les inventeurs du procédé à neutrons lents. Ceux-ci reçoivent leur brevet américain le 2 juillet 1940. Leur découverte devient le cœur du projet Manhattan quelques mois plus tard : le brevet leur vaut un intéressement financier à la technologie utilisée par le gouvernement des États-Unis pour produire du plutonium [64]. Après la guerre, la méthode des neutrons lents est appliquée à une nouvelle entreprise : le développement de l'énergie nucléaire à des fins pacifiques. C'est alors que toutes sortes de difficultés apparaissent autour des brevets.

Le projet Manhattan était une entreprise militaire en temps de guerre, un secret bien gardé. Après la guerre, ce projet s'arrête et l'Atomic Energy Commission (AEC) naît. La loi sur le contrôle de l'énergie atomique autorise en 1946 le paiement des sommes dues au titre des brevets utilisés pendant la guerre. Les garçons de la via Panisperna sont sur le point de devenir riches, mais il y a un hic : Enrico Fermi est conseiller du AEC. Il ne reçoit aucun salaire, mais les avocats du gouvernement soutiennent qu'il est néanmoins un employé du gouvernement, ce qui signifie que ni lui ni ses coinventeurs ne peuvent prétendre à aucun recours contre les États-Unis.

L'affaire est enterrée pendant quatre ans. Entre-temps, Pontecorvo part pour Harwell en février 1949. L'Union soviétique fait exploser sa première bombe atomique en août de cette année. Il apparaît évident que des secrets atomiques sont passés en Union soviétique, non seulement par Nunn May au Canada, mais aussi depuis Los Alamos, et une paranoïa croissante fait craindre l'existence d'une cinquième colonne communiste à l'œuvre aux États-Unis. Giannini reprend ses pourparlers avec l'AEC alors que commencent les premières persécutions anticommunistes. Il intente un procès contre le gouvernement pour non-paiement de redevances de brevet et pour contrefaçon de brevet le 21 août 1950, sans avoir consulté les « garçons [65] ». La somme réclamée, environ 100 millions de dollars d'aujourd'hui, scandalise les scientifiques ; le fait que *L'Unità* accuse le gouvernement des États-Unis de « spolier Enrico Fermi » enflamme encore plus les esprits [66].

Giannini tente de rassurer ses partenaires. Il explique que c'est ainsi que le jeu fonctionne ; l'énorme montant est en réalité un chiffre fictif qui sert de coup d'envoi avant d'aboutir à la somme réelle, qui sera très différente. Mais une nouvelle inattendue survient le 21 octobre, avant que le procès ne commence. On apprend que Pontecorvo, l'un des inventeurs et plaignants, a disparu sans laisser de trace, probablement de l'autre côté du Rideau de fer. En ces temps agités, peu importe si Bruno est un espion, comme l'affirment les médias, ou un simple « camarade » communiste. Giannini prend peur. Il ne tient pas à s'engager dans un procès contre le gouvernement des États-Unis pour le compte d'un groupe qui compte un communiste, peut-être passé à l'Est. Il retire vite sa plainte.

Il abandonne car, selon lui, le groupe n'a pas « souhaité être associé même de loin avec une personne impliquée, ou soupçonnée d'être impliquée, dans une quelconque intrigue internationale [67] ». Giannini obtient plus tard de l'AEC, en 1953, une partie de ce qu'il lui réclamait. Mais les sommes perçues diminuées des dépenses légales sont bien inférieures à ce qu'espérait chaque inventeur. Le journal britannique *News Chronicle* rapporte en novembre 1953 que le gouvernement des États-Unis conserve 18 750 dollars pour Bruno. Sous le titre : « Pontecorvo : voilà », l'article note que l'argent est à la disposition du scientifique disparu, mais qu'il « doit venir le chercher lui-même [68] ».

Telles sont les conséquences inattendues de l'affaire Pontecorvo, bien au-delà des cinq disparus. Bruno, lui, a atteint sa *demi-vie* *, glissant d'un monde à un autre. J'ai emprunté ce terme « demi-vie » au vocabulaire de la physique nucléaire : cela désigne la durée au bout de laquelle une population d'éléments radioactifs est réduite de moitié. Après sa fuite vers l'URSS, ce sont les chances du physicien de recevoir le prix Nobel qui se réduisent considérablement.

---

* *Half Life* est le titre original du présent ouvrage. (N.d.T.)

CHAPITRE 13

Les lettres du MI5

« Le MI5 est-il revenu vers vous après que je lui ai transmis votre lettre ? »

La missive écrite à la main avec soin sur papier à en-tête de la Chambre des Lords est brève et pertinente [1]. Lorsque je l'ai reçue, après environ deux ans d'enquête sur la soudaine disparition de Bruno Pontecorvo, je ne m'attendais pas à ce qu'elle m'aide à résoudre le mystère.

Le MI5 est en effet revenu vers moi pour me confirmer ce que mon correspondant m'avait déjà laissé entendre : on avait retrouvé un dossier « égaré » concernant Pontecorvo. Celui-ci contenait l'historique de sa surveillance par le MI5 durant les mois qui précèdent sa défection [2].

La dernière pièce jointe au dossier du MI5 avant la disparition de Bruno est une lettre de l'ambassade britannique à Washington reçue le 9 juillet 1950. Le document, qui porte la mention « SECRET », n'a déclenché aucune action à l'époque, alors qu'il était censé le faire. Des années plus tard en revanche, son contenu mettra dans l'embarras l'ensemble des services de renseignements britanniques. Je laisse les amateurs des théories du complot débattre pour savoir si ce dossier était vraiment perdu avant que je n'attire sur lui l'attention du MI5, ou s'il a été « égaré » par commodité [3]. Cette inaction apporte de l'eau au moulin de ceux qui soupçonnent Roger Hollis, directeur général du MI5 de 1956 à 1965, d'avoir été un agent double au profit de l'Union soviétique [4]. Chapman Pincher, journaliste et chasseur d'espions, a observé que si Hollis a montré si peu d'entrain à agir en diverses occasions, c'est qu'il était soit incompétent, soit fourbe. L'affaire Pontecorvo en est un exemple notable. Hollis connaissait ce dossier, puisqu'il y a laissé plusieurs commentaires en mai 1950. Le MI5 n'a toutefois pas bougé en juillet lorsque la lettre de Washington est arrivée, et c'est l'Union soviétique qui a réagi. Quoi qu'il en soit, c'est après avoir vu cette lettre que j'ai été en mesure d'assembler toutes les pièces du puzzle.

Pour comprendre son contenu, nous devons d'abord nous remémorer quelques événements qui se sont déroulés aux États-Unis plusieurs mois avant qu'elle ne soit écrite.

Une guerre secrète

L'ambassade britannique à Washington se révèle le maillon faible de la sécurité britannique et alliée dans l'immédiat après guerre. À l'insu des autorités, elle abrite trois membres des Cinq de Cambridge *, le célèbre groupe d'espions. L'un d'eux, Donald Maclean, profite de sa place de représentant britannique au comité du projet américano-anglo-canadien pour divulguer des secrets atomiques de 1944 à 1948. Il est bien sûr tenu au courant des aspects confidentiels autour du développement de la bombe atomique et de l'énergie nucléaire, et il passe ces informations aux Soviétiques. Un autre membre du groupe, Guy Burgess, est pendant ce temps basé au Foreign Office à Londres, jusque fin 1950. Entre 1949 et 1950, il transmet au KGB des informations provenant de Kim Philby à Washington. Une filière qui persistera jusqu'à ce que Burgess rejoigne Philby à l'ambassade de Washington [5].

Kim Philby y réside depuis septembre 1949. Son titre de Premier secrétaire couvre sa véritable fonction au Secret Intelligent Service

* Également appelé les cinq mercenaires, le groupe se compose de Kim Philby, Guy Burgess, Donald Maclean, John Cairncross et Anthony Blunt. Issus de l'establishment britannique et formés à l'université de Cambridge, ils sont devenus communistes durant leurs études et ont été recrutés par le Komintern pour infiltrer les institutions nationales. Chacun d'eux a fourni de nombreux documents aux Soviétiques pendant des années. (N.d.T.)

(SIS), ou MI6. Le Royaume-Uni et les États-Unis continuent d'échanger des informations depuis la Seconde Guerre mondiale, et l'une des tâches de Philby consiste précisément à maintenir des relations avec la CIA. C'est dire qu'il connaît, outre les opérations britanniques, certaines opérations américaines. À ce stade de sa remarquable carrière, beaucoup voient en lui le futur « C », le chef du SIS.

En réalité, Philby a trahi durant toute sa carrière, de 1934 jusqu'à ce qu'il soit démasqué en 1963 [6]. Il racontera dans son autobiographie sa carrière d'agent double : il travaillait pour l'Union soviétique en percevant un salaire des Britanniques. Il avouera « son engagement total envers l'Union soviétique », ses nominations au SIS lui servant de couvertures pour rendre « le meilleur service [7] » à l'Est. Avec Maclean et Burgess, Philby est un pilier des Cinq de Cambridge, ces renégats formés à l'université de Cambridge dans les années 1930. Parmi moult actes de trahison, il prévient les Soviétiques dès que leurs espions atomiques sont soupçonnés. Il est en particulier à la tête de la section de contre-espionnage contre les Soviétiques du SIS en 1945, ce qui lui permet d'informer Moscou de l'évolution du cas Alan Nunn May. Lorsque le filet se resserre autour du physicien, Philby avertit Moscou que le MI5 a eu vent d'un rendez-vous de Nunn May avec son contact soviétique à Londres. Nous avons vu que son intervention a fait avorter la rencontre [8]. Philby a aussi profité de sa position pour alerter les Soviétiques de l'affaire Fuchs. Nous sommes tentés de croire qu'il les a aussi prévenus au sujet de Pontecorvo.

Philby est pour ainsi dire la cheville ouvrière du groupe d'espions de Cambridge. On le soupçonnera en 1951 lorsque Burgess et Maclean s'enfuiront en URSS, mais il parviendra à conserver sa double vie pendant encore douze ans. Sa longévité en tant qu'espion tient en partie à la chance, en partie à son habileté, mais surtout à sa position de pouvoir au cœur des services de renseignements britanniques. Un rôle privilégié, qui lui donne accès très tôt à des informations de première importance.

En particulier, Philby fait partie des rares personnes qui accèdent au plus lourd secret diplomatique occidental d'après guerre : le projet Venona, un programme américain destiné à intercepter et déchiffrer les messages des renseignements soviétiques. Un linguiste maigre et dégingandé dénommé Meredith Gardner est en effet parvenu à craquer les codes diplomatiques soviétiques durant l'été 1949. L'Occident perce désormais tous les messages radio que Moscou échange avec les ambassades soviétiques de l'Amérique du Nord. Philby est informé de Venona en septembre 1949, peu après que les Soviétiques ont fait exploser leur première bombe atomique. Il prévient tout de suite ceux-ci que leurs codes sont éventés.

Les messages décryptés se réfèrent à trois scientifiques qui ont travaillé sur le projet Manhattan. Aux noms de code CHARLZ, QUANTUM et MLAD, ceux-ci passent des secrets atomiques à l'Union soviétique. En 1949, on n'a pas encore identifié MLAD, dont on sait aujourd'hui qu'il était Ted Hall, ni QUANTUM. En revanche, on découvre que CHARLZ est Klaus Fuchs [9], ce que Philby apprend quelques semaines après son arrivée à Washington. Comme nous l'avons vu, le MI5 place Fuchs sous surveillance en octobre 1949 ; on l'arrêtera et l'emprisonnera en dépit des efforts de l'agent double.

Philby fait preuve d'une extrême prudence. Le dispositif de renseignements des Soviétiques à leur ambassade de Washington traverse une zone de turbulences, deux de leurs résidents ayant été rappelés en URSS quelques mois avant l'arrivée de Philby dans la ville. L'espion refuse alors de traiter avec quelque agent soviétique aux États-Unis, et durant un an environ, il n'échange avec le quartier général de Moscou qu'à travers Burgess à Londres [10]. C'est par ce circuit que Philby prévient Moscou que Fuchs est découvert, et les met en garde sur le fait que n'importe quel agent ayant traité avec Fuchs pourrait être compromis. Il a vu juste : Fuchs avoue, ce qui provoque en mai 1950 l'arrestation de son courrier Harry Gold aux États-Unis. Le gouvernement américain traque durant des semaines des communistes, réels ou imaginaires, avec un zèle qui rappelle les persécutions nazies des années 1930. Les États-Unis envahissent la Corée deux semaines plus tard, et on arrête plus d'une douzaine d'« espions atomiques », ainsi qu'on les désigne dans les gros titres des journaux.

Avec l'incarcération du couple d'espions Julius et Ethel Rosenberg durant l'été 1950, le réseau soviétique d'Amérique du Nord est littéralement décimé. L'agent double Kim Philby poursuit sa tâche de l'ombre à l'ambassade britannique de Washington, mais c'est une exception. Les Soviétiques limitent leurs pertes en exfiltrant leurs agents d'Amérique du Nord. Ainsi, Lona et Morris Cohen passent clandestinement des États-Unis vers l'Amérique centrale début juillet, puis s'envolent vers Moscou [11]. Ils arrivent dans la capitale soviétique quelques semaines avant Bruno Pontecorvo.

Pendant ce temps, le sénateur Joseph McCarthy continue de fulminer contre le « péril rouge » aux États-Unis, et l'hystérie de la guerre froide alimente le feu de la répression politique. La police montée disperse à New York une manifestation appelant à un cessez-le-feu en Corée. Des centaines de personnes sont blessées ou arrêtées. Bruno craint que l'extrême droite, qu'il a fuie en Europe, ne réapparaisse aux États-Unis ; elle semble s'étendre à la France avec la destitution de Joliot-Curie, et menace d'envahir le Royaume-Uni [12].

Les événements s'accélèrent cet été-là. Philby suit de près les progrès de la cryptanalyse de Venona en juin : des télégrammes soviétiques de 1945 révèlent l'existence d'un réseau d'espions au cœur même du renseignement anglo-américain. Toutefois, cette information reste incomplète. On ne possède à ce stade que des bribes déchiffrées. C'est heureux pour Philby, qui devine tout de suite que cette bombe en puissance concerne les Cinq de Cambridge.

Avide d'informations, il manœuvre pour que le SIS lui fournisse sans tarder les copies de n'importe quelle nouvelle donnée de Venona. Geoffrey Patterson, l'agent de liaison de l'ambassade à Washington avec les services de sécurité des États-Unis, fournit la raison officielle de cet arrangement dans une lettre du 18 juillet 1950 destinée au directeur général du SIS : cela permettrait à Philby de s'imprégner des nouvelles informations avant de rencontrer le FBI [13]. En réalité, Philby tente bien sûr de se protéger. Il apprend grâce à ces manœuvres que Venona a identifié le nom de code HOMER comme étant Maclean. Il passe l'information à Moscou. Maclean, ainsi que Burgess également compromis, s'enfuiront vers l'URSS l'année suivante, avant que le filet ne se resserre sur lui.

À l'époque, le responsable des communications sur l'énergie atomique à l'ambassade britannique de Washington s'appelle Tim Marten. Ce dernier racontera plus tard que les messages « étaient ultrasecrets et par conséquent passaient par le canal de communication du MI6… Philby, en tant que chef du MI6 à Washington, accédait donc à tous les télégrammes qu'[il] envoyait ou recevait ». Tim rit jaune à l'évocation de ce souvenir, avant de poursuivre : « Mais bien sûr, je pensais à l'époque que Philby était un bon élément. Il m'apparaissait comme une roue de transmission, en contact constant avec la CIA et le State Department. Il était très respecté par son entourage et manifestement fort compétent. Nous ignorions à l'époque qu'il transmettait tout aux Russes [14]. »

Grâce à son accès privilégié aux renseignements américains et britanniques, Philby orchestre l'espionnage durant les mois critiques de 1950, lorsque les réseaux soviétiques d'Amérique du Nord sont menacés. Outre les informations qui le concernent ou se réfèrent aux Cinq de Cambridge, il guette tout ce qui pourrait intéresser son véritable employeur, l'Union soviétique. Il repère une autre lettre rédigée par l'agent de liaison Patterson à la mi-juillet.

Datée du 13 juillet 1950, et réceptionnée par le directeur général du MI5 à Londres le 19 juillet (et probablement par les contacts de Philby à Moscou peu de temps après), cette lettre de Patterson est précisément celle que le lecteur attend, car elle concerne le héros de ce livre : « Le FBI m'informe que ses agents ont appris la récente embauche de Pontecorvo par l'AERE à Harwell. Ils auraient adressé aux renseignements britanniques des éléments sur Pontecorvo les 2, 10 et 19 février 1943. Ils ont dû écrire directement à Londres ou à la BSC [British Security Coordination] de New York, parce que le représentant local du SIS n'a aucune trace de cette correspondance. Nombre de dossiers de la BSC ont été détruits [à la fin de la guerre]. »

Patterson indique ensuite que Pontecorvo a travaillé sur le projet atomique anglo-canadien durant la guerre et a vécu aux États-Unis. « Le [FBI] demande maintenant si nous pouvons lui envoyer toute information dont nous disposerions qui indiquerait que Pontecorvo serait actuellement engagé dans des activités communistes ou s'il y était engagé durant son séjour aux États-Unis [15]. »

La lettre de Patterson, qui évoque le « représentant local du SIS » à Washington, prouve que Philby est tout à fait au courant de ces développements.

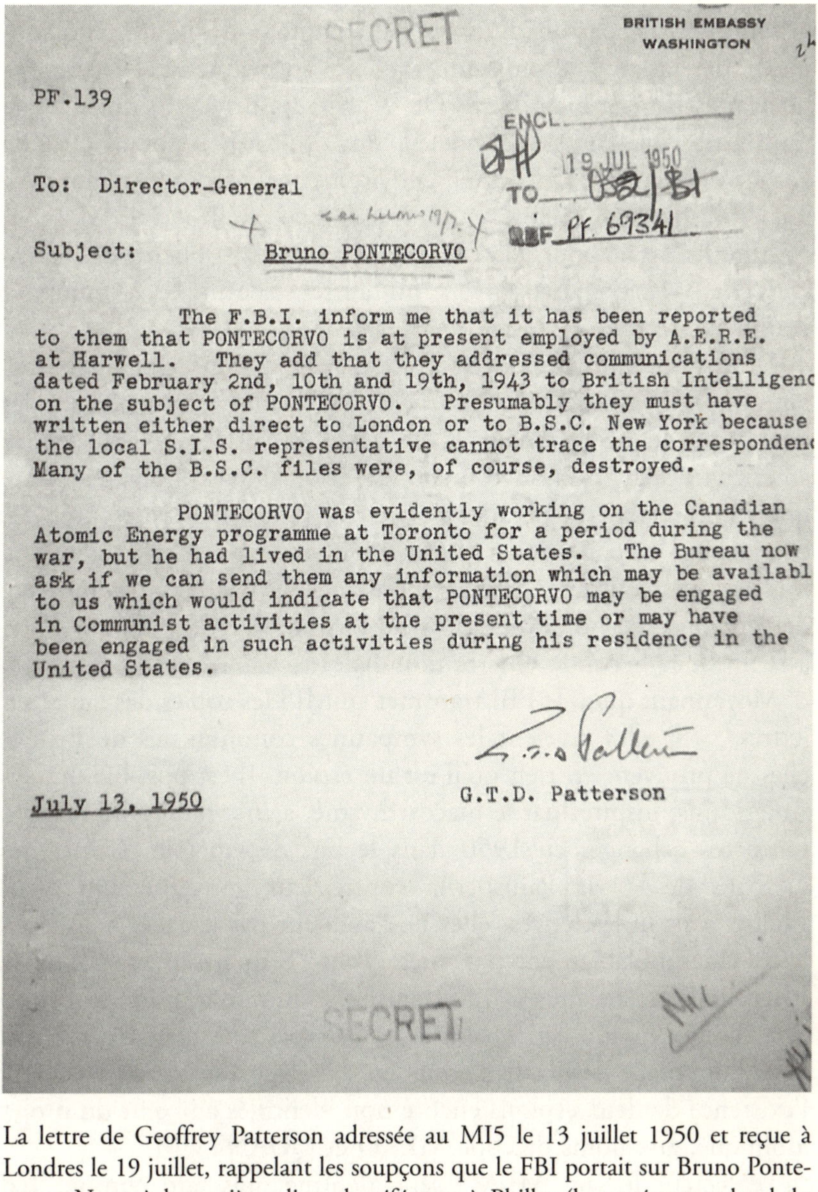
SECRET

BRITISH EMBASSY
WASHINGTON

PF.139

ENCL.

19 JUL 1950

TO

REF PF 69341

To: Director-General

Subject: Bruno PONTECORVO

The F.B.I. inform me that it has been reported to them that PONTECORVO is at present employed by A.E.R.E. at Harwell. They add that they addressed communications dated February 2nd, 10th and 19th, 1943 to British Intelligenc on the subject of PONTECORVO. Presumably they must have written either direct to London or to B.S.C. New York because the local S.I.S. representative cannot trace the corresponden Many of the B.S.C. files were, of course, destroyed.

PONTECORVO was evidently working on the Canadian Atomic Energy programme at Toronto for a period during the war, but he had lived in the United States. The Bureau now ask if we can send them any information which may be availabl to us which would indicate that PONTECORVO may be engaged in Communist activities at the present time or may have been engaged in such activities during his residence in the United States.

July 13, 1950

G.T.D. Patterson

SECRET

La lettre de Geoffrey Patterson adressée au MI5 le 13 juillet 1950 et reçue à Londres le 19 juillet, rappelant les soupçons que le FBI portait sur Bruno Pontecorvo. Notez à la septième ligne la référence à Philby (le représentant local du SIS). C'est la dernière pièce ajoutée au dossier du MI5 sur Pontecorvo avant qu'il ne fuie en URSS.

Philby est le patron du SIS à Washington. Il discute régulièrement des affaires atomiques avec le spécialiste des questions nucléaires de l'ambassade, le Dr Wilfrid Basil Mann, qui occupe un bureau voisin à l'ambassade. Il connaît l'existence de la lettre de Patterson, d'après Tim Marten et d'autres personnes travaillant avec lui à Washington. Selon toute vraisemblance, il avertit Moscou, comme il l'a fait pour Alan Nunn May et Klaus Fuchs, des soupçons des Occidentaux envers un autre scientifique atomique : Bruno Pontecorvo [16].

De l'aveu même de Patterson, le service de renseignements britannique à Washington ne parvient pas à mettre la main sur les lettres que le FBI a envoyées en 1943 et sur lesquelles l'agence américaine attire de nouveau son attention. Nous pourrions croire que Philby a fait disparaître ces lettres pour effacer des preuves, connaissant sa réputation [17]. Mais il n'y est peut-être pour rien, une fois n'est pas coutume : la correspondance de 1943 a sans doute été détruite avec de nombreux dossiers lorsque la BCS a été dissoute, à la fin de la Seconde Guerre mondiale.

Moyennant quoi, le FBI transmet au MI5 les copies des fameuses lettres [18]. Si elles révèlent les sympathies communistes de Bruno, elles ne prouvent en rien qu'il est un espion. Il est possible que les Américains, inspirés par le maccarthysme, aient voulu faire réapparaître ces échanges en 1950 dans le but de saper le recours des Garçons de la via Panisperna contre leur gouvernement [19]. Si Philby avait lu les lettres, elles ne l'auraient pas alarmé, mais il ne les a vraisemblablement pas vues. Tout ce qu'il sait, c'est que le FBI s'intéresse de près à un scientifique atomique nommé Bruno Pontecorvo, qu'il a écrit à son sujet non pas une mais trois lettres dans l'intervalle de dix-sept jours en 1943, et que Venona a révélé l'existence de deux espions encore non identifiés au cœur du projet atomique, aux noms de code MLAD et QUANTUM.

Le lecteur le sait, MLAD sera identifié plus tard comme Ted Hall, un jeune physicien brillant qui a été un « espion atomique » des plus efficaces. L'identité de QUANTUM restera mystérieuse jusqu'en 2009, date à laquelle les dossiers du KGB nous apprendront qu'il s'agissait de Boris Podolsky, un physicien russe immigré aux États-Unis [20]. Cependant, Philby ignore tout cela en 1950. Nous n'avons pas la preuve qu'il a averti Moscou des soupçons du

FBI sur Pontecorvo, ni comment il l'a fait, mais il est très improbable qu'une alerte n'ait pas été transmise.

Qu'en est-il à Londres ? Comment réagit-on aux lettres de Patterson ?

Par un silence assourdissant, semble-t-il. La lettre porte la date de réception : mercredi 19 juillet, soit moins d'une semaine avant que Bruno ne quitte le Royaume-Uni pour toujours. Elle porte aussi une note au crayon indiquant « Voir Lumes » (dans une écriture difficile à déchiffrer). Le dossier de Pontecorvo ne comporte aucune autre mention de la lettre ni aucune référence à une quelconque action entreprise. De fait, c'est la dernière pièce versée au dossier avant que la nouvelle de sa disparition n'émerge.

Le journal personnel de Guy Liddell, alors directeur général adjoint du MI5, raconte de l'intérieur l'histoire du service durant cet été. À l'époque, les Britanniques sont préoccupés par leur participation à la guerre de Corée, à partir de juin. De plus, on vient d'apprendre que les Soviétiques possèdent la bombe atomique. Le journal de Liddell révèle aussi l'existence de tensions entre le MI5 et le FBI, qui ont trait au cas Pontecorvo.

Liddell écrit le 29 juillet, seulement dix jours après que la lettre de Patterson arrive de Washington : « Hollis s'inquiète de la nature des demandes qu'[il reçoit] du FBI. » Ce dernier prie le MI5 de placer deux personnes sous surveillance, puis réclame des informations sur une troisième personne, que McCarthy accuse sans preuve d'être un espion. Même le président Truman condamne le comportement de McCarthy, et le MI5 craint de s'enliser dans « cette boue qui entoure le sénateur McCarthy » s'il commence à enquêter pour le compte des Américains. Liddell poursuit : « Malheureusement [J. Edgar] Hoover y veille personnellement, car il cherche sans aucun doute à déstabiliser le State Department. »

Il existe de toute évidence un passif entre les deux agences de renseignements. Liddell écrit que son premier objectif est de « ne pas envenimer les relations assez tendues entre [le MI5] et le FBI ». Le FBI et Hoover ont mis la pression sur le MI5 après l'arrestation de Fuchs, en fournissant aux médias britanniques des informations préjudiciables pour le MI5, et en accusant les autorités locales de laxisme. La patience de Londres a atteint ses limites. Liddell raconte cette triste saga dans son journal durant le printemps et le début de l'été. Il suggère aussi que le MI5 devrait expliquer « poliment » aux Américains qu'il n'est pas « l'un de leurs bureaux annexes [21] ».

Dans ces circonstances, le manque d'intérêt du Royaume-Uni envers les possibles « activités communistes » de Bruno Pontecorvo s'explique par le fait que le FBI a trop souvent crié au loup. Une réaction à la lettre de Patterson s'impose toutefois, étant donné que le physicien italien préoccupe le MI5 depuis plusieurs mois. Des trois individus qui intéressent le FBI, ainsi que le patron du MI5 l'indique dans son journal, aucun ne correspond à Pontecorvo. Si Liddell a le sentiment que le FBI traite le MI5 comme un « bureau annexe », il est possible que l'agence britannique ait jugé arrogante la lettre de Patterson et ne lui ait accordé aucun caractère d'urgence. Par ailleurs, ceux qui soupçonnent Hollis de conspiration ajoutent cet épisode à la liste de ses « malheureux oublis ».

Inconscients de la duplicité de Philby, les chefs de la sécurité en Angleterre partent en vacances ou passent leurs après-midi à The Oval, le terrain de cricket où jouent cet été-là les lanceurs mythiques des Indes occidentales, Sonny Ramadhin et Alf Valentine. L'époque était plus détendue qu'aujourd'hui malgré la guerre froide ; on prenait couramment deux semaines de vacances. Liddell, en l'occurrence, part en Irlande durant la seconde quinzaine d'août.

Même si le MI5 avait pris les lettres du FBI au sérieux, il n'aurait rien pu dire d'autre aux employeurs de Bruno : « Selon nos rapports, Pontecorvo et son épouse ont exprimé des opinions communistes. » C'est une accusation grave pour un intellectuel aux États-Unis, où sévit la paranoïa anticommuniste, mais ce n'est pas un crime au Royaume-Uni. Pour Pontecorvo, cela aurait seulement signifié qu'il présentait un risque pour la sécurité. Mais rien de nouveau à dire vrai : on avait déjà décidé de le muter à Liverpool pour éviter ce risque. La nouvelle information n'aurait justifié aucune « purge » (poursuite) de Bruno Pontecorvo.

La demande du FBI a donc peu de chance de modifier radicalement le destin de notre physicien italien au Royaume-Uni. Il faut cependant être sûr de ce que le MI5 sait sur Pontecorvo pour aboutir à cette conclusion. Or Philby, à Washington, ignore ce qui se passe dans le bureau londonien, sans parler de la sécurité de Harwell, et pour lui la référence aux « activités communistes » d'un physicien nucléaire, qui pourrait être MLAD ou QUANTUM, appelle une action.

Supposons que Philby passe cette information à Burgess pour qu'il la transmette à Moscou, ce qui est son mode opératoire habituel à l'époque. Il reste peu de temps pour agir avant que Bruno ne parte en vacances. L'histoire de l'homme qui interrompt le match de tennis prendrait alors tout son sens, mais il est difficile de la concilier avec l'attitude décontractée de notre héros, qu'il conserve jusqu'aux derniers jours de son séjour en Italie [22]. Les médias ont prétendu que deux personnes ont contacté Bruno dans les Alpes, durant le mois d'août, mais sans citer leurs sources [23]. La petite famille campait et se déplaçait ; la première opportunité qu'ont les Soviétiques de contacter le physicien ne se présente donc qu'à la fin de ses vacances, par l'intermédiaire d'amis communs en Italie. Cela coïncide avec son soudain changement d'attitude durant la dernière semaine d'août. Que l'ambassade soviétique à Rome procure à Bruno de quoi payer les billets d'avion, comme le MI5 le soupçonne, serait la réponse logique à la mise en garde de Philby. Emilio Sereni, son cousin, le bon communiste militant, semble être un intermédiaire commode.

Quant à la décision de fuir, voici ce que le fils de Bruno m'a confié : « Cela m'a semblé une décision soudaine. [Quelle qu'en ait été] la raison, elle a été prise assez tard [24]. » Aujourd'hui, il m'apparaît que la lettre de Washington a été une clé, voire *la* clé, de cette fuite non préméditée.

Au début du mois de septembre 1950, Bruno subit à Moscou un contre-interrogatoire du KGB [25]. D'après le compte rendu, l'homme de main de Staline, Lavrenti Beria, l'interroge en personne [26]. Nous ignorons la date de cet épisode, mais il n'y aurait eu aucun intérêt à le différer. Il a sûrement eu lieu avant la scène suivante.

Le 12 septembre, avant que quiconque en Occident ne prenne conscience de la disparition de Pontecorvo, Philby – qui se trouve à Londres – s'abaisse à rencontrer Guy Liddell, le directeur général adjoint du MI5. Philby, bien sûr, est un membre de haut rang du MI6, ou SIS. Le journal de Liddell relate ce qui s'est dit.

« J'ai eu une longue discussion avec Kim Philby… Il m'a lancé une mouche en suggérant qu'il n'était vraiment pas nécessaire que [le MI5] ait un représentant à Washington [Patterson], et qu'il [Philby] pouvait se charger de tout le travail… Je lui ai répondu que quel que soit le flux d'informations je restais convaincu que [le MI5] devait avoir quelqu'un à [Washington] [27]. »

L'expression « lancer une mouche » est utilisée par les pêcheurs. La mouche est un appât pour pêcher à la truite. Au moment où le poisson mord la mouche, le pêcheur le ferre en tirant d'un coup sec sur la ligne, afin que l'hameçon pénètre dans sa chair, puis il le capture. Dans cette scène, Liddell est le poisson ; Philby est le pêcheur.

La suggestion de Philby peut être tout à fait innocente, mais c'est peu probable : Philby calcule tout en vue de se protéger. Son collègue Donald Maclean est déjà dans le collimateur, et il ne tient pas en place, ainsi que Lorna Arnold s'en souviendra [28]. Si, selon toute probabilité, Philby a bien provoqué la fuite de Pontecorvo, il se sent en danger. Depuis sa position au MI6, il est capable de s'assurer qu'aucun agent double britannique n'a infiltré le KGB, mais pas qu'aucun Américain ne l'ait fait. Si Bruno parle de Philby pendant le contre-interrogatoire des Soviétiques, un agent double hypothétique en entendra parler et transmettra l'information à l'Occident. Voilà pourquoi Philby veut s'assurer un contrôle absolu sur le flux d'informations qui transite entre Washington et le MI5.

Il s'inquiète pour rien. Personne en Occident ne saura ce que sont devenus Bruno Pontecorvo et sa famille durant plus de cinq ans. Après quoi les complices de Philby, Guy Burgess et Donald Maclean, rallieront ensemble l'URSS, et c'est ce qui le compromettra. Mais le 12 septembre 1950, Philby n'a rien à craindre. Il a fait du bon boulot ; personne n'imagine qu'il a pu jouer un rôle quelconque dans l'affaire Pontecorvo.

PARTIE III

« Au milieu du chemin de notre vie, *je me retrouvai par une forêt obscure* car la voie droite était perdue. »

DANTE

CHAPITRE 14

Par une forêt obscure

La Finlande est un pays de bois et forêts. Ceux-ci couvrent aujourd'hui encore des centaines de kilomètres et s'étendaient en 1950 de la banlieue d'Helsinki jusqu'à l'Union soviétique sans interruption.

En septembre de cette année-là deux voitures foncent sur les routes forestières désertes, en direction de la frontière russe. La première transporte Marianne et ses trois fils ; la seconde emporte Bruno, caché dans le coffre [1]. Gil Pontecorvo, qui a douze ans à l'époque, ne connaît pas l'identité des conducteurs, mais il me déclarera dans un rire sarcastique : « Ils étaient russes, à n'en pas douter. »

S'il n'a aucune idée de l'endroit où ils se trouvent, le jeune garçon est frappé par le contraste avec les semaines idylliques de camping sauvage dans les montagnes, puis les jours interminables et ensoleillés passés en compagnie des grands-parents, oncles, tantes et cousins au bord de la Méditerranée.

Quand la famille a quitté l'Italie pour Stockholm, Gil a pensé que « ce voyage faisait partie de leurs vacances » : « Il ne me serait pas venu à l'esprit que nous ne rentrerions pas. Nous n'avions que peu de bagages [et] avions tout laissé à la maison. » Mais il comprend que quelque chose d'étrange se passe lorsque, au lieu de rendre visite à sa grand-mère maternelle qui vit près de l'aéroport, la famille s'envole vers Helsinki à la rencontre d'étrangers. « Nous avons passé une nuit ou deux là-bas », se souviendra-t-il. C'est donc le 3 ou le 4 septembre qu'ils foncent à travers les bois. Gil se souvient encore de cet épisode six décennies plus tard : « Encore et toujours la forêt, kilomètre après kilomètre, à n'en plus finir. » Pour se distraire, il a « un livre de Jack London à lire ». Quant à son père caché dans le coffre de l'autre voiture : « Là, j'ai su que quelque chose clochait [2]. »

Des reporters occidentaux ont imaginé à l'époque que les Pontecorvo avaient été emmenés à Porkkala, à une trentaine de kilomètres d'Helsinki, où un long pont enjambe une baie séparant la Finlande d'une zone qui appartenait alors à la Russie. Il n'y avait pas de gardes du côté finlandais, car aucun citoyen « possédant toute sa raison » n'aurait souhaité passer de l'autre côté ; c'est ainsi que les médias expliquaient comment la famille Pontecorvo avait disparu sans laisser de traces. Des sentinelles de l'Armée rouge auraient accueilli le groupe à l'extrémité russe du pont. Il ne s'agit toutefois que d'une des nombreuses fables qu'inspire leur fuite. En réalité, ils ont roulé vers l'est et atteint l'URSS à Vyborg, une ville autrefois finlandaise qui a été cédée aux Soviétiques lors de la guerre d'Hiver de 1939-1940. C'est seulement alors, en Union soviétique, après avoir roulé sur presque 200 kilomètres, que Bruno a pu réapparaître au jour [3].

Lorsqu'ils atteignent Leningrad 130 kilomètres plus loin (la ville qui s'appelait autrefois et s'appelle aujourd'hui Saint-Pétersbourg) l'escorte du KGB refuse poliment la découverte de la ville, en arguant que Bruno en trouverait l'opportunité une fois installé en URSS.

Bruno a profité de tout ce temps passé dans le coffre pour préparer une déclaration. Il affirmera des années plus tard que, pour lui, les dés étaient jetés et l'avenir se trouvait en URSS. Il souhaite alors envoyer un message justifiant son attitude à sa famille et ses collègues occidentaux : l'Union soviétique est une nation pacifique, et il croit en ses idéaux. La famille exténuée s'installe devant son premier repas en Russie, toujours sous bonne garde, puis passe une nuit dans un « appartement anonyme, mais sans pouvoir beaucoup dormir [4] ».

Le matin suivant, un homme et une femme viennent les chercher à l'hôtel afin de les accompagner à une gare de chemin de fer d'où part un train pour Moscou. L'homme a les cheveux courts et le même âge que Bruno. La femme, plus jeune, porte un bouquet de fleurs, qu'elle tend à Marianne.

C'est maintenant une petite délégation qui accueille les Pontecorvo à leur arrivée dans la capitale. Un « homme grand et élégant » s'en détache comme le chef et se perd en civilités. Il s'adresse à eux en anglais pour leur demander s'ils ont fait bon voyage et s'ils ont besoin de quelque chose. Bruno répond qu'il a préparé une déclaration qu'il souhaite lire à la radio, à destination de ses collègues de l'Ouest, exprimant son soutien à l'Union soviétique. Le refus poli mais ferme de l'homme est le premier signe que la vie manque de liberté dans le fief de Staline : « Nous aurons l'occasion de faire cela en temps utile. » Bruno acquiesce [5].

Le groupe monte dans deux voitures noires aux vitres occultées par des rideaux gris. Bruno s'installe dans la première avec l'agent du KGB, tandis que Marianne et les enfants prennent place dans la seconde. Ces derniers, séparés pour un temps de Bruno, tentent de jeter un œil sur Moscou.

Gil s'est fabriqué à l'école d'Abington une image de Moscou comme d'une ville du Far West faite de béton, où l'État de droit est peu respecté et où les voyageurs imprudents courent un danger. Lorsqu'il la découvre pour la première fois de ses propres yeux, elle ne lui apparaît pourtant pas distincte des autres grandes villes qu'il a traversées durant cet été : « Mon premier choc à Moscou a été de découvrir que c'était Moscou [6] ! » La seule différence réside dans le trafic routier : il remarque peu de voitures, pas mal de vieux bus et de nombreux camions ouverts contenant des hommes en tenues militaires, épaule contre épaule. L'arrivée à Moscou provoque à l'inverse une profonde émotion chez Bruno : « Je me sentais comme un Hébreu devant la Terre promise [7]. »

La voiture s'arrête bientôt non loin du Kremlin sur un large boulevard – rue Gorky –, au pied d'un gigantesque immeuble. Celui-ci, construit trois ans plus tôt, contient de luxueux appartements, dont un a été préparé pour l'arrivée de Bruno ; ce sera son pied-à-terre à Moscou pour le restant de ses jours.

Situé au septième étage, l'appartement est spacieux : trois chambres, un living-room, une cuisine, une salle à manger et un bureau, le tout meublé de manière classique. Les plafonds sont hauts, couverts de stuc, et le living-room possède de grandes fenêtres, drapées de rideaux blancs du plafond au sol. Surprise : l'appartement contient une bibliothèque d'ouvrages classiques français.

Bruno passera de nombreuses heures plongé dans ces volumes pour tuer le temps entre ses leçons de russe, car la famille restera manifestement « enfermée chez elle » durant plusieurs semaines [8]. Leur existence est désormais entièrement contrôlée par l'État.

Un jeune agent du KGB a été désigné pour les surveiller. À la surprise de Bruno, l'homme lui demande des nouvelles de la guerre de Corée. Un exemplaire de la *Pravda*, le journal d'État, arrive dans l'après-midi avec un interprète, qui désire également l'entendre commenter en personne les gros titres [9]. Le physicien italien commence à réaliser comment Staline contrôle les informations.

Le lendemain de leur arrivée, l'agent du KGB explique à Bruno qu'il vaut mieux remettre à plus tard la diffusion de la déclaration publique qu'il a préparée. Bruno s'en étonne, car il pense que s'il explique sa décision à ses amis et collègues de l'Ouest, cela bénéficiera sans mal à l'Union soviétique. Les chefs soviétiques, lui dit-on, voient les choses différemment. Il pourra diffuser sa déclaration « au moment approprié ». En fait, cinq années s'écouleront avant que le moment ne soit jugé approprié, deux ans après la mort de Staline. L'agent explique qu'il est nécessaire pour les Pontecorvo de rester à l'intérieur « par sécurité », car « personne ne doit savoir » qu'ils sont en URSS ; ce secret est considéré comme vital pour quelque raison inconnue.

La priorité absolue pour les Pontecorvo, c'est d'apprendre le russe. On leur fournit un professeur qui parle parfaitement l'anglais. Ils apprennent d'abord à lire l'alphabet cyrillique, puis le vocabulaire de base, en épelant les mots dans l'étrange écriture. Cela demande de la concentration, de la discipline et du temps. Du temps, ils n'en manquent pas, et Bruno et Gil se lancent dans l'étude avec enthousiasme. Mais pas Marianne. Elle abandonne après quelques leçons malgré l'insistance de son professeur, trouvant le russe trop difficile d'autant que l'étude lui donne des maux de tête. C'est du moins ce dont se souviendra Bruno des années plus tard au cours de ses entretiens avec la journaliste Miriam Mafai. Les souvenirs de Gil diffèrent toutefois [10]. Quoi qu'il en soit,

Marianne se sent désormais perdue en terre étrangère, coupée de sa famille suédoise et de ses amis occidentaux.

Son isolement augmente bientôt, au sein même de son domicile. Une femme de ménage, grosse, aux cheveux décolorés et au caractère jovial, passe tous les matins pour parer aux besoins de la famille. Elle nettoie la chambre des enfants et fait la cuisine. Ça, c'est son bon côté. Le mauvais est qu'elle est très bavarde et tente d'engager la conversation avec Marianne, lui demandant en russe ce qu'elle veut manger. Marianne se retire généralement, laissant la femme décider, mais celle-ci persiste à la questionner à chaque visite. Marianne ne la supporte plus au bout de plusieurs semaines, et s'enferme dans sa chambre dès qu'elle arrive [11].

Bruno prend des dispositions pour que la femme de ménage soit remplacée par une autre plus jeune, qui parle moins et prend des initiatives. Marianne continue toutefois à passer de longues heures enfermée, coupée des autres. Elle est assignée à résidence comme le reste de la famille, du fait de la décision du KGB de garder leur destination secrète, mais aussi parce qu'elle ne comprend pas assez le russe pour aller tout bêtement chez l'épicier.

Quant à trouver une occupation aux trois jeunes garçons… C'est sans doute ce qui conduit un jour Gil à quitter l'appartement et à déambuler dans la rue. Il se souviendra des années plus tard de ce qui s'est passé : « J'ai bousculé une dame qui portait un sac plein d'œufs. Je crois qu'un des œufs s'est cassé. Je ne comprenais pas le russe et lui ai répondu en anglais. » Imaginons la scène d'un point de vue moscovite. La population soviétique étant étroitement contrôlée en 1950, on se méfie des étrangers, qu'on ne doit surtout pas fréquenter. L'apparition soudaine dans une rue encombrée d'un garçon bizarre, de langue étrangère, a dû provoquer quelque émoi ! Gil continue : « Une foule s'est amassée. Quelqu'un a crié. J'ignore ce qu'ils disaient. Un policier est arrivé et les a dispersés [12]. » L'incident, peu banal, est resté gravé dans sa mémoire, mais il ne se souvient pas de la réaction de ses parents. En tout cas, l'anecdote n'a pas dû favoriser les chances de libération de la famille.

« Que se passe-t-il ? Pourquoi sommes-nous ici ? Quand allons-nous revenir à la maison ? » : Gil et ses jeunes frères se posent toujours plus de questions. La famille a quitté Abingdon le 25 juillet, à la fin du dernier trimestre de Roysse. La rentrée scolaire est prévue le mardi 19 septembre. Gil se souvient qu'on lui a promis « de rentrer à l'école le 16 [13] ». La date approche, et il s'inquiète. Le jour arrive au bout de deux semaines passées à Moscou, et ses craintes se confirment : « J'étais hystérique car j'avais acquis la certitude de ne plus rentrer. » Il pique une crise.

Moment singulier de la vie de Gil, cette scène ne laissera aucun souvenir chez Bruno lorsque son fils et lui évoqueront ensemble cette époque, quarante-trois ans plus tard. Gil raconte : « J'ai commencé à rassembler mes souvenirs et lui ai demandé s'il se rappelait ma colère. J'ai un caractère placide, et c'est la seule fois de ma vie que j'ai fait une telle scène. C'est étonnant à quel point les souvenirs des mêmes événements varient d'une personne à l'autre. Bruno ne se souvenait pas du tout de ma crise d'hystérie [14]. »

Au début, Bruno et Marianne considèrent sans doute leur voyage en URSS comme une nouvelle étape de la vie nomade qu'ils ont menée jusqu'alors. Après tout, ils ont déjà quitté leurs patries pour la France, échappé aux nazis en migrant aux États-Unis, passé trois ans au Canada, avant de revenir en Europe quand Bruno a rejoint Harwell. Leur déménagement en URSS, Mecque du communisme et siège d'un nouveau laboratoire atomique à Doubna, n'est pas dénué de sens. D'ailleurs, le cousin de Bruno, Emilio Sereni, se rend alors régulièrement dans le pays, de sorte que Bruno ne voit pas pourquoi il serait traité différemment. Le physicien italien pense pouvoir travailler à Doubna sans modifier sa vie en profondeur. Une fois installés dans leur nouveau domicile, ils contacteront leurs proches et amis à l'Ouest, trouveront une école pour Gil, et la vie continuera comme avant. Hélas la vie dans l'URSS des années 1950 n'est certainement pas aussi simple [15].

Les premières restrictions de leurs libertés se manifestent peu après leur arrivée à Moscou, comme nous l'avons vu, lorsque les autorités refusent que Bruno fasse sa déclaration. Coincé, le voilà incapable d'expliquer les raisons de sa fuite en Union soviétique, ni même de prévenir sa famille qu'il va bien. Cet incident, ajouté à une convocation au Kremlin dès leurs premiers jours de présence à Moscou, modifie son regard sur la situation.

Le « Laboratoire numéro trois », à Moscou, était dédié en 1950 au développement de réacteurs nucléaires, donc indirectement à la physique des bombes atomique et hydrogène [16] – il appartient aujourd'hui à l'Institut de physique théorique. Le jeune physicien théoricien Boris Ioffé a rejoint ce laboratoire le 1er janvier, et depuis plusieurs mois il ne travaille qu'à des problèmes théoriques. Cependant, un ordre lui parvient en mai « du plus haut niveau », selon lui de Beria ou « probablement de Staline lui-même » : il doit aider à mettre au point un réacteur nucléaire à eau lourde, utilisant de l'uranium enrichi, dans le but de produire du tritium le plus vite possible. « Tous les théoriciens étaient mobilisés sur la conception physique, se souviendra-t-il plus tard. À partir de ce moment, pendant des années, j'ai fait de la recherche fondamentale tout en travaillant en parallèle sur la physique des réacteurs nucléaires [17]. »

Il faut se souvenir que la puissance explosive de la bombe à hydrogène vient de la fusion du tritium et du deutérium, deux isotopes de l'hydrogène. Or, lorsque émerge le principe de cette arme au début de l'année 1950, il n'y a pratiquement pas de tritium en URSS. Cet isotope est instable, avec une demi-vie de douze ans, et n'existe dans la nature qu'en quantités négligeables. Certes, on peut en produire dans des réacteurs nucléaires, en utilisant de l'eau lourde et de l'uranium enrichi, mais il n'existe pas de tels réacteurs en URSS à l'époque, et les plans de conception sont à peine connus. Le but du gouvernement est explicite : produire assez de tritium pour créer une arme en deux ou trois ans ; les scientifiques savent pertinemment que c'est hors de portée, mais Staline exige qu'ils y parviennent [18]. Construire des réacteurs nucléaires ou trouver un moyen alternatif de produire du tritium : l'arrivée de Bruno Pontecorvo n'aurait pas pu mieux tomber.

Les Soviétiques possèdent quelques données pour guider l'équipe dans la conception d'un réacteur à eau lourde, dont « les plans du réacteur de recherche des Canadiens [19] ». Ioffé ne sait pas exactement quand ce renseignement est arrivé, mais il pense que c'était peu de temps avant qu'il ne commence à travailler au laboratoire, début 1950 [20].

Comment les Soviétiques ont-ils obtenu ces plans ? Nunn May ne peut pas être la source – il a été emprisonné en 1946, et ses confessions avant sa mort ne mentionnent pas ces documents. Alors, Pontecorvo ? On n'en a pas la preuve. Nous ne sommes certains que d'une chose : outre Nunn May, un collaborateur bien placé transmettait des informations à l'URSS sur le réacteur canadien.

Parmi les théoriciens confirmés du programme de réacteur soviétique se trouvent Isaac Pomeranchouk, qui est le responsable de Ioffé, et A. D. Galanin, un expert en réacteur. Pomeranchouk est alors absent du laboratoire, car il travaille à Arzamas-16 *, l'équivalent soviétique de Los Alamos. C'est durant cette période, à la fin de l'année 1950, que Galanin est « convoqué au Kremlin ». Le fait est suffisamment singulier pour être noté car, selon les termes de Ioffé, « les gens étaient convoqués à divers endroits, mais jamais au Kremlin [21] ».

De retour au laboratoire, Galanin se tait. Ioffé et ses collègues respectent la règle d'or de l'URSS : ils ne posent pas de questions. Si tu dois savoir, quelqu'un te parlera. Ce n'est que plusieurs années plus tard, lorsque la présence de Pontecorvo sera rendue publique, que Galanin révélera ce qui s'est passé.

Après une traversée de la ville dans l'une de ces omniprésentes berlines noires aux vitres occultées par des rideaux, escorté par des hommes du KGB, Pontecorvo est présenté à un groupe de physiciens, dont Galanin, qui souhaitent des précisions sur ce qu'il sait du « problème atomique » et, d'une manière générale, de la technologie nucléaire occidentale.

Il ne faut pas croire pour autant que l'URSS est à court de scientifiques de premier plan. Le principal problème du programme nucléaire soviétique des années d'après guerre réside, non pas dans le manque de savoir-faire, mais dans l'accès limité à l'uranium. Le premier réacteur nucléaire de la nation, construit en 1946, n'a pu fonctionner que grâce à une centaine de tonnes d'uranium, que l'armée avait découverte par hasard durant la guerre dans un dépôt allemand. Or, si la rencontre avec Pontecorvo n'apporte rien de significatif aux Soviétiques sur la technologie nucléaire (ils possèdent déjà le plan du réacteur nucléaire), elle révèle son exceptionnelle expertise en prospection d'uranium, dont le projet nucléaire de Staline a bien besoin.

---

* Laboratoire nucléaire situé à 161 kilomètres au sud de Nijni Novgorod et à 373 kilomètres au sud-sud-est de Moscou. (N.d.T.)

Il est intéressant de noter que, durant les cinq années qui suivront, les médias occidentaux feront périodiquement état d'apparitions de Pontecorvo dans les environs de plusieurs mines d'uranium d'Europe de l'Est. La population occidentale a peu conscience à l'époque de l'importance de l'uranium pour le programme soviétique, et personne ne sait quoi que ce soit de la réunion du Kremlin. Cela suggère que ces rumeurs auraient un fond de vérité.

Plus difficile à évaluer est l'information selon laquelle Pontecorvo aurait subi un interrogatoire au Kremlin sur des sujets autres que la science, tels que la sécurité et les raisons de sa venue en URSS. C'est un ancien du KGB, resté anonyme, qui le prétend [22]. Cela semble très plausible compte tenu des circonstances.

Il est évident que le KGB se pose plusieurs questions cruciales. Il sait que Pontecorvo a été interrogé par le MI5 en avril. Mais sur quoi ? Et qu'a-t-il répondu ? Les Soviétiques ont besoin de déterminer si Bruno, dans le cas où il aurait espionné pour eux, a avoué au Royaume-Uni. Dans tous les cas, le KGB espère évaluer ce que le MI5 connaît du réseau qui relie le Canada à Moscou – et si l'Occident sait quoi que ce soit sur les Cohen, que les Soviétiques ont exfiltrés des États-Unis quelques semaines plus tôt.

Bruno s'attend à être consulté sur les recherches atomiques de l'Occident, mais il n'est pas préparé à subir un interrogatoire aussi pressant sur ses motivations. Une pièce sans caractère, éclairée par des ampoules à basse tension, les murs peints d'un gris terne et d'un moutarde passé, et des interrogateurs sans état d'âme : si un espion de l'Union soviétique dont les collègues ont été démasqués a échappé aux poursuites, c'est qu'il a accepté de travailler pour le camp adverse [23] !

Que Bruno ait été un espion ou non, il est probable que le KGB craigne autre chose – en lien avec la lettre que Geoffrey Patterson a rédigée en juillet, qui a averti Philby de l'intérêt du FBI pour Pontecorvo. Est-ce un document authentique, marquant la fin de la partie pour Pontecorvo en Occident ? Ou un piège imaginé par les Britanniques, utilisant Pontecorvo comme appât pour compromettre Philby ou d'autres agents soviétiques ? Après tout, l'exfiltration soudaine de Pontecorvo par les Soviétiques est à même de confirmer que la lettre de Patterson est arrivée à Moscou et de permettre aux Britanniques de remonter toute la filière jusqu'à Philby.

Si les Soviétiques ont vraiment questionné Bruno sur les Cohen, alors ils ne peuvent plus le laisser repartir. Il en sait trop désormais, même dans le cas où il ne savait rien auparavant. De surcroît, il est douteux que Bruno serait bien accueilli en Occident. À ce moment-là, il a probablement pris connaissance des informations de Philby selon lesquelles le FBI enquête sur lui et ses sympathies communistes. Il ne peut raisonnablement pas espérer que les Britanniques le reprendront, sauf peut-être au bout d'une corde.

Cette allusion à la peine de mort semble une dramatisation digne d'un roman d'espionnage, mais c'est la triste réalité. Bruno Pontecorvo a travaillé avec Alan Nunn May au Canada, et l'a même aidé à accéder à des informations confidentielles provenant du groupe américain à Chicago, dont certaines ont fini en URSS. Cela vaut aisément la peine capitale aux États-Unis. Klaus Fuchs s'était d'ailleurs mentalement préparé à une exécution par les Britanniques, avant d'apprendre qu'il n'était pas passible de la peine capitale au Royaume-Uni, du fait qu'il n'avait pas passé de secrets à un ennemi (l'URSS étant son allié à l'époque). Il risquait en revanche d'être extradé aux États-Unis, où il encourait la chaise électrique. Cela l'a encouragé à plaider coupable devant la Cour de justice britannique.

Durant mes recherches sur le présent ouvrage, j'ai interrogé les proches de deux autres espions atomiques de l'époque, Alan Nunn May et Ted Hall. Ceux-ci m'ont assuré dans les deux cas que la peur d'être exécuté était bel et bien présente. Le beau-fils de Nunn May a déclaré que l'éventualité d'une extradition vers (et donc d'une exécution par) les États-Unis a motivé Nunn May à coopérer sans discuter avec les magistrats britanniques. L'épouse de Ted Hall, Joan, m'a confirmé qu'il craignait lui aussi l'exécution pour trahison. Je lui ai demandé : « Si Ted avait risqué d'être découvert en 1950, seriez-vous partis en URSS ? » Ce à quoi elle a répondu tout de suite : « Bien sûr [24] ! »

Bruno prétendra par la suite qu'il a décidé de fuir à l'Est pour des raisons purement idéologiques, fondées sur sa foi profonde dans le communisme et son souhait de consacrer ses connaissances à la paix, loin des persécutions qu'il ressentait en Occident. Aucune de ces raisons n'explique toutefois pourquoi il est parti sur un tel coup de tête au milieu de ses vacances d'été plutôt que d'une manière organisée, ce qui n'aurait guère été difficile pour un homme de son intelligence[25]. Bruno a refusé de rejoindre Harwell en 1946 à moins d'être autorisé à voyager ; en allant en Union soviétique, il a désormais perdu toute sa liberté, non seulement de voyager, mais aussi de communiquer avec ses parents, frères et sœurs, amis et collègues scientifiques. Traverser le Rideau de fer en 1950, c'est comme entrer dans un trou noir, où les gens et les informations sont perdus pour toujours. Impossible pour Gil de retourner à l'école en Angleterre, pour Bruno et Marianne de contacter leurs familles en Occident ; et le simple fait que les Pontecorvo sont présents en Union soviétique restera un secret jalousement gardé pour cinq ans. Durant cette période, ils ne sont pour leurs proches que « les chers disparus[26] ».

Fin septembre, Bruno, Marianne et les enfants sont enfin autorisés à quitter leur appartement à condition d'être accompagnés par des gardes du corps. L'hiver n'est pas encore là, mais il fait très froid et les Pontecorvo n'ont que des vêtements d'été. Un matin, leur professeur de russe arrive avec une fille portant des paquets de manteaux de fourrure, chapeaux, gants et bottes. Il n'est pas étonnant que Bruno, des années plus tard, se souvienne qu'ils se sentaient comme « des invités privilégiés, protégés » et que ces premiers jours à Moscou étaient « très paisibles ». Toutefois, il semblerait que Marianne n'ait pas partagé cette impression positive, si l'on en croit la première sortie de la famille.

L'appartement des Pontecorvo est proche de quelques-uns des principaux magasins de Moscou, dont les vitrines présentent une gamme de marchandises pour la maison. Lors de cette première excursion, la famille pénètre dans l'un d'eux : Marianne est « dépitée » par l'offre clairsemée, les longues files d'attente et l'air renfrogné du personnel. D'après les souvenirs de Bruno, lui et Gil la sermonnent. Ils lui disent qu'à Paris et Londres, les magasins sont moins bondés « parce que seuls les riches peuvent acheter, et le personnel est forcé de sourire pour ne pas être licencié ». Bruno reconnaît que les marchandises sont de moins bonne qualité et moins bien présentées qu'en Occident, mais il argumente que cet inconvénient est compensé par le fait que « tout le monde peut tout acheter », et que les marchandises ne sont pas réservées à la classe aisée.

Bruno se souviendra plus tard que Marianne « ne semblait pas convaincue », mais elle n'a plus discuté [27].

Après avoir passé presque deux mois coincés dans leur appartement moscovite, les Pontecorvo remontent en voiture fin octobre, pour être conduits sur des kilomètres de routes non pavées à travers d'obscures forêts de sapins. Ils traversent plusieurs villages remplis de vieilles maisons, certaines abandonnées et délabrées. Après deux heures de route, ils atteignent Doubna, un village situé au bord de la Volga, à plus de 100 kilomètres au nord de Moscou, où se trouve un centre secret de recherche en physique nucléaire.

Autrefois, Doubna était un village paisible, loin des villes, un endroit idéal pour prendre du repos. Même après l'ouverture du laboratoire, il conserve un charme rustique, avec ses rues désuètes tracées à travers la forêt. Gil se souviendra : « En 1950, lorsque nous sommes arrivés, Doubna n'était pas plus grand qu'un village russe, avec deux ou trois routes de graviers et des cabanes en rondins de bois. Cela ressemblait à ce dont je me souvenais du Canada. » Il ajoutera, en riant : « Tous les gouvernements mettent les laboratoires de recherche nucléaire au fond des bois. »

Ce que Gil remarque en premier sur Doubna, ce sont les moustiques : « J'ai grandi au Canada, où il y en avait partout, donc j'y étais habitué, mais Bruno les détestait [28]. » Les moustiques pullulent à Doubna car le village et le laboratoire sont construits sur un ancien marécage, qui faisait partie autrefois de l'Archipel du Goulag. Le village lui-même est situé sur une île, entre le fleuve Volga, la rivière Doubna, son affluent, et le canal de Moscou qui relie la Volga à la rivière Moskova. Ce canal a été creusé dans les années 1930 par les prisonniers des camps, lesquels ont aussi fourni la main-d'œuvre forcée du laboratoire après la guerre. Ceux-ci ont creusé les fondations, taillé les pierres et construit tout l'édifice du laboratoire.

Outre les cabanes de base, il y a dans la petite ville des demeures plus robustes où vivent les scientifiques de l'encadrement. On fait visiter aux Pontecorvo une coquette maison isolée, peinte en ocre.

Elle est haute de deux étages, avec un troisième niveau en pignon à une extrémité. La porte d'entrée ouvre sur une terrasse de pierres, bordée d'un élégant muret. La propriété est fermée d'une clôture en osier verte, qui enserre de grands sapins et un jardin. Comparé au logement de fonctionnaire en briques qu'ils occupaient à Abingdon, c'est un conte de fées ! À Doubna, les Pontecorvo profitent de l'espace et d'une maison telle qu'on en trouve dans les forêts de l'Amérique du Nord. Après les privations de Moscou, Marianne se réjouit de sa nouvelle demeure d'autant que les environs lui rappellent sa Suède natale.

Personne ne peut entrer dans Doubna sans permission, et toute sa population est choisie. On peut espérer jouir d'une certaine liberté dans un tel environnement protégé, mais Bruno n'est pas autorisé à quitter sa maison sans être accompagné, même sur le court trajet à pied jusqu'au laboratoire. Ses protestations déclenchent des explications selon lesquelles les physiciens qui sont employés à un important travail de recherche « ont besoin de protection [29] ».

C'est ainsi que Bruno découvre l'étrange réalité de sa nouvelle vie à Doubna. Aujourd'hui encore, on a l'impression de voyager dans le temps lorsqu'on visite le site. Deux barrières de sécurité rappelant le Mur de Berlin l'entourent. Sitôt la première passée, la porte sur le monde extérieur se referme derrière soi. Des gardes armés examinent ses papiers avant de donner l'autorisation de continuer. Après la seconde barrière, il n'y a rien d'autre que le laboratoire, caché dans les bois, et les moustiques.

À Moscou, Gil a « détesté la solitude ». Désormais, il va à l'école locale, où il profite de la compagnie des autres enfants. Dès son premier jour d'école à Doubna, « tous les problèmes se sont évanouis [30] ». Plus de soixante ans plus tard, il habite toujours là.

CHAPITRE 15

L'exil

Le noyau atomique a démontré au monde sa prodigieuse puissance lors des explosions de Hiroshima et de Nagasaki. L'exploration de sa structure la plus intime sera bien sûr l'objectif des gouvernements d'après guerre, et un défi intellectuel pour les scientifiques.

Le Soviétique Vladimir Veksler a montré en 1944 qu'il était possible de créer des faisceaux stables de particules de haute énergie et que l'on pouvait les projeter contre des noyaux atomiques pour les faire voler en éclats. Edwin McMillan a indépendamment inventé la technique l'année suivante, aux États-Unis. Cette avancée a permis de sonder le noyau en le bombardant avec des pions produits par un accélérateur de particules de haute énergie. Cet axe de recherche est vite devenu une priorité en Occident, et Igor Kourtchatov, le père de la bombe atomique soviétique, a pressé ses supérieurs d'en faire autant. Le gouvernement a donc décidé en août 1946 de construire un laboratoire spécial, à Doubna, qui devait accueillir le plus grand accélérateur de particules de haute énergie du monde, un synchrocyclotron.

L'énergie nucléaire n'a pu jusqu'alors être libérée que sous certaines conditions, qui nécessitaient soit un isotope rare de l'uranium, soit du plutonium créé artificiellement. On récupère toujours par ces méthodes, même lorsqu'on déclenche une explosion, seulement moins de un pour cent de l'énergie confinée dans le noyau par les puissantes forces nucléaires.

La découverte du pion en 1947 a fourni aux scientifiques une nouvelle interprétation de ces forces. De même que le photon matérialise le champ électromagnétique, les pions matérialisent les champs de forces nucléaires, largement plus intenses. Les scientifiques ont d'abord étudié les pions par curiosité ; cette recherche ne présentait aucune application militaire, et la physique des particules de haute énergie s'est développée de manière libre. Les pions pourraient servir à extraire l'énergie des noyaux de façon incomparablement plus efficace que les méthodes précédentes, ce pourquoi les gouvernements occidentaux ont accepté de financer ce nouveau champ de recherche.

Les motivations des scientifiques de Doubna ne diffèrent probablement pas de celles de leurs homologues occidentaux ; le gouvernement soviétique garde toutefois l'existence de l'accélérateur de Doubna secrète, averti du potentiel qu'elle représente. L'objectif de Staline est simple : créer des bombes à fission et à fusion afin d'augmenter sa puissance militaire. Il se méfie des intellectuels, mais il a besoin des physiciens pour ce travail. Lavrenti Beria, son chef de sécurité, lui conseille de sa manière crue habituelle : « Laissons-les aller de l'avant ; nous pourrons toujours nous en débarrasser plus tard [1]. »

Une fois la décision de construire l'accélérateur prise, comment choisir le site ? Beria organise une réunion pour évaluer trois lieux. Aucun ne se trouve à Doubna. Le chef de la sécurité, qui aimait chasser à proximité, a alors pointé la carte et annoncé que le laboratoire serait construit… à cet endroit précis !

La région n'est pas vraiment idéale pour construire un accélérateur de particules, car elle est couverte de marécages. À cette objection, Beria annonce : « Nous allons les drainer. » Quant à l'absence de routes : « Nous allons les construire [2]. » Et concernant la main-d'œuvre, il a encore la réponse : les camps de travail du Goulag y sont nombreux. Les scientifiques qui feront le trajet de Moscou à Doubna dans les années 1950 verront souvent des prisonniers au crâne rasé construire les routes.

Ainsi est née Doubna. L'objectif réel du projet est déguisé sous le nom de *Laboratoire hydrotechnique*. La construction s'achève en décembre 1949, et des physiciens de Moscou commencent leurs premières expériences le mois suivant, dans l'accélérateur le plus puissant du monde à l'époque[3]. Il conserve cet honneur jusqu'en 1953, date à laquelle l'accélérateur Cosmotron du Brookhaven National Laboratory, près de New York, remportera la palme.

L'enthousiasme est grand lorsque l'équipe d'encadrement de Doubna apprend, fin 1950, l'arrivée au laboratoire de Bruno Pontecorvo, « étudiant du célèbre Enrico Fermi ». Aux yeux de Venedict Dzhelepov, qui deviendra le directeur de Doubna, le fait qu'un « scientifique aussi talentueux et célèbre vienne travailler dans le petit groupe d'alors revêtait une énorme importance[4] ».

Mais rares sont les privilégiés avertis de la présence du physicien italien dans la ville secrète. Même Irina Pokrovskaya, qui sera la secrétaire de Bruno au laboratoire pendant quarante ans, a d'abord connu un homme sans nom, qu'elle appelle « le professeur ».

Les médias occidentaux sont cependant certains que Pontecorvo se trouve en URSS, et des journalistes feront des déclarations fantaisistes pendant les cinq années qui suivront.

Des demi-vérités et des rumeurs sont souvent élevées au statut de faits avérés. Un exemple notable date de novembre 1951 : un journal romain affirme que les Russes ont arrêté Pontecorvo afin de juguler les fuites de leurs secrets atomiques vers les États-Unis ; Pontecorvo serait soupçonné d'être un agent double. L'article cite une source russe sans la nommer. Cette histoire trouve apparemment son origine dans l'annonce faite par le président Truman que des explosions atomiques ont eu lieu en URSS ; comme ces explosions sont censées être secrètes, les Soviétiques supposeraient que Truman a un informateur, un espion occidental infiltré parmi leurs scientifiques de premier rang. Un porte-parole de Harwell s'étonne que des informations sur des explosions, si elles sont véridiques, aient pu traverser le Rideau de fer[5]. Une analyse sérieuse des faits révèle toutefois que la rumeur n'a aucun sens. La Maison-Blanche a bien annoncé des explosions atomiques en Russie, mais celles-ci datent de fin 1949, presque un an avant la disparition de Pontecorvo.

Une autre rumeur populaire en Amérique du Nord prétend que Pontecorvo travaille en Chine, dans la province du Xinjiang *, dans

* Région autonome ouïghoure, située à l'Ouest de la Chine, sur l'ancienne Route de la soie, bordant l'Union soviétique. C'est dans cette région que les essais de bombes nucléaires seront effectués, une décennie plus tard. (N.d.T.)

une « énorme citadelle atomique » que la Russie est en train d'établir. De telles fables sont acceptées sans hésitation par les *Los Angeles Times*, *Chicago Tribune* et *Christian Science Monitor.* Le *Glasgow Bulletin* se montre plus sceptique et annonce que des sources suédoises et finlandaises ont démenti cette histoire. On a attribué ces témoignages de la présence de Pontecorvo en Chine à des transfuges qui ont quitté l'URSS pour Helsinki et Stockholm. Cependant, on ne connaît aucun réfugié soviétique ayant atteint ces villes après la disparition de Pontecorvo. Quoi qu'il en soit, un comité du Congrès américain désigne Pontecorvo en 1951 comme étant l'espion « ennemi public numéro deux » (Klaus Fuchs étant le numéro un). Le comité estime en outre que grâce à Fuchs et Pontecorvo, le programme d'armement soviétique a gagné dix-huit mois [6].

Les étranges théories selon lesquelles Pontecorvo travaille sur des armes à hélium ou des brouillards atomiques sont au mieux considérées comme de la science-fiction et n'ont aucune crédibilité scientifique. Plus difficile à écarter est la thèse selon laquelle il participe à la prospection d'uranium des Soviétiques, car son expertise dans ce domaine concorde parfaitement avec les besoins du pays de cette époque [7]. De fait, l'extraction de l'uranium devient vite l'une des tâches des travailleurs forcés du Goulag.

Bruno niera tous travaux sur les armes atomiques à quelque stade que ce soit. Cela est sans doute vrai littéralement, mais Isaac Pomeranchouk, le chef du programme de recherche sur les réacteurs nucléaires à Moscou, consulte souvent son collègue italien durant ses cinq premières années de présence en Russie. Boris Ioffé confiera que Pomeranchouk « se rendait souvent à Doubna à cette époque et qu'il disait à son retour avoir discuté de telle ou telle question avec "un professeur", ou répétait "un professeur dit ceci [8]". » Samoil Bilenky, qui collaborera plus tard avec Bruno, est encore un jeune scientifique à cette époque, étudiant de Pomeranchouk. Il se souviendra avoir voyagé en voiture avec ce dernier et un autre scientifique confirmé. Son mentor n'arrêtait pas de dire : « Le professeur a dit ceci ; le professeur a dit cela. » Bilenky a trouvé cela étrange : « Pourquoi ne prononçait-il pas le nom du professeur ? Naturellement, je savais qu'il ne fallait pas le demander [9]. »

Bilenky et Ioffé insisteront tous les deux sur le fait que Pomeranchouk « ne disait jamais qui était le professeur ». Ioffé précisera que « mentionner le nom de Pontecorvo était tabou » jusqu'en 1955 [10]. C'est seulement plus tard que Pomeranchouk confirmera ce que Ioffé soupçonnait : « le professeur » était bien Bruno Pontecorvo.

La quête de Pomeranchouk

Qu'attend donc Pomeranchouk de Pontecorvo ? Pourquoi le consulte-t-il si souvent ?

Lui et trois de ses collègues ont étudié en 1945 les problèmes mathématiques liés au « tube », un concept d'arme thermonucléaire utilisant le deutérium et le tritium. Une explosion atomique conventionnelle échauffe le tritium, ce qui produit l'étincelle pour faire exploser le reste de la bombe, laquelle consiste en un tube plein de deutérium. Une petite quantité de tritium suffit et comme le deutérium est bon marché, le tube peut avoir la longueur que l'on veut. Le principe est qu'une onde de choc se propage le long du tube, y comprime le deutérium et provoque sa fusion de manière explosive [11].

Jusqu'en 1949, toute la recherche de l'URSS en physique se concentre sur la réalisation d'une bombe nucléaire basée sur la fission. La raison en est que les Soviétiques désirent prouver leur puissance à l'Occident, mais aussi qu'ils ont besoin d'une explosion à fission pour amorcer les réactions de fusion d'une bombe à hydrogène – autrement dit, la maîtrise de la bombe à fission est le premier pas vers la bombe à hydrogène, le but ultime. À partir de 1949, les Soviétiques s'engagent sérieusement dans leur quête de la bombe H. Les principes physiques d'une telle arme sont clairs ; ce qui l'est moins, c'est si la réaction va conduire à l'explosion ou s'essouffler. Une des inconnues concerne la dissipation de l'énergie hors du dispositif. Celui-ci n'explosera que si l'énergie ne s'en échappe pas en trop grande quantité. Le groupe de recherche d'Arzamas-16, le « Los Alamos soviétique », étudie cela activement en 1949 et 1950. Il se concentre sur la manière dont l'énergie est dissipée sous la forme de photons gamma lorsque ceux-ci rebondissent sur les électrons au sein de l'appareil – ce qu'on appelle la diffusion par « effet Compton ».

On étudie l'effet Compton grâce aux récentes découvertes de l'électrodynamique quantique (QED), la théorie quantique des champs électromagnétiques. Des théoriciens japonais et américains ont achevé puis publié la QED en 1947, et les physiciens du monde entier en explorent les conséquences. C'est précisément ce que fait Boris Ioffé pour sa thèse de doctorat. Les électrons et les photons isolés tournoient sur eux-mêmes, ce qui leur confère un moment angulaire, appelé spin. Le jeune théoricien a pour tâche en 1950 de déterminer la manière dont certaines propriétés de la diffusion Compton varient en fonction de l'orientation relative du spin intrinsèque des particules. La question semble ne présenter qu'un intérêt académique : c'est apparemment une mise en pratique d'une nouvelle théorie, susceptible d'aider à en déterminer les limites. Mais elle s'applique aussi aux entrailles d'une arme thermonucléaire. On sélectionne avec soin le jury de thèse de Ioffé pour éviter les fuites. L. V. Groshev, un des membres du jury, reconnaît la qualité de la thèse à la fin de la soutenance, mais s'interroge sur un point : pourquoi est-elle si secrète ? Lev Artsimovitch, le président du jury, répond alors qu'il vaut mieux ne pas le savoir [12].

Ioffé fait partie de l'équipe de Pomeranchouk. On l'a vu, ce dernier est envoyé à Arzamas-16 pour « une longue mission » durant l'été 1950. Il veut cependant pouvoir discuter des découvertes révolutionnaires de la QED avec ses collègues à Moscou. Il parvient à convaincre les autorités de faire revenir son groupe à Moscou, pour qu'il puisse travailler à la fois sur la QED et « le problème », comme on appelle le projet de bombe. L'équipe est experte en réacteurs, et sa recherche est soumise au plus haut niveau de sécurité – « Dossier spécial top secret ». Le protocole est si contraignant à ce niveau que les rapports sont rédigés, non pas par des secrétaires dédiées et soigneusement surveillées, mais par les scientifiques eux-mêmes.

Le groupe de Pomeranchouk se donne pour objectif à Moscou de déterminer la quantité d'énergie du « tube » dissipée par diffusion Compton. Ils auront la réponse en 1952 : la perte d'énergie est telle que la bombe ne peut pas fonctionner.

Pomeranchouk s'intéresse donc à la QED au début des années 1950, car elle s'applique à la bombe H ainsi qu'à la conception de réacteurs nucléaires capables de produire du tritium. En physique fondamentale, il étudie aussi la diffusion de particules de haute énergie par d'autres particules. Tout cela nous ramène à notre question : qu'attend Pomeranchouk de Pontecorvo ?

Bruno a généralement des centres d'intérêt autres que ceux de Pomeranchouk. Il se passionne pour le neutrino, dont l'existence reste à prouver, pour les rayons cosmiques et les particules « étranges » qu'on y a découvertes, pour les relations entre les électrons, les muons et la force faible de la radioactivité. Étant à la base un expérimentateur, il a peu à offrir à un théoricien de premier plan comme Pomeranchouk sur des sujets comme la QED et la diffusion à haute énergie. Si Pomeranchouk a besoin de conseils en physique théorique, il dispose de talents considérables à Moscou. Il est en outre improbable qu'il se rende à Doubna pour discuter de physique fondamentale sur des sujets de recherche pure : Pontecorvo et Pomeranchouk ne publieront jamais un article de physique fondamentale ensemble, et leurs centres d'intérêt ne se rejoindront jamais. On sait que Pomeranchouk a interrogé Bruno sur les particules étranges, car celles-ci intéressaient des physiciens à Moscou, mais ce n'était qu'une curiosité passagère, et il n'a en rien contribué à ce domaine. Reste un sujet en commun : les deux hommes ont acquis une expertise remarquable sur les réacteurs nucléaires.

Pomeranchouk est, de l'avis de Ioffé, le « principal contributeur » en Union soviétique de la théorie des réacteurs nucléaires. Il a écrit le premier texte au monde sur les principes des réacteurs nucléaires dès 1947 [13]. C'est un physicien théoricien, expert incontesté des concepts de base. Mais rien ne remplace l'expérience directe, comme nous l'avons vu au sujet de la construction du réacteur de Chalk River. En un sens, on bâtit un réacteur nucléaire comme on apprend à conduire : on peut lire des livres sur le sujet, mais tant qu'on ne prend pas le volant sur une route, impossible de passer son permis. Pour les Soviétiques, il est impératif de construire un réacteur à eau lourde qui fonctionne vraiment. Pomeranchouk a lu (et écrit) les livres, mais il n'a jamais tenu un volant. À cet égard, la présence de Bruno Pontecorvo, qui a décroché son permis longtemps auparavant, est inestimable.

Les motifs des visites de Pomeranchouk deviennent en effet évidents sous cet angle. Un problème nouveau a en particulier émergé lorsqu'on a construit les premiers réacteurs en Occident : le fluage.

Le bombardement intense de neutrons, combiné à la chaleur dégagée par le réacteur, déforme le métal du système de refroidissement et risque d'anéantir le réacteur. Kourtchatov disposait avant 1946 de quatre institutions étudiant les moyens d'isoler les barres d'uranium et de s'affranchir de ce problème [14]. Les informations sur le sujet glanées par les agents infiltrés à l'Ouest se révèlent utiles, mais limitées. Les recherches de Chalk River et Harwell n'ont pour la plupart pas été consignées formellement, car elles étaient « faites au tableau noir et pendant les pauses café » ; elles sont cependant « exportées en URSS avec le cerveau de Bruno [15] ». En effet, ce dernier reconnaîtra en 1955, lorsque sa présence en Russie sera finalement rendue publique : « Il y a quelques années, j'ai eu l'occasion de discuter avec des collègues soviétiques de plusieurs problèmes concernant la protection au rayonnement dans des centrales nucléaires à visées pacifiques [16]. »

Il est évident que Bruno n'a pas été mis au courant du véritable objectif des questions de Pomeranchouk, étant donné le secret absolu qui entoure le projet atomique. Et sachant que la priorité absolue des Soviétiques était de construire des réacteurs produisant du tritium, il serait naïf de penser qu'aucune des conversations de Bruno et Pomeranchouk ne portait sur le « problème atomique ». Mais il serait tout aussi naïf de supposer que Bruno n'a pas compris ce qui se passait.

Les cahiers secrets

Bruno consigne quotidiennement son travail dans un livre de bord classé secret durant ses cinq premières années passées en URSS. Le livre au format lettre, à la couverture marron marquée d'un tampon « secret », est déposé en fin de journée dans le coffre du laboratoire, et il y reste jusqu'à ce que Bruno revienne [17].

Chaque cahier du livre contient deux cents pages, chaque page étant numérotée de sorte qu'une éventuelle disparition ne passe pas inaperçue. On y trouve la date d'arrivée de Bruno à Doubna. La page de garde du premier cahier porte l'inscription en russe : « Commencé en 1950 » ; la date écrite à la main en russe sur la première page indique « 1er novembre ». Les dates sont les seules

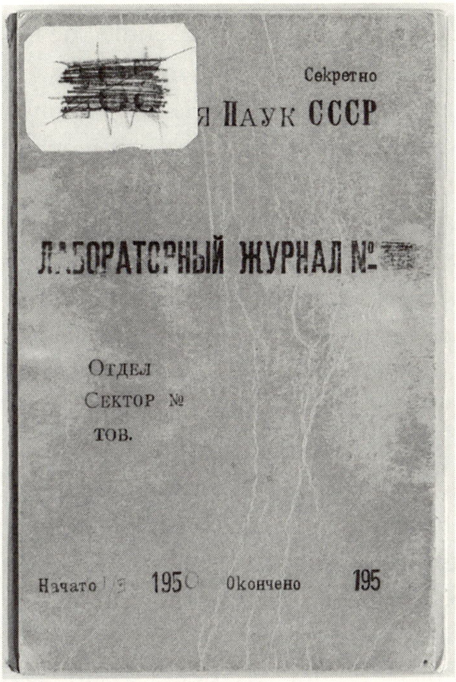

Couverture du premier cahier du livre de bord secret de Bruno Pontecorvo en URSS, 1950. (Avec l'aimable autorisation de Gil Pontecorvo et l'Exposition du centenaire Pontecorvo, université de Pise)

mentions en russe et semblent être écrites d'une autre main que celle de Bruno. Ses notes personnelles de chaque jour sont écrites en anglais.

Le premier cahier débute par une note sur la manière de mesurer très précisément l'énergie des neutrons. L'application de ce procédé apparaît dans la note suivante, page 2 : « Fission des états hautement excités. »

Bruno Pontecorvo incarne à ce moment de sa vie l'autorité mondiale absolue en matière d'instrumentation de ce type. Il a élaboré un détecteur à neutrons en Oklahoma pour des prospecteurs pétroliers ; l'instrument a été utilisé pour trouver de l'uranium au Canada ; il a encore amélioré les détecteurs à Harwell. Une fission « normale » se produit lorsque des neutrons de haute énergie heurtent des noyaux atomiques qui se trouvent dans leur état le plus stable. Bruno commente dans son journal : « Comme le montre la fission [des noyaux situés au milieu de la table de Mendeleïev], il doit exister [occasionnellement] des fissions à partir d'états *très hautement excités* » – dans lesquels un des constituants, neutron ou proton, a atteint temporairement le sommet de l'échelle d'énergie. (C'est moi qui souligne.) Il note ensuite : « Ces fissions doivent [...] libérer beaucoup d'énergie dans l'uranium et le thorium. »

Vers le milieu de la deuxième page est abordée une autre question discutée à Doubna dès le premier jour de Bruno : « Peut-on détecter des particules H-4 dans la chambre ? »

Le H-4, ou quadrium [18], jouera en 1955 un rôle important dans le roman satirique *La souris qui rugissait** en tant qu'isotope déclenchant la « bombe Q ». Nous savons aujourd'hui que le quadrium est trop instable pour exister et être utilisé dans un but militaire. À l'époque toutefois, il semble logique que les Soviétiques tentent d'isoler cet isotope exotique, étant donné la pénurie de tritium qui empêche la production de bombes thermonucléaires. Les scientifiques de Doubna espèrent produire des particules H-4 en bombardant des cibles bien choisies avec des faisceaux de deutérons ou de particules alpha [19]. S'ils y parviennent, ils auront une réponse toute faite au défi de Staline. Mais avant cela, ils doivent savoir détecter des particules H-4 et se tournent pour cela vers Bruno Pontecorvo.

Ce dernier suggère dans son livre de bord d'utiliser les champs magnétiques du cyclotron pour courber la trajectoire des « électrons » (les particules bêta émises lors de la désintégration de l'isotope H-4), et de là en déduire la présence transitoire de quadrium [20]. Si celle-ci est établie, des méthodes de production de cet isotope en plus grande quantité sont envisageables. La discussion se poursuit le 3 novembre, lorsque Bruno décrit un dispositif expérimental comportant plusieurs compteurs d'électrons.

Pontecorvo évalue aussi des méthodes de détection des pions. À la même date, il écrit avoir quelques idées sur « la fission provoquée par le méson mu ». Cette dernière phrase est cependant rayée, et il ne développe pas. Il consigne par ailleurs d'autres réflexions

* *The Mouse That Roared* de Leonard Wibberley, traduit en français par J.-M. Daillet aux éditions Fasquelle avec des illustrations de Siné, a été adapté au cinéma en 1959 par le réalisateur britannique Jack Arnold, avec Peter Sellers et Jean Seberg. (N.d.T.)

sur les particules étranges – idées qui mûriront des années plus tard. Et il considère la possibilité que la désintégration d'un muon produise deux neutrinos de caractères différents – une idée pleine de potentiel comme on le verra ! Cet ensemble de remarques montre que Bruno nourrit au début l'espoir d'expérimenter en physique des particules à Doubna, sans application militaire immédiate.

Le flux d'idées de Bruno s'interrompt après trois jours, les entrées de novembre se terminant abruptement à la moitié de la page 9 du cahier. Sur la moitié inférieure de cette page, l'écriture est inversée. Voici pourquoi.

La poussée d'activité que nous venons de décrire semble refléter une période initiale de réflexion, consécutive à son arrivée à Doubna. À son issue, Bruno est apparemment affecté à une autre tâche : plus rien n'est consigné, et quatre-vingt-dix pages restent vides ; puis on lui fournit un nouveau cahier, qui commence le 30 novembre. Les premières pages ont des entrées sporadiques, jusqu'en avril 1951, date à laquelle commence un rapport détaillé d'une recherche en physique des particules sur le cyclotron de Doubna. Ce cahier s'achève en septembre 1951, et c'est seulement alors que Bruno revient sur le premier cahier, resté en jachère depuis le 3 novembre 1950 [21]. Lorsqu'il reprend l'écriture dans ce cahier, il le retourne de manière à ce que la dernière page devienne la première. Il consigne ensuite sa recherche à Doubna chaque jour jusqu'à ce qu'il atteigne la page 9, en mars 1952. Ses travaux en physique des particules, dont les autorités affirmeront plus tard qu'elle a été sa seule activité en URSS, l'occupent donc à plein temps à partir d'avril 1951 seulement.

Bruno a délibérément choisi de consigner ses données à l'arrière du cahier d'origine, à part de ses premiers travaux. Il lui semble naturel de laisser de la place dans le journal pour le cas où il reviendrait sur ses recherches originelles ; il consigne donc les nouvelles données au dos. Il est clair cependant qu'en avril 1951, il a fourni à ses employeurs toutes les informations qu'ils souhaitaient concernant la fission et les particules H-4.

Les deux premiers cahiers étant remplis, Bruno en attaque un troisième : « Commencé en 1952 » est-il inscrit dessus en russe. Ce cahier et les suivants décrivent ses recherches courantes, qui consistent visiblement en des expérimentations sur le cyclotron de Doubna. D'autres pages contiennent des plans de cours ou des brouillons d'articles de recherche. Et ce jusqu'à sa « sortie » en 1955.

Que pouvons-nous en conclure quant à la première année de Bruno Pontecorvo en Union soviétique ? Premièrement, que les questions concernant le H-4 et la fission, qui l'ont occupé durant ses premiers jours à Doubna, n'ont rien à voir avec son travail ultérieur.

Début novembre, en effet, Bruno s'attache visiblement à résoudre des problèmes sur lesquels butaient les chercheurs de Doubna avant son arrivée [22]. On peut les considérer comme d'authentiques questions de physique « fondamentale », mais leur nature et leur portée nous incitent à les relier au programme d'énergie nucléaire. Les deux premières entrées, notamment, suggèrent que les scientifiques soviétiques cherchaient des moyens d'accroître l'énergie libérée par la fission d'éléments stratégiques (c'est-à-dire d'éléments entrant dans la composition d'armes ou de réacteurs, tels que l'uranium et le thorium, entre autres). Voilà un sujet assez ésotérique dans le cadre d'une recherche fondamentale. Et pour étudier le phénomène sérieusement, on a besoin de mesures très précises de l'énergie des neutrons ; d'où la première entrée. Le livre de bord suggère que Bruno a été consulté, dès son arrivée à Doubna, sur des questions liées à la production d'énergie par fission ou fusion, avec des applications potentielles à la production d'énergie par des réacteurs ou de manière explosive dans des bombes atomiques et thermonucléaires.

Après cette mission particulière, il a été consulté sur d'autres questions secrètes, ce qui explique les lacunes dans ses notes [23]. Nous savons que Bruno s'entretenait généralement sur les réacteurs nucléaires avec Pomeranchouk et d'autres. S'il a effectué un travail précis pour les Soviétiques sur la physique des réacteurs ou de l'uranium, cela a dû se passer durant cette période, entre novembre 1950 et mars 1951. Après quoi, il se consacre à plein temps à la physique des particules à Doubna [24].

Étranges particules

En 1951, Bruno est dans la force de l'âge, à trente-huit ans. Il participe activement à la recherche de Doubna, au-delà de sa contribution initiale au programme nucléaire du gouvernement soviétique. Il aide à progresser sur les axes de recherche existants et en suscite de nouveaux. Le plus significatif d'entre eux concerne les particules étranges.

Les physiciens ont découvert des particules « étranges » dans les rayons cosmiques trois ans avant que Bruno ne s'enfuie en URSS. Ils les ont qualifiées d'étranges, car elles ont une durée de vie d'un centième de millionième de seconde, ce qui, bien que court par rapport aux durées de la vie quotidienne, est environ un million de milliards plus long que ce qu'ils attendaient. Pour illustrer la longévité inattendue de ces particules, un scientifique a dit : « C'est comme si Cléopâtre était tombée de sa barge en 40 avant notre ère et n'avait pas encore atteint l'eau [25]. »

Un des objectifs de la recherche à Doubna, nous l'avons souligné, est de comprendre les pions – les particules qui matérialisent l'énergie nucléaire. Un pion isolé contient un septième environ de l'énergie stockée dans un proton ou un neutron, ce qui correspond à la quantité d'énergie que libère la fission d'un unique noyau d'uranium. C'est pourquoi la découverte d'un parent « étrange » du pion, trois fois plus massif que lui (et donc possédant trois fois plus d'énergie) fait sensation. Cette nouvelle particule sera baptisée kaon, ou méson K.

Le synchrocyclotron de Doubna est suffisamment puissant pour produire des pions, mais pas assez en 1950 pour engendrer le kaon, plus massif, et résoudre l'énigme de l'étrangeté. Le mystère s'épaissit lorsqu'une nouvelle particule étrange apparaît en 1951 dans les débris des collisions cosmiques : le lambda. Elle ressemble à un neutron qui porterait cette mystérieuse étrangeté. Et c'est Bruno, en Union soviétique, qui aidera les scientifiques à la comprendre.

Bruno rédige en 1951, juste après la découverte du lambda, un article classifié dans lequel il s'intéresse aux propriétés anormales des particules étranges. Il y développe l'idée que « la formation et la désintégration de ces particules ne sont pas des processus inverses l'un de l'autre [26] ». En d'autres termes, même si des particules étranges sont produites par paires sous l'effet de l'interaction nucléaire forte, elles se désintègrent indépendamment l'une de l'autre à cause de l'interaction faible, l'interaction universelle que Bruno a contribué à identifier en 1947. Un kaon et un lambda naissent ensemble, mais meurent chacun de son côté. Bruno décrit ainsi ce processus que nous appelons aujourd'hui « production associée », selon lequel des particules étranges apparaissent par paires, puis se faussent mutuellement compagnie. L'interaction forte n'est à l'œuvre que lorsqu'elles sont toutes deux proches l'une de l'autre, après quoi elles sont libérées de son influence et l'interaction faible prend le relais. Cette dernière étant beaucoup moins intense que l'interaction forte, chaque particule étrange esseulée survit pendant un temps étonnamment long.

Bruno doit être le premier scientifique à comprendre cela, mais il reste muet sur ce qui fait du kaon et du lambda des particules « étranges », à la différence du proton, du neutron et du pion, qui sont des particules « normales ». D'autres scientifiques se chargeront de résoudre l'énigme.

La réponse est que certaines particules portent une charge d'étrangeté, de la même manière que des particules portent une charge électrique et d'autres non. On ne peut pas créer de rien une charge électrique positive ou négative ; toute charge positive doit être équilibrée par une charge négative, et *vice versa*. La même règle s'applique à l'étrangeté. Le kaon possède, disons, une unité d'étrangeté positive, et le lambda porte une unité de même valeur mais de signe opposé. Les protons et neutrons d'un noyau ne possèdent pas d'étrangeté, si bien que lorsqu'un proton d'un rayon cosmique ou d'un accélérateur heurte un noyau, la création d'un lambda (d'étrangeté négative) doit être contrebalancée par l'apparition simultanée d'un kaon (d'étrangeté positive). L'étrangeté totale reste nulle.

Bruno n'a pas eu l'idée de l'étrangeté négative et positive, si bien qu'il se contente de supposer que les particules étranges doivent apparaître par paires. Nous savons aujourd'hui, par exemple, qu'une collision entre deux neutrons ne peut pas engendrer deux lambdas, car cette paire porterait deux unités d'étrangeté négatives. Mais Bruno pense à tort que cette réaction est possible.

L'accélérateur de Doubna n'a pas l'énergie nécessaire pour créer des kaons, mais il en a suffisamment pour produire des lambdas, si la réaction que je viens de décrire, dans laquelle la collision de deux neutrons engendre deux lambdas, est possible. Bruno propose de chercher celle-ci dans un rapport de Doubna de 1953, classé secret à l'époque [27]. Lui et ses collègues réalisent l'expérience en 1954, mais ils ne trouvent pas trace de particules lambda. Aucune réaction de ce type n'a de fait été observée à ce jour.

Le Cosmotron est mis en service aux États-Unis en 1954, et des protons d'énergie bien plus élevée qu'à Doubna bombardent bientôt diverses cibles. Cet accélérateur produit même des faisceaux de pions, qu'on peut diriger sur des noyaux atomiques. Résultat : un kaon émerge, accompagné d'un lambda. Bruno Pontecorvo a donc correctement identifié le phénomène de production associée, mais n'a pas su le comprendre en profondeur.

Il ne sera pas crédité de cette avancée, de toute façon. Et pour cause : le travail de Pontecorvo reste inconnu en dehors de Doubna, à l'instar de l'arbre qui tombe dans la forêt sans que personne ne l'entende. Le théoricien Abraham Pais arrive indépendamment à la même conclusion que lui la même année aux États-Unis, et c'est à lui que de nombreux manuels attribuent la découverte [28].

Le concept de charge d'étrangeté aura des conséquences importantes. Le physicien américain Murray Gell Mann s'en inspirera en 1961 pour concevoir le modèle de la « voie octuple », dans le but de classer les particules soumises à l'interaction forte. Ce modèle conduira à son tour à la découverte d'un niveau de réalité encore plus profond au sein de ces particules, car celles-ci sont constituées d'entités encore plus petites, appelées quarks [29].

La vie en URSS

Quand les Pontecorvo arrivent à Doubna en 1950, des baraquements entourent la ville. Ces prisonniers du Goulag de Beria qui construisent les routes, en uniformes et la tête rasée, Bruno les voit mais n'y prête pas attention. Il déclarera des années plus tard qu'il ignorait qui ils étaient et pourquoi ils avaient été emprisonnés : « Il y a des lois dans tous les pays et les enfreindre mène à la prison. » Il était par ailleurs informé : « Il y avait de grands procès et des condamnations à mort. Je savais que des gens étaient détenus dans des camps et des prisons. Je pensais, comme un million d'autres communistes, que c'était l'inévitable conséquence de la lutte des classes encore à l'œuvre [30]. »

En somme, Bruno aussi est prisonnier, bien que d'une cage dorée. D'un côté, la vie à Doubna lui procure un accès à une nourriture et un confort de meilleure qualité que ce dont dispose le peuple soviétique de l'époque. Mais de l'autre, il faut une permission spéciale pour sortir de la zone du laboratoire. Les restrictions sont encore plus sévères pour le physicien, qui ne peut emprunter aucun document, aucun livre du laboratoire pour travailler à la maison. Son livre de bord est mis sous clé tous les soirs dans le coffre du laboratoire. Et il est soumis à d'autres contraintes, plus sérieuses.

On s'en souvient, deux gardes l'accompagnent dès qu'il quitte la maison, même pour le court trajet vers le laboratoire, soi-disant pour sa protection. Absurde, étant donné que Doubna est une zone surveillée dont les pensionnaires, ainsi que Bruno les considère à l'époque, sont spécialement choisis. Les gardes jouent cependant un rôle important : ils empêchent Bruno de parler à des étrangers lorsqu'il marche. Un des gardes a l'habitude de siffler, ce qui agace Bruno. Quand cet homme est assigné à sa surveillance, Bruno accélère le pas pour arriver plus vite et minimiser le temps passé en sa présence.

Et cet isolement forcé s'étend à sa vie sociale. À l'Ouest, les scientifiques avaient coutume de s'inviter mutuellement, et les familles dînaient et partaient en week-end ensemble. Bruno a perdu cette convivialité durant ses cinq années passées au secret à Doubna. Il collabore étroitement avec des collègues au laboratoire, prend le déjeuner avec eux à la cantine, puis rentre chez lui dans les bois, éternellement escorté par ses séides. Les contacts avec ses pairs scientifiques, dont les maisons nichent entre les arbres tout près de la sienne, sont inexistants. Personne ne l'invite. Cet homme, au caractère ouvert et grégaire, qui aime tant briller en société, est confiné derrière un strict cordon sanitaire *.

Bruno Maximovitch Pontecorvo

Nous avons vu que Pomeranchouk n'évoque Bruno que comme « le professeur ». On ignore l'identité de celui-ci même à Doubna. Il n'est plus que le professeur, prénom Bruno.

* En français dans le texte. (N.d.T.)

Bruno et Marianne à Doubna. (Avec l'aimable autorisation de Gil Pontecorvo ; Archives familiales Pontecorvo)

Les Russes portent traditionnellement un prénom et un patronyme, ce dernier signifiant généralement « fils ou fille de X ». Sauf Bruno, qui n'est que « Bruno », seule identité autorisée, ce qui ne manque pas de causer de l'embarras. Impossible en effet de s'adresser au professeur par « Bruno » dans la Russie des années 1950, pas plus que n'importe qui ne s'adresse au Premier ministre en Angleterre par « Winston » ! Pour résoudre ce problème, un de ses collègues de l'encadrement lui demande le prénom de son père, et, à partir de Massimo, lui forge le nom « Bruno Maximovitch » que tout le monde utilise depuis. On continuera de l'appeler B. M. Pontecorvo, même lorsque sa présence sera rendue publique en 1955.

Les enfants aussi ont perdu leur nom de famille. À l'école, ils sont Gil, Tito et Antonio Ivanov. Gil me confirmera que la présence de Bruno à Doubna étant un secret d'État, changer de nom était impératif : « Cela nous faisait bizarre qu'on nous appelle Ivanov, mais nous n'y prêtions pas attention [31]. » Et Bruno de conclure : « Certaines choses doivent rester secrètes [32]. »

Le physicien et sa famille sont effectivement en exil. Les Soviétiques semblent se méfier de lui, selon l'opinion d'un ancien chef du MI5 [33]. Ils adoptent d'ailleurs le même comportement avec Guy Burgess et Donald Maclean, les espions des Cinq de Cambridge. Ces derniers sont exilés dans la ville industrielle de Kuibishev durant plusieurs mois après leur défection pour l'URSS en 1951, pendant qu'« on vérifie minutieusement leur crédibilité et qu'on s'assure qu'ils n'ont pas été retournés ». On cache un temps leur présence dans le pays, pour ne pas mettre en lumière le rôle de Philby dans leur défection et celle de Bruno. Le journaliste et auteur de romans d'espionnage à succès Chapman Pincher expliquera : « Le KGB a toujours considéré la sécurité de ses agents comme la priorité, [et préféré] le silence à un quelconque avantage immédiat pour la propagande [34]. »

Bruno souffre de cet isolement, tandis que Marianne pense que ce « n'est pas un problème », car elle a une aversion presque pathologique pour la vie sociale [35]. Bruno l'a blâmée aux États-Unis, lorsqu'elle a refusé de rencontrer les Fermi. Elle n'a plus à Doubna aucun rendez-vous d'amis à éviter. Et Marianne, toujours « silencieuse et un peu distante », commence à « oublier les noms, les rendez-vous et les choses ». Elle « lit pendant des heures, ou reste allongée sur le lit, regardant fixement les arbres par la fenêtre [36] ». La description que Bruno fera des années plus tard à Miriam Mafai révèle l'état dépressif de Marianne, qui la conduira à un effondrement psychique, puis à de longs séjours en sanatorium.

Bruno et la politique

Bruno n'est connu que de rares personnes durant ses cinq premières années en Union soviétique ; tandis que pour les médias occidentaux comme pour sa famille et ses amis sa disparition reste une énigme. Comment avoir une pensée politique dans ce cas ?

Il se souviendra : « Je lisais la *Pravda* tous les jours et parfois *L'Unità*. Même ainsi, il était difficile, voire impossible, de se faire une idée globale de l'actualité internationale [37]. » Cette difficulté transparaît en 1953, pendant ce qu'on appelle le complot des blouses blanches, peu de temps avant la mort de Staline : plusieurs médecins juifs sont arrêtés « pour tentative d'empoisonnement de dirigeants soviétiques ». Bruno lit cette une depuis sa résidence surveillée de Doubna. Il pense que l'accusation est fondée : « J'y croyais. Non pas mot pour mot, car ce n'était que de la propagande, mais il devait y avoir un fond de vérité. L'histoire regorge d'assassinats politiques. On était en 1953, au point culminant de la guerre froide [et] de la reconstruction de l'économie soviétique. Il y avait des raisons de tuer Staline [38]. »

Un des médecins est tué en prison, et les autres doivent subir le même sort, quand le généralissime meurt le 5 mars 1953 [39]. Les nouveaux dirigeants annoncent quelques semaines plus tard que toute l'affaire a été un « malentendu » et que les médecins survivants sont libérés. Bruno interprétera cela en 1990 comme le signe d'une lutte politique au sein du Kremlin : « Je ne connaissais pas grand-chose de ce conflit. Cela peut sembler inexplicable aujourd'hui, mais [à l'époque] je me fiais [aux rapports] [40]. »

Staline a régné par la terreur. Bruno ne s'en est pas ouvertement inquiété. Il justifie sa dureté par le fait qu'il a sauvé la révolution d'Octobre et vaincu le nazisme, par analogie avec la Terreur qui a suivi la Révolution française.

Staline était un héros pour beaucoup en Union soviétique, car il a vaincu le nazisme. Il craignait cependant la puissance des États-Unis, ainsi que celle des autres nations occidentales, qui ont tenté de tuer dans l'œuf la révolution bolchevique, puis ont développé des armes atomiques sans en informer leur allié soviétique. Fuchs, Nunn May et d'autres scientifiques sympathisants occidentaux ont passé des secrets atomiques aux Soviétiques, car il leur importait que les deux camps possédassent l'arme nucléaire pour contrebalancer la puissance de l'Occident par celle de l'URSS.

Bruno, comme des millions d'autres en URSS, a conservé toute sa foi dans l'État communiste et ses dirigeants lorsque le généralissime meurt. La nation entière est en deuil. Des centaines de milliers de personnes défilent devant le cercueil de Staline, et beaucoup meurent étouffés dans les mouvements de foule de la place Rouge. Bruno n'est pas parmi eux ; il est toujours coincé à Doubna, pendu à la radio, qui relate l'événement. Gil, alors âgé de quatorze ans, s'en souviendra : « [Il y a eu] une semaine ou dix jours de musique solennelle à la radio. C'est la première fois que la musique classique m'a touché[41]. »

Bruno rejoint le Parti communiste de l'Union soviétique en 1954. Il déclare simplement au secrétaire local du parti qu'il veut se faire enregistrer, « et [sa] requête est immédiatement acceptée », alors que la procédure normale est longue et compliquée, le candidat devant se faire coopter par deux membres du Parti et franchir plusieurs obstacles. Il se rend très vite compte que les réunions du parti soviétique ont peu à voir avec son expérience parisienne d'avant guerre. À Paris, « les chefs avaient le dernier mot, mais le débat avait lieu. Ici, il n'y en a aucun. » À Doubna, il remarquera avec étonnement : « Les réunions portaient davantage sur les problèmes personnels que sur la politique. La majeure partie du temps était consacrée au comportement des membres de la cellule. C'était assez médiéval, de parler de cela en public et de justifier sa conduite. Je considérais cela comme une intrusion excessive dans la vie privée. » La cellule constate régulièrement qu'Untel boit trop ou qu'Unetelle trompe son mari. Bruno confessera plus tard : « Je n'ai jamais compris la signification de cette cérémonie, une sorte de confession, où la punition ou l'absolution venaient non pas du prêtre, mais du secrétaire de la cellule[42]. »

CHAPITRE 16

La résurrection

C'est au début de l'année 1955 que Bruno refait surface sans prévenir. Une campagne internationale du Conseil mondial de la paix appelle à l'époque à la destruction de toutes les armes atomiques et prône l'interdiction d'en fabriquer de nouvelles. Surprise : un article du journal soviétique *Izvestia* associe le nom de Bruno à cette campagne en février. Le périodique interviewe Bruno, sans que celui-ci sache comment cela a pu se faire : « Personne ne m'a demandé mon avis. Un représentant du parti m'a dit qu'on avait décidé [que je devrais faire cela]. J'avais déjà compris qu'une personne de mon rang ne décide rien [1]. »

Dans l'article, il explique aussi les raisons de sa défection. Il révèle qu'il s'est engagé en 1936 contre le fascisme et a découvert par des « faits indéniables » le rôle moteur de l'URSS dans la lutte contre la guerre. Il a éprouvé plus tard, après l'explosion des bombes nucléaires de Hiroshima et de Nagasaki, « une souffrance morale » en tant que physicien. Il affirme aussi avoir subi en 1950 d'intolérables « interrogatoires et chantages de la police » en Grande-Bretagne [2]. Enfin, s'il a quitté l'Occident, c'est pour préserver sa dignité personnelle, car l'usage militaire de l'énergie atomique le rendait « honteux de sa profession [3] ».

Guido Pontecorvo a déclaré en 1950 au MI5 que Bruno s'était apparemment désintéressé de la politique à Chalk River et à Harwell, pour « s'adapter à la situation », suivant l'avis de Gillo [4]. Nous pouvons conclure de même que le dévouement de Bruno pour la paix et sa critique des scientifiques occidentaux sans morale l'aide en 1955 à « s'adapter à la situation », car cette position satisfait sans aucun doute ses nouveaux patrons.

La déclaration de Bruno néglige le fait que de nombreux physiciens ont diffusé un message de paix au Royaume-Uni alors même qu'il était à Harwell. Il est inconcevable qu'il n'ait pas suivi leur initiative, car il était proche d'eux et les médias s'en sont largement fait l'écho. Herbert Skinner par exemple, son ancien collègue de Harwell, a été l'un des premiers physiciens britanniques à s'inquiéter des armes nucléaires, de même que Rudolf Peierls, qui a pourtant lancé le projet atomique en 1941. Ce dernier était un ami proche de Klaus Fuchs et a été consultant pour Harwell. Peierls avait pris part au projet Manhattan car, en tant qu'émigré juif d'Allemagne, il craignait que les nazis ne fabriquent une arme nucléaire. Mais quand l'Allemagne a capitulé, plus rien ne justifiait à ses yeux de travailler sur la bombe atomique.

Et beaucoup d'autres scientifiques partageaient ce sentiment, si bien que Peierls a mené un nombre important de physiciens britanniques dans une vaste campagne contre la prolifération des armes nucléaires. Le groupe a ainsi écrit au *Times* en 1947 pour réclamer le contrôle international des armes. Le MI5 a pris note de l'initiative, ainsi que le sénateur Joseph McCarthy aux États-Unis. Un collectif comportant Skinner a produit en juillet un article largement diffusé sur le sujet, que des dirigeants soviétiques haut placés ont d'ailleurs remarqué [5].

Et l'histoire ne s'arrête pas là. Quand le président Truman révèle que le gouvernement des États-Unis s'intéresse à la bombe à hydrogène début 1950, la nouvelle bouleverse de nombreux scientifiques britanniques, dont George Thomson, lauréat du prix Nobel. Ceux-ci s'associent à des physiciens américains pour inciter le président à proscrire publiquement l'usage de cette arme. Peierls et d'autres scientifiques publient des lettres ouvertes dans les principaux journaux, tandis que des articles paraissent tout au long de l'année dans les médias, exprimant les inquiétudes des scientifiques au sujet de la bombe. Le *Daily Mirror* publie l'affaire en première page en mars [6]. Ces sujets sont largement débattus parmi les physiciens durant la présence de Pontecorvo à Harwell, sans que ce dernier n'ait laissé aucune trace de sa participation à ce mouvement.

Ultime ironie de l'histoire sans doute, le poste de Liverpool jadis offert à Pontecorvo était resté vacant depuis le départ de Joseph Rotblat. Celui-ci avait quitté le projet Manhattan par objection de conscience et avait critiqué avec virulence la course à l'armement ; il recevra le prix Nobel de la paix en 1995 pour son action *. Mais Bruno Pontecorvo s'épanche dans sa déclaration de 1955 comme si rien de tout cela ne s'était passé.

On s'en doute, le moment où Bruno réapparaît n'a rien d'anodin. L'URSS a alors construit son arsenal d'armes atomiques et fait exploser sa première bombe à hydrogène, et son programme de réacteur nucléaire est bien avancé. Staline n'est plus, et son successeur Nikita Khrouchtchev se prépare à adopter au sommet de Genève une nouvelle stratégie appelée *Atoms for Peace* (« Atomes pour la paix »). Ce programme américain vise à promouvoir une utilisation de la technologie nucléaire à des fins pacifiques, comme la production d'électricité et la propulsion de navires, plutôt que pour la destruction de masse. Il s'agit par conséquent de montrer que l'Union soviétique souhaite une coexistence pacifique. Il convient donc à la propagande de présenter Bruno Pontecorvo comme un pacifiste, qui n'a jamais travaillé sur la bombe atomique.

Le secret qui entoure la présence de Pontecorvo en URSS a en outre perdu ses deux principales raisons d'être depuis plusieurs mois. Nous avons vu que le KGB protégeait ses agents, y compris ceux qui étaient rentrés en Union soviétique. Les Cohen, qui ont été exfiltrés des États-Unis en 1950 et escortés à Moscou quelques semaines avant l'arrivée de Bruno, sont envoyés en Angleterre en 1954, sous les pseudonymes de Helen et Peter Kroger, afin d'y monter un nouveau réseau d'espions [7]. Par ailleurs, le MI5 a découvert à cette époque la trahison de Kim Philby et l'a éloigné des services de renseignements, si bien que le KGB n'a plus à s'inquiéter de Pontecorvo en 1955.

Les gouvernements occidentaux subodoraient depuis longtemps que Bruno se trouvait en URSS, mais cette confirmation fait sensation dans les médias du monde entier. Par réaction, les Soviétiques

* Joseph Rotblat, d'origine polonaise, est le seul physicien à avoir quitté le projet Manhattan avant l'utilisation des bombes de Hiroshima et de Nagasaki. Il avait alors appris que les Allemands n'avaient pas fabriqué de bombe atomique,

organisent une conférence de presse le 4 mars, durant laquelle des journalistes triés sur le volet pourront parler à Bruno à l'Académie des sciences de Moscou. « La perspective d'apparaître à une conférence de presse m'embêtait un peu, avouera Bruno plus tard. J'ignorais ce qu'on allait me demander, et je me suis longuement préparé [8]. »

À quatre heures de l'après-midi, Bruno arrive dans le hall de l'ancien palais d'Été du tsar. Il porte un élégant costume gris à pochette, d'où pointe un mouchoir blanc sur le cœur, et dont le revers droit est orné de la médaille d'or à ruban rouge du prix Staline [9]. Deux interprètes l'accompagnent, et il s'adresse à l'assistance en italien.

Il commence ainsi : « Journalistes, amis, compagnons, je savais que vous seriez nombreux à vouloir me rencontrer après mon appel, aussi je suis venu ici pour des échanges de vue francs et amicaux et pour avoir une conversation avec la presse mondiale. Les puissances de l'Atlantique veulent la guerre, [tandis que] ma présence en URSS m'a convaincu que le peuple soviétique souhaite la paix. Le gouvernement de l'URSS prend toutes les mesures possibles pour éviter la guerre. J'appelle tous les honnêtes hommes, et en particulier les scientifiques, à prendre position. Aujourd'hui, nous ne pouvons rester de simples spectateurs. »

Il conclut sa déclaration en demandant à la presse de saluer tous leurs proches de sa part et de la part de son épouse et des enfants, notamment ses parents et ceux de Marianne, qui n'ont reçu aucune nouvelle d'eux depuis presque cinq ans. Sur quoi, les journalistes lèvent la main avec vigueur pour poser leurs questions.

Il s'ensuit une séance de questions-réponses étroitement contrôlée. Bruno refuse ainsi de répondre à un journaliste qui l'interroge sur les circonstances de sa fuite en URSS. Les reporters apprennent toutefois des éléments de sa vie depuis son arrivée dans le pays. Il révèle qu'il partage son temps entre son appartement à Moscou et sa maison sur le site de Doubna, près du laboratoire où il mène des expériences sur le cyclotron géant. Il annonce qu'il a reçu le prix Staline « pour son travail sur la physique des hautes énergies ». Pour répondre à une

---

et il soupçonnait que les Américains voudraient s'en servir pour établir la suprématie des États-Unis sur l'Europe et l'Union soviétique. (N.d.T.)

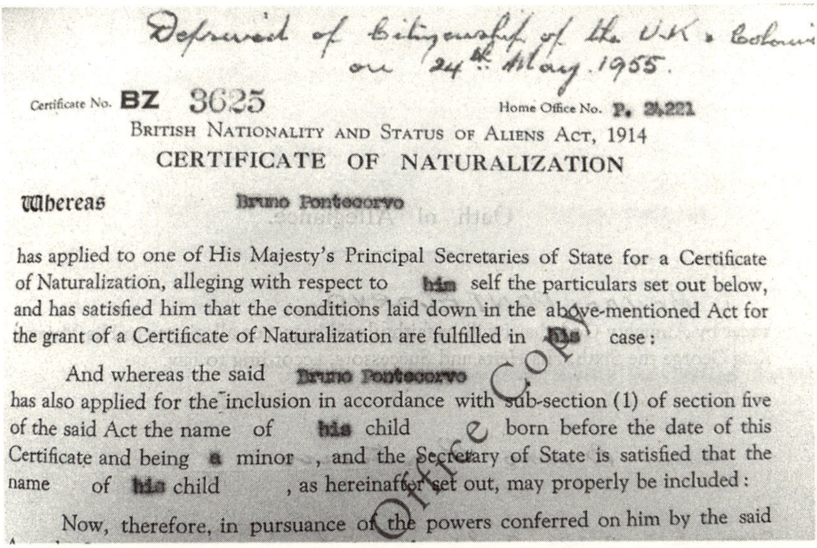

Deprived of citizenship of the U.K. & Colonies on 24th May 1955.

Certificate No. BZ 3625 Home Office No. P. 24,221

British Nationality and Status of Aliens Act, 1914

CERTIFICATE OF NATURALIZATION

Whereas Bruno Pontecorvo

has applied to one of His Majesty's Principal Secretaries of State for a Certificate of Naturalization, alleging with respect to him self the particulars set out below, and has satisfied him that the conditions laid down in the above-mentioned Act for the grant of a Certificate of Naturalization are fulfilled in his case:

And whereas the said Bruno Pontecorvo has also applied for the inclusion in accordance with sub-section (1) of section five of the said Act the name of his child e born before the date of this Certificate and being a minor , and the Secretary of State is satisfied that the name of his child , as hereinafter set out, may properly be included:

Now, therefore, in pursuance of the powers conferred on him by the said

Le certificat de naturalisation britannique de Bruno Pontecorvo, portant l'annotation signifiant le retrait de sa citoyenneté le 24 mai 1955.

question sur sa citoyenneté, il brandit un document d'identité et annonce qu'il est citoyen soviétique depuis 1952.

L'audience souhaite savoir en quoi consiste son travail. Il propose d'expliquer ce qu'est « la physique des particules de haute énergie », mais il ajoute : « Je doute que vous y comprendriez quelque chose. » Quand on lui demande si ce travail a des applications militaires, il répond : « Absolument pas. Je n'ai jamais travaillé dans des domaines qui pourraient avoir une quelconque portée pour l'armée. » Il maintient cette position en réponse à la question qui s'ensuit (« Les résultats n'ont-ils aucune application pour les armes atomiques ? ») : « Le gouvernement de l'URSS mène une campagne inlassable pour l'interdiction des armes atomiques, on ne peut en dire autant des États-Unis. » Il ajoute : « Quand je suis venu en URSS, j'ai fait plusieurs propositions sur l'énergie atomique, toutes de nature pacifique. » Et il explique qu'il est ainsi intervenu au sujet de la protection contre les rayonnements dans les centrales d'énergie nucléaire [10].

La conférence se termine au bout de deux heures. Une conséquence en est que le Royaume-Uni révoque la citoyenneté de Bruno le 24 mai 1955. C'est une mesure extrêmement rare [11].

Les Soviétiques, en revanche, ont dû être satisfaits de la performance de Bruno, car ils l'autorisent, ainsi que Marianne, à écrire à leurs parents dès le lendemain ; en cinq ans, c'est leur première correspondance avec leurs proches, et quiconque se trouvant au-dehors de l'URSS. Pontecorvo affirmera trente-cinq ans plus tard à la journaliste Miriam Mafai que les échanges n'étaient pas à proprement parler interdits durant les années précédentes : « Personne n'a dit que nous ne pouvions pas écrire. Mais nous ne l'avons pas fait. » Quand j'ai demandé à Mafai comment elle interprétait cette déclaration de Bruno, elle m'a répondu : « Il y a des choses que vous ne pouvez comprendre que si vous êtes communistes. »

Les parents de Bruno et ceux de Marianne apprécient beaucoup ces lettres, d'autant que le couple ne peut toujours pas sortir d'URSS. On refuse même de délivrer un visa de sortie à Marianne pour assister aux funérailles de sa mère en 1967. Les Soviétiques privent également Bruno de la permission d'assister aux funérailles de sa mère en 1958 puis de son père en 1975, alors que Gil obtient un visa de sortie pour participer à une conférence en Italie fin 1974. Bruno avait bien invité ses parents en URSS, mais ils avaient décliné l'invitation [12]. Et ils n'ont jamais su où habitait leur fils, son adresse étant en poste restante.

Nikita Khrouchtchev conduit après la mort de Staline des changements importants dans l'État et ses relations avec l'Occident. La révolte hongroise de 1956 contre le contrôle soviétique aboutit à la chute du gouvernement hongrois, avec l'idée d'organiser des élections libres, et de se retirer du pacte de Varsovie. Moscou ne peut tolérer cet affront à son autorité. Les troupes russes pénètrent dans le pays le 1er novembre et écrasent l'insurrection.

Une attitude musclée qui déclenche probablement la plus profonde crise de conscience des sympathisants communistes occidentaux depuis le pacte germano-soviétique de 1939. L'explication avancée par les autorités soviétiques est que des fascistes et des puissances occidentales ont profité de l'insatisfaction en Hongrie, ce qui a poussé les patriotes hongrois à appeler l'URSS à l'aide pour mater le soulèvement. Un certain nombre d'intellectuels trouvent cette histoire invraisemblable, même au sein de l'Union soviétique, mais Pontecorvo, préparé à accepter la version officielle des événements, interprète l'invasion comme un mal nécessaire.

La loyauté envers l'URSS est pour Bruno l'un des premiers devoirs de celui qui croit au communisme. Après l'avoir rencontré en 1990, Miriam Mafai décrira les efforts du militant communiste pendant la guerre froide de la manière suivante : « La loyauté envers l'URSS constitue le noyau dur de sa personnalité. Chaque décision, chaque action de sa vie tendent à défendre l'URSS [13]. » Bruno est dévasté quelques mois plus tard quand il apprend que son frère favori, Gillo, considère l'invasion de la Hongrie comme une agression soviétique et quitte le parti communiste italien, à l'instar de nombre d'intellectuels européens. Comment comprendre ce manque d'attachement à la cause ? À la fin de sa vie, Bruno semblera toutefois prendre des distances avec cette loyauté. Il dira de lui en 1990, timidement, qu'il s'est intéressé à la physique et au tennis, mais finalement peu à la politique [14].

Le professeur Pontecorvo

Si l'existence de Bruno est confirmée en 1955, celle des neutrinos reste hypothétique.

Pontecorvo a commencé à chercher en Occident comment détecter des neutrinos émis par des réacteurs nucléaires ou par le Soleil. À l'époque de la conférence de presse, V. P. Peshkov, l'un des meilleurs expérimentateurs de l'Institut des questions nucléaires de Moscou, demande à l'un de ses étudiants, I. I. Medvedev, de réfléchir au moyen de détecter les neutrinos que les réacteurs sont censés émettre en grand nombre, si l'on en croit la théorie d'alors. Peshkov est un membre confirmé du Comité d'État pour la science et la technologie, et il est politiquement influent. Il a accès, du fait de sa fonction, à des réacteurs opérationnels. C'est ce qui lui donne l'idée de s'en servir pour détecter le neutrino.

Medvedev sait qu'un autre étudiant, Semen Gershtein, s'intéresse à l'interaction faible (la force fondamentale responsable de la désintégration bêta) ainsi qu'à l'hypothèse du neutrino. Il le contacte donc pour discuter du problème. Très peu de monde prend au sérieux la quête du neutrino à l'époque, et lorsque les deux jeunes chercheurs apprennent que Bruno Pontecorvo, l'un des meilleurs experts mondiaux des neutrinos, réside à Doubna avec un appartement à Moscou, ils décident de le consulter sur la faisabilité d'une expérience pour les détecter. Avant de s'apercevoir avec stupeur que Pontecorvo connaît les réponses avant même qu'ils ne posent les questions.

Le problème, quand on tente de détecter le fantomatique neutrino, c'est qu'une fois qu'on a capté un faible signal, il est difficile d'être sûr que celui-ci vient d'un neutrino et non d'une autre source. Les rayons cosmiques n'arrangent rien. L'atmosphère joue certes le rôle de bouclier contre les puissants rayons cosmiques primaires, mais il subsiste une pluie de particules secondaires au niveau du sol, qui suffit à masquer la faible trace d'un neutrino dans un détecteur. Pontecorvo recommande aux étudiants de placer leur détecteur sous le réacteur pour le protéger au mieux des rayons cosmiques. Il évalue même leurs chances de succès, et fournit les détails de l'équipement nécessaire.

Il paraît évident qu'il a déjà beaucoup réfléchi au problème. Gershtein lui demande à la fin de la conversation pourquoi il n'a pas monté l'expérience lui-même. Bruno rougit, comme il a l'habitude de faire quand il n'est pas sûr de lui, et esquive la question. Gershtein repose sa question au cours d'une autre conversation, et Pontecorvo avoue à contrecœur et « avec embarras » qu'il a souhaité monter cette expérience peu de temps après son arrivée, mais qu'on lui a interdit l'accès à « tout réacteur ».

Ainsi, même Igor Kourtchatov, grand admirateur du travail de Bruno pendant des années et père de la bombe atomique soviétique, n'a pas réussi à convaincre les autorités de laisser Pontecorvo accéder à un réacteur [15]. La révélation sidère Gershtein, et il se déclarera persuadé des années plus tard que « si les recherches avaient commencé en 1950, lorsque de nombreux réacteurs industriels étaient déjà en fonctionnement et que d'autres étaient en construction, Bruno Pontecorvo aurait sans aucun doute été le premier à détecter des neutrinos [16] ».

Cette croyance populaire est toutefois difficile à soutenir, car le livre de bord de Pontecorvo à Doubna raconte une autre histoire… L'un des cahiers contient des notes, écrites fin 1951, sur la possibilité de détecter des neutrinos à l'aide de la méthode du chlore, qu'il a introduite en 1946. Il semble bien avoir envisagé une expérience auprès d'un réacteur nucléaire, mais il n'aurait toutefois détecté aucun neutrino, même si sa requête avait été acceptée, pour la même raison que Ray Davis a échoué en 1955 en utilisant cette méthode auprès d'un réacteur nucléaire américain : un réacteur émet des antineutrinos, qu'il est impossible de détecter par cette méthode. Ce sont Clyde Cowan et Frederick Reines qui, travaillant auprès du réacteur nucléaire de Savannah River, en Caroline du Sud, réussiront à confirmer l'existence des antineutrinos en 1956 mais par une autre approche. Je n'ai trouvé aucun indice dans le livre de bord de Bruno qu'il ait envisagé leur méthode.

Les anciens amis

Nous avons vu que Bruno a souhaité rencontrer Edoardo Amaldi en août 1950, quelques jours avant qu'il ne commence son long voyage de Rome vers l'Union soviétique, mais qu'il l'a manqué car celui-ci était aux États-Unis. Amaldi a assisté durant son séjour en Amérique du Nord à la construction du Cosmotron, l'accélérateur de Brookhaven, ce qui lui a inspiré l'idée de construire un accélérateur similaire en Europe. Son idée se concrétise en 1954, sous la forme du CERN, l'Organisation européenne pour la recherche nucléaire, résultat de la coopération de douze pays d'Europe occidentale. Le premier accélérateur du CERN, achevé en 1957, est un synchrocyclotron assez modeste, moins puissant que celui de Doubna [17]. Cependant, le CERN termine en 1959 la construction du synchrotron à protons (PS), qui accélère des protons à quarante fois l'énergie de Doubna et rivalise avec le Cosmotron durant plusieurs années à la première place mondiale.

Suivant l'exemple du CERN, les nations du pacte de Varsovie décident alors de lancer une coopération similaire, basée à Doubna. On inaugure en 1956 l'Institut unifié de recherches nucléaires (ou JINR), et on démarre la construction du Synchrophasotron, d'énergie cinq fois supérieure à celle de l'accélérateur existant à Doubna. La construction est essentiellement réalisée par des prisonniers du Goulag, comme précédemment, et le site est caché dans les bois derrière deux barrières et un haut remblai. Le sol est à nu entre les deux rangées de clôture, afin de révéler les traces de quiconque essaierait de le traverser, ce qui donne à l'endroit l'apparence d'une véritable frontière entre deux États ennemis.

Le Synchrophasotron est opérationnel en 1957, permettant à des scientifiques d'explorer de nouveaux domaines de la physique nucléaire aux hautes énergies. Il n'est toutefois pas en mesure de rivaliser avec les énergies encore plus élevées qui seront bientôt produites dans le synchrotron à protons du CERN, ni avec l'électronique de pointe dont disposent les chercheurs occidentaux.

L'influence de Bruno sur le programme de physique expérimentale de Doubna culmine en 1958, année de son élection à l'Académie des sciences de l'URSS. Les membres de l'Académie et leurs familles jouissent de privilèges absolument exceptionnels. Dans un pays où les produits de qualité sont rares, un académicien accède à des magasins spéciaux qui vendent des meubles occidentaux, des parfums et du vin. Il peut aussi séjourner dans des hôtels exclusifs, accéder à des soins médicaux de premier plan et bénéficier d'autres avantages réservés aux échelons les plus élevés du parti.

Ce mode de vie dépasse de beaucoup celui des scientifiques occidentaux en termes de privilèges et de statut. Bruno est cependant perdant dans un domaine : les scientifiques occidentaux sont libres de prendre leurs vacances à l'étranger, et de réaliser des expériences où ils le souhaitent. En URSS, les voyages à l'étranger sont interdits, même aux célèbres académiciens. Une conférence internationale majeure sur la physique des hautes énergies, prévue à Kiev en 1959, procure donc à Bruno l'opportunité rare de rencontrer des collègues du monde entier.

À cette date, l'existence du neutrino est déjà confirmée depuis trois ans. Cependant, Bruno s'interroge encore sur la mystérieuse particule. Notamment sur ce qui détermine son identité.

Bruno a réfléchi à la relation entre l'électron et le muon à Chalk River, et commence en 1959 à étendre cette réflexion aux neutrinos. Il se pose la question suivante : les neutrinos qui sont produits avec un électron ou un positon au cours d'une désintégration bêta sont-ils les mêmes que ceux qui sont produits avec un muon au cours de la désintégration du pion ? En d'autres termes, les

Bruno Pontecorvo vers 1980, avec sa signature en cyrillique. (Avec l'aimable autorisation de Gil Pontecorvo ; Archives de la famille Pontecorvo)

« neutrinos électroniques » sont-ils identiques aux « neutrinos muoniques » ? Bruno suggère à la conférence qu'il existe plusieurs variétés de neutrino et propose de tester cette idée par une expérience que je décrirai au chapitre suivant.

Toujours est-il que, si l'intervention de Bruno est un triomphe, ses échanges avec ses collègues occidentaux sont en revanche mitigés. Nino Zichichi, alors jeune chercheur italien, rencontre Bruno pour la première fois. Il me racontera combien il était excité de rencontrer l'ancien étudiant de Fermi, qui avait réalisé un travail si important dans sa jeunesse puis avait disparu [18]. Ceux qui ont fréquenté Bruno dans sa vie antérieure sont, en revanche, moins accueillants.

Edoardo Amaldi, qui a découvert la méthode des neutrons lents avec Bruno en 1934, ne salue son ancien collègue que par un signe de tête, racontera Gian Carlo Wick, le meilleur ami de Bruno du temps de la via Panisperna [19]. Wick lui-même, d'après Bruno, reste « glacial » à son égard. Il faut dire que lorsqu'il salue Bruno, Luis Alvarez lui lance un « regard noir » – du moins est-ce le souvenir qu'en gardera Wick plus tard. Alvarez, un physicien de premier plan de Berkeley, collègue de Segrè et ancien collaborateur de

Fermi, a exprimé ses soupçons sur Bruno « en de nombreuses occasions » après sa défection. Emilio Segrè – d'après ce que Bruno et d'autres présents en diront – est quant à lui particulièrement dur, snobant carrément son vieil ami. Bruno a l'impression, comme il le confiera à Miriam Mafai des années plus tard, que les gens qu'il considérait dix ans plus tôt comme de vrais amis sont désormais « très froids » et ne lui ont « jamais pardonné » son départ en Union soviétique [20].

CHAPITRE 17

Monsieur Neutrino

Le neutrino… Dès son mystère levé, les scientifiques ont enfin pu résoudre d'autres énigmes de la physique des particules et de l'astrophysique. Et on doit à Bruno Pontecorvo des contributions majeures dans ce domaine. Il a en effet identifié la force faible dans la première partie de sa vie, en Occident, et durant la seconde moitié de sa vie il fera des neutrinos la clé de compréhension de cette force fondamentale, au rôle si important dans la production des éléments chimiques par les étoiles. C'est grâce aux neutrinos solaires et aux techniques de détection que Bruno a inspirées que nous comprenons aujourd'hui comment notre astre fabrique des éléments. Des neutrinos émis par une supernova ont même révélé ce qui se passe quand une étoile s'effondre.

Pontecorvo a non seulement suggéré d'utiliser le neutrino en astrophysique, mais il a aussi profondément réfléchi à sa nature même. Aucune charge électrique, une masse si faible qu'elle n'est toujours pas déterminée, et ce refus extraordinaire de se laisser détecter. Bruno était fasciné par le fait que cette particule qui ne ressemble à rien de connu puisse cependant exister sous deux formes distinctes : l'une reliée à la matière et l'autre reliée à l'antimatière. Comment un neutrino connaît son identité ?

Jack Steinberger, qui recevra un prix Nobel en 1988 pour son travail sur les neutrinos, résume merveilleusement les contributions de Pontecorvo : « Peu d'entre nous peuvent se targuer d'avoir eu une seule idée importante et originale dans sa carrière. L'abondance des idées fondatrices de Bruno fait de lui un précurseur vraiment unique des remarquables avancées de la physique des hautes énergies durant la seconde moitié du XXe siècle [1]. »

L'idée la plus célèbre de Bruno ? Sans doute, l'existence de plusieurs variétés de neutrinos. Cette contribution majeure à la physique est d'ailleurs gravée sur sa pierre commémorative du cimetière Campo Cestio à Rome, sous la forme d'une inégalité entre le neutrino électronique et le neutrino muonique [2].

Une œuvre magistrale de Bruno Pontecorvo, qui lui vaut le surnom de « Monsieur Neutrino », pas moins. Mais pourquoi aucune de ses percées n'a été récompensée par le prix Nobel ? La raison se cache dans les archives secrètes de la Fondation Nobel à Stockholm… Tout le monde est cependant d'accord pour y reconnaître le prix de sa défection vers l'URSS. En Union soviétique, on l'a contraint à publier dans des journaux russes, si bien que son travail ne paraissait en anglais qu'au bout de deux ans environ – un délai désastreux dans un domaine aussi compétitif et aux progrès si rapides. En outre, il n'a pu réaliser certaines expériences cruciales, car il n'était pas libre de voyager hors de l'URSS. Autant d'interdictions qui l'ont empêché de tester ses idées sur les énigmatiques neutrinos, si bien que d'autres scientifiques ont fini par décrocher la timbale.

Les neutrinos d'antimatière

On l'a vu, ce sont les physiciens américains Fred Reines et Clyde Cowan qui confirment en 1956 l'existence du neutrino. Une découverte qui ne doit rien à Pontecorvo, mais qui lui inspire quelques réflexions.

L'article qu'il avait publié en 1946 proposait d'utiliser du chlore comme cible et prédisait que l'impact d'un neutrino convertirait un neutron en proton, et par conséquent transformerait le chlore en un isotope radioactif de l'argon, son voisin immédiat dans la table de Mendeleïev. Cette transmutation devait s'accompagner d'un électron, chargé négativement, pour que la charge électrique totale soit conservée au cours du processus. Ce n'est pas la méthode employée par Cowan et Reines. En fait, les neutrinos émis par un réacteur ne provoquent pas cette suite d'événements. Ils convertissent un proton en un neutron, ce qui doit transformer un atome de chlore en un atome de soufre, et s'accompagner de l'émission d'un positon – chargé positivement, car antiparticule de l'électron [3]. De manière conventionnelle, on décrit ces deux processus comme une collision avec un neutrino dans le premier cas (où un électron est émis), et une collision avec un *anti*neutrino dans le second cas (où un positon est émis). Cela n'a de sens que si les termes de matière et d'antimatière désignent une réalité intrinsèque : un neutrino (matière) devient un électron ; un antineutrino (antimatière) devient un antiélectron, ou positon. Mais qu'est-ce qui distingue l'antineutrino du neutrino lorsqu'il se propage dans l'espace ?

Pontecorvo creuse cette question et donne une conférence au laboratoire de Doubna en 1957, au cours de laquelle il suggère qu'un neutrino peut se transformer en antineutrino, ou *vice versa*, durant sa propagation. Deux événements lui ont inspiré cette idée. Le premier est une découverte concernant une particule étrange : le kaon neutre, ou K-zéro. La seconde est une rumeur, qui se révélera fausse, au sujet de la quête des neutrinos par Ray Davis. On sait à l'époque qu'il existe deux particules étranges sans charge électrique, l'une d'étrangeté positive, appelée K-zéro, et l'autre d'étrangeté négative, appelée anti-K-zéro. Comme leurs noms le suggèrent, l'une est l'antiparticule de l'autre. Or des expériences ont indiqué que lorsque l'une d'elles se désintègre, il reste parfois une paire de pions. Selon la théorie quantique, une paire de pions résultant de la désintégration d'un K-zéro doit pouvoir s'assembler de nouveau, formant cette fois un anti-K-zéro. Par ce processus en deux étapes, un échantillon de matière de charge électrique nulle peut ainsi se transformer en antimatière. Cette possibilité fascine les physiciens des hautes énergies… Bruno se demande en 1957 si la même idée s'applique aux neutrinos et antineutrinos [4].

La seconde source d'inspiration de son hypothèse semble née du « téléphone arabe ». Le bruit court en effet à Doubna que l'expérimentateur américain Ray Davis est parvenu à détecter des neutrinos provenant d'un réacteur nucléaire, en utilisant la méthode du chlore de Bruno. Ce dernier en déduit que, si la nouvelle est correcte, l'antineutrino issu du réacteur s'est transformé en neutrino, capable de déclencher le détecteur au chlore de Davis. Ignorant que la rumeur est fausse, il suppose que les neutrinos et les antineutrinos peuvent « osciller » dans les deux sens, prenant alternativement une identité puis une autre.

L'idée est extrêmement audacieuse, à tel point que beaucoup la considèrent comme « le délire d'un éminent physicien [5] ». Les scientifiques sont sceptiques car, d'après la théorie quantique, une telle transmutation ne peut se produire que si le neutrino possède une masse ; or on pense à l'époque qu'il n'en a pas. Ce point devient sans objet lorsque la rumeur sur l'expérience de Davis est démentie. L'image conventionnelle qui émerge semble alors se confirmer : un réacteur produit des antineutrinos, et il n'y a aucune raison de croire qu'un antineutrino se transforme en neutrino [6].

La plupart des physiciens oublient donc en 1957 l'idée d'oscillation de Pontecorvo, mais pas lui. Quelques années plus tard, il la ressuscitera sous une autre forme – validée depuis. La théorie des « oscillations du neutrino » concerne aujourd'hui toute une branche de la physique, car on sait que les neutrinos possèdent une masse non nulle, même si celle-ci est si petite qu'elle n'a pas encore été déterminée. J'y reviendrai plus tard.

Les neutrinos stellaires

Bruno Pontecorvo s'est intéressé au muon durant son séjour à Chalk River. En fait, c'est lui qui a établi la parenté du muon avec l'électron – et montré qu'un seul paramètre, outre sa masse, le distingue de l'électron. Cet énigmatique paramètre le laissait perplexe, comme bien d'autres physiciens, aujourd'hui encore. Et le muon a envahi son esprit pour ne plus jamais le quitter. Finalement il n'a pas su élucider ce fameux paramètre, mais il a su discerner une perspective inattendue dans cet embrouillamini : il a compris que les neutrinos pouvaient jouer un rôle important en astrophysique et en cosmologie.

Il n'est pas facile de deviner comment Bruno est parvenu à cette conclusion, mais les pièces du puzzle s'emboîtent finalement assez bien, et voici un cheminement de pensée possible.

On sait que les muons sont plus massifs que les électrons. En vertu de l'équivalence entre masse et énergie d'Einstein, le muon possède par rapport à l'électron un surplus d'énergie qu'il peut convertir en un électron, un neutrino et un antineutrino. C'est sa manière usuelle de se désintégrer. Bruno a alors imaginé ce qui peut se passer quand un électron possède beaucoup d'énergie : peut-il la céder en « émettant » un neutrino et un antineutrino, comme dans la désintégration d'un muon ? Rien ne l'en empêche. Mais comment peut-il procéder, tout en respectant les sacro-saintes lois de conservation de l'énergie et du moment angulaire ? Facile : quand un électron passe à proximité d'un noyau atomique, il absorbe de l'énergie dans le champ électrique de l'atome. Il la cède ensuite en se transformant en un électron de plus basse énergie, accompagné d'un neutrino et d'un antineutrino.

L'intuition de Bruno est vraiment innovante et capitale, à la fois pour la physique des particules et pour l'astrophysique.

Le lien entre les très petites et les très grandes échelles se niche de fait à l'intérieur des étoiles. La production de neutrinos implique l'interaction faible. Les effets de cette force, comme son nom l'indique, sont faibles comparés à ceux de l'interaction électromagnétique. C'est pourquoi la production de neutrinos est normalement plus rare que l'émission de lumière. L'intensité relative de l'interaction faible augmente toutefois à haute énergie. Bruno comprend donc qu'au sein d'étoiles beaucoup plus chaudes que le Soleil, l'interaction faible devient presque aussi intense que l'interaction électromagnétique, si bien que la production de neutrinos peut, en théorie, se faire aussi facilement que l'émission de photons.

Par ailleurs, les neutrinos traversent la matière bien plus facilement que les photons, ce qui a une conséquence étonnante. La plupart des photons sont absorbés par la matière de l'étoile, tandis que les neutrinos produits dans son cœur s'en échappent rapidement. Bruno en déduit le phénomène suivant dans son article d'avril 1958 : « Il se pourrait bien que les énergies rayonnées dans l'espace sous la forme de neutrinos et de photons deviennent comparables à un certain stade de l'évolution d'une étoile[7]. » Cette idée sera confirmée trente ans plus tard, lorsqu'on détectera une bouffée de neutrinos provenant d'une lointaine supernova – SN1987A.

La saveur du neutrino

Les travaux de Bruno sur les neutrinos sont devenus indispensables à l'essor de la théorie de l'interaction faible.

Les interactions des neutrinos (et l'interaction faible en général) ne sont pas toujours négligeables, si l'on en croit la théorie de la désintégration bêta établie par Fermi. En effet, la probabilité d'une réaction dépend étroitement de l'énergie des particules impliquées. Quand l'énergie vaut le double, la probabilité est quatre fois plus grande ; quand l'énergie vaut le triple, la probabilité est neuf fois plus grande. Autrement dit, la probabilité est proportionnelle au carré de l'énergie.

Cette probabilité ne peut toutefois pas augmenter indéfiniment, car si elle le faisait, elle dépasserait la valeur de cent pour cent correspondant à un événement certain, voire deviendrait infinie, ce qui n'a aucun sens. La théorie de Fermi ne représente donc que l'approximation d'une explication plus complète.

On doit à Julian Schwinger, un théoricien américain qui partagera le prix Nobel de physique pour son travail sur la force électromagnétique, une hypothèse cruciale en 1956 sur l'interaction faible, hypothèse qui dépasse la théorie de Fermi [8]. En deux mots, il suggère que la force faible et la force électromagnétique ont quelque chose en commun.

Nous savons que le rayonnement électromagnétique se présente sous la forme de paquets – les photons. La théorie quantique décrit l'interaction électromagnétique entre deux particules comme un échange de photons. Schwinger suggère qu'un processus similaire est à l'œuvre dans l'interaction faible. Il prédit l'existence du boson W (pour *weak*, « faible » en anglais), l'analogue du photon pour cette interaction. Dans l'hypothèse de Schwinger, les particules interagissent par la force faible lorsqu'elles échangent des bosons W.

L'idée sera confirmée en 1983 par la découverte du boson W, mais ce n'est encore qu'une hypothèse en 1956. Elle est néanmoins convaincante. *Primo*, elle ouvre la possibilité d'unifier deux forces fondamentales (électromagnétique et faible) dans une même théorie. *Secundo*, elle élimine les probabilités divergentes du modèle originel de Fermi. Quand des particules interagissent à haute énergie, des bosons W sont émis, et lorsque ce nouveau processus est pris en compte dans le bilan quantique, les ennuis que cause le modèle de Fermi disparaissent comme par magie [9].

Toutefois, un autre problème apparaît presque immédiatement. Le théoricien américain Gerald Feinberg a noté peu de temps après la suggestion de Schwinger que si l'interaction faible résulte bien de l'échange de bosons W, cela a une conséquence indésirable sur la désintégration du muon. On sait à l'époque que le muon se désintègre en un électron et deux neutrinos. Si cela implique l'échange d'un boson W, comme le propose Schwinger, les lois de la mécanique quantique autorisent une désintégration du muon en un électron et un photon, c'est-à-dire sans neutrino. On n'a cependant jamais observé cette réaction. Feinberg calcule qu'une désintégration sur dix mille donnerait un électron et un photon. C'est une faible proportion, mais les données expérimentales montrent déjà qu'elle n'arriverait au mieux qu'une fois sur cent millions, si elle existait [10] ! La théorie de Schwinger semble vraiment en difficulté.

C'est alors que Feinberg signale une brèche dans son argumentation : il a supposé que le neutrino associé au muon et le neutrino associé à l'électron ne font qu'un. Si un « neutrino muonique » diffère d'un « neutrino électronique », il n'y a pas de problème. Feinberg formule la remarque, puis passe à autre chose.

Bruno s'en garde bien et rédige un article « Electrons and Muon Neutrinos » (« Neutrinos électroniques et muoniques ») le 29 juin 1959 [11]. Il n'est pas vraiment le premier à avoir étudié les conséquences de la remarque de Feinberg – plus tôt dans l'année, Jogesh Pati et Sadao Oneda ont écrit aux États-Unis un papier où ils désignent « délibérément » une « contrepartie neutre du muon » (le neutrino muonique) au même titre qu'une contrepartie neutre de l'électron (le neutrino électronique) [12]. Ils soulignent que si les deux étaient identiques, alors un muon pourrait se désintégrer en un électron et un photon. Cela ne peut se produire s'ils sont distincts. C'est aussi ce que Bruno comprend. Ses efforts à Doubna le mèneront toutefois plus près de la solution définitive.

À l'origine, l'objectif premier des scientifiques de Doubna est de comprendre comment les interactions fortes du noyau atomique produisent des pions, qui sont la matérialisation de l'énergie intrinsèque du noyau. Le pion n'est pas stable. Il disparaît en émettant soit un muon, soit un électron, accompagné d'un neutrino [13]. La désintégration habituelle des particules nucléaires produit des électrons (ou des positons) et des neutrinos. Le pion fait de même une fois sur dix mille, mais il se désintègre la plupart du temps en un muon et un neutrino. Et Bruno de se demander en 1959 : les neutrinos qui sont émis lorsqu'un pion se désintègre en un muon sont-ils les mêmes que ceux émis dans les désintégrations bêta conventionnelles ?

Il commence par lister systématiquement tous les processus où des neutrinos apparaissent, puis recherche quelles expériences permettraient de caractériser l'identité d'un neutrino. Il montre que, bien qu'on sache distinguer les neutrinos des antineutrinos, on n'est pas capable de déterminer empiriquement si les neutrinos muoniques et électroniques sont différents ou identiques.

Une section de son article s'intitule : « Le neutrino muonique et le neutrino électronique sont-ils des particules identiques ? » Il reconnaît que la possibilité qu'ils soient distincts l'un de l'autre serait « séduisante du point de vue de la symétrie et de la classification des particules ». Son argument est que le muon et l'électron possèdent des « saveurs » différentes, de sorte que si leurs contreparties neutres se répartissent aussi en deux saveurs, cela révèle une symétrie entre ces particules. C'est sur ce type d'arguments que repose l'actuel modèle standard de la physique, dont le but est de classer les particules et interactions fondamentales.

Bruno soupçonne évidemment que les deux neutrinos sont vraiment différents, si bien qu'il introduit dans son article la nomenclature et la notation que les physiciens des particules ont universellement adoptée : les « neutrinos muoniques » et « neutrinos électroniques » sont notés ν_μ et ν_e respectivement.

Il n'est pas rare en science qu'une grande idée naisse indépendamment dans plusieurs cerveaux en même temps. L'histoire retiendra finalement un tel et pas tel autre, pour diverses raisons difficiles à déterminer : le hasard, l'opportunité ou l'audace de parier sur une idée « folle ». Lorsqu'une idée « folle » se révèle juste, et si les parieurs, perdants et gagnants, en ont débattu entre temps, il arrive qu'on ne se souvienne plus très bien qui a fait quoi.

La maturation de l'idée des deux neutrinos illustre parfaitement ce processus. La saga commence à Moscou, en 1957, avec un collègue de Bruno dénommé Moisy Markov.

Markov s'intéresse aux neutrinos qui sont produits lorsque des rayons cosmiques heurtent les couches supérieures de l'atmosphère.

Les collisions engendrent des pions et des muons qui, à leur tour, émettent des neutrinos. Ces derniers peuvent avoir des énergies considérables, bien plus élevées que les neutrinos provenant de réacteurs nucléaires, qui sont ceux qu'on utilise principalement dans les années 1950. Markov se demande comment exploiter les « neutrinos atmosphériques ». Il trouve que cela constitue un bon sujet de thèse pour son étudiant Igor Zheleznykh.

Zheleznykh fabrique alors un détecteur avec un mètre cube de plomb, qu'il enfouit sous terre pour le protéger des autres rayons cosmiques. Il montre en 1958 que la probabilité que des neutrinos interagissent avec la cible augmente considérablement avec leur énergie. Il fait par ailleurs la remarque suivante : « Un décompte différent d'électrons et de muons induits par des neutrinos dans le détecteur pourrait prouver l'existence de deux types de neutrinos ». Il ne pousse pas l'idée plus loin, à l'instar de Feinberg.

Zheleznykh bute sur une autre question : pourquoi ne faire des calculs que pour des neutrinos atmosphériques de haute énergie ? Pourquoi ne pas envisager d'effectuer des expériences de neutrinos auprès d'accélérateurs de haute énergie ? Fin 1957, il se rend un soir chez Markov pour le lui demander.

Il se trouve que ce dernier s'est déjà posé la même question, en songeant au Synchrophasotron, le nouvel accélérateur de haute énergie prévu pour Doubna. Il a cependant abandonné l'idée, la jugeant impossible à mettre en œuvre. Sans doute l'est-elle à Doubna, mais cela vaut la peine d'y réfléchir : l'expérience pourrait être réalisée ailleurs, ou à un autre moment. La question de Zheleznykh incite Markov à reconsidérer le problème. Il en parle à Bruno Pontecorvo : « Je [lui] ai dit que je souhaitais proposer des expériences sur les neutrinos auprès d'accélérateurs. [Il] a beaucoup aimé l'idée. »

Encouragé par la réaction enthousiaste de Pontecorvo, Markov confie le problème à un autre étudiant, Docho Fakirov, qui l'incorpore en 1958 à sa thèse de l'université d'État de Moscou. Il rédige un rapport intitulé « Sur la physique des neutrinos de haute énergie », qu'il prévoit de présenter en 1959 à la conférence de physique des hautes énergies de Kiev. Plusieurs collègues sont toutefois sceptiques, et un physicien influent lui lance : « Es-tu bien sérieux ? », sur un ton qui suggère clairement que la réponse doit être négative [14]. Markov retire son article. Grosse erreur : Bruno Pontecorvo sera plus audacieux, et c'est son nom que l'histoire retiendra pour cette avancée.

Détecter le neutrino a été assez difficile ; prouver expérimentalement qu'il existe plusieurs variétés de cette particule fantôme le sera encore plus. L'idée de Bruno est de reproduire la découverte de l'antineutrino par Cowan et Reines, en utilisant une source d'antineutrinos muoniques à la place du réacteur nucléaire, qui produit la variété électronique.

Dans l'expérience de Cowan et Reines, la collision d'un antineutrino et d'un proton convertit le proton en un neutron et un positon. L'antineutrino électronique révélé, Bruno veut initier le même processus en utilisant des antineutrinos produits cette fois en association avec un muon. Si les neutrinos ont des saveurs distinctes, comme il le soupçonne, sa collision avec un proton devrait relâcher un muon positif, et non un positon ; la production d'un positon, en revanche, démontrerait que les deux neutrinos sont identiques.

Mais quelle est la meilleure manière de mener l'expérience ? Il note qu'il serait avantageux d'utiliser des antineutrinos de haute énergie, car la probabilité d'interaction augmente avec l'énergie. On a donc besoin d'un accélérateur de haute énergie. Le principe consiste à précipiter un faisceau de protons de haute énergie contre une cible, qui devrait libérer un grand nombre de pions de charge positive. Ceux-ci se désintègrent en muons et antineutrinos. Un écran d'acier devrait absorber les muons et laisser passer les antineutrinos. Plusieurs mètres plus loin, une autre cible, énorme, servirait à détecter les antineutrinos. Ces derniers portant une énergie élevée, l'un d'eux pourrait heurter un atome du détecteur avec une probabilité raisonnable, en modifier la charge électrique et ainsi révéler sa présence.

Il calcule qu'on pourrait, avec un détecteur similaire à celui de Cowan et Reines, détecter une collision toutes les heures « auprès des nouveaux accélérateurs en projet, où l'intensité des protons serait [un millier de fois plus grande que dans les accélérateurs précédents] ». Il insiste pour qu'« on envisage sérieusement » ces expériences sur l'identité des neutrinos muonique et électronique, lorsque seront mis en service les nouveaux accélérateurs – au CERN en Europe et à Brookhaven aux États-Unis [15].

Bruno expose quelques-unes de ces idées à la conférence de physique des hautes énergies de Kiev, fin juillet 1959. Il écrit un rapport sous les auspices de l'Institut unifié de recherches nucléaires (JINR), qui est formellement publié dans le *Soviet Journal of Experimental and Theoretical Physics* plus tard dans l'année. L'article est écrit en russe, bien sûr, ce qui limite sa portée internationale. Les remarques de Bruno à la conférence sont certes traduites, mais elles ne semblent pas avoir marqué les esprits [16].

Bruno rédige un second article l'année suivante, où il développe ses idées. Le premier concernait les antineutrinos ; celui de 1960 examine comment déterminer les différentes saveurs des neutrinos. Il préconise l'usage d'un accélérateur de haute énergie pour produire un faisceau de neutrinos et pointer celui-ci sur un morceau de carbone. Chaque collision devrait convertir un atome de carbone en azote [17].

Or les faisceaux d'un accélérateur sont pulsés, si bien que les neutrinos qu'ils produisent arrivent par salves, séparées par une fraction de seconde. Bruno comprend qu'avec cette électronique moderne, il devient possible d'enregistrer l'instant auquel une salve de neutrinos arrive sur la cible de carbone et de vérifier si cela correspond avec l'apparition d'un électron. Par ce moyen, on doit pouvoir déterminer si l'électron est bien le signal produit par la collision ou s'il provient d'un atome du détecteur même et participe au bruit de fond. L'azote résultant de cette collision devrait être radioactif et se désintégrer en émettant un positon. Cela devrait se passer peu après la collision, si bien que le laps de temps entre la détection de l'électron et la détection du positon peut également servir de vérification. Bruno a fait tout son possible pour concevoir une expérience réaliste ; il ne lui manque plus que l'opportunité de la réaliser.

Impossible malheureusement de faire l'expérience à Doubna. Et le puissant synchrotron à protons (PS) du CERN, qui démarre ses opérations en novembre 1959, pourrait remplir les objectifs de Bruno, mais les autorités soviétiques ne l'autorisent pas à quitter l'URSS. Deux années passeront avant que les idées de Bruno ne soient accessibles en anglais. Mais il est déjà trop tard : il a été devancé.

À cette époque, les percées soviétiques restent ignorées des États-Unis et de l'Europe jusqu'à la parution de leur traduction. Autrement dit, les idées se développent indépendamment dans les deux hémisphères. À New York, le théoricien sino-américain T. D. Lee étudie en novembre 1959 la théorie de Fermi décrivant les interactions faibles. Il ne connaît pas les idées de Bruno Pontecorvo, et encore moins celles de Markov.

La théorie de Fermi, nous l'avons vu, ne peut être que l'approximation d'une explication complète, car elle donne des résultats absurdes quand on cherche à décrire le comportement des neutrinos à des niveaux d'énergie très élevés. L'hypothèse du boson W de Schwinger résout ce problème, mais crée ses propres difficultés concernant la désintégration des muons. Lee cherche donc à lever ces obstacles par l'expérience. Il se demande comment sonder l'interaction faible par des expériences de hautes énergies.

C'est en dirigeant un séminaire à ce sujet que Lee comprend qu'une telle expérience sera difficile à réaliser : lorsque les particules se percutent à haute énergie, les effets des forces électromagnétiques et fortes tendent hélas à dissimuler ceux de la force faible. Melvin Schwartz, un expérimentateur trapu à la personnalité pétillante, participe au séminaire. La conversation du déjeuner a dû laisser des traces dans son subconscient, car la solution lui apparaît la nuit suivante : « C'était incroyablement simple. Il suffisait d'utiliser des neutrinos [18]. » Les neutrinos ne sont pas affectés par les forces fortes, ni par les forces électromagnétiques puisqu'ils sont neutres. Ils sont donc tout à fait adaptés pour sonder la force faible, réalise-t-il. Il imagine que la production de pions puis leur désintégration, devraient émettre des neutrinos en nombre suffisant pour servir à faire des expériences.

Il consigne ses idées dans un court article, qui est publié en 1960. Comme celui de Pontecorvo vient de paraître en anglais, Schwartz ajoute un commentaire à la fin de son texte pour le signaler. Il remercie aussi Lee et son collaborateur C. N. Yang pour avoir attiré son attention sur les interactions du neutrino de haute énergie [19].

L'article de Schwartz n'évoque pas les idées de Pontecorvo concernant les deux saveurs distinctes des neutrinos. Toutefois, Lee et Yang ont entre-temps réfléchi à ce qu'on pouvait apprendre de ces expériences. Ils parviennent à la même conclusion que Pontecorvo à l'été 1960 : l'absence de désintégration du muon en un électron et un photon prouverait que le neutrino muonique diffère du neutrino électronique. C'est là qu'il faut creuser.

Et en juillet 1960, l'accélérateur Alternating Gradient Synchrotron (AGS) de Brookhaven est mis en service. Légèrement plus performant que le PS du CERN, l'AGS restera la machine la plus puissante du monde durant les huit années suivantes. L'une des premières expériences du nouvel accélérateur procurera le prix Nobel à ses trois initiateurs : Melvin Schwartz, Jack Steinberger et Leon Lederman. Ils réalisent pour l'essentiel l'expérience que Bruno a proposée sans qu'ils le sachent, et trouvent le résultat que celui-ci espérait : les neutrinos muoniques et les neutrinos électroniques sont distincts. Ils montrent en outre que les neutrinos sont moins timides dans les nouveaux accélérateurs de haute énergie, comme Zheleznykh l'a conclu en 1958, et qu'ils deviennent par conséquent de précieux outils pour la science. Et voilà pourquoi, durant les quatre décennies suivantes, les faisceaux de neutrinos de haute énergie des accélérateurs du monde entier ouvriront de nouvelles lucarnes sur la structure de la matière et les lois fondamentales de la nature.

L'idée que les neutrinos ont des saveurs distinctes, à l'instar des particules chargées qui leur sont apparentées, électrons et muons, constitue un ingrédient de base de la théorie moderne des particules fondamentales, et Bruno Pontecorvo est aujourd'hui considéré comme l'un de ses initiateurs. En allant chercher le prix Nobel en 1988, l'équipe américaine rendra d'ailleurs hommage à la découverte qu'il a faite indépendamment, Schwartz reconnaissant l'importance de « l'ensemble de sa contribution dans le champ de la physique des neutrinos [20] ».

Le prix Nobel de l'équipe récompense la « démonstration » expérimentale de l'existence de variétés distinctes de neutrinos, ainsi que la « méthode des faisceaux de neutrinos ». Bruno a fait œuvre de précurseur pour la première, mais ses réflexions sur les faisceaux de neutrinos de haute énergie sont restées discrètes. Nous avons vu que d'autres à Moscou, dont il connaissait sûrement le travail, ont poussé l'idée un peu plus loin, mais ont manqué de confiance en eux. En fait, Bruno n'a pas vraiment préconisé les faisceaux de haute énergie, comme nous allons le voir maintenant.

L'expérience qu'il a proposée aurait pu se faire au CERN ou à l'AGS de Brookhaven, mais il n'est pas certain que Bruno aurait choisi de la réaliser lui-même s'il avait eu l'autorisation de quitter l'URSS. Son article de 1960 suggère qu'il était assez pessimiste quant à la faisabilité d'une telle entreprise. Il note que la probabilité qu'un neutrino interagisse augmente avec son énergie, mais il s'inquiète du fait que, à très haute énergie, les neutrinos sont produits en plus faible quantité. En effet, leur demi-vie apparaît plus longue à cause de la dilatation des temps de la relativité, qui indique que le temps propre des particules de vitesse élevée s'écoule moins vite que le temps du laboratoire. En d'autres termes, les pions de haute énergie, de vitesse élevée, se désintègrent moins vite que les pions d'énergie plus basse. Comme ce sont les désintégrations des pions qui engendrent les faisceaux de neutrinos, s'ils se désintègrent moins souvent, le nombre de neutrinos est réduit d'autant. Pontecorvo se concentre par conséquent sur les neutrinos d'énergie modérée, et non sur les très hautes énergies disponibles au CERN.

En fait, son pessimisme est excessif. À des niveaux d'énergie si élevés, l'augmentation de la probabilité d'interaction compense largement la réduction du nombre de neutrinos. En outre, les effets des collisions à haute énergie sont plus faciles à détecter. En définitive, la règle est : plus l'énergie est grande, mieux c'est[21].

Bruno conçoit le modèle standard

Après que le trio américain a confirmé la théorie de Bruno selon laquelle il existe plusieurs variétés de neutrinos, une question demeure : les deux variétés réagissent-elles à la force faible exactement de la même manière ? Oui, à condition que l'interaction faible soit vraiment une force fondamentale de la nature. Bruno propose en 1962 un moyen de trancher.

Son idée s'enracine dans le travail qu'il a réalisé avec Frédéric Joliot-Curie vingt-cinq ans plus tôt.

Les deux physiciens cherchaient en 1937 à montrer que les particules bêta créées lors d'une désintégration radioactive étaient réellement des électrons, et non simplement des entités semblables aux électrons. Ils l'ont fait en bombardant des électrons sur des atomes dans l'espoir de provoquer la transmutation inverse – que l'on appelle réaction bêta inverse. Leurs résultats n'étaient pas concluants, car il y a tellement d'électrons dans la matière qu'il était difficile de distinguer les signaux du bruit de fond. Vingt-cinq ans plus tard toutefois, Bruno se souvient de leur tentative et imagine de réaliser l'expérience avec des muons à la place des électrons, pour déclencher par ce moyen la réaction bêta inverse. En heurtant la cible, le muon devrait donner un neutrino muonique, et l'expérience devrait indiquer si une réaction déclenchée par un muon a la même probabilité qu'une réaction déclenchée par un électron. Et comme le neutrino est neutre et disparaît sans laisser de trace, il est important de surveiller la transmutation correspondante du noyau cible, afin de confirmer que la réaction a bien eu lieu. Pour cela, il propose d'utiliser des noyaux d'hélium-3, dans lesquels deux protons sont liés à un seul neutron. Si la réaction bêta inverse se produit, l'hélium devrait se transformer en tritium, constitué d'un proton et deux neutrons.

Si l'on remplit une chambre à brouillard de gaz d'hélium-3, le tritium formé par la réaction devrait reculer et laisser une mince traînée. La chambre devrait donc servir à la fois de cible et de détecteur. Le problème est que l'hélium-3 n'est pas facile à obtenir, surtout en Union soviétique. Par chance, Igor Kourtchatov s'intéresse aux idées de Pontecorvo et lui fournit suffisamment d'hélium-3 (produit dans le cadre de son programme d'arme nucléaire) pour que l'expérience réussisse [22].

Le résultat est tout ce que Bruno a espéré. Il trouve que l'interaction faible agit sur les muons et les neutrinos muoniques avec la même intensité que sur les électrons et les neutrinos électroniques. Pontecorvo établit ainsi la nature universelle de la force faible : elle agit sans distinguer les saveurs du muon et de l'électron.

Une percée qui, ajoutée à son idée des saveurs distinctes de neutrino, constitue la colonne vertébrale de l'actuel modèle standard des forces et des particules.

Les neutrinos solaires

L'article de 1946 de Bruno Pontecorvo, qui a inspiré à Ray Davis la tentative manquée de détecter les neutrinos provenant d'un réacteur, évoque le Soleil dans deux phrases seulement. L'idée sous-jacente est toutefois d'une importance énorme. Imaginez : dix milliards de neutrinos solaires traversent vos yeux chaque seconde, sans que vous les voyiez. C'est beaucoup, mais ce n'est pas assez pour qu'ils se laissent détecter aisément... De surcroît, le détecteur au chlore est aveugle à la plupart d'entre eux.

Pour être vu, un neutrino doit d'abord frapper le noyau d'un atome de chlore. C'est un événement rare, mais qui ne garantit pas que le chlore va se transformer en argon. Le noyau d'argon est en effet plus massif que le chlore, et cet excès de masse doit être prélevé sur l'énergie du neutrino incident. Le problème est que les neutrinos produits par la plupart des réactions de fusion du Soleil (la conversion de l'hydrogène en hélium) ne sont pas assez énergétiques pour cela.

Notre Soleil fabrique toutefois divers éléments légers autres que l'hélium. Après la conversion de l'hydrogène en hélium, les atomes d'hélium eux-mêmes fusionnent à leur tour et, par une série de réactions, produisent des éléments tels que le bore et le béryllium. Cela libère également des neutrinos, dont certains ont assez d'énergie pour activer le détecteur au chlore. Certes, ces neutrinos sont bien moins nombreux que ceux créés au cours de la transformation de l'hydrogène en hélium, mais la bonne nouvelle est que la probabilité qu'un neutrino soit capturé augmente avec l'énergie, comme nous l'avons souligné, si bien que ces neutrinos plus énergétiques sont plus faciles à détecter.

Ray Davis commence sa quête des neutrinos solaires au tournant des années 1950 et 1960. Une histoire qui durera quarante ans, avec de nombreux rebondissements, avant le dénouement final [23].

Dans sa première tentative de 1959, Davis utilise 4 000 litres de détachant liquide, mais ne détecte rien. Comprenant qu'il doit voir beaucoup plus grand pour augmenter ses chances, il entreprend la construction d'une cible contenant cette fois 400 000 litres de liquide, assez pour remplir une piscine ! Bruno Pontecorvo tient en 1964 un séminaire spécial à Leningrad pour rendre compte de la quête de Davis. Son intervention suscite de l'intérêt, mais personne d'autre que lui dans l'assistance ne semble prêt à parier sur le succès de l'expérience. Perspicacité ou optimisme de la part de Pontecorvo ? Difficile à dire.

L'expérience de Davis en conditions améliorées est prête à la fin de l'été 1966 – vingt ans après que Pontecorvo a conseillé le chlore pour détecter les neutrinos.

Avec son détecteur « mammouth », enfoui à plus d'un kilomètre et demi de profondeur dans une mine d'or du Dakota du Sud, Davis réussit à capturer seulement un ou deux neutrinos par mois. Or, d'après ce que l'on sait du Soleil, il devrait détecter un nouveau neutrino solaire après quelques jours seulement. À première vue, ce n'est qu'un détail, mais c'est en fait très inquiétant. Beaucoup sont convaincus que Davis cherche l'impossible, et les faits semblent leur donner raison.

Davis améliore encore son expérience en 1972, et réussit enfin à convaincre d'autres scientifiques qu'il détecte réellement des neutrinos solaires. Mais ceux-ci ne sont pas encore assez nombreux. Plusieurs théoriciens mettent en doute la compréhension des réactions nucléaires à l'œuvre dans le Soleil. Bruno Pontecorvo écrit à Davis : « Cela commence à être vraiment intéressant ! Je souhaite que tout cela débouche sur quelque chose d'inattendu à propos [des neutrinos]. Malheureusement, ce ne sera pas facile à démontrer, même si la nature fonctionne ainsi [24]. »

Pontecorvo a raison. Les années passent, et Davis accumule les données, en désaccord systématique avec les prédictions du modèle standard du Soleil. La quête semble dans l'impasse. Les débats opposeront pendant vingt ans des théoriciens blâmant l'expérience et des expérimentateurs (ainsi que quelques théoriciens, pour être honnête) doutant des modèles du Soleil. On accorde assez peu d'intérêt à l'éventualité que le Soleil puisse être innocent et les neutrinos les coupables.

Ironie de l'histoire, Bruno Pontecorvo a proposé la solution au mystère des neutrinos solaires dès la parution des premiers résultats de Davis en 1968, mais celle-ci a été ignorée. Ce n'est pas au Soleil qu'il s'intéresse bien sûr. Il se concentre plutôt sur la nature des neutrinos et sur le fait qu'ils possèdent des saveurs distinctes, comme il l'a lui-même découvert.

Les neutrinos oscillants

Il faudra du temps pour comprendre et admettre l'explication du déficit de neutrinos solaires : ceux-ci changent de propriétés durant leur trajet entre le Soleil et la Terre. Ne sont repérés dans l'expérience de Davis que ceux qui conservent les attributs avec lesquels ils sont nés, alors que ceux qui se transforment échappent à la détection.

Bruno Pontecorvo et un collègue, Vladimir Gribov, ressuscitent en 1968 son idée des oscillations du neutrino – la possibilité que les neutrinos d'une variété puissent se métamorphoser en une autre. Alors que Bruno proposait en 1957 un tel processus entre neutrinos et antineutrinos, il applique l'idée en 1968 aux saveurs, électronique et muonique, du neutrino [25].

Or, le détecteur de Davis est sensible aux neutrinos électroniques que produit le Soleil, mais reste aveugle aux neutrinos muoniques. Tout neutrino électronique qui se métamorphoserait en neutrino muonique entre le Soleil et le détecteur devrait donc être perdu. Cela expliquerait pourquoi Davis détecte moins de neutrinos que prévu.

L'idée que les neutrinos produits dans le Soleil puissent changer d'identité durant leur voyage va à l'encontre de tous les manuels. C'est tout simplement impossible selon la théorie standard de la physique des particules. Plus précisément, c'est impossible si, comme les scientifiques le pensent, les neutrinos sont de masse nulle et se propagent dans l'espace à la vitesse de la lumière. Pontecorvo et Gribov comprennent toutefois que les lois de la mécanique quantique autorisent les neutrinos à passer de la variété électronique à la variété muonique et *vice versa*, « oscillant » d'un état à un autre – mais à condition qu'ils possèdent une masse. Celle-ci n'a pas besoin d'être grande ; en fait, elle peut être quasi insignifiante, des milliers de fois plus petite que la masse d'un électron. Tout ce que la théorie exige, c'est que les deux variétés de neutrinos possèdent des masses légèrement différentes.

Le déterminisme de la physique classique est remplacé en mécanique quantique par une loi de probabilité, laquelle augmente et diminue comme une onde. Quand deux particules ont la même énergie, mais des masses légèrement différentes, leurs ondes de probabilité associées sont de longueurs d'onde légèrement différentes, et interfèrent lors de leur propagation dans l'espace. Deux ondes sonores dont les fréquences diffèrent légèrement tendent à se mélanger pour produire un battement. De la même façon, les ondes quantiques associées à deux neutrinos de masses légèrement différentes produisent une succession de maxima et de minima de l'intensité. Pendant la propagation, le mélange des ondes ne coïncide qu'occasionnellement avec la forme initiale de l'une d'elles. La plupart du temps, le neutrino électronique d'origine est ainsi une chimère, apparaissant tantôt comme un neutrino muonique, tantôt sous sa forme de départ.

Dès lors, impossible de savoir quelle variété de neutrino sera révélée lorsque ces ondes seront interceptées – par exemple par un atome de chlore dans un réservoir situé à plus de mille mètres sous les collines du Dakota du Sud. Un neutrino électronique ? Le détecteur de Davis enregistre l'événement ; mais qu'il s'agisse d'un neutrino muonique, et le détecteur ne voit rien. Tout ce que la théorie quantique peut fournir, c'est la probabilité de trouver l'un ou l'autre. Après un nombre suffisant de collisions, les résultats se répartiront pour moitié en neutrinos électroniques et pour moitié en neutrinos muoniques.

Ce comportement quantique ne nous est pas familier dans notre monde quotidien, mais les dessins de *Metamorphosis* de M.C. Escher l'illustrent parfaitement. Souvenez-vous : les animaux ou objets de la partie gauche du tableau se transforment graduellement et deviennent autres à droite de l'image. En imitant Escher, imaginons un animal hybride, mi-chat mi-chien, se déplaçant dans la rue. Au début du pâté de maisons, c'est un chien. À la moitié du pâté de maisons, la transformation est accomplie, et c'est désormais un chat qui poursuit sa route. À la fin du pâté, c'est de nouveau un chien. Quand nous regardons le chien-chat, ce que nous voyons dépend de notre position dans la rue.

Supposons maintenant que nous soyons incapables de voir les chiens-chats, et que nous ne puissions voir que l'un ou l'autre : soit un chien, soit un chat. Si nous nous plaçons au début ou à la fin du pâté de maisons, nous verrons très probablement un chien. Si nous nous tenons au milieu, nous l'interpréterons très probablement comme un chat. Mais si nos yeux ne sont capables de voir que des chiens et sont aveugles aux chats, nous conclurons sans doute que le chien a disparu.

Il en va de même avec les neutrinos. Dans cette analogie, le neutrino électronique est le chien et le neutrino muonique est le chat. Le Soleil lâche ses chiens, et le détecteur de Davis est un ramasseur de chiens pour la fourrière. Et il ne réagit pas lorsque c'est un chat qui se présente. Selon cette hypothèse, le Soleil n'est pas en cause ; c'est notre compréhension des neutrinos qui est fautive[26].

On comprend le déficit apparent de neutrinos solaires dans l'expérience de Davis si l'on accepte la théorie des neutrinos oscillants de Pontecorvo et Gribov. Il suffit pour cela d'abandonner le mythe du neutrino sans masse se propageant à la vitesse de la lumière. Cependant, peu de physiciens sont prêts à le faire à l'époque. L'hypothèse du duo russe n'est vue que comme une curiosité mathématique. Il faudra plusieurs expériences supplémentaires avant qu'on ne fasse appel à Gribov et Pontecorvo. Cela prendra tout de même trois décennies, et beaucoup d'eau aura coulé sous les ponts.

« Dix puissance cinquante-huit neutrinos ! D'un seul coup ! »

La physique semble devenue une tradition dans la famille de Bruno. Outre son fils Gil, deux de ses neveux ont choisi cette voie : le fils de Giuliana, Eugenio Tabet, et le fils de Gillo, Ludovico. Ce dernier, couramment appelé Ludo, est né en 1964 et a participé à l'expérience ATLAS du CERN, qui a abouti à la découverte du boson de Higgs en 2012. C'est la pièce finale du modèle standard des forces et des particules, qui s'est construit à partir des intuitions de Bruno Pontecorvo concernant les muons et les neutrinos dans les années 1940.

Ludo poursuit ses études supérieures en 1987 à l'université de Rome. La glasnost * permet à Bruno de se rendre en Italie pour des séjours assez longs, et il passe beaucoup de temps dans le bureau

* Politique de transparence, c'est-à-dire de liberté d'expression et d'information, menée par Mikhaïl Gorbatchev à partir de 1986. (N.d.T.)

de Ludo cette année-là. Ludo se souviendra de l'intense excitation de Bruno lorsque ses neutrinos adorés ont fourni l'une des plus remarquables contributions de l'histoire de l'astronomie : « J'arrivai dans le bureau où je préparais ma thèse. Bruno s'y trouvait déjà. J'ai noté une étrange lueur dans ses yeux. Il a dit : "As-tu entendu ce qui s'est passé aujourd'hui ? Dix puissance cinquante-huit (10^{58}) neutrinos ! D'un seul coup !" [27] J'ai senti qu'il ne vivait que pour ça. [Son premier mot] n'a pas été "supernova" ; c'était : "10^{58} d'un seul coup [28] !" »

Bruno a en effet suggéré en 1958 que les supernovas pouvaient produire des neutrinos en grande quantité, qu'on devrait pouvoir détecter sur Terre. Une explosion de supernova relâche plus de cent fois la quantité d'énergie que le Soleil a dégagée durant toute son existence. Par conséquent, la brise de neutrinos soufflée par le Soleil paraît dérisoire comparée à l'ouragan créé par une supernova. Le Soleil, toutefois, est très près, tandis que les supernovas sont loin de nous, et c'est heureux. Celle qui déclenche l'enthousiasme de Bruno en 1987 a en réalité explosé quelque cent soixante mille ans plus tôt dans le Grand Nuage de Magellan, et il a fallu tout ce temps pour que la sphère d'émission de neutrinos nous atteigne. Ils sont désormais répartis à la surface d'une vaste coquille, de diamètre supérieur à celui de notre galaxie [29].

L'onde de choc traverse la Terre et poursuit sa route dans l'espace profond. Au passage, une poignée de ces neutrinos ont laissé des traces dans des détecteurs enfouis dans des cavernes. De ce petit nombre, on déduit l'énergie totale libérée par la supernova. Et les résultats confirment ce que les astrophysiciens présumaient : une supernova est le phénomène qui accompagne l'implosion d'une étoile, dont il restera une étoile à neutrons. Pour la première fois (et la seule jusqu'à maintenant), les humains assistent à l'effondrement d'une étoile en observant ses neutrinos. Avec l'étude des neutrinos solaires, cela marque la naissance d'une nouvelle science : l'astronomie des neutrinos.

Les neutrinos solaires enfin observés

Bruno retourne à Paris en 1991, et réside à l'Hôtel du Panthéon, situé tout près de son ancienne résidence d'avant guerre, l'Hôtel des Grands Hommes. Il se rend à l'Institut Curie et échange sur des expériences de neutrinos que des scientifiques français envisagent de conduire au CERN. Le mystère des neutrinos solaires est à cette époque sur le point d'être résolu, et l'on prend les idées de Pontecorvo sur les oscillations suffisamment au sérieux pour élaborer des expériences coûteuses dans le but de les tester. Bruno est naturellement très sollicité.

Le monde commence alors à être convaincu que Ray Davis, après trente ans d'observation, voit bien des neutrinos solaires, quoique pas assez. Et voilà qu'on commence à considérer comme plausible l'explication de Gribov et Pontecorvo, selon laquelle les neutrinos électroniques se métamorphosent sur leur trajet depuis le Soleil. Ce changement d'opinion découle de l'évolution considérable des idées de la communauté scientifique sur les neutrinos et leurs saveurs.

À l'origine, la théorie des saveurs de Bruno s'appliquait à deux variétés de neutrinos, électronique et muonique, ainsi qu'à l'électron et au muon eux-mêmes. Or l'étude des particules nucléaires a entre-temps révélé, à partir des années 1960, une couche de réalité plus profonde – les quarks. Il s'avère que les quarks se classent aussi par paires. Les variétés *up* et *down* de quarks constituent les protons et les neutrons ; les quarks *strange* et *charm* * forment une deuxième paire, et on les trouve dans les particules étranges et exotiques. Ces quatre types de quarks, appariés de cette manière, sont les pendants des quatre types de leptons – la famille de particules élémentaires qui englobe l'électron, le neutrino électronique, le muon et le neutrino muonique, particules qui ne sont pas affectées par l'interaction nucléaire forte. L'existence de deux paires de leptons proposée par Bruno a pour pendant l'existence de deux paires de quarks.

Une troisième particule chargée électriquement, analogue à l'électron et au muon, se manifeste en 1976 ; on l'appelle tau (de la lettre grecque pour *t*, *third* ou troisième). Elle est vite suivie de la découverte d'une troisième variété de quark, le quark *bottom* (bas). Les théoriciens prédisent alors la découverte de deux nouvelles particules pour compléter les paires, à savoir un troisième

* Respectivement vers le haut, vers le bas, étrange et charme. (N.d.T.)

neutrino (le neutrino-tau ou neutrino tauique, confirmé en 2000) et un troisième quark, le quark *top* (haut), découvert en 1995.

Bien que la troisième variété de neutrino n'ait été découverte qu'après la mort de Bruno, les théoriciens sont convaincus de son existence dès les années 1970, et ce pour deux raisons. La première est que les cosmologistes parviennent plus facilement à décrire la formation des éléments dans l'Univers primordial quand ils supposent l'existence de trois variétés de neutrino. La seconde raison concerne directement le problème du neutrino solaire : Davis ne détecte que le tiers des neutrinos prédits par les astrophysiciens. Les propositions de Pontecorvo et Gribov impliquent que si un neutrino électronique peut prendre trois identités possibles plutôt que deux, alors il devrait être, après son voyage de 150 millions de kilomètres depuis le Soleil, un neutrino électronique le tiers du temps et l'une des deux autres variétés les deux tiers du temps. Comme l'expérience de Davis n'est sensible qu'à la variété électronique, celui-ci ne mesure de fait que le tiers du nombre total de neutrinos émis par le Soleil. Le déficit de neutrinos de Davis et la théorie de Gribov-Pontecorvo deviennent de plus en plus convaincants.

Le dernier épisode de l'odyssée du neutrino solaire se passe au Sudbury Neutrino Observatory (SNO) dans l'Ontario, à environ 300 kilomètres de Chalk River, le laboratoire où Bruno a forgé ses idées sur les neutrinos quarante ans plus tôt. L'équipe du SNO confirmera sa théorie selon laquelle les neutrinos solaires changent de forme au cours de leur voyage à travers l'espace. Hélas, Bruno ne vivra pas assez longtemps pour le voir.

L'innovation principale du SNO réside dans l'usage de l'eau lourde, ce matériau indispensable au réacteur nucléaire conçu des années plus tôt. Cependant, c'est le liquide qui est maintenant utilisé comme détecteur de neutrinos.

Dans l'expérience de Davis, les neutrinos qui se métamorphosent dans la variété muonique ou tauique échappent à la détection. En revanche, lorsqu'un neutrino, quelle que soit sa variété, heurte un atome de deutérium, il peut lui donner un coup suffisant pour casser le noyau. Il suffit alors de détecter le recul de ses constituants, un proton et un neutron, et d'en déduire qu'ils ont été frappés par

Bruno fait tenir sa canne en équilibre, défiant la maladie de Parkinson, vers 1990. (Avec l'aimable autorisation de Gil Pontecorvo ; archives de la famille Pontecorvo)

un neutrino. La probabilité de collision avec un seul neutrino étant donnée par la théorie de Fermi, on peut connaître le nombre total de neutrinos qui passent à travers la cible grâce au nombre de réactions détectées. Les résultats du SNO sont en accord avec les prédictions de la théorie standard du Soleil. L'équipe est aussi capable de distinguer les collisions provoquées spécifiquement par les neutrinos électroniques, car ces derniers, en plus de briser le noyau cible, convertissent aussi son neutron en un proton [30]. Le nombre de ces événements vaut le tiers du total, ce qui est cohérent avec les résultats de Davis. Voilà qui confirme magistralement que les neutrinos se transforment bien de la variété électronique en deux autres pendant leur voyage depuis le Soleil.

Si Bruno n'est pas retourné au Canada après son installation à Doubna, il a l'occasion de voir la présentation du SNO à l'Expo'92 de Séville, en Espagne. Il se trouve alors à la conférence de physique Neutrino 92 qui se tient à Grenade, et se joint à l'excursion qui part pour l'exposition de Séville. La construction du SNO a commencé deux ans plus tôt, et ne s'achèvera que plusieurs années plus tard. Art McDonald, le chef du projet, guide Bruno dans l'exposition. Il se souviendra avoir passé un moment « très agréable », car son invité soutenait vivement le projet et se montrait fortement intéressé par ses objectifs. Pour Bruno, en outre, « c'était l'opportunité de prendre des nouvelles de Chalk River ».

Art conservera un souvenir particulier de ce jour, ainsi que quelques autres personnes : en l'espèce, une acrobatie réalisée par Bruno. Encore athlétique et amateur de sports, Bruno aime toujours amuser la galerie, par exemple en faisant tenir un bâton en équilibre sur son pied ou son nez, même s'il souffre à l'époque d'une maladie de Parkinson à un stade avancé. Néanmoins, il réussit encore ses vieux tours. « Étrange maladie », remarque-t-il alors que sa canne de marche tient en équilibre sans tremblements, avant que ces derniers reprennent dès qu'il la récupère [31].

CHAPITRE 18

Bruno en privé

La vie en Union soviétique se révèle, dès le début, désastreuse pour Marianne ; Bruno en souffrira aussi, mais cela ne transparaîtra que plus tard. Coupée de ses amis et sa famille, inconsolable d'être passée par Stockholm sans voir sa mère ni ses frères et sœurs, Marianne dépend entièrement de Bruno en Russie. Lui a une carrière à mener, en dépit du manque de libertés ; elle n'a que du vide à combler.

Tout le mystère Pontecorvo est contenu dans l'histoire de Marianne. Les gens qui la connaissaient avant 1950 donnent des récits contradictoires, les uns décrivant une personne vive, ouverte aux autres à l'instar de son mari, les autres la trouvant réservée, morose, inaccessible. Les médias ont fabriqué cette dernière image en 1950, insinuant qu'elle protégeait des secrets – la vie cachée de son espion de mari. On l'a même décrite telle une Mata Hari, à la tête d'une cellule communiste. Aucune source n'a jamais été citée à l'appui de cette allégation, et il n'existe aucune pièce dans les archives du MI5 pour la confirmer. Un de ses parents proches se déclarera persuadé qu'elle n'a jamais fait de politique et qu'elle a suivi Bruno par amour. Gil confirmera cette impression : « Je n'ai jamais pensé qu'elle s'intéressait à la politique. J'ai entendu dire le contraire, mais j'en doute [1]. »

Quelles que soient ses opinions politiques, Marianne se languit terriblement de la Suède. Elle a quitté sa patrie au début de la guerre, en 1939, et épousé Bruno juste avant d'entamer avec lui son périple vers l'Amérique du Nord, parmi la marée de réfugiés fuyant les nazis. On sait aujourd'hui qu'elle souffrait de fréquentes crises émotionnelles, vivant des hauts et des bas durant son séjour au Canada et au Royaume-Uni. Ces épisodes se sont transformés en problèmes plus sérieux en URSS.

Marianne s'enfonce de fait dans une profonde dépression, tandis que les trois garçons se montrent heureux d'aller à l'école. Un effondrement catastrophique s'amorce au cours de ses cinq premières années passées en URSS, vers l'époque où Gil entame ses études supérieures [2]. Marianne manifeste une aversion quasi pathologique pour toute forme de vie sociale, comme l'avons vu au chapitre 15, lisant des heures durant sur son lit et regardant fixement la forêt environnante par la fenêtre. Se sent-elle exclue parce que les Pontecorvo n'ont aucune forme de vie sociale durant cette période ? Ou, à l'inverse, Bruno préfère-t-il ne pas inviter de collègues à la maison à cause de l'isolement de son épouse ? Impossible à dire. Quelle qu'en soit la cause, la timidité et la légère dépression se muent en un profond désordre mental, durable et invalidant.

Au début, Marianne quitte régulièrement la maison pour de courts séjours en clinique. Elle a toutefois « une crise plus sérieuse que les précédentes » à la fin des années 1950, et commence à passer un temps considérable en hôpital psychiatrique [3]. Bruno se retrouve désormais seul avec les garçons, chef d'une maisonnée exclusivement masculine.

L'état de Marianne est manifeste, même lorsqu'elle sort de la clinique pour passer du temps dans sa famille. Les proches qui l'ont connue avant 1950 et qui parviennent à la voir en URSS des années plus tard constatent son déclin. Laura Schwarz, la nièce de Bruno, se rend à Moscou au milieu des années 1960 avec la Société italo-soviétique. Elle se souviendra que Bruno avait « le même sourire » qu'autrefois, mais que Marianne lui parut « malade, endormie, presque absente [4] ». Un souvenir de Laura Schwarz qui fait écho à ceux des collègues qui ont connu les Pontecorvo au Canada. À Chalk River, Bruno était « la coqueluche de toutes les femmes célibataires », comme nous l'avons vu, tandis que Marianne était sa « belle et vivace épouse [5] ». Or, à la conférence de Kiev de 1970, les amis canadiens des Pontecorvo sont choqués par l'apparence « abattue et découragée » de Marianne, sans commune mesure avec la femme dynamique qu'elle était [6]. Une photographie d'alors montre Bruno, sûr de lui et élégant en short et chemisette de sport, et Marianne à ses côtés, aux lunettes sombres, les lèvres pincées et l'air indifférent. Bruno est alerte, évoquant les jours heureux au Canada, mais Marianne ne dit mot. Selon les termes du physicien J. David Jackson, « Bruno avait la science physique pour le consoler des difficultés de la vie soviétique. Marianne, bien sûr, n'avait rien [7] ». Cette période qui suit le décès de sa mère en 1967 a dû être particulièrement douloureuse.

L'amour de Rodam

Bruno passe un été seul à la fin des années 1950 : Marianne est internée en hôpital psychiatrique, Gil est parti en vacances dans le nord de l'URSS avec des camarades d'université, tandis que Tito et Antonio sont dans un camp de jeunesse en Crimée. Bruno décide de partir lui aussi en vacances, muni de son matériel de pêche sous-marine afin d'exercer l'un de ses sports favoris à Koktebel, une station balnéaire sur la mer Noire surnommée « la Capri soviétique ». Arkady Migdal, un collègue physicien, se joint à lui.

Ils nagent et pêchent toute la journée. Cela lui rappelle l'été 1950, lorsqu'il s'adonnait aux mêmes activités aquatiques au sud de Rome avec son frère Gillo. Ses privilèges d'académicien lui donnent accès à des hôtels exclusifs. Bruno et Migdal en profitent à Koktebel, logeant dans une résidence luxueuse, fréquentée par des artistes et des écrivains. C'est donc en bonne compagnie que les physiciens dînent et conversent jusque tard dans la nuit.

Parmi les résidents se trouve Rodam Amiredzhibi, l'épouse du poète Mikhaïl Svetlov. Ce dernier a un goût immodéré pour les femmes et l'alcool, si bien que son troisième mariage périclite comme les précédents. Séparée de lui, Rodam séjourne à Koktebel avec un groupe d'amis. Grande, les cheveux bruns, elle ressemble à « Anita Ekberg en brune [8] ». Bruno est conquis, et elle est attirée par « l'homme doux, intelligent et sensible ».

Ainsi commence une relation intense et intime, qui durera jusqu'à la fin de sa vie, au rythme des séjours de Marianne en sanatorium. Celle-ci sort de l'hôpital quelques mois plus tard, et Bruno reprend son rôle de mari à Doubna. Après quoi, se souviendra

De gauche à droite : Bruno Pontecorvo, Marianne Pontecorvo et Maureen Jackson (la fille de J. David Jackson), 1970. (J. David Jackson, avec l'aimable autorisation de l'AIP Emilio Segrè Visual Archives, Jackson Collection)

Rodam, « Marianne est de nouveau hospitalisée, et Bruno, reparti à [sa] recherche[9]. »

Pontecorvo traîne une réputation de séducteur en Russie, comme c'était le cas au Canada, mais sa relation avec Rodam n'est toutefois pas qu'une passade. Un ancien étudiant se souviendra qu'il « passait régulièrement les samedis et les dimanches à Moscou », où il rejoignait Rodam[10]. Certains ont affirmé, à tort, qu'il en a fait sa seconde épouse[11]. Leur relation est devenue notoire quand l'état de Marianne a décliné, et beaucoup ont pensé qu'ils étaient mariés[12]. Un collègue russe m'a cependant confié, dans un anglais hésitant, qu'elle n'était pas son épouse « à proprement parler[13] ». Bruno est resté marié à Marianne, même après la mort du mari de

Rodam en 1964 [14]. Miriam Mafai interviewera Rodam à la fin de la vie de Bruno et résumera la situation de la manière suivante : « Bruno est capable de mener une vie agréable auprès de Rodam, tandis que Marianne réside en clinique psychiatrique, enfermée dans son propre monde [15]. »

Bruno et l'État

Staline régnait lorsque les Pontecorvo sont arrivés en Russie en 1950, répandant la terreur et menaçant du Goulag quiconque était tombé en défaveur. Bruno n'a alors pas le droit de voyager hors de l'Union soviétique, même en Europe de l'Est, sans parler d'aller en Italie pour voir la famille. Grâce à l'insistance du directeur de Doubna, il a enfin été autorisé à voyager en Europe de l'Est, en Chine et en Mongolie en 1959. Nostalgique de l'Italie, il se désespère toutefois qu'elle reste au-delà des limites prescrites.

Malgré cette restriction, Bruno reste néanmoins plus fidèle que la plupart à la cause communiste, faisant dire de lui par l'un de ses collègues qu'il se raccroche « à la force inspiratrice du communiste, comme un croyant reste fidèle à son credo religieux [16] ». Quelques intellectuels soviétiques dénoncent par exemple l'invasion de la Hongrie par leur nation en 1956, mais on se souvient que Bruno considère celle-ci comme un mal nécessaire pour « sauver » les Hongrois. Son frère Gillo, en revanche, quitte le parti en signe de protestation, à l'instar de nombreux intellectuels communistes occidentaux. En URSS, Andrei Sakharov, l'un des pères de la bombe à hydrogène soviétique, critique cette intervention, ce qui lui vaudra d'être poursuivi pendant des années. Bruno Pontecorvo reste membre du parti à ce moment-là, mais il refuse de signer une lettre dénonçant Sakharov, alors que plusieurs autres scientifiques s'exécutent.

Les tanks soviétiques entrent dans Prague deux jours avant les cinquante-cinq ans de Bruno, en août 1968. Pour lui, c'est un tournant. Il a un faible pour Alexander Dubczek, un chef réformiste tchécoslovaque, qui préfère le hockey sur glace aux meetings politiques. Bruno suit les événements en Tchécoslovaquie en lisant *L'Unità*, qui propose des analyses sérieuses de l'évolution de la crise et son contexte. La *Pravda*, en revanche, est remplie de morgue envers divers leaders tchécoslovaques, sur un ton toujours plus belliqueux. Jusqu'alors, Bruno a toujours suivi la ligne du parti, mais il se sent désormais capable de juger la situation par lui-même. Il lui semble que Dubczek a essayé de combiner le socialisme et la démocratie d'une manière courageuse, que la population soutenait.

Les stations de radio soviétiques diffusent entre-temps des témoignages interminables de soldats qui ont pris part à la libération de la Tchécoslovaquie en 1945 et soutiennent désormais le renversement de la contre-révolution. Avec ces nouvelles en toile de fond, Bruno médite sur sa vie le jour de son anniversaire. Il se souviendra plus tard : « Le flot de paroles qui se déversait de la radio, les déclarations pleines d'emphase, les discours solennels, intercalés par de la musique classique, faisaient [me] sentir de plus en plus seul [17]. » Sans explication, son abonnement à *L'Unità* est interrompu, et les médias soviétiques deviennent son unique source d'information. Il se demande pour la première fois si le parti est toujours honnête.

La désillusion s'installe lorsqu'il approche de la soixantaine. Il a vécu une période de grands changements. Jeune homme, il a vu l'affreux spectre du fascisme en Italie, qui menaçait de remplacer la culture par la barbarie. Il a rejoint un groupe d'intellectuels qui voyaient le communisme comme un moyen de combattre le mal. On croyait dans ces cercles, de manière presque irrationnelle, en une cité du futur construite à partir des idéaux communistes. Bruno Pontecorvo a souscrit à cette religion, assimilant le capitalisme à un aventurisme militaire. Il fallait renverser toutes ces idéologies traditionnelles pour atteindre un nouveau monde ! Dans les dernières années de sa vie toutefois, il réalise que l'Union soviétique a échoué, ainsi que la plupart des idées qui l'y ont attiré. Il remarque en 1991 : « J'ai cru durant de nombreuses années que le communisme était une science, maintenant je vois que c'était non pas une science, mais une religion [18]. »

Quand les faits sont en désaccord avec une théorie scientifique, on change de théorie ; lorsqu'ils sont en désaccord avec une doctrine religieuse, on les réinterprète. Voilà en bref la différence. Gillo se souviendra que son frère et lui campaient dans leurs certitudes de jeunesse tels « les premiers chrétiens : ils croyaient en quelque chose de beau qui n'existait pas ». Il sous-entend que les idéaux qui les animaient tous les deux en ces temps-là sont perdus, pour lui et pour Bruno : « Nous avons parié sur quelque chose qui s'est révélé faux. » Après la glasnost, lorsque les liens avec l'Occident sont enfin renoués, Bruno juge sans ambages ses anciennes convictions devant un reporter britannique : « J'étais un crétin [19]. »

Semen Gershtein, un collègue russe, remarque : « Aux yeux de ceux qui ont connu Bruno, il était évident qu'il aurait pu accomplir bien plus de choses en Occident et mettre lui-même ses idées en pratique. » Cela conduit Gershtein à reposer la question lancinante : « Pourquoi est-il venu en URSS ? »

Personne ne semble le savoir, même à Doubna. Certains pensent dans les années 1950 que la réponse réside dans sa « croyance naïve, commune à de nombreux étrangers fidèles aux idéaux du communisme, que l'URSS, pays du socialisme victorieux, est en train de construire une société communiste ». Ce n'est que plus tard, lorsqu'il devient un peu moins risqué d'aborder ouvertement ces sujets, que certaines personnes qualifient ces idées d'« idioties ».

Gershtein reconnaît que quelques-uns, des concurrents de Bruno qui l'enviaient ou ne l'appréciaient pas, « acceptaient la version [répandue] en Amérique – selon laquelle il était un espion soviétique qui a fui devant le danger d'être démasqué ». Lui-même, que je tiens pour un homme poli et sensible, a été l'ami de Pontecorvo durant de nombreuses années, mais il ne l'a jamais interrogé à ce sujet, « comprenant que cela pouvait être assez douloureux ». Au lieu de quoi, il s'est forgé sa propre opinion sur ce qui s'est passé. Et un événement particulier l'a frappé, au milieu des années 1960, lorsqu'il était assis à côté de Pontecorvo durant une conférence scientifique de l'ancien espion atomique Klaus Fuchs, installé en Allemagne de l'Est depuis sa sortie d'une prison britannique en 1959.

La conférence de Fuchs est, de l'avis de Gershtein, assez ennuyeuse, mais Pontecorvo paraît « très excité ». Ce dernier lui chuchote : « Tu sais, Fermi était très sévère dans ses jugements sur les scientifiques, mais il considérait Fuchs comme un physicien de premier ordre. » Gershtein s'attend à ce que son ami aille s'entretenir avec Fuchs à la fin de la séance, mais il ne le fait pas. Il est encore « agité » lorsqu'ils quittent l'auditorium, comme plongé dans ses souvenirs de l'époque précédant sa venue – « ou sa fuite pourrait-on dire » – en URSS.

Il dit alors à Gershtein : « Je serais très intéressé de lire les mémoires de Fuchs, s'il en écrit. » Puis il explique que lorsque Fuchs a été arrêté, ses collègues et lui étaient « tous certains qu'il s'agissait d'une provocation de la police contre les communistes, car [ils savaient] que Fuchs était communiste ». Il ajoute qu'il « ne pouvait imaginer que Fuchs était un espion et pensait que c'était une agression de plus du maccarthysme, qui s'était alors emparé de l'Amérique et gagnait désormais l'Angleterre ».

Gershtein a le sentiment que la clé de l'énigme se trouve là : « Ces paroles de Bruno expriment assez clairement l'angoisse que lui-même, en tant que communiste depuis 1936, ressentait en Angleterre après l'arrestation de Fuchs, et ce qui l'a poussé à changer de vie aussi radicalement [20]. »

La réaction est naturelle pour Gershtein, qui a vécu en URSS toute sa vie. Mais en réalité le maccarthysme n'a jamais atteint le Royaume-Uni. En fait, la Grande-Bretagne a souvent accueilli des sympathisants communistes fuyant les États-Unis, dont l'éminent physicien américain David Bohm, devenu citoyen britannique. Gershtein a sans doute raison lorsqu'il pense que des collègues traitent ouvertement Pontecorvo d'espion soviétique pour des raisons personnelles ; les amis de Bruno ont généralement des avis plus nuancés. Vladimir Gribov, avec qui Bruno a écrit son article majeur sur l'oscillation des neutrinos, en est un exemple. Les deux hommes se connaissent bien, mais Gribov déclarera : « Je n'ai jamais parlé du passé avec lui ; intuitivement je sentais que je ne devais pas le faire [21]. » Ce sentiment d'avoir affaire à un terrain miné est partagé par d'autres proches de Bruno. Ce n'est pas qu'ils pensent que Bruno détient un secret, car celui-ci n'a rien laissé entendre ; c'est plutôt qu'ils devinent intuitivement qu'il en a un, et qu'ils craignent de gâcher leur relation en le mettant à nu.

La plate interprétation que Gershtein donne de l'épisode avec Fuchs illustre très certainement cette attitude. Bruno aime habituellement échanger avec d'anciens collègues, faisant « copain copain » avec eux. Et il a travaillé avec Klaus Fuchs pendant deux ans. Fuchs a en effet invité Bruno à la conférence de physique nucléaire d'Édimbourg de 1949, et les deux hommes ont manifestement beaucoup en commun. Pontecorvo n'a pourtant fait aucun effort pour lui parler, comme si c'était délibéré. On sait aujourd'hui que le KGB limitait tout contact avec Fuchs, diffusant des instructions claires à cet effet. Même le patron de la Stasi en Allemagne de l'Est n'avait pas le droit de le contacter de son propre chef ; on peut en conclure que Pontecorvo aussi a eu cette instruction.

La rébellion de Tito

C'est lorsque l'Union soviétique amorce sa chute que Bruno reconnaît avoir fait le mauvais choix, comme nous venons de le remarquer. La marche du monde oblige les Soviétiques à remettre en question leurs croyances et à se faire une nouvelle place dans la société. Bruno, qui reste communiste, subit en outre une forte pression familiale. Les conséquences de sa venue en URSS ont déjà marqué Marianne. Ses fils – qui « ont grandi tout seuls » selon Rodam Amiredzhibi, la compagne de Bruno – n'ont pas tous la même attitude envers leur nouveau domicile [22].

Gil, l'aîné, marche dans les pas de son père : il nourrit le même intérêt pour les sciences et la même croyance dans les idéaux communistes. Il expliquera qu'il était assez naturel pour les communistes d'adhérer au parti dans l'après guerre, et de reconnaître que l'Union soviétique avait grandement contribué à la victoire contre le nazisme. Le désir d'égalité et de justice sociale – l'« Icarie » – a grandi durant la révolution de 1917, et l'URSS en porte le flambeau. Ce rêve persiste selon Gil, mais les moyens pour l'atteindre ont évolué : « C'est comme une expérience en physique. Vous vous efforcez de trouver la vérité et les faits vous poussent à redéfinir votre approche. Votre manière de réaliser l'expérience peut évoluer, mais l'objectif est identique [23]. »

Gil est resté à Doubna, veillant sur Marianne et travaillant comme physicien nucléaire. Il ne s'est jamais marié. Antonio, le plus jeune fils de Bruno, vit à Moscou. Marié, père de famille, il est informaticien. Tito, l'enfant du milieu, « indépendant, un peu rebelle », a quitté la Russie après la mort de Bruno pour vivre aux États-Unis [24]. Il est amusant de constater que les deux fils qui portent des noms traditionnels italiens sont restés dans l'ancienne Union soviétique, tandis que celui qui a été prénommé en l'honneur d'un héros communiste, Josip Tito, s'est rebellé et est retourné en Amérique du Nord.

L'origine de la rébellion de Tito remonte en fait à l'époque de l'Union soviétique, lorsqu'il subit son système d'oppression appliqué à son père.

Sous le règne de Leonid Brejnev, l'URSS renoue avec le monde extérieur au milieu des années 1970. Bruno espère alors pouvoir se rendre en Italie, en tant que membre d'une délégation scientifique ou comme invité par le Parti communiste italien (PCI). Il y a toutefois des tensions entre l'URSS et le PCI, que de nombreux adhérents ont quitté pour protester contre l'invasion soviétique de la Tchécoslovaquie. Bruno aussi est contrarié par la mésaventure tchécoslovaque, mais il ne fait pas de vagues. Il reste que son nom n'est jamais intégré aux listes des personnes sélectionnées pour assister aux conférences scientifiques au-dehors de l'URSS et de ses pays satellites, et il n'obtient pas non plus de visa de sortie pour voyager au-delà de ces frontières. C'est finalement une confrontation avec son fils cadet qui le force à agir.

Tito, alors âgé de trente ans, a terminé ses études universitaires à Moscou et mène des recherches en océanographie. Et il n'est pas invité à se joindre à son équipe lorsque celle-ci travaille en Arctique ou dans le Pacifique, hors des eaux territoriales de l'URSS. Les premières fois que cela arrive, il pense qu'il s'agit de coïncidences, mais lorsque cela devient régulier, il comprend que son exclusion est délibérée. Il a le sentiment que, bien qu'il soit citoyen soviétique, il est considéré comme un risque pour la sécurité, car il est le fils de Bruno Pontecorvo, né en Occident. Aux yeux des Soviétiques, Tito risque, une fois dans un port étranger, de « s'échapper » et de retourner en Italie ou au Canada. Il est en somme sur liste noire. Les apparatchiks obtus et pervers de l'État soviétique interfèrent avec sa carrière en le coupant de recherches essentielles.

Il proteste, mais on le renvoie avec mépris : « N'y a-t-il pas assez d'océan en URSS pour vous ? » Il s'en prend alors à Bruno, le traitant d'insensé « d'avoir quitté l'Occident pour l'Union soviétique ». Il accuse son père d'être aveugle à la réalité, séduit par l'argent et les privilèges que lui donne son statut d'académicien, et de ruiner la carrière scientifique de son fils[25]. Des accusations qui résonneront encore aux oreilles de Bruno des années plus tard, de son propre aveu.

Pontecorvo se lance alors dans l'action. Il a jusqu'alors accepté docilement l'interdiction de voyager hors des frontières du monde communiste. Après le coup de sang de Tito, il se sent injustement traité par l'État. Sachant que personne à Doubna n'a assez d'autorité pour intervenir, il décide de rencontrer une personne du Politburo, l'organe directeur central du Parti communiste soviétique[26].

Le Politburo compte en 1975 vingt-trois membres[27]. Étonnamment, Bruno choisit parmi tous les membres possibles de consulter Youri Andropov, le faucon qui a convaincu Nikita Khrouchtchev d'envahir la Hongrie en 1956, avant d'être un acteur important de l'invasion de Prague en 1968. Andropov est à la tête du KGB lorsque Bruno décide de lui rendre visite en 1975.

Il demande à voir Andropov en personne, s'annonçant au siège du KGB comme « l'académicien Bruno Maximovitch Pontecorvo ». On l'informe après un temps qu'Andropov est en réunion mais que son adjoint est disponible. Il insiste pour voir Andropov lui-même, mais comme ce n'est pas possible, il part.

Il reçoit peu de temps après la visite à Doubna de l'agent du KGB qui a été affecté à sa surveillance un quart de siècle plus tôt, lorsque la famille est arrivée à Moscou. Bruno ne révélera jamais les détails de leur conversation, mais il lui explique que Tito est empêché de poursuivre sa carrière et que lui-même n'est jamais intégré aux groupes qui sont autorisés à voyager à l'Ouest. L'agent du KGB promet d'obtenir un rendez-vous entre Bruno et quelqu'un susceptible de faire évoluer la situation.

Au bout d'un certain temps, on convoque Bruno à Moscou pour qu'il rencontre une « personne très importante », dont l'identité restera inconnue[28]. Bruno lui confie qu'il a désormais plus de soixante ans et qu'il veut revoir l'Italie pendant qu'il en est encore temps, en donnant toutes les assurances qu'il ne tentera pas de fuir. En vain. Un coup de fil l'informe quelques semaines plus tard qu'il ne peut toujours pas obtenir son visa de sortie. La situation de Tito reste également bloquée, ce qui le conduit à abandonner l'océanographie pour élever des chevaux à Doubna[29].

Les soixante-dix ans d'Amaldi

En 1978, Bruno a perdu tout espoir de retourner en Italie. Un jour cependant, un message arrive à l'Académie des sciences soviétique, invitant un représentant du groupe à venir célébrer le soixante-dixième anniversaire d'Edoardo Amaldi à Rome. Amaldi, qui a participé avec Bruno à la découverte de la méthode des neutrons lents ; Amaldi, le père du CERN, qui a inspiré indirectement le programme du Pacte de Varsovie en physique des hautes énergies à Doubna ; Amaldi, l'un des physiciens européens les plus influents encore en vie. Bruno Pontecorvo est le candidat naturel pour participer à cet événement.

Toutefois, personne à l'Académie ne le désigne, et Bruno se tait. Un autre représentant est choisi.

C'est du moins ainsi que Bruno rapportera les faits à Miriam Mafai [30]. Il est cependant difficile de croire que les choses en soient restées là. L'épisode rappelle le comportement de Pontecorvo lors de la conférence de Fuchs à Doubna, son silence étant imposé d'en haut. Mais la chance lui sourit bientôt. Le représentant sélectionné tombe malade à la dernière minute, et ne peut pas partir. Quelqu'un (Bruno dira n'avoir jamais su qui c'était) suggère que l'Académie envoie « Bruno Maximovitch Pontecorvo » à sa place. On ignore pourquoi le pouvoir en place a changé d'avis. Une lutte d'influence au plus haut niveau ? Bruno se souviendra en tout cas que le KGB local a tenté de le dissuader de partir, alors qu'il en avait reçu la permission. On lui dit qu'il serait plus sûr pour lui d'aller en Suisse ou en France, car il risque en Italie d'être surveillé par la police et harcelé par les médias. Il répond sans équivoque : « Je ne veux pas aller en France ; je ne veux pas aller en Suisse. Je veux aller en Italie [31]. »

Ce qu'il fait. Et Bruno Maximovitch Pontecorvo s'en revient à Rome le 6 septembre 1978, presque vingt-huit ans jour pour jour après l'avoir quittée pour l'URSS.

Quand l'Italie apprend le retour prochain de l'enfant prodigue, elle fournit à Bruno un avant-goût de l'excitation que suscite la nouvelle. Un journaliste lui téléphone de Rome la veille de son départ. Bruno reste poli mais ferme, expliquant que le but de sa visite est de célébrer le soixante-dixième anniversaire d'Edoardo Amaldi, et qu'il ne donnera pas d'interview. Son correspondant met en avant la portée de l'événement, que les journalistes vont l'assiéger à son arrivée. Il répète sa déclaration et raccroche. Peut-être y a-t-il un fond de vérité dans les mises en garde du KGB... Ce dernier lui procure comme il se doit deux gardes du corps pour l'accompagner en Italie, ceux-ci se faisant passer pour des collègues physiciens.

Bruno arrive à l'aéroport Leonardo da Vinci de Rome le matin du 6 septembre. Les photographes de presse se disputent le meilleur cliché lorsqu'il entre dans le terminal, l'aveuglant littéralement de leurs flashs. Les journalistes lui lancent des questions en lui tendant des microphones sous le nez. Une caméra d'actualités tourne en bourdonnant.

Il a préparé une déclaration, qu'il répète en réponse aux questions des reporters. Elle confirme pour l'essentiel le message de la conférence de presse de 1955, sa précédente et unique rencontre avec le grand public depuis 1950 : « Je n'ai jamais travaillé sur la bombe atomique ou la bombe H, ni en Occident ni en URSS [32]. » Il rend hommage à Edoardo Amaldi, la physique italienne en général et Enrico Fermi, qui l'a tant aidé dans sa carrière. Il dit qu'il est parti en URSS de son plein gré et jouit là-bas d'une totale liberté de recherche. Il refuse de se laisser entraîner à d'autres commentaires.

Gillo Pontecorvo, qui est allé à l'aéroport pour voir son frère, se fraie un chemin à travers la foule pour l'atteindre. Des larmes coulent lorsque tous deux s'embrassent sur le sol italien pour la première fois depuis presque trente ans. Bruno s'échappe enfin de la foule et passe l'après-midi chez sa sœur Giuliana à Cetona, un village proche de Sienne, accompagné de ses sangsues du KGB.

Le fils de Giuliana, Eugenio Tabet, est en 1978 un jeune professeur en physique, et il devine que les gardes du corps de Bruno ne sont pas physiciens. Il décide donc de « les soumettre à un test ». Il me racontera : « À côté de la maison de ma mère se trouvait un poêle à bois. C'est une bonne approximation de ce que les physiciens appellent un émetteur de type corps noir. J'ai donc demandé à un garde la longueur d'onde que devrait, selon lui, avoir le rayonnement. Je n'attendais pas une réponse précise. Je voulais juste [savoir] s'il allait comprendre la question. Je ne me rappelle plus exactement ce qu'il m'a répondu, mais cela n'avait aucun sens [33] ! »

De nombreux physiciens présents à la conférence rencontrent le légendaire Bruno Pontecorvo pour la première fois. Plusieurs amis d'autrefois ne l'ont pas vu depuis des décennies. Une célèbre photographie d'alors montre Bruno avec Edoardo Amaldi et Emilio Segrè *. Le fils d'Edoardo, Ugo, grand physicien lui aussi, me décrira la réalité qui se cache derrière l'image : « La photo les montre tous souriant, mais ce n'était que pour le photographe. J'étais là lorsque Emilio et Bruno se sont rencontrés. C'était *très* froid. La poignée de main n'était rien de plus qu'une formalité. Emilio était [encore] très mécontent au sujet du brevet [34]. » Apparemment, presque rien n'avait changé depuis leur rencontre à Kiev en 1959.

Le clan réuni

De retour à Doubna, Bruno partage ses impressions avec Tania Blokhintseva, la fille de Dmitri Blokhintsev, premier directeur de l'Institut unifié de recherches nucléaires (JINR) de Doubna : « Bruno était très surpris. [Cela faisait si longtemps qu']il n'avait vu l'Italie. Il m'a dit : "Tu sais – les *carabinieri* – ils étaient très polis." La circulation automobile était si dense qu'il avait du mal à traverser la rue. Il était très content là-bas [35]. »

À la lecture des articles de presse concernant le retour de Bruno en Italie en 1978, on pourrait penser que c'était la première fois qu'un Pontecorvo franchissait le Rideau de fer pour se rendre en Occident. Pourtant, l'aîné de Bruno, Gil, avait brisé la glace trois ans plus tôt, avec un voyage en Italie en 1975.

J'ai été étonné quand Gil me l'a signalé, presque *en passant* **. Il m'a raconté qu'il avait voyagé à Turin pour travailler avec une équipe de physiciens, qui ont ensuite collaboré avec lui durant plusieurs décennies sur des expériences au CERN. Gil a donc été autorisé à quitter le territoire soviétique, contrairement à son frère Tito : « Il dirigeait une équipe [océanographique] mais n'était pas autorisé à quitter le navire… Il n'y a aucune logique dans la bureaucratie [soviétique] ! »

---

* Voir www.icharta.com/en/c-122047-1978-roma-bruno-pontecorvo-ed-emilio-segre-al-compleanno-di-edoardo-amaldi-foto.html (N.d.T.)

** En français dans le texte. (N.d.T.)

J'imaginai Bruno en 1975, piégé derrière le Rideau de fer, voyant son fils aîné filer en Italie. « Quand tu es retourné à Doubna, que t'a dit Bruno ? », ai-je demandé à Gil.

« Je ne me le rappelle pas en détail, mais vous pouvez deviner », m'a répondu Gil en souriant. Il s'est souvenu en revanche du voyage : « J'ai vu toute la famille italienne. »

Je l'ai interrompu : « Vous en aviez rencontré quelques membres à Moscou, bien sûr. »

« Oui, mais cette fois tout le clan était réuni. Il y avait des gens qui ne m'avaient pas vu depuis les temps très anciens où nous vivions en Angleterre. » Il a ri de nouveau, en évoquant ce qui ressemblait à un véritable interrogatoire : « C'était une sorte de conférence de presse. Cela a duré quatre heures ! Des questions du type : Comment expliques-tu ceci, comment expliques-tu cela ? J'étais en sueur à la fin. Le tout en italien [36]. »

La sortie réussie de Gil et son retour en URSS sain et sauf ont peut-être contribué à desserrer la camisole de force qui entravait son père. Les autorités soviétiques ont dû également être satisfaites de la performance de Bruno trois ans plus tard, car son voyage de 1978 en Italie a inauguré un pèlerinage régulier. Il est de retour à Rome l'année suivante, convié par la Société italo-soviétique et donne alors une conférence de physique. Ceux qui le connaissent remarquent une évolution : Bruno montre les signes d'une maladie de Parkinson, et tremble de tous ses membres.

Son itinéraire lui donne l'occasion de traverser une partie de l'Italie durant cette visite. Il retourne dans sa ville natale de Pise après avoir passé les deux tiers de sa vie ailleurs. La villa où il a grandi existe toujours, mais a été transformée en hôtel. Il retrouve la Toscane, dont il aime la campagne, et qu'il n'a pas vue depuis des décennies ; il a bien cru ne jamais la revoir.

Bruno voyage désormais en Italie tous les ans, les Soviétiques étant plus détendus à son sujet. Il tente de se rendre aussi en France en 1982, pour participer à un symposium sur l'histoire de la physique des particules élémentaires. Cette fois, c'est la France qui le rejette [37].

La communauté scientifique, pourtant, le tient en haute estime. Nombre de participants regrettent qu'il ne puisse pas être là en personne, bien qu'il ait envoyé un article qui sera lu en son absence au symposium. Ils lui écrivent une carte, qu'ils signent : « Vos amis vous saluent. » Parmi les auteurs du message se trouvent de vieux amis comme Edoardo Amaldi et Pierre Auger, les lauréats du prix Nobel C.N. Yang et Julian Schwinger, ainsi que de futurs lauréats du prix Nobel (et compagnons de chasse au neutrino) Leon Lederman et Jack Steinberger.

La plupart des physiciens considèrent Bruno comme un leader international dans le domaine des neutrinos, se souciant peu de son passé ou soutenant qu'il n'a sans doute jamais été un espion. Les gouvernements français et plusieurs autres pays occidentaux restent néanmoins suspicieux. Ces comportements perdurent, alors qu'aucune preuve n'a jamais été présentée contre lui.

Le théoricien des particules Peter Minkowski se souviendra d'une manifestation de l'hostilité de l'Occident envers Pontecorvo. Minkowski travaille au début des années 1980 au Caltech (California Institute of Technology), à Pasadena. Auteur d'un article qui anticipait le travail de Bruno et Samoil Bilenky, il a très envie de rencontrer Bruno pour discuter de physique. Un haut fonctionnaire responsable de la physique nucléaire à l'US Energy Department vient visiter le Caltech à ce moment-là. Minkowski lui suggère d'inviter Pontecorvo aux États-Unis. Selon le souvenir de Minkowski, « il a pâli, puis il a dit “nous ne pouvons pas faire ça ; il y a un mandat d'arrêt contre lui [38]” ».

Cette histoire est-elle véridique ? De nombreuses années ont passé et, si un tel mandat a jamais existé, les preuves sont soit perdues, soit recouvertes d'encre noire dans les dossiers de la sécurité américaine. Quoi qu'il en soit, aucune invitation n'a été émise, si bien que la crise a été évitée.

En 1984, alors qu'on célèbre le cinquantième anniversaire de la découverte de la radioactivité artificielle à Paris, Bruno ne peut pas davantage participer à ces événements. Il envoie toutefois un article qui résume son travail parisien sur les isomères nucléaires. Comme rien n'empêche les citoyens français de se rendre à Doubna, Bruno rencontre en juin 1984 Hélène Langevin, la fille de Frédéric et Irène Joliot-Curie, à qui il a appris à skier en 1939. Des collègues se souviendront de leurs yeux humides, à tous les deux [39].

Les autorités françaises reviennent finalement sur leur décision et lèvent l'interdiction. Bruno retourne à Paris en 1989 pour une semaine. Il retrouve l'Institut Curie (anciennement Institut du radium) et donne un séminaire au Collège de France le 11 septembre. Il évoque durant son exposé ses rencontres avec Fermi, Joliot-Curie et d'autres grands scientifiques d'avant guerre. La maladie de Parkinson entrave malheureusement ses mouvements, et au lieu de marcher sur la scène de long en large, comme il aimait autrefois à le faire pendant ses cours pour stimuler son audience, il reste désormais sur le podium, parlant avec élégance et vivacité, mais s'interrompant lorsque les tremblements le reprennent.

Ugo Amaldi se souviendra de la visite de Bruno au CERN près de Genève, le 14 septembre 1989. Il dirige à l'époque une expérience au Large Electron-Positon Collider (LEP) du CERN, dont l'un des objectifs est de démontrer qu'il existe bien trois variétés de neutrinos, et seulement trois. Bruno est ravi de visiter avec lui l'accélérateur, situé à cent mètres sous terre, dans le complexe du CERN. La splendeur de l'appareil, qui contient plusieurs couches d'électronique élaborée, confinées dans des cylindres de la taille d'une cathédrale, est à couper le souffle. Une des caractéristiques de la maladie de Parkinson est que les symptômes se manifestent encore plus lorsque le patient éprouve des émotions, et Bruno n'y échappe pas.

Il est prévu qu'il fasse un discours plus tard dans la journée, dans l'auditorium du CERN, devant plusieurs centaines de scientifiques, très impatients de l'entendre. Ugo se souviendra que « Bruno tremblait beaucoup » juste avant son discours. Il retrouve néanmoins son calme et prend la parole après une introduction de Jack Steinberger. Sa voix autrefois vibrante est désormais affaiblie, mais conserve son autorité. Les symptômes le rattrapent soudain, et il s'interrompt. « Ne prêtez pas attention à mes tremblements, dit-il à l'audience. Cette maladie de Parkinson est moins grave qu'elle n'en a l'air. » Puis il recourt à son éternel sens de l'humour pour les désamorcer : « Ne vous inquiétez pas, je ne vais pas mourir[40]. »

Le long hiver

Après la chute du mur de Berlin, alors que l'Union soviétique vacille, Bruno revient sur sa vie et réévalue les circonstances qui l'ont amené en Russie. Il accorde une longue série d'interviews en 1990, à l'âge de soixante-dix-sept ans, à la journaliste communiste italienne Miriam Mafai, qui s'en servira pour raconter le séjour du physicien italien en Union soviétique. Intitulé *Il lungo freddo* (Le long hiver), le livre dépeint Bruno Pontecorvo tel qu'il aimerait être vu. Il constitue aussi une source inappréciable pour le présent ouvrage[41].

Bruno, dont les voyages en Occident lui ont peut-être ouvert les yeux, comprend ce qu'il a perdu durant les années qu'il a passées en URSS. C'est à ce stade de sa vie, lorsque les barrières s'ouvrent grâce à la politique soviétique de *détente**, qu'il a fait cette ahurissante déclaration à un journaliste de *The Independent* de Londres : « J'étais un crétin[42]. » Il semble regretter son soutien inébranlable du programme soviétique, et l'expérience l'a rendu triste, ce que montrent aussi ses longs entretiens avec Mafai.

Il a fui vers l'URSS en 1950, porté par les espoirs que symbolise l'étoile rouge qui trône au sommet du Kremlin. On lui interdit tout contact avec l'Occident pendant cinq ans, puis on ne lui autorise que des lettres pendant encore vingt ans. Mis à part les frères et sœurs qui viennent le voir en URSS, il n'a aucun contact avec sa famille. Ce n'est qu'en 1978 que Bruno est libre de voyager au-delà du Rideau de fer et peut revoir les siens, ses amis et collègues. Les retrouvailles les plus touchantes sont celles de sa sœur Anna. Ils ne se sont pas vus depuis le 28 août 1950, jour où elle est rentrée en Angleterre à la fin de ces vacances fatidiques.

Si quelqu'un mérite une explication de la disparition précipitée du physicien, c'est bien elle. Je l'ai rencontrée en 2011 au Churchill College de Cambridge, dont les archives contiennent les lettres et documents trouvés au domicile de Bruno à Abingdon. Alors que je venais d'arriver à notre rendez-vous, j'ai vu une dame courbée et aux cheveux blancs traverser la cour. Je l'ai tout de suite reconnue, bien que je ne l'eusse jamais rencontrée : elle avait le nez fort et le visage allongé de son frère.

Anna est désormais la seule survivante de la fratrie de Bruno. Elle sourit avec mélancolie en évoquant le souvenir de Bruno à Rome, où il défiait la maladie de Parkinson en faisant le pitre et en

* En français dans le texte. (N.d.T.)

évitant les voitures dans la rue. Alors, quelle explication lui a-t-il donnée pour sa fuite ? Après tant d'années de séparation – presque trois décennies – elle voulait sûrement comprendre son comportement ? Mais Anna n'a rien demandé. Elle a senti qu'il avait été déçu par l'URSS et qu'il se considérait comme un imbécile. « Il était si brisé par toute cette expérience, m'a-t-elle dit, que je n'ai pas voulu remuer le couteau dans la plaie [43]. »

À la fin de la vie de Bruno, ses amis et proches semblent considérer ces questions comme un tabou. Ils justifient leur comportement d'évitement par l'angoisse manifeste de Bruno envers ses mésaventures soviétiques. Même Gil, qui avait douze ans quand la famille a fui en URSS et qui était donc assez grand pour réaliser que « quelque chose clochait », n'a jamais abordé ce sujet durant les quatre décennies qui ont suivi. Dans le cercle de ceux que Bruno a aimés le plus, il y a presque une *omertà*, une loi du silence. En dehors de la famille, des collègues exprimeront le sentiment, devant moi et d'autres, qu'un accord tacite les empêchait de lui parler de son départ. Ils ne demandent pas pourquoi il est parti si brusquement. Ils soupçonnent la réponse dans leur cœur, mais si personne ne la prononce tout haut, on peut encore se bercer d'illusions.

Derniers souvenirs

Bruno voyage plusieurs fois en Italie à soixante-dix ans et davantage, pour recevoir un traitement contre la maladie de Parkinson. Son quatre-vingtième anniversaire survient le 22 août 1993. Comme il doit séjourner en France et en Italie à ce moment-là, ses collègues du laboratoire de Doubna prévoient des festivités pour l'automne. Bruno arrive en France pour la dernière fois en juillet, et assiste à une conférence internationale en physique des particules à Marseille.

Il a désormais souvent besoin d'assistance, et son neveu Ludo l'aide à bouger et à manger. Lev Okun, un collègue russe, les rejoint pour déjeuner dans un restaurant en terrasse. Les tables sont réparties sur un large patio, au bord d'un carrefour animé. Bruno se tourne soudain vers Okun, comme frappé par une pensée inopinée : « Lev Borisovitch ! As-tu remarqué que les femmes ne sont pas aussi jolies à Marseille qu'à Paris ? » Embarrassé, Okun laisse entendre que rien ne vient vraiment étayer cette opinion. Bruno lui conseille : « Compte simplement combien de femmes ordinaires passent avant que n'apparaisse une femme séduisante [44]. » Amateur de jolies femmes et adepte de la méthode scientifique. C'est le dernier souvenir qu'Okun garde de son vieil ami, qui n'a plus que quelques semaines à vivre.

Bruno quitte Marseille pour l'Italie. Il est prévu qu'il y reste plusieurs semaines avant de retourner à Doubna. Irina Pokrovskaya, son assistante personnelle, se souviendra de la surprise des employés de Doubna lorsqu'ils l'ont vu revenir d'Italie plus tôt que prévu et sans prévenir. Son arrivée est si inattendue que le directeur du laboratoire a à peine le temps d'envoyer une voiture le prendre à l'aéroport et le ramener chez lui. Tania Blokhintseva, la fille de l'ancien directeur de Doubna, décrira son retour « comme un acte délibéré », comme si Bruno savait qu'il n'en avait plus pour longtemps [45]. On organise un pot informel le jour de son anniversaire, le 22 août, même si nombre de ses collègues sont encore absents pour l'été.

Bruno continue de venir au laboratoire, mais dès les premiers jours de septembre, Irina Pokrovskaya remarque « une ombre irréversible » sur son visage. Selon elle, Bruno a été le premier à noter le changement. Durant sa présence au laboratoire, il est « serein et calme, ne voulant déranger personne [46] ».

Un mois après son anniversaire, il passe au laboratoire pour la dernière fois. Nous sommes le soir et il remarque la beauté des « bouleaux jaunes » à travers la fenêtre du bureau d'Irina. Puis, celle-ci le raccompagne à la porte du laboratoire, où son fils Tito l'attend. Dans son dernier souvenir de lui, il plaisantait encore lorsqu'ils sont partis.

Il est mort deux jours plus tard. Son célèbre charisme, sa modestie, sa politesse ne l'ont jamais quitté. Dans une phase d'éveil entre deux plongées dans l'inconscience, ses dernières paroles adressées aux médecins accourus à son chevet sont : « Merci [47]. »

Ses funérailles ont lieu le 29 septembre. Le matin, le chandelier de la chambre funéraire du Palais de la culture de Doubna est drapé de noir, et Irina a « deux mains gauches » lorsqu'elle aide à préparer les fleurs. Le cercueil de Bruno Maximovitch arrive alors. C'est un grand événement, car Doubna célèbre son académicien bien-aimé. Des pleureuses se relaient pour honorer le corps auprès du cercueil ouvert [48]. La musique de Mozart emplit la pièce. Dehors, le temps évoque *il lungo freddo*, la moitié russe de la vie de Bruno Maximovitch. « Il tombait de la neige fondue », se souviendra Irina [49]. Le long hiver russe s'installe.

La mauvaise blague des neutrinos

Deux faits sont certains en tout cas : Bruno a sans doute frôlé le prix Nobel en 1988 lorsque Steinberger, Schwartz et Lederman ont confirmé l'idée qu'il existe plusieurs variétés de neutrinos ; et son décès l'empêche de partager le prix Nobel de 2002, qui va à Ray Davis. Dans le règlement officiel, le Nobel n'est en effet jamais décerné à titre posthume. La récompense de Davis couronne quarante ans d'expérimentation. Ses efforts englobent toute l'œuvre de Bruno Pontecorvo, qui a fait passer le neutrino du statut d'hypothèse au statut d'outil de précision pour la physique et l'astronomie.

L'idée de Bruno s'est finalement révélée fructueuse dans la quête des neutrinos solaires, car le Soleil produit bien des neutrinos, et non des antineutrinos. L'article originel de 1945 ne croyait pas en la possibilité de mettre en pratique cette idée pour chercher les neutrinos solaires, mais l'article de l'année suivante a inspiré Ray Davis. L'existence de la particule confirmée, Davis est le premier à chercher les neutrinos qui se propagent depuis le Soleil. Malheureusement pour Bruno, la communauté scientifique a mis presque quarante ans à reconnaître la robustesse de l'expérience de Davis et à en accepter les résultats. Comme nous l'avons vu, la raison de ce délai est que le neutrino électronique change de forme sur son trajet depuis le Soleil – une autre idée proposée par Bruno.

Quelle mauvaise blague de la part des neutrinos ! Si les oscillations du neutrino n'existaient pas, Bruno n'aurait eu raison qu'une seule fois (en suggérant la détection par le chlore) et Davis aurait observé la bonne proportion de neutrinos solaires. Le monde aurait applaudi tout de suite. La mauvaise blague est que Pontecorvo a eu raison une seconde fois. Les oscillations du neutrino ont dilué le signal de Davis, si bien que les scientifiques ont douté de ses résultats durant des décennies. On a largement ignoré la thèse de Bruno sur l'existence de plusieurs variétés de neutrinos, ainsi que l'idée qui en découle d'oscillations responsables du déficit de neutrinos dans les expériences de Davis. Ce n'est qu'en 2001 que la proposition est finalement démontrée, grâce à l'expérience SNO au Canada, tout près de l'endroit où Bruno avait commencé sa quête des neutrinos [50].

L'idée la plus riche de Bruno Pontecorvo est certainement celle qui affirme que les neutrinos muonique et électronique sont différents. Cela a conduit à l'actuel modèle standard de la physique des particules, ainsi qu'à la prédiction que les différentes variétés de neutrinos peuvent s'échanger leurs identités, à condition d'avoir une masse. Cette prédiction, que Bruno a développée sur plusieurs années, a atteint sa forme mature en 1968, une bonne année avant que Davis ne découvre l'anomalie des neutrinos solaires.

Ainsi, la saga des neutrinos est sans doute ce qui résume le mieux le triomphe et la tragédie de la carrière scientifique de Pontecorvo. C'est à cause des sournoises oscillations des neutrinos que ceux du Soleil deviennent méconnaissables avant d'arriver dans le bassin de chlore. Et que Ray Davis a passé des décennies à essayer de comprendre pourquoi il voyait si peu de neutrinos. L'explication n'a pas été confirmée avant le tournant du siècle, apportant le prix Nobel à Davis, qu'il a reçu en 2002, à l'âge de quatre-vingt-sept ans. Bruno Pontecorvo, lui, est mort en 1993, sans voir la confirmation des grandes vérités qu'il avait révélées.

Il n'a pas vécu assez longtemps pour voir le phénomène d'oscillation des neutrinos établi comme un fait scientifique, aujourd'hui exploité pour mesurer les propriétés subtiles de ces particules fantomatiques. Les résultats suggèrent que les neutrinos détiennent les clés de nombreux mystères du cosmos : par exemple, pourquoi y a-t-il plus de matière que d'antimatière dans l'Univers à grande échelle ? La réponse pourrait venir de l'astronomie des neutrinos, cette nouvelle science où les neutrinos sont captés par de vastes détecteurs situés notamment sous la glace de l'Antarctique. Nouvelle science qui nous promet déjà des mesures quantitatives de phénomènes à l'œuvre fort loin dans l'espace et dans le temps.

Plaque tombale de Bruno Pontecorvo, à Rome. (Photo de l'auteur.)

Et pour la seconde fois, un lauréat Nobel remercie Bruno Pontecorvo pour lui avoir inspiré les travaux récompensés. Nous avons déjà cité Melvin Schwartz : « L'ensemble de sa contribution dans le champ de la physique des neutrinos a sans doute été d'une importance majeure ». Ray Davis fournit à son tour cette épitaphe : « [Bruno Pontecorvo] a ouvert les yeux du monde avec ses intuitions originales[51]. » Il est permis de se demander, parmi tant d'autres questions sur l'histoire remarquable de Bruno Pontecorvo, jusqu'où ces intuitions auraient pu le mener s'il n'avait pas fui à travers le Rideau de fer en cet été 1950.

ÉPILOGUE

« Au milieu du chemin de notre vie, je me retrouvai par une forêt obscure *car la voie droite était perdue.* »

DANTE

CHAPITRE 19

La voie droite était perdue

Décembre 1950. Ronnie Reed du MI5 achève sa première enquête, trois mois après la défection de Bruno Pontecorvo. Les Britanniques n'ont pas encore conscience de la duplicité de Philby, donc personne ne devine qu'il a averti Moscou que le FBI s'intéressait au fugitif. Ce que craint le gouvernement britannique, c'est que Bruno ait fui après avoir transmis aux Soviétiques des informations classifiées, mais le MI5 n'en a pas la preuve, et les recherches n'aboutissent à aucune conclusion certaine. Reed fait mouche cependant lorsqu'il affirme dans son rapport que Bruno sera « probablement très déçu » s'il est parti en URSS dans l'espoir de s'y établir en paix [1].

Bruno n'a retrouvé sa liberté que lorsque l'objet de son désir – l'URSS – a commencé à se fragmenter, après avoir passé cinq ans confiné à Doubna et vingt ans de plus cantonné au Bloc de l'Est. Il reconnaît à la fin de sa vie que « la Terre promise n'existe plus ; ni ici [en URSS] ni ailleurs [2] ». Il décrit par ailleurs un rêve récurrent : « Parfois, en pleine nuit, j'imagine que quelqu'un me dise bien en face que tout mon travail scientifique est faux. Un chiffre ou une opération sont inexacts depuis le début, et j'ai travaillé toute ma vie sur un calcul fondé sur cette donnée fausse. À cause de cette erreur, tout mon travail a été inutile. » Il ajoute ensuite : « Cela n'arrive jamais – du moins en physique [3]. » Si « le rêve révèle la réalité que l'image est loin de rendre [4] », cela reflète peut-être sa prise de conscience que, dans d'autres domaines que la science, il a perdu son chemin.

Bruno Pontecorvo : le scientifique

En science, le nom de Bruno Pontecorvo est pour toujours associé aux neutrinos. Le travail sur les particules fantomatiques qu'il a laissé en héritage aux scientifiques d'aujourd'hui culmine durant la dernière moitié de sa vie. Il a compris que l'interaction faible est une force universelle de la nature ; il a identifié le muon comme une version de l'électron plus lourde et de même « saveur » ; il en a déduit qu'il existe plusieurs variétés de neutrinos, et a poussé cette idée jusqu'à la théorie des oscillations du neutrino. Certes, une partie de son article de 1946 sur les neutrinos repose sur des intuitions de Pryce, Guéron et Frisch, mais l'histoire n'a retenu que son nom. Plus récemment, l'idée qu'on puisse étudier une supernova à travers ses neutrinos a donné naissance à une nouvelle science – l'astronomie des neutrinos.

Les apports de Bruno ont profité à la physique théorique comme à la physique expérimentale, ce qui n'est pas courant. Ugo Amaldi s'est un jour interrogé : « Combien de physiciens ont apporté d'importantes contributions à la fois théoriques et expérimentales ? Fermi, Rutherford, Pontecorvo – peu au niveau du Nobel [5]. » Le lauréat du prix Nobel Jack Steinberger plaçait Bruno Pontecorvo parmi les grands physiciens du XXe siècle, même s'il le considérait comme un fantaisiste qui réclamait parfois à la fin de sa vie plus de reconnaissance qu'il ne le méritait [6].

Ce sentiment de Steinberger est à rapprocher de celui de Semen Gershtein, qui considérait que la carrière du grand physicien Pontecorvo a été contrecarrée par son exil en URSS [7]. Il est vrai que Bruno n'a pas pu se faire reconnaître pour avoir développé indépendamment l'idée de la « production associée * », mais il n'y a aucune raison de penser qu'il était sur le bon chemin pour détecter les antineutrinos émis par des réacteurs.

Les implications politiques de sa défection sont directement liées à ses premiers travaux en physique nucléaire des années 1930. Durant cette décennie, il a fait son observation fortuite sur les neutrons ralentis à Rome, a travaillé sur les isomères, a assisté aux premières expériences sur la fission dans l'eau lourde. Il a aussi

* Voir le chapitre 15. (N.d.T.)

élaboré des instruments de précision pour mesurer les rayonnements. L'étendue de son expertise et de ses innovations dans ce champ fait mentir les déclarations publiques du gouvernement britannique en 1950, qui tente de minimiser son importance en affirmant qu'il n'a pas travaillé sur la bombe atomique et n'a pas eu accès aux récents secrets nucléaires [8].

Contrairement à ce qu'affirme la propagande politique, Bruno Pontecorvo a été au centre d'une recherche très pertinente pour les besoins de l'URSS. Enrico Fermi est plus près de la vérité lorsqu'il remarque que l'expertise de Pontecorvo sera inestimable en URSS, à condition qu'il soit libre de participer au projet atomique [9]. Le livre de bord de Doubna confirme la prédiction de Fermi. Il révèle l'intérêt des Soviétiques pour la fission et les « particules H-4 », et établit le rôle de conseil que le physicien italien a endossé en arrivant au laboratoire en novembre 1950. Pomeranchouk a utilisé son expertise sur les réacteurs nucléaires à eau lourde, et Bruno lui-même a admis avoir fait des recommandations dans ce secteur.

Un ancien membre de la US Atomic Energy Commission lié aux renseignements britanniques à Washington autour de 1950 remarque : « Sans aucun doute, [il] doit avoir tout révélé après sa défection, mais je n'ai jamais vu un seul début de preuve sur le fait qu'il aurait transmis des informations avant [1950] [10]. »

Bruno Maximovitch Pontecorvo : une énigme

On croyait autrefois que la Terre était au centre du monde. On recourait, pour expliquer les mouvements des planètes, à un grand nombre d'« épicycles », qu'on ajustait lorsque les astronomes fournissaient des données plus précises. Le modèle est vite devenu trop lourd. En revanche, avec la seule hypothèse héliocentrique, selon laquelle les planètes orbitent autour du Soleil, tout est soudain devenu cohérent. Adoptons une démarche similaire au sujet de Bruno Maximovitch Pontecorvo et son éventuel rôle d'espion. D'un côté, on peut supposer, en l'absence de preuve contre lui, qu'il n'a pas renseigné les Soviétiques lorsqu'il était en Occident – auquel cas on doit recourir à plusieurs théories indépendantes pour éclaircir quelques zones d'ombre. D'un autre côté, les faits concordent si l'on accepte seulement qu'il transmettait des informations secrètes avant 1950.

Ce qui suit est une liste de faits, accompagnés d'interprétations possibles dans le cadre de cette hypothèse.

En 1950, les plans du réacteur canadien arrivent en URSS.

La source n'est pas Nunn May. Il est possible que les Soviétiques aient convaincu Pontecorvo de leur livrer les plans avant sa défection, afin de les aider à construire un réacteur nucléaire pour le bien-être social et économique de leurs concitoyens. Il aurait été grossier de sa part de rejeter une telle requête venant d'un allié.

Un deuxième échantillon d'uranium a voyagé du Canada en URSS en passant entre les mains de Lona Cohen.

Tandis que l'uranium de Nunn May est originaire du réacteur américain, le deuxième échantillon provient presque certainement du Canada, ce qui n'est possible qu'après le démarrage du réacteur principal en 1947. L'année précédente, Bruno décline plusieurs propositions de prestigieuses universités américaines en faveur de Harwell, puis hésite, change sa date de prise de poste et décide soudain de rester au Canada pour travailler sur le réacteur NRX. Cette attitude peut bien sûr refléter une indécision authentique, mais elle peut aussi correspondre au comportement d'un homme qui souhaite tenir les Soviétiques au courant des progrès du réacteur [11].

Lona Cohen s'est rendue plusieurs fois entre 1944 et 1948 à la frontière entre le Canada et les États-Unis, pour recueillir des informations d'une personne basée au Canada. De même, Bruno Pontecorvo a régulièrement voyagé de Montréal à la frontière américaine, soit disant pour garder active sa demande de nationalité américaine [12].

Si Bruno rencontre Lona Cohen, il doit prendre des précautions pour qu'on ne le reconnaisse pas au cas où on les verrait ensemble ou, pis encore, si Cohen est arrêtée. Il a manifestement un comportement fuyant durant cette période, tournant la tête lorsqu'il est forcé d'apparaître sur des photographies de Chalk River, comme s'il craignait que son image ne soit largement diffusée. On choisit généralement les meilleurs clichés de la pellicule pour les publier, si bien que nous devons conclure que Bruno a fui l'objectif durant toute la séance photo. Il fait peut-être l'enfant, comme cela lui arrivait souvent, mais les images de Chalk River n'en restent pas moins étranges.

Geoffrey Patterson a envoyé sa lettre de Washington, et Philby l'intercepte en juillet 1950, quelques jours avant que la famille quitte l'Angleterre puis s'enfuie.

Le fait que Bruno décide précipitamment de fuir, alors qu'il aurait pu organiser tranquillement son départ en Union soviétique si c'était par convictions personnelles, suggère qu'il a plutôt réagi à une crise majeure. L'exfiltration des Cohen en URSS en juillet 1950, quelques jours avant l'arrivée de Pontecorvo, est une autre coïncidence troublante.

Le comportement des Soviétiques à son arrivée, qui l'interrogent et le retiennent cinq ans sous bonne garde, ne semble pas approprié à l'accueil d'un héros du socialisme.

Un autre incident, peut-être innocent, mais concordant avec notre modèle, est le fait que Pontecorvo choisisse Andropov, la tête du KGB, comme contact au Politburo et refuse d'avoir affaire à quelqu'un d'autre. La réponse du Kremlin est également remarquable : au lieu de l'ignorer ou de rejeter sa requête, on envoie l'agent du KGB qui s'est occupé de lui dès son arrivée – la personne qui connaît le mieux l'affaire Pontecorvo. Ce contact du KGB a ensuite une longue conversation avec lui, dont on ignore les détails.

Un avocat de la défense de Pontecorvo ferait valoir qu'il est naturel de solliciter l'aide du KGB, quelle qu'en soit la raison, car l'agence a tout pouvoir et l'a aidé à venir en URSS. Venir à Moscou pour voir Andropov sans rendez-vous apparaît toutefois comme une démarche extrêmement naïve, à moins que Bruno ne jouisse d'une influence considérable. (Seriez-vous reçu en pareilles circonstances par un membre important de votre gouvernement ?)

Le traitement que lui réservent les Soviétiques à son arrivée en URSS fait dire à un ancien chef du MI5 qu'ils ne lui font pas confiance [13]. C'est peut-être compréhensible, quelles que soient les raisons de sa défection. Mais pourquoi se méfier de lui après s'être donné tout ce mal pour le faire venir, qui plus est, avec son consentement ? On dirait plutôt que les Soviétiques souhaitent le punir – comme un agent qui « tente de se désengager » ou de devenir indépendant. Il n'a certainement pas été traité comme un héros qui a choisi de venir en URSS en protestation contre l'Occident [14].

Finalement, la question de savoir si Bruno Pontecorvo a transmis des informations classifiées aux Soviétiques avant 1950 est secondaire ; une fois là-bas, son savoir-faire est des plus utiles pour les Soviétiques. Les renseignements de Klaus Fuchs et d'autres espions atomiques sont rapidement devenus obsolètes, et leur intérêt n'a été au mieux que transitoire, en dépit du battage médiatique dont ils ont fait l'objet. En revanche, Bruno Pontecorvo a apporté une expertise unique, que les autorités soviétiques ont exploitée sans vergogne durant cinq ans pour pousser plus loin leurs ambitions nucléaires. Même s'il n'a propagé aucun secret avant 1950, sa présence en Union soviétique est potentiellement aussi importante que tout ce qu'ont fait les « espions atomiques » reconnus.

Alan Nunn May a été reconnu coupable d'espionnage en 1946, et a passé sept ans dans une prison britannique avant d'être libéré. Klaus Fuchs a aussi été emprisonné en 1950, et relâché neuf ans plus tard.

Tous deux ont refait de la science après avoir retrouvé leur liberté. Nunn May s'est marié, a travaillé pour une fabrique d'instruments scientifiques en Angleterre, puis est devenu doyen de la faculté des sciences de l'université du Ghana. Il a pris sa retraite en 1978 et est retourné à Cambridge, où il est décédé en 2003, à l'âge de quatre-vingt-douze ans. Klaus Fuchs est reparti en Allemagne de l'Est, où il a épousé une amie qu'il avait connue durant ses années d'études. Il a rencontré un succès considérable en tant que scientifique. Il a obtenu le Prix national d'Allemagne de l'Est, et est devenu directeur adjoint du Centre national de recherche nucléaire de Dresde. Il est mort en 1988, à l'âge de soixante-dix-sept ans.

En revanche, Bruno Pontecorvo a passé quarante-trois ans en Russie, où sa carrière scientifique a été freinée, sa famille traumatisée et ses idéaux lentement altérés sous la répression soviétique. S'il a espionné, il est permis de penser qu'il a été davantage puni que les autres.

Octobre 1992

En octobre 1992, un historien russe fait des recherches en vue d'un documentaire sur la guerre froide, pour le compte du réseau de télévision américain ABC. Un guide du service de presse du KGB le conduit dans un hôpital du KGB à Moscou, où se fait soigner la vieille Lona Cohen [15]. Celle-ci évoque avec lui les « jeunes physiciens » qu'elle a rencontrés lorsqu'elle était espionne, mais sans donner de nom. Elle confirme qu'elle est allée aux Chutes du Niagara vers 1945, puis en 1948 ou plus tard, « sous des prétextes touristiques », pour rencontrer une source du Canada.

On emmène ensuite le chercheur dans une autre aile de l'hôpital, où il fait la connaissance d'un dénommé Anatoly Yatskov. Ce dernier et Pontecorvo sont nés à trois mois d'écart, et vont mourir presque en même temps, à quelques mois près, en 1993. Yatskov raconte avoir rencontré Pontecorvo pour la première fois lorsque celui-ci était « sur le chemin de l'URSS ». Après son arrivée, il lui a servi d'interprète pour un temps et l'a aidé à s'intégrer au pays. Cette histoire est plausible vu son âge et son expérience des affaires atomiques, et elle concorde avec la description d'une *aide* *, que Bruno a faite à Miriam Mafai sans le nommer [16]. Une biographie plus complète de Yatskov révèle qu'il était basé à New York dans les années 1940, en tant que contrôleur du réseau soviétique d'espions atomiques, auquel Klaus Fuchs, Ted Hall et Lona Cohen appartenaient [17]. Yatskov est retourné en URSS en 1947. Il est mort d'un cancer en mars 1993, dans l'hôpital où l'historien l'a rencontré.

Ce dernier a émis le souhait d'interviewer Bruno Pontecorvo. Son guide du KGB a donc fait passer une demande d'interview à l'intéressé, « juste comme ça », mais celui-ci a refusé catégoriquement. L'historien ne lui a pas parlé directement, mais sa réponse, rapportée par son hôte du KGB, l'a marqué.

« *Ya khochu umeret kak velikii fizik, a ne kak vash jebanyi shpion* [18]. »

« Je veux mourir en grand scientifique, pas en tant que votre foutu espion. »

* En français dans le texte. (N.d.T.)

POSTFACE

Quand j'ai commencé mes recherches, je ne croyais pas que Pontecorvo ait pu être un espion.

L'idée couramment admise était qu'il avait commis des indiscrétions et que le KGB l'avait rappelé à Moscou « juste à temps », lorsque la « police britannique/italienne/canadienne [entourez la bonne réponse] était sur le point de l'arrêter ». Un examen même rapide des preuves montre cependant que de telles affirmations manquent de fondement.

Le Joint Committee on Atomic Energy du Congrès des États-Unis a prétendu en 1951 que Bruno était un espion, ce que les médias de l'époque ont relayé, mais ces déclarations étaient soit motivées par le maccarthysme, soit fondées sur des révélations manifestement fausses – que Pontecorvo aurait par exemple été dénoncé par Gouzenko (ce qui est faux). Ces accusations étaient souvent assénées par décret et sans source solide. Il est clair désormais que le MI5 a exploité le rapport du chef du contre-espionnage contre l'URSS, Ronnie Reed, grâce à des journalistes bien choisis, de manière à présenter les services de sécurité sous un jour positif. On trouve de nombreux indices de l'influence du MI5 ; par exemple, le nom d'Alan Nunn May est parfois écrit « Allan » dans les premiers articles, comme dans le carnet d'adresses personnel de Bruno, ce qui indique que l'auteur a dû y avoir accès au MI5.

Toujours est-il que le secret persiste plus de soixante ans après : les papiers du FBI sur Pontecorvo restent classifiés, avec des pages entières passées au noir ; plusieurs documents des archives britanniques sont expurgés de leurs sources, d'autres sont manquants ou mal classés. La fameuse lettre de juillet 1950 en provenance de Washington, qui a poussé Philby à donner l'alerte à Moscou, en est un exemple. Elle était déclarée « perdue » jusqu'en décembre 2012, lorsque, en réponse à mes demandes insistantes, Peter Hennessy m'a appris qu'elle devenait « ouverte à la consultation ».

Toutes les sources disponibles confirment que les autorités du Royaume-Uni ne disposaient d'aucune preuve pour poursuivre Pontecorvo en 1950. Les fichiers du MI5, ainsi que les journaux personnels des responsables du renseignement, révèlent le côté hasardeux de ce métier. Le MI5 a souvent obtenu des succès en infiltrant des organisations extrémistes bien identifiées, mais la détection d'espions isolés – ces scientifiques qui transmettaient régulièrement des informations à l'URSS pour des raisons idéologiques – revenait à chercher une aiguille dans une botte de foin. Dans l'affaire Pontecorvo, le MI5 devait se contenter d'une simple « mise à l'écart à l'amiable ».

Guy Liddell décrit le problème dans son journal. Il examine le cas de Klaus Fuchs le 2 juin 1950 :

> « Le cas FUCHS a montré qu'un autre homme de son acabit a pu être recruté pour un projet secret. Une fois que la décision d'engager [un tel espion a été] prise, il reste deux [occasions possibles] de le détecter : au moment où il obtient l'information et au moment où il la transmet. Puisque l'information se trouvait dans le cerveau [du scientifique] et qu'il l'a obtenue légalement, il était impossible [de le prendre sur le fait]. Quant au moment où il transmet l'information, il y a eu dans le cas de FUCHS une période d'un an durant laquelle il n'a pas opéré du tout, après quoi il n'a eu un contact qu'une fois tous les trois mois. Les chances de succès étaient très minces, faute de lui avoir collé aux basques durant trois mois sans rien détecter – ce qui était très difficile.
>
> Sachant qu'il existait pratiquement des centaines de cas suspects sur la base d'éléments bien plus tangibles que dans le cas de FUCHS, on comprend que nous nous trouvions face à un énorme problème [1]. »

Le journal de Liddell et les documents du MI5 montrent clairement que si Fuchs n'avait pas avoué début 1950, il n'aurait pas été poursuivi, mais aurait été « mis à l'écart à l'amiable » – transféré de Harwell vers une université située au dehors du périmètre de sécurité. Au printemps de cette année, les autorités britanniques se préparaient à procéder de cette manière avec Bruno Pontecorvo – les remarques ci-dessus auraient pu s'appliquer à son sujet. Le MI5 était essentiellement impuissant face à un espion isolé qui faisait profil bas. Dans le cas de Pontecorvo, le MI5 avait des soupçons, mais pas l'ombre d'une preuve.

Parmi les éléments à charge qui sont apparus plus tard, le témoignage d'Oleg Gordievsky est le plus remarquable. Celui-ci, entré au KGB en 1963, n'a jamais eu affaire directement à Pontecorvo, mais il affirme avoir connu des agents du KGB qui avaient été en contact avec lui. Ces personnes lui auraient confié que le physicien leur était d'une grande utilité durant la guerre et après, et cette déposition est désormais gravée dans le marbre. Gordievsky n'a cependant apporté avec lui aucun document portant le nom de Pontecorvo, lorsqu'il a fui l'URSS vers la Finlande, caché dans le coffre de la voiture d'un diplomate britannique (à l'image du voyage inverse de Bruno, trente-cinq ans plus tôt). Ses affirmations reposent, au mieux, sur des fichiers du KGB qu'il aurait lus, ou sur des souvenirs de conversations anciennes. Il n'a fourni aucun détail sur les informations propagées en URSS par Pontecorvo, et il n'était pas à l'abri d'une erreur, même sincère, due à un malentendu ou à un faux souvenir.

Jusqu'à ce jour, aucun de ceux qui affirment que Pontecorvo était un espion n'a jamais produit de preuve vérifiable, ni précisé ce qu'il est supposé avoir fait. En revanche, j'ai identifié au cours de mon enquête deux pièces classifiées qui sont passées de Chalk River en URSS – un échantillon d'uranium transféré après celui de Nunn May et des plans du réacteur nucléaire. Pontecorvo avait à la fois le mobile et l'opportunité de les transmettre aux Soviétiques, et cela suffit pour le désigner comme le suspect numéro un, même en l'absence de preuve.

Si Bruno n'avait pas été approché par les Soviétiques durant son séjour au Canada, alors ceux-ci seraient passés à côté d'une occasion en or. Or, Kourtchatov, par exemple, a suivi de près la carrière de Bruno en physique nucléaire dès 1935, et sa première action lorsqu'il a pris en charge le projet de bombe atomique soviétique a été de réclamer une liste de contacts potentiels en Amérique du Nord.

Il est pratiquement impossible que le KGB ait négligé Bruno Pontecorvo, connaissant l'efficacité avec laquelle l'agence a repéré des sources au sein du projet atomique occidental pour répondre à la demande de Kourtchatov. Ce dernier, lorsqu'il a pris connaissance des noms des scientifiques de Chalk River, a dû reconnaître immédiatement celui de son collègue italien, à cause de leur intérêt commun pour les isomères. Bruno était proche de Frédéric et Irène Joliot-Curie – dont les sympathies politiques n'étaient un secret pour personne –, a été remarqué par des membres du Parti communiste à Paris et a adhéré à son tour au Parti en 1939.

S'il a été approché, quelle a bien pu être sa réaction ?

Bruno en a lui-même fourni des indices vers la fin de sa vie, lorsqu'il a commenté le cas de Klaus Fuchs : « Je n'aurais pas condamné Fuchs. Il a fait ce qu'il a pensé être juste et à ce moment l'URSS était une alliée et non une ennemie de l'Amérique [2]. » Il a aussi manifesté sa propre allégeance à l'idéal communiste lorsque son frère Gillo a quitté le Parti à la suite de l'invasion de la Hongrie. Voici comment la journaliste Miriam Mafai a rapporté sa réaction trente ans plus tard : « Il ne peut pas comprendre que Gillo puisse remettre en question l'analyse de la situation par Moscou et les dirigeants de l'URSS. Gillo semble avoir oublié que la loyauté envers l'URSS est l'un des principes fondamentaux de la conscience communiste [3]. »

La dernière phrase résume le dogme de tout communiste vraiment engagé : si Moscou appelle, on obéit. C'est ce qui ressemble le plus à des aveux parmi toutes les déclarations de Bruno Pontecorvo.

Le KGB maintenait dans un étau quiconque avait fourni à des agents soviétiques la moindre parcelle d'information classifiée. Un seul geste de la part de Bruno, tel que fournir des plans pour aider ses alliés soviétiques à construire leur centrale nucléaire au bénéfice de leurs concitoyens, aurait suffi à le mettre sous pression plus tard. La déclaration de Bruno sur l'importance de l'obéissance à l'URSS suggère qu'il ne pouvait concevoir de rejeter une telle requête. C'est la preuve la plus solide qui soit de l'espionnage de Bruno, à moins de prendre pour argent comptant les affirmations d'Oleg Gordievsky selon lesquelles il était depuis longtemps un espion de première importance pour l'URSS et a offert de lui-même des documents secrets à « une ambassade soviétique, probablement celle d'Ottawa [4] ».

Soixante ans après avoir fui depuis Abingdon, Gil se sent remarquablement détaché de cette histoire, comme si rien d'inhabituel ne s'était passé. Il use aussi d'un humour mordant. Quand j'ai raconté à des membres de la famille Pontecorvo les difficultés que Bruno a rencontrées en 1940 pour obtenir les visas de sortie de France et d'entrée aux États-Unis, Gil s'est exclamé en riant qu'il comprenait mieux pourquoi son père était si tranquille en URSS. Un cousin a ensuite plaisanté sur le fait que la migration de Bruno en URSS « a été organisée par une agence de voyages [5] ».

Alors pourquoi Bruno Pontecorvo est-il parti pour l'Union soviétique, et qui étaient ses « agents de voyages » ?

À mon avis, quelque chose de soudain et d'inattendu a déclenché sa fuite. Gil m'a dit avoir eu également le sentiment que la décision avait été prise sur un coup de tête. Le frère favori de Bruno, Gillo, avait prévu de l'accompagner à une partie de pêche sous-marine, mais Bruno « l'a annulée fin août [6] ». L'élément déclencheur le plus probable est la lettre de Patterson. Nous pouvons supposer que Philby a alerté Moscou à ce sujet, et que Moscou en a averti Pontecorvo, sans doute par l'intermédiaire de son cousin Sereni.

Ronnie Reed a identifié Sereni dans son rapport de 1951 comme le suspect numéro un parmi ceux qui ont pu orchestrer sa défection. Le frère de Bruno, Guido, a signalé à Reed : « Giuliana, son mari Tabet et Laura ont pu influencer Bruno, mais ils n'ont pas pu organiser quoi que ce soit, tandis qu'Emilio Sereni avait assez de pouvoir pour le faire, et il l'a probablement fait [7]. »

La sœur de Bruno, Anna, n'a jamais osé lui demander directement des explications sur son comportement, mais elle en a entendu de toutes les couleurs tout au long de sa vie. « J'ai appris qu'il avait été kidnappé », m'a-t-elle confié. Quant à savoir qui l'avait kidnappé, elle n'en avait aucune idée, et quant à l'engouement de Bruno pour l'URSS, elle n'a rien dévoilé – jusqu'à ce que nous nous soyons dit au revoir. Lorsque son bus est arrivé, elle a lâché de façon inattendue : « Je n'ai jamais fait confiance à Emilio Sereni [8]. »

On ne connaîtra sans doute jamais les détails du rôle de Sereni dans la défection de Pontecorvo. En revanche, la possibilité que Philby ait déclenché les événements apparaît désormais très probable.

Comme nous l'avons vu, Philby a découvert que le FBI s'intéressait aux activités communistes de « PONTECORVO ». On a également établi qu'il « transmettait n'importe quelle information » à

Moscou[9]. En effet, il a averti Moscou à propos de Nunn May, de Fuchs et d'un autre espion de Los Alamos, Arthur Adams. Nous pouvons donc supposer qu'il a fait de même dans le cas de Pontecorvo. Par conséquent, Moscou a dû être averti fin juillet 1950 que le FBI le poursuivait.

Bruno était à ce moment-là en train de camper, et il n'a été en contact avec le réseau communiste de sa famille que fin août. Moscou a dû l'alerter lors de l'un de ses voyages à Rome en voiture. Le reste du scénario est facile à imaginer : averti que le FBI s'intéressait à lui, il s'est brusquement enfui.

On peut difficilement imaginer qu'il aurait agi si précipitamment s'il avait été totalement innocent. Il a prétendu plus tard qu'une vague d'hystérie anticommuniste submergeant le Royaume-Uni lui a fait craindre que son innocence ne le protège pas, mais cette affirmation ne résiste pas à l'examen. Être convaincu de communisme était certes à l'époque une affaire sérieuse aux États-Unis, mais pas en Angleterre. Cette justification aurait été plausible s'il résidait aux États-Unis, mais elle ne tient pas étant donné qu'il vivait au Royaume-Uni et était déjà en train d'être transféré de Harwell vers un lieu plus sûr, à Liverpool. J'ai l'impression en fin de compte qu'il a fallu une menace beaucoup plus sérieuse pour que Bruno déracine ainsi sa femme et ses enfants, bouleverse sa propre vie et sa carrière. Lorsque Philby a alerté Moscou, les Soviétiques ont dû délivrer un message fort : « Vous êtes sur le point d'être démasqué. Nous en avons la preuve. »

Que pouvons-nous conclure sur la mystérieuse première moitié de sa vie ? Quelle preuve plus convaincante pouvons-nous encore trouver ?

J'ai rencontré de nombreux acteurs survivants des années 1950, mais il reste néanmoins des zones d'ombre. Plusieurs personnes n'ont pas répondu à mes requêtes ; et je n'ai pas réussi à en joindre d'autres. Si certains, parmi ceux qui liront ce rapport, ont quelque chose de significatif à ajouter, j'espère qu'ils me contacteront. On trouverait par ailleurs de nombreuses réponses dans les dossiers du KGB, s'ils devaient un jour être ouverts. En attendant, les dossiers du FBI concernant Bruno Pontecorvo restent noircis. En lisant entre les lignes les documents du MI5 relatifs aux collaborations avec le FBI, on en déduit que certaines notes ont été rédigées pour dissimuler les manquements du bureau et couvrir la faible réactivité de sa contrepartie britannique.

Les articles de Londres qui évaluent les conséquences de la défection de Pontecorvo sont remarquables pour leur silence au sujet de la bombe à hydrogène. Étant donné qu'il était un expert du tritium et des réacteurs à eau lourde, c'est soit une omission (car le concept de bombe à hydrogène était déjà connu du public), soit le signe que les articles pertinents demeurent classifiés du fait du sujet encore sensible de cette arme. C'est la seconde possibilité qui m'a poussé à demander s'il existait d'autres articles concernant l'affaire Pontecorvo, ce qui a conduit à la requête de Peter Hennessy et à la découverte du fichier « perdu » révélant le rôle de Philby.

Il reste à raconter l'histoire de Marianne. Je suis reconnaissant à la famille Pontecorvo de m'avoir donné accès à la moitié de la correspondance du couple des années 1938-1939. Les lettres de Marianne sont toutefois inaccessibles en Suède, et je n'ai pu consulter que son journal. En lisant les lettres écrites par Bruno sans celle de Marianne, j'avais l'impression de suivre une conversation téléphonique à un bout de la ligne, contraint de deviner ce qui se disait à l'autre bout. D'aucuns ont prétendu que Marianne était également une communiste engagée, et qu'elle a joué un rôle actif et volontaire dans leur décision de fuir. D'autres, dont des membres de la famille, en ont douté. On pourrait se faire une meilleure idée de l'implication de Bruno dans le Parti communiste et de l'attitude de Marianne envers la politique à travers leur correspondance de l'époque.

L'historien Simone Turchetti a exploré le rôle d'Emilio Sereni. Le journal de ce dernier comporte toutefois des éléments encodés ; il doit donc exister des opportunités supplémentaires pour préciser la participation de Sereni dans l'organisation de la défection.

Parmi les gens que j'ai rencontrés, ceux qui connaissaient l'affaire mais pas Pontecorvo lui-même m'ont presque invariablement répondu que la question de l'espionnage était réglée depuis longtemps : l'opinion publique a condamné Bruno Pontecorvo, sans se soucier de l'absence de preuve contre lui. Cela montre le pouvoir des accusations *ex cathedra* assénées de longue date : elles gagnent une aura de vérité absolue à force de répétition. En revanche, lorsque j'ai demandé aux collègues et amis de Bruno si celui-ci a pu être un espion, ils m'ont presque tous soutenu le contraire : « Pas Bruno ! Impossible. » Un collègue qui travaillait quotidiennement avec lui à Harwell s'est montré « très véhément », jurant « sur sa vie que Bruno n'était pas un espion [10] ». Tous ceux qui le connaissaient évoquent sa franchise, sa naïveté enfantine et son charisme incomparable, pour conforter leur conviction qu'il n'a pas pu avoir une vie secrète. Certains prétendent même que Bruno aurait nié avoir jamais espionné.

Je n'ai toutefois trouvé aucun démenti explicite de sa part. À la conférence de presse de 1955, par exemple, ces questions n'étaient pas autorisées, et en d'autres occasions elles ont été éludées. Charles Richards s'interroge dans son article de 1992 pour *The Independant* : « A-t-il espionné pour Moscou ? Il n'a encore rien dit à ce sujet [11]. »

En tous les cas, les témoignages des amis et collègues ne peuvent certainement pas être pris comme argent comptant. Loin d'être naïf, Bruno a réussi à cacher des choses à ses plus proches collègues durant des années. Il a en particulier dissimulé son appartenance au Parti communiste à presque tout le monde, y compris Henry Arnold, l'agent de sécurité de Harwell. Plus tard, Bruno a affirmé avoir toujours été contre les armes atomiques, alors que durant son séjour en Angleterre, lorsque la communauté scientifique a commencé à protester activement contre la militarisation de la physique nucléaire, Bruno s'est bien gardé de révéler le fond de sa pensée. Charisme et duplicité peuvent coexister au sein de la même personne, ainsi que Kim Philby l'a démontré avec talent.

Dans ses rapports avec ses collègues, Bruno ressemble en fait aux trois espions atomiques convaincus : Alan Nunn May, Klaus Fuchs et Ted Hall. Chacun d'eux a caché son travail clandestin vis-à-vis de leurs pairs scientifiques, lesquels ont eu plus tard le plus grand mal à admettre leur culpabilité.

Si le transfuge soviétique Igor Gouzenko n'avait pas dénoncé Alan Nunn May, les autorités en charge de la sécurité n'auraient jamais fait attention à lui. La nouvelle de sa trahison a surpris ses collègues, y compris Bruno Pontecorvo. Wallace Akers, le directeur de Tube Alloys, a lui aussi été « profondément choqué » lorsque le MI5 l'a informé au sujet de Nunn May. Si on lui avait demandé de classer les scientifiques employés au Canada par ordre de probité, « il aurait placé May au sommet [12] ».

Fuchs également a plongé à cause de tierces personnes. Dans son cas, le déchiffrage des messages soviétiques a révélé des détails particuliers qui ont permis de l'identifier comme CHARLZ. Il a floué tout le monde, y compris son collègue espion à Los Alamos, Ted Hall, qui pensait être « le seul ». Celui-ci « ne savait pas au sujet de Fuchs », ainsi que la veuve de Hall me l'a raconté [13].

Voilà qui nous ramène à ma conversation avec Rudolf Peierls, lorsque j'ai commencé à m'intéresser à Bruno Pontecorvo. Rudi et Genia Peierls avaient hébergé Klaus Fuchs chez eux, se sentant proches de cet émigré ayant fui le fascisme comme eux. Ils l'ont traité presque comme un membre de la famille, pour découvrir ensuite qu'il les avait trompés. Je me rappelle la tristesse de Rudi Peierls lorsque je lui ai demandé si Pontecorvo avait aussi été un espion. Il a répondu : « Sait-on jamais. »

REMERCIEMENTS

Je dois avant tout exprimer une gratitude particulière aux membres de la famille Pontecorvo élargie, notamment aux deux témoins directs : Gil Pontecorvo et Anna Newton. Gil, le fils aîné de Bruno, avait douze ans quand la famille s'est enfuie d'Abingdon-on-Thames (où je vis actuellement) vers l'Union soviétique. Il se souvient de ce qui s'est réellement passé, ce qui tranche avec les nombreuses fables qui ont été propagées à l'époque. Lui-même physicien, basé en Russie, il m'a aussi aidé à trouver et à traduire les notes et articles de recherche des premières années de Bruno à Doubna. L'apport de la sœur de Bruno, Anna Newton, est lui aussi inestimable, car elle était avec Bruno et sa famille quelques jours avant sa défection, et son témoignage a aidé à clarifier certaines incohérences présentes dans les rapports du MI5.

Je suis en outre redevable à de nombreuses personnes et institutions qui m'ont conseillé durant mes recherches, ainsi qu'à ceux qui ont lu le manuscrit du présent ouvrage en partie ou dans son intégralité. La liste de ces généreux contributeurs comporte beaucoup de scientifiques, à la fois en Occident et dans l'ancienne URSS, des parents d'anciens espions, des personnes qui ont fait partie du renseignement, des résidents d'Abingdon qui ont connu la famille Pontecorvo en 1950, et bien d'autres, que je n'aurais jamais eu le plaisir de rencontrer si je n'avais reçu cette surprenante requête au sujet du MI5, venant de Peter Hennessy, Baron Hennessy of Nympsfield *.

* Peter Hennessy est historien des constitutions. Il a été anobli en 2010. Nympsfield est un village situé dans le comté du Gloucestershire, dans le Sud-Ouest de l'Angleterre, à une cinquantaine de kilomètres de Bristol. (N.d.T.)

Je remercie donc les personnes suivantes :

Joseph Albright
Ugo Amaldi
Christopher Andrew
Lorna Arnold
Marlene Baldauf
Alessandro Bettini
Samoil Bilenky
Benny Birnberg
Tania Blokhintseva
Mark Bretscher
Paul Broda
Franco Buccella
Frances Cairncross
Duncan Campbell
Rino Castaldi
Diana Cobban May
Chris Collins
Gordon Corera
Tam Dalyell
Thelma Druett
Sven-Olof Ekman
Graham Farmelo
Giuseppe Fidecaro
Maria Fidecaro
Anthony Gardner
Paul Gardner
Michael Goodman
Oleg Gordievsky
Jeremy Grange
Vladimir Gribov
Tom Griffin
Joan Hall
David Hanna
Roger Hanna
Joe Hatton
Peter Hennessy
Peter Higgs
Gregory Hutchinson
Boris Ioffé
David Jackson
George Kalmus
Valery Khoze
Jasper et Rita Kirkby
Peter Knight
Anneke Lawrence-Jones
David Lees
Luigi di Lella
Lev Lipatov
Harry Lipkin
Fedele Lizzi
John Maddicott
Miriam Mafai
Luciano Maiani
Neil Maroni
Victor Matveev
Art McDonald
Hamish McRae
Matt Melvin
Charles Miller
Peter Minkowski
Giorgio Panini
Rudolf et Genia Peierls
Don Perkins
Michel Pinault
Chapman Pincher
Anna Pontecorvo (Newton), Antonio Pontecorvo, Barbara Pontecorvo, David Pontecorvo, Gil Pontecorvo, Gregory Pontecorvo, Ludo Pontecorvo, Simone Pontecorvo
Kate Pyne

Nicholas Reed
Richard Rhodes
Stella Rimington
John Rowlinson
Yves Sacquin *
John Sandalls
David Saxon
Gino Segrè
Brian Smith
Godfrey Stafford
Jack Steinberger
Kellogg Stelle
Eugenio Tabet
Stan Taylor
I. Todorov
Simone Turchetti
William Tyrer
David Wark
Forbes Wastie
Peter Watson
Nigel West
Christine Wootton
Nino Zichichi

Sarah Wearne, Michael Triff, et le service des archives de l'école d'Abingdon
Allen Packwood et le service des archives du Churchill College, à Cambridge
Carlo Dionisi et les organisateurs de la conférence du centenaire de Bruno Pontecorvo, à Rome
Claire Daniel, Martin Hendry, Lesley Richmond et David Saxon pour des recherches aux archives de l'Université de Glasgow
Jens Vigen et Tullio Basaglia de la bibliothèque du CERN, et leur contact à Doubna
Giuseppe Mussardo et Luisa Bonolis, pour des entretiens filmés en Russie, et la recherche et l'analyse de matériaux provenant d'archives historiques en France, Italie et Russie
Trois sources anonymes de l'ancienne Union soviétique, et deux du Royaume-Uni

Enfin, le présent ouvrage doit beaucoup aux conseils de T. J. Kelleher, John Searcy et Sandra Beris des éditions Basic, de Robin Dennis et Sam Carter de Oneworld, ainsi que de Michael Marten, qui a lu mon premier brouillon en entier et m'a encouragé à le réécrire, et mon agent, Patrick Walsh, sans qui ce projet n'aurait pas vu le jour.

* Doublement remercié, pour avoir aussi relu la présente traduction. (N.d.T.)

NOTES

Prologue

1. Journal de Guy Liddell, 1950, TNA KV 4/472.

2. Raconté dans Chapman Pincher, *Treachery*, chap. 59.

3. Interview de John Rowlinson, 6 novembre 2012.

4. L. Fermi, *Atomes en famille – Mon existence avec Enrico Fermi*, p. 316. [La version française qui est donnée ici, ainsi que dans la suite de l'ouvrage, correspond à la traduction de François Fosca, publiée chez Gallimard en 1955. La version anglaise que cite l'auteur comporte une phrase de plus : « Enrico et moi avons fini par admettre que Bruno et sa famille sont probablement passés de l'autre côté du Rideau de fer. » (N.d.T.)]

5. C'est le souvenir que j'ai gardé des remarques d'Alexei quarante ans plus tard. Les citations sont ses propres mots, tirés de son hommage à Bruno. Malheureusement, Alexei Norairovich Sissakian est mort en 2010, et je n'ai donc pas pu évoquer avec lui davantage de souvenirs. La citation est extraite de son hommage. Elle coïncide avec le souvenir que j'ai des remarques qu'il m'a faites.

6. Interview de Thelma Druett, février 2012.

7. L'ouvrage d'Alan Moorehead, *The Traitors*, publié la première fois en 1952, considère Fuchs, Nunn May et Pontecorvo comme trois « traîtres ». Il est aujourd'hui évident que Moorehead a reçu carte blanche du MI5 pour compter Pontecorvo parmi les espions atomiques malgré l'absence de preuve solide. Néanmoins, cet ouvrage installe le sentiment que Pontecorvo s'est échappé en URSS lorsque le filet était sur le point de se refermer sur lui. Quoi qu'il en soit, aucun de ces trois-là n'a trahi le Royaume-Uni, car l'Union soviétique était son alliée à l'époque où Fuchs et Nunn May lui ont transmis des informations. Puisque ni Moorehead ni le MI5 n'ont jamais précisé ce que Pontecorvo est supposé avoir

fait, et quand, il n'y a pas davantage de raison de le classer parmi les traîtres. De surcroît, il n'était pas citoyen britannique avant 1948.

8. N. Reed, *My Father, the Man Who Never Was*. Ronnie Reed se souvient à la page 117 qu'on lui a « confié le contre-espionnage contre les Russes en 1951 ». Cela semble un faux souvenir ; les archives TNA montrent qu'il était en place en 1950, et Reed lui-même se souvient avoir été « en charge de cas comme Klaus Fuchs », entre fin 1949 et début 1950. Ma compréhension du rôle de Reed repose aussi sur des courriers électroniques et des conversations téléphoniques avec Nicholas Reed les 17 décembre 2012, 12 mars 2013 et 20 mars 2013.

PREMIÈRE PARTIE

1. De Pise à Rome

1. Entretien avec Anna Pontecorvo, 11 novembre 2011.

2. Turchetti, *The Pontecorvo Affair*, p. 16.

3. Bruno Pontecorvo, *Notes autobiographiques* ; Entretien avec Anna Pontecorvo, 11 novembre 2011.

4. Entretien avec Anna Pontecorvo, 11 novembre 2011.

5. Entretien avec Anna Pontecorvo, 11 novembre 2011.

6. Bruno Pontecorvo, *Notes autobiographiques*.

7. Entretien avec Ludo Pontecorvo, 12 septembre 2013. Ce souvenir semble douteux. Le jeune frère de Bruno, Gillo, participa en tant que joueur de niveau international au tournoi de Londres au Queen's Club en 1939. Bruno jouait très bien et remporta plusieurs tournois de son club, mais il n'a jamais atteint le niveau de son frère.

8. Entretien avec Gil Pontecorvo, 25 janvier 2014. La famille de Maria appartenait à l'Église évangélique vaudoise, une communauté protestante qui a rompu avec l'Église catholique au XIIe siècle.

9. Entretien avec Anna Pontecorvo, 11 novembre 2011.

10. Entretien avec Neil Maroni, 23 décembre 2013 : remarque faite par un membre de la famille, relevée par Neil Maroni, fils de Giovanni Pontecorvo.

11. Un autre cousin, Eugenio Coloni, a rejoint le groupe antifasciste Justice et Liberté. Il a été arrêté puis tué par les fascistes en 1944. Son influence sur la vie de Bruno semble limitée.

12. Ce sont Lev et Xenia Zilberberg. Voir Chaliand et Blin, *Histoire du terrorisme*, ou Smadar Sinai, « Manya Shochat and Xenia Pampilova's Experience of Immigration to Eretz Yisrael : A New Identity or a New

Garment ? », accessible sur www.aisisraelstudies.org/papers/AIS2007_SinaiSmadar.pdf. Voici ce qu'on lit dans ce dernier article : « En 1926, la fille [de Xenia], Xenichka, épouse Emilio Sereni… qui deviendra l'un des leaders du parti communiste d'Italie. »

13. Guido Pontecorvo, cité dans TNA KV 2/1888.

14. Laura Fermi, *Atomes en famille*, p. 124.

15. Bruno Pontecorvo, *Notes autobiographiques.*

16. La découverte du neutron en 1932 en constitue la clé. Pour une description de cette découverte et de ses implications, voir Rhodes, *The Making of the Atomic Bomb.*

17. C'est le modèle atomique que propose en 1803 le chimiste anglais John Dalton. Son modèle explique les lois des combinaisons chimiques et suscite un grand nombre d'expériences quantitatives. Cela conduit les scientifiques à mesurer le poids relatif des atomes des divers éléments, depuis l'hydrogène, le plus léger, jusqu'à l'uranium, le plus lourd qu'on puisse trouver dans la nature.

18. Dans un minerai d'uranium, les noyaux de 993 atomes sur 1 000 possèdent 146 neutrons, soit 238 « nucléons » au total : ils constituent l'isotope U-238. Les noyaux des 7 atomes restants sur les 1 000 contiennent presque sûrement 143 neutrons, constituant l'U-235. Même la forme la plus commune d'uranium, l'U-238, est radioactive. La moitié d'un échantillon de ce matériau décroît en quatre milliards d'années – nous appelons cette durée la période ou la demi-vie. Cela signifie que la moitié environ de l'uranium qui se trouvait dans les roches de la Terre primitive, il y a cinq milliards d'années, s'est désintégrée. L'isotope U-235, en revanche, a une demi-vie de 700 millions d'années environ. Ce laps de temps, très long à l'échelle humaine, est toutefois court comparé à l'âge de la Terre et à la demi-vie de son frère l'U-238. Par conséquent, à travers les temps géologiques, l'U-235 s'est « envolé » des roches primitives en bien plus grande quantité que l'U-238. Cela explique la prépondérance de l'U-238 dans le minerai naturel actuel. L'U-238 agit aussi comme un modérateur, qui entrave la fission de l'U-235, de sorte que la succession de plusieurs fissions se fait rare, et la probabilité d'une réaction en chaîne apparaît négligeable dans les minerais d'uranium. Il faut d'abord « enrichir » l'uranium, c'est-à-dire augmenter la proportion d'U-235, avant de l'utiliser comme source d'énergie.

19. La demi-vie d'un noyau instable est le laps de temps au bout duquel la moitié des atomes d'un échantillon s'est désintégrée.

20. Il existe toutefois une exception. Dans un amas de 10^{58} neutrons (un nombre astronomique), l'ensemble est maintenu par la gravité. C'est une étoile à neutrons.

21. Hans Bethe, cité dans Rhodes, *The Making of the Atomic Bomb*, p. 165.

2. Neutrons lents et réactions rapides

1. À l'origine, Pauli a appelé « neutron » cette particule émise lors de la désintégration bêta, mais lorsqu'on a découvert les constituants du noyau et utilisé ce nom en 1932, Enrico Fermi a proposé de l'appeler « neutrino ».

2. Frank Close, *Neutrino*, p. 22-24.

3. Un demi-siècle plus tard, les rédacteurs ont reconnu que c'était leur plus grosse bévue.

4. Laura Fermi, *Atomes en famille*, p. 107.

5. Frédéric Joliot, Conférence Nobel, décembre 1935, p. 5 :
https ://www.bibnum.education.fr/sites/default/files/joliot-texte.pdf

6. Ugo Amaldi, courrier électronique du 12 janvier 2014. Trabacchi dirigeait le laboratoire de santé publique, situé dans le même bâtiment de la via Panisperna, et conservait un gramme de radium à des fins médicales.

7. Courrier électronique d'Ugo Amaldi, le 12 janvier 2014. Amaldi se souvient que, durant ces vacances, Fermi a expliqué aux « garçons » sa théorie de la désintégration bêta.

8. L'idée semble provenir d'Ettore Majorana, un brillant théoricien de l'équipe de Fermi. Majorana a disparu en 1938, présumé mort. Voir Turchetti, *The Pontecorvo Affair*, p. 24.

9. Le positon, ou positron, est l'antiparticule de l'électron : de même masse, mais de charge électrique opposée, donc positive.

10. Bruno Pontecorvo, *Notes autobiographiques*.

11. Raconté par Edoardo Amaldi à Ugo Amaldi ; entretien avec Ugo Amaldi le 12 septembre 2013.

12. Souvenirs que Fermi a rapportés à Subrahmanyan Chandrasekhar. Voir Fermi, *Note e memorie*, p. 927 ; cité dans Robotti and Guerra, « Bruno Pontecorvo in Italy ».

13. Et non le 22 octobre, comme le veut la mémoire collective. Voir plus loin mes commentaires à ce sujet.

14. Courrier électronique d'Ugo Amaldi, le 12 janvier 2014. Cela semble récurrent chez Fermi, puisque huit années plus tard, à Chicago, quand son réacteur nucléaire sera sur le point de devenir critique, il dira : « Et maintenant allons déjeuner. »

15. Courrier électronique d'Ugo Amaldi, le 12 janvier 2014. D'après Ugo, son père, Edoardo, racontait que Fermi comprit le phénomène

durant le déjeuner et leur expliqua l'idée des neutrons lents à son retour au laboratoire.

16. Interview d'Edoardo Amaldi pour l'American Institute of Physics (AIP) : www.aip.org/history/ohilist/4485_1.html. Amaldi décrit cet épisode et se demande si Fermi a transposé aux neutrons son idée précédente des électrons qui rebondissent contre les atomes, grâce à laquelle il avait expliqué les spectres atomiques mesurés par Amaldi, Segrè et Pontecorvo.

17. Laura Fermi, *Atomes en famille*, chap. 11. Voir aussi la note 20 ci-dessous, qui met en doute sa version.

18. Courrier électronique d'Ugo Amaldi, le 12 janvier 2014. Ugo Amaldi confirme cela. L'article a bien été rédigé dans l'appartement de son père alors que lui, âgé de deux mois, dormait. Plus d'une fois sa mère lui a raconté qu'elle s'inquiétait que le vacarme ne le réveillât.

19. Laura Fermi, *Atomes en famille*, p. 126-127.

20. L'historien Alberto De Gregorio a étudié les registres de laboratoire d'Enrico Fermi, qui datent l'événement au 20 octobre. Voir une histoire détaillée et une analyse des différents souvenirs de ces événements dans « *Chance and Necessity in Fermi's Discovery of the Properties of the Slow Neutrons* » (arxiv.org/ftp/physics/papers/0201/0201028.pdf). Je suis reconnaissant à Ugo Amaldi d'avoir mis au jour ce document. Ugo émet également des doutes sur l'épisode des poissons rouges : son père, Edoardo, n'en a jamais parlé, et Emilio Segrè le lui a démenti.

21. Ugo Amaldi, courrier électronique du 12 janvier 2014. L'histoire du seau d'eau est confuse. Les résultats variables d'Amaldi et Pontecorvo, à l'origine de la saga, auraient d'abord été attribués à un seau d'eau, que la femme de ménage aurait laissé « tantôt sous une table et tantôt sous une autre ».

22. En novembre, il renouvellera certaines de ces expériences et trouvera les mêmes résultats que « ceux du 21 octobre [sic] ».

23. Entretien avec Ugo Amaldi le 11 septembre 2013 ; courrier électronique d'Ugo Amaldi le 12 janvier 2014.

24. Entretien avec Ugo Amaldi le 11 septembre 2013.

25. Robotti, « *The Beginning of a Great Adventure* ».

26. Bruno Pontecorvo, « *Sulle proprieta dei neutroni lenti* » [en italien], *Il nuovo cimento,* 12, n° 4 (avril 1935), p. 211-222.

27. Le graphite est constitué d'atomes de carbone, qui est un élément assez léger pour ralentir efficacement les neutrons, et bon marché. L'eau lourde, en revanche, est chère et difficile à se procurer.

28. Turchetti, *The Pontecorvo Affair*, chap. 1, note 54.

29. Bruno Pontecorvo, *Notes autobiographiques*.

30. Frisch, *What Little I Remember*, cité dans Rhodes, *The Making of the Atomic Bomb*, p. 227.

31. En 1932, Dmitri Ivanenko, théoricien à Moscou, avait proposé indépendamment de Bohr un modèle similaire du noyau atomique constitué de neutrons et protons, mais personne n'en avait connaissance. Ce manque de reconnaissance l'a rendu amer, et en 1949 il combattit les physiciens soviétiques qui faisaient référence aux idées occidentales.

32. Interview de Maurice Goldhaber par Gloria Lubkin et Charles Weiner, le 10 janvier 1966, retranscrite dans *Niels Bohr Library*, American Institute of Physics, New York, p. 27.

33. Holloway, *Stalin and the Bomb*, p. 39.

3. Paris et la politique

1. Citation du mémorandum du FBI, 9 novembre 1949, TNA KV 2/1888.

2. Tampon sur le passeport italien 467675, TNA KV 2/1888.

3. Irène a servi dans le gouvernement de Léon Blum de juin à septembre 1936 (à une époque où les femmes n'ont pas le droit de vote – N.d.T.). Puis elle a démissionné (après divers désaccords – N.d.T) notamment pour des raisons de santé, car elle souffrait toujours de sa tuberculose.

4. Mafai, *Il lungo freddo*, p. 78. Comme Malraux avait à l'époque quitté sa femme pour vivre avec Josette Clotis, avec qui il aura deux enfants, il semble qu'il ait intercalé un rendez-vous extraconjugal entre sa sortie du travail et son arrivée à la maison.

5. Bruno Pontecorvo, *Notes autobiographiques*.

6. Robotti et Guerra, « Bruno Pontecorvo in Italy » ; courrier électronique de Luisa Bonolis, 19 janvier 2014.

7. Mafai, *Il lungo freddo*, p. 85.

8. Mafai, *Il lungo freddo*, p. 84.

9. Rapport de Ronnie Reed 206A, daté du 16 janvier 1951, TNA KV 2/1890 : « Gilberto a dit à Guido que Bruno était un ardent communiste et a en fait converti Gilberto et Giuliana au communisme en 1940. »

10. Bruno Pontecorvo, *Notes autobiographiques*.

11. Ernest Hemingway, cité par son biographe A. E. Hotchner : http://en.wikipedia.org/wiki/A_Moveable_Feast.

12. Papier de Bruno Pontecorvo, CAC ; interview de Gil Pontecorvo du 22 septembre 2011 : « Elle travaillait pour une riche famille suédoise, à garder leurs enfants. »

13. Passeport de Marianne Nordblom, CAC.

14. Journal, dans les papiers de Bruno Pontecorvo, CAC.

15. Jusqu'en 1984 Paris bénéficie d'un service de poste pneumatique, consistant en un réseau de tubes à air compressé. Voir John Vincour, « Paris Pneumatique Is Now a Dead Letter », *New York Times*, 31 mars 1984 :
www.nytimes.com/1984/03/31/style/paris-pneumatique-is-now-a-dead-letter.html.

16. Dans le journal de Marianne, l'expression « pile ou face » se réfère bien au lancer de pièces.

17. Mafai, *Il lungo freddo*, p. 93.

18. Emling, *Marie Curie and Her Daughters*, p. 34.

19. Cité dans Emling, *Marie Curie and Her Daughters*, p. 93.

20. Interview de Lew Kowarski pour l'AIP :
www.aip.org/history/ohilist/4717_1.html.

21. Interview de Luisa Bonolis, 19 janvier 2014 ; voir aussi Robotti et Guerra, « *Bruno Pontecorvo in Italy* ».

22. L'isomérie a été observée longtemps auparavant, mais c'est Kourtchatov le premier qui révéla le phénomène dans le champ de la radioactivité induite et inaugura un nouveau domaine de recherche.

23. Close, *The Infinity Puzzle*, p. 21.

24. Un photon de la région verte du spectre visible possède une énergie de deux électronvolts environ. Un électronvolt (eV) est l'énergie qu'acquiert un électron quand il est accéléré par une différence de potentiel d'un volt. Le keV correspond à un millier d'eV et le MeV à un million d'eV.

25. Emling, *Marie Curie and Her Daughters*, p. 151.

26. Sa famille a fui la Révolution. Il rejoint le groupe des Joliot-Curie en 1934, et acquiert la nationalité française le 16 novembre 1939.

27. Interview de Lew Kowarski pour l'AIP :
www.aip.org/history/ohilist/4717_2.html.
Hans von Halban aimait la particule « von », mais nous utilisons dans la suite le simple nom de Halban.

28. Interview de Lew Kowarski pour l'AIP, *op. cit.* Un autre collègue, cité dans Broda, *Scientist Spies*, p. 115, décrit Halban comme « un playboy, riche grâce à son père et un mariage avec la fille d'un banquier ».

29. CAC. Le certificat de domicile délivré le 8 février 1940 montre qu'elle a vécu là du 4 janvier jusqu'au 10 septembre 1938, lorsque son visa français était sur le point d'expirer, puis qu'elle y est retournée le 28 août 1939.

30. C'est la déclaration d'une source locale qui souhaite rester anonyme. S'il existe des traces écrites, cela n'a pas été rendu public.

31. Mafai, *Il lungo freddo*, p. 93.

32. Entretien avec Sven-Olof Ekman, le 28 novembre 2013.

33. Lettre de Bruno Pontecorvo à Marianne Nordblom, le 12 octobre 1938, papiers de Bruno Pontecorvo CAC.

34. Lettre de Bruno Pontecorvo à Marianne Nordblom, le 13 octobre 1938, papiers de Bruno Pontecorvo CAC.

35. Lettre de Bruno Pontecorvo à Marianne Nordblom, le 15 octobre 1938, papiers de Bruno Pontecorvo CAC.

36. Cité dans la nécrologie du cinéaste italien, *The Guardian*, 14 octobre 2006.

37. Stable vis-à-vis de la désintégration bêta. L'article s'intitule « Sur l'existence possible d'isomères bêta-stables » [en français], paru dans les *Actes du Congrès international du Palais de la Découverte*, Paris, 1937 (listé dans la bibliographie de Bruno Pontecorvo sur

http://pontecorvo.jinr.ru/bibliography.html). Par la même méthode, George Placzek a observé que les niveaux nucléaires peuvent être regroupés en classes qui ne se mélangent pas – voir une note dans Bruno Pontecorvo, « Isomeric Forms of Radio Rhodium », *Nature*, 141, n° 3574 (30 avril 1938), p. 785.

38. Bruno Pontecorvo et M. Dode, « Sur un radioélément produit dans le cadmium sous l'action des neutrons rapides » [en français], *Comptes-rendus de l'Académie des sciences* 207, n° 4 (1938), p. 287-293.

39. La distribution de ces photons dans l'espace dépend de la différence de moment angulaire entre l'isomère initial et l'état final après sa désintégration. En termes techniques, on l'appelle distribution angulaire, ou moment multipolaire du noyau.

40. Bruno Pontecorvo, « Isomeric Forms of Radio Rhodium », *Nature*, 141, n° 3574 (30 avril 1938), p. 785.

41. Une très courte biographie [en anglais] des Joliot-Curie mentionne ce travail à Ivry :

www.analytik.ethz.ch/praktika/radiochemie/unterlagen/biografien/Joliot-Curie.pdf.

[Voir aussi Michel Pinault, *Frédéric Joliot-Curie*, p. 113-115. (N.d.T.)]

42. Bruno Pontecorvo et A. Lazard, « Isomérie nucléaire produite par les rayons *X* du spectre continu » [en français], *Comptes-rendus de l'Académie des sciences* 208, n° 2 (1939), p. 99-101.

43. Bruno Pontecorvo, *Notes autobiographiques*.

44. En réalité, malgré leur dénomination qui signifie « à masse égale », il existe une légère différence de masse entre les isomères, mais celle-ci est trop petite pour être mesurée directement. Chaque état nucléonique possède son énergie, et d'après l'équivalence masse-énergie, cela implique une

masse différente. La différence de masses équivaut à une partie pour plusieurs milliers. C'est cette différence insignifiante qui conduit à l'émission de photons lorsque les isomères dévalent l'échelle d'énergie.

45. Interview de Lew Kowarski pour l'AIP : www.aip.org/history/ohilist/4717_1.html.

46. Holloway, *Stalin and the Bomb*, p. 50, note 5. Rhodes, *Dark Sun*, p. 27 publie la lettre envoyée à Abram Ioffé, avec qui Kourtchatov commencera ses expériences. L'agent double du KGB Oleg Gordievsky m'a affirmé le 30 avril 2013 que Pontecorvo était déjà un agent du KGB durant cette période à Paris. Cela semble improbable. Le physicien italien ne travaillait pas directement sur la fission, contrairement à Joliot-Curie, qui avait déjà parlé de ce phénomène à Kourtchatov. Car ce sujet n'avait rien de secret à cette époque.

47. En refaisant l'expérience avec des anneaux de différentes tailles, il vérifie que l'intensité du rayonnement diminue quand leur diamètre augmente, et finit par s'annuler. Cela confirme que le rayonnement provient bien de la peinture d'uranium, et non d'une autre source.

48. Pinault, « Frédéric Joliot, la science et la société », p. 152 ; courrier électronique de Michel Pinault, le 21 janvier 2014.

49. Lettre de Bruno Pontecorvo à Marianne Nordblom, 27 janvier 1939, CAC. La référence à Ivry est toutefois troublante, car l'expérience sur la fission a été menée au Collège de France. Il est possible que Bruno ait pensé à son propre travail en ces termes flatteurs. Plus tard, dans une autre lettre à Marianne du 27 mars, il évoque sans équivoque le travail sur la fission.

50. Rhodes, *The Making of the Atomic Bomb*, p. 290.

51. C'est le physicien hongrois Leó Szilárd qui a eu l'idée de la réaction en chaîne en 1934. Il n'a pas prévu que l'uranium en serait la clé, et il croyait à tort qu'un élément léger tel que le béryllium pourrait en être le siège. Il a partagé son intuition avec Rutherford, et le concept s'est répandu dans toute la communauté scientifique. Cette histoire est racontée dans de nombreux ouvrages, par exemple, Rhodes, *The Making of the Atomic Bomb*, p. 28, et Farmelo, *Churchill's Bomb*, p. 73.

52. Holloway, *Stalin and the Bomb*, p. 57.

53. Manham, *Snake Dance*, p. 189, qui se fonde apparemment sur René Brion et Jean-Louis Moreau, *De la mine à Mars, la genèse d'Umicore*, éditions Lannoo, Bruxelles, 2006.

54. Lettre de Bruno Pontecorvo à Marianne Nordblom, février 1939, CAC.

55. Lettre de Bruno Pontecorvo à Marianne Nordblom, 26 juin 1939, CAC.

56. Document légal signé par Bruno Pontecorvo, CAC.
57. Entretien avec Ludo Pontecorvo, 18 avril 2013.
58. Journal de Guy Liddell, TNA KV 4/472.
59. Courrier électronique de Sven-Olof Ekman, 15 mai 2013, et copie du dossier du FBI sur Bruno Pontecorvo.
60. Lettre de Bruno Pontecorvo à Marianne Nordblom, CAC.
61. Guido Pontecorvo au MI5, 12 janvier 1951, TNA KV 2/1888.
62. Mafai, *Il lungo freddo*, p. 186.
63. Weart, *Scientists in Power*, p. 114.
64. Interview de Lew Kowarski pour l'AIP : www.aip.org/history/ohilist/4717_1.html.
65. Interview de Lew Kowarski pour l'AIP : www.aip.org/history/ohilist/4717_1.html.
66. Le fait que nous n'assistons pas à des explosions nucléaires naturelles résulte d'un équilibre délicat. En Russie, Yakov Zel'dovitch et Yuli Khariton ont calculé que si la proportion d'U-235 était légèrement supérieure (environ vingt atomes pour mille au lieu de sept), alors un neutron ralenti (modéré) par l'eau pourrait déclencher une réaction en chaîne. Leurs calculs sont corrects, sauf pour une chose : ils ont supposé que l'eau était un modérateur bien plus efficace qu'il ne l'est en réalité.
67. Interview de Lew Kowarski pour l'AIP : www.aip.org/history/ohilist/4717_1.html.
68. Citation du rapport d'enquête daté du 6 juillet 1940, TNA KV 2/1888, memo 117B. Cela apparaît également dans le rapport de Ronnie Reed de 1951. Voir aussi Turchetti, *The Pontecorvo Affair*, p. 71.

4. La première évasion

1. Weart, *Scientists in Power*, p. 153.
2. Mafai, *Il lungo freddo*, p. 105.
3. Turchetti, *The Pontecorvo Affair*, p. 44.
4. Segrè, *A Mind Always in Motion*, p. 160.
5. Entretien avec Eugenio Tabet, 12 septembre 2013.
6. Dossiers de Bruno Pontecorvo, CAC.
7. Dossiers de Bruno Pontecorvo, CAC.
8. Voir Némirovsky, *Suite française* ; confirmé par Météo France.
9. Mafai, *Il lungo freddo*, p. 106.
10. Interview de Lew Kowarski pour l'AIP : www.aip.org/history/ohilist/4717_1.html.
11. Voir Némirovsky, *Suite française*, p. 36.
12. Mafai, *Il lungo freddo*, p. 105.

13. Sonia Tomara, *New York Herald Tribune*, 14 juin 1940 : http://spartacus-educational.com/2WWtomara.htm.

14. Mafai écrit « Muftar », qui n'existe pas et retranscrit sans doute phonétiquement la mémoire de Bruno de la rue Mouffetard, cinquante ans plus tard.

15. Mafai, *Il lungo freddo*, p. 106.

16. Mafai, *Il lungo freddo*, p. 107.

17. Sonia Tomara, *New York Herald Tribune*, 14 juin 1940 : http://spartacus-educational.com/2WWtomara.htm.

18. La carte conservée dans les archives du Churchill College a été écrite en français. Bruno et Gillo raconteront plus tard à Mafai qu'ils ont quitté Paris le matin du 13 juin, ce que je relate ici. La carte a été écrite le 14 juin. Les distances parcourues sont compatibles avec un voyage à bicyclette de deux jours.

19. Pour des détails sur le prix Nobel du Luria : www.nobelprize.org/nobel_prizes/medicine/laureates/1969/luria-bio.html.

20. Interview de Lew Kowarski pour l'AIP : www.aip.org/history/ohilist/4717_1.html.

21. Visa sur le passeport de Bruno Pontecorvo, CAC.

22. Visas sur le passeport de Bruno Pontecorvo, CAC. Le numéro de visa de Marianne est 1209087 et celui de Gil est 1209090. Marianne est déclarée suédoise, et Gil italien.

23. Mafai, *Il lungo freddo*, p. 110.

24. Passeport de Bruno Pontecorvo, CAC.

25. Passeport de Bruno Pontecorvo, CAC.

26. Mafai, *Il lungo freddo*, p. 111.

27. Le pont qui enjambe the Narrows s'appelle le Verrazano-Narrows Bridge.

28. Le FBI/INS enregistre le 19 août l'arrivée sous le numéro 65-5650 et la destination prévue au domicile de Paolo Pontecorvo, 503 W. 121 St. En revanche, Mafai indique le 20 août : *Il lungo freddo*, p. 112. Les archives TNA KV 2/1888, memo 109A affirment que Bruno entre aux États-Unis le 18 août 1950. J'ai choisi la date du 19 août, en me fondant sur le formulaire d'entrée américain. Le brouillard cachant la vue est évoqué dans les souvenirs de Bruno Pontecorvo rapportés par Mafai à la page référencée ci-dessus. C'est compatible avec les données météorologiques enregistrées ici : http://weatherspark.com/history/31081/1950/New York-United-States.

29. Nécrologie de Gillo Pontecorvo, *The Guardian*, 14 octobre 2006 : www.theguardian.com/news/2006/oct/14/guardianobituaries.obituaries.

30. Remarques de Gillo Pontecorvo dans un film de la famille Pontecorvo, vu le 12 septembre 2013.

5. Des neutrons pour le pétrole et la guerre

1. Mémoire de Frisch et Peierls, cité dans Rhodes, *The Making of the Atomic Bomb*, p. 324.

2. La lourdeur administrative, la politique et l'ampleur du défi empêchent toute action jusqu'à la fin de 1941. Voir Farmelo, *Churchill's Bomb*.

3. L'histoire de ces expériences est relatée dans Rhodes, *The Making of the Atomic Bomb*, p. 348-351.

4. Sir John Cockcroft, « Les premiers projets d'énergie atomique au Canada et en Grande-Bretagne » [en français] : https ://www.iaea.org/sites/default/files/04004701820su_fr.pdf.

5. Holloway, *Stalin and the Bomb*, p. 70.

6. Holloway, *Stalin and the Bomb*, p. 54.

7. Bien qu'il ait inspiré et supervisé l'expérience, Kourtchatov n'a pas signé cet article, pour en laisser tout le crédit aux jeunes chercheurs. En 1960, Fliorov dirigera le laboratoire des réactions nucléaires du JINR à Doubna. Voir aussi Holloway, *Stalin and the Bomb*, p. 55.

8. Holloway, *Stalin and the Bomb*, p. 387, note 77.

9. Cette découverte indépendante est restée cachée durant quarante ans. Voir Holloway, *Stalin and the Bomb*, p. 66-67 et note 98.

10. H. York, cité dans Rhodes, *The Making of the Atomic Bomb*, p. 327.

11. L. Fermi, *Atomes en famille*, p. 313.

12. Il n'est pas certain que Bruno Pontecorvo ait eu l'assurance de trouver ce travail quand il a quitté Paris. Segrè avait dit à l'époque qu'il pouvait lui « trouver un boulot ». Segrè a de nouveau écrit à Pontecorvo en août, alors que celui-ci était aux États-Unis, le pressant de « venir rapidement ». Il semble y avoir eu une confusion, car un autre physicien, Sergio Benedetti, pensait avoir aussi reçu une proposition pour ce poste. Commentaires lors de la célébration du centenaire de Bruno Pontecorvo, Rome, 2013.

13. Mafai, *Il lungo freddo*, p. 115.

14. Avec une énergie cinétique de l'ordre d'un électronvolt, ou moins.

15. E. Amaldi and E. Fermi, « On the Absorption and the Diffusion of Slow Neutrons », *Physical Review*, n° 50 (novembre 1936), p. 899.

16. R. Fearon, W. Russell, and B. Pontecorvo, « Preliminary Field Experiment in Scattered Neutron Well Logging ; 25 June 1941 », papiers de S. Scherbatskoy, boîte 1, dossier 6, archives Smithsonian. Référencé dans Turchetti, *The Pontecorvo Affair*, p. 45.

17. Bruno Pontecorvo, « Neutron Well Logging », *Oil and Gas Journal* 40 (1941), p. 32-33.

18. Bruno Pontecorvo, « Radioactivity Analysis of Oil Well Samples », *Geophysics*, 7, n° 1 (1942), p. 90-92.

19. Turchetti, *The Pontecorvo Affair*, p. 45.

20. Mafai, *Il lungo freddo*, p. 115.

21. Mafai, *Il lungo freddo*, p. 117.

22. Mafai, *Il lungo freddo*, p. 115.

23. L. Fermi, *Atomes en famille*, p. 202.

6. Entre l'Est et l'Ouest

1. Holloway, *Stalin and the Bomb*, p. 77.

2. La séparation s'est faite par diffusion gazeuse [voir au début du chapitre 7]. Le contact russe de Fuchs travaillait pour le GRU. À partir de fin 1943, lorsque Fuchs migre aux États-Unis, il opère avec le NKGB (Andrew et Gordievsky, *KGB*, p. 314 [p. 316 de la traduction française]). Pour vous repérer parmi les divers services de sécurité soviétiques, voir Andrew et Gordievsky p. IX, ainsi que la note 3 de l'*Interlude*, du présent ouvrage.

3. Voir Holloway, *Stalin and the Bomb*, p. 79 pour plus de détails sur les efforts de Fliorov et la lente réponse des diverses autorités.

4. En décembre 1941.

5. Interview de James Chadwick pour l'AIP :
www.aip.org/history/ohilist/3974_4.html. Farmelo, *Churchill's Bomb*, p. 179.

6. Par Fuchs et peut-être aussi par John Cairncross, membre du réseau d'espions britanniques pour le compte de l'URSS appelé les Cinq de Cambridge (voir le chapitre 13). Cairncross était alors secrétaire de Lord Hankey, *Minister without Portfolio* (Ministre sans Porte-feuille, chargé de la guerre), qui a reçu le rapport de Chadwick.

7. Voir les commentaires d'Alan Nunn May dans Broda, *Scientist Spies*, p. 111 et suivantes. Les brevets de ICI sont décrits dans Weart, *Scientists in Power*, p. 171-181.

8. Broda, *Scientist Spies*, p. 122.

9. Turchetti, *The Pontecorvo Affair*, p. 47, note 28.

10. L. Fermi, *Atomes en famille*, p. 208.

11. Papiers de S. Scherbatskoy papers, boîte 1, dossier 6, archives de Smithsonian ; voir Turchetti, *The Pontecorvo Affair*, p. 47, note 27.

12. Courrier électronique de Harry Lipkin, 18 février 2011.

13. Son nom a été changé en *Eldorado Mining and Refining Limited.*

14. Pour plus d'informations sur Boris Pregel, voir Turchetti, *The Pontecorvo Affair*, p. 57 ou http://en.wikipedia.org/wiki/Boris_Pregel.

15. Lettre de Boris Pregel à Bruno Pontecorvo, 24 novembre 1942, CAC.

16. Bertrand Goldschmidt, cité dans Weart, *Scientists in Power*, p. 196. [À la p. 87 de son livre, Goldschmidt raconte : « Halban voulait diriger seul le groupe anglo-canadien dont il avait provoqué la formation et proposa que Kowarski restât en Angleterre, ce qui arriva malgré les vives protestations des autres membres de l'équipe qui étaient très attachés à Kowarski. » (N.d.T.)]

17. Bruno Pontecorvo, *Notes autobiographiques.*

18. TNA KV 2/1888.

19. Mafai, *Il lungo freddo*, p. 130.

7. La pile de Chalk River

1. Turchetti, *The Pontecorvo Affair*, p. 52.

2. TNA KV 2/1887.

3. Gowing, *Britain and Atomic Energy*, p. 277.

4. TNA AB 1/361.

5. TNA KV 4/242, mémo 23a, daté du 23 octobre 1950.

6. TNA KV 2/1888.

7. TNA KV 4/243.

8. Le rapport sera « perdu » pendant sept ans et ne réapparaîtra qu'en 1950. Cette visite du FBI semble sans conséquence à ce stade, mais elle sera déterminante dans la soudaine décision de Bruno de fuir en URSS en 1950 – voir le chapitre 13.

9. Burke, *The Spy Who Came In from the Co-op*, p. 132.

10. Burke, *The Spy Who Came In from the Co-op*. On trouve aussi cette affirmation selon laquelle « Chalk River était infiltré par des agents soviétiques » dans Andrew et Mitrokhin, *The Mitrokhin Archive*, p. 174.

11. On trouve la météorologie de janvier 1943 à cette page : www.weather-warehouse.com/WeatherHistory/PastWeatherData_TulsaIntlArpt_Tulsa_OK_January.html.

12. Wallace, « Atomic Energy in Canada », p. 126. (Je dois à J. D. Jackson de connaître cette source.)

13. Wallace, « Atomic Energy in Canada », p. 127.

14. Ces disputes opposaient sir John Anderson, du Cabinet de la guerre britannique, à Vannevar Bush, chef du Bureau américain de la recherche et du développement. Ce dernier supervisait le projet Manhattan, dirigé par le général Groves.

15. Voir Farmelo, *Churchill's Bomb*, notamment p. 211-223. Également, un courrier électronique des Archives de l'université de Glasgow, 25 septembre 2014.

16. Broda, *Scientist Spies*, chap. 12.

17. Cela est bien documenté par les descriptions de la vie à Los Alamos, et on ne peut douter que c'était aussi le cas à Chicago. À Los Alamos, le directeur de la recherche, J. Robert Oppenheimer, s'opposait à la politique, avec le soutien de ses collègues. Il organisait chaque semaine des séminaires, où l'équipe technique de tout le projet échangeait des idées librement. Au total, le personnel de Los Alamos partageait des informations d'une manière qui horripilait le général Groves, le directeur du projet Manhattan.

18. Goldschmidt, *Les Rivalités atomiques*, p. 44, cité dans Weart, *Scientists in Power*, p. 198. Voir aussi Gowing, *Britain and Atomic Energy*, p. 160 ; Broda, *Scientist Spies*, p. 125.

19. Broda, *Scientist Spies*, p. 108.

20. Gibbs, « British and American Counter-Intelligence ».

21. Cité dans Broda, *Scientist Spies*, p. 115.

22. Broda, *Scientist Spies*, p. 126.

23. Broda, *Scientist Spies*, p. 126.

24. Broda, *Scientist Spies*, p. 113.

25. Broda, *Scientist Spies*, p. 124.

26. Les Allemands étaient vraisemblablement trop occupés sur ce front pour envisager une attaque du Royaume-Uni, contre laquelle le radar aurait été utile. Par ailleurs, Hitler se sentant acculé, il risquait de développer sa propre bombe atomique et tenir les Alliés en otages dans un ultime combat.

27. Interview de Paul Broda, 11 octobre 2013.

28. Broda, *Scientist Spies*, p. 131.

29. Broda, *Scientist Spies*, p. 144.

30. Soudoplatov *et al.*, *Special Tasks*.

31. Soudoplatov ne prétend pas que ces grands scientifiques étaient des agents soviétiques, il indique seulement qu'ils ont transmis des informations à d'autres qui l'étaient. Il n'est pas impossible que Fermi « ait parlé

d'une manière indiscrète à certaine occasion à son ancien étudiant et collègue Bruno Pontecorvo » (analyse anonyme des affirmations de Soudoplatov, 16 juin 2003, www.freerepublic.com/focus/fr/929408/replies ?c=191). Cette remarque trouve un écho dans notre chapitre 6, lorsque Pontecorvo reconnaît que les données qu'il a reçues de Fermi « n'ont pas été publiées et ne peuvent pas l'être avant longtemps, à cause de leur nature confidentielle ». Soudoplatov croyait que l'agent soviétique MLAD était Pontecorvo, alors que c'était en fait Ted Hall. Ce dernier n'a été reconnu publiquement comme un espion atomique qu'en 1997, date de parution de l'ouvrage d'Albright et Kunstel, *Bombshell.* Soudoplatov fait ses révélations avant, en 1994, et il est possible qu'il ait fait de la désinformation pour protéger Hall. En septembre 1994, *The New York Review of Books* a publié un échange d'opinions entre Jerrold et Leona Schecter (co-auteurs de Soudoplatov pour *Special Tasks*) et Thomas Powers sur les affirmations les plus extrêmes de Soudoplatov (www.nybooks.com/articles/archives/1994/sep/22/were-the-atom-scientists-spies-an-exchange/). Cet échange fait référence à un démenti de John Cairncross d'avoir transmis aux Soviétiques des renseignements sur le projet Tube Alloys ; Cairncross attribue ce rôle à Donald Maclean.

32. Remarque de Gillo Pontecorvo rapportée par Guido Pontecorvo au MI5, janvier 1951, TNA KV 2/1888.

33. Mafai, *Il lungo freddo*, p. 130. Niels Bohr était danois ; Marianne Pontecorvo était suédoise. Nils est la variante suédoise de Niels.

34. Dès le début du projet, on savait que des éléments légers, tels que le bore et l'azote, absorbaient les neutrons lents. On utilise aujourd'hui cette propriété pour fabriquer des barres de contrôle à base d'éléments comme le bore, qui peuvent étouffer les réactions de fission nucléaire si besoin.

35. Cela se passe les 6 et 7 janvier. Bruno Pontecorvo est aussi aux États-Unis le 12 et à New York du 20 au 24 janvier. TNA KV 2/1888.

36. Broda, *Scientist Spies*, p. 130.

37. TNA AB 2/643, AB 2/645, AB 2/647.

38. TNA KV 2/1888.

39. C'est ce que Fermi avait en tête, après la défection de Pontecorvo, quand il a dit que la présence du chercheur italien en Union soviétique comptait beaucoup plus que n'importe quelle information passée avant 1950.

40. Broda, *Scientist Spies*, p. 128.

41. Broda, *Scientist Spies*, p. 134.

42. Une idée consiste à chercher l'hélium, car la présence de ce gaz révèle une émission de particules alpha – noyaux d'atomes d'hélium.

43. Ce travail, réalisé par B. Pontecorvo et D. West, sera terminé fin 1945, après la fin de la guerre. Il est décrit dans TNA AB 2/318.

44. TNA AB 2/653.

45. Broda, *Scientist Spies*, p. 133 et TNA AB 2/653.

46. Interview de Lew Kowarski pour l'AIP : www.aip.org/history/ohilist/4717_4.html.

47. Interview de Lew Kowarski pour l'AIP : www.aip.org/history/ohilist/4717_4.html.

48. Kowarski se rappellera que la cérémonie a commencé un peu avant seize heures.

49. Si Alan Nunn May avait passé des informations à l'ennemi, il aurait été passible d'une condamnation à mort pour trahison. Cependant, l'Union soviétique était un allié, si bien qu'il a été accusé d'avoir seulement violé un secret d'État.

50. Lettre de Geoff Hanna à Giuseppe Fidecaro, 24 octobre 1996. Je suis redevable à David Hanna d'avoir eu accès à cette lettre et d'autres correspondances liées à Chalk River.

8. Retour à la physique fondamentale

1. B. Pontecorvo, « Inverse Beta Process », Rapport PD-205, National Research Council of Canada, Division of Atomic Energy, Chalk River, 13 novembre 1946.

2. B. Pontecorvo, « On a Method for Detecting Free Neutrinos », Rapport PD-141, National Research Council of Canada, Division of Atomic Energy, Chalk River, 21 mai 1945.

3. Cette discussion a dû se passer lorsque Otto Frisch est venu de Los Alamos à Chalk River, d'après des papiers d'Otto Frisch, TNA CSAC 87.5.82/A.64.

4. Quand il a été déclassifié en 1964, il est passé inaperçu au milieu de papiers des National Archives. Nous, physiciens, ignorions qu'il existait ou supposions qu'il ne contenait rien de plus que l'article publié de 1946. Ce dernier a par conséquent créé la légende des neutrinos solaires de Bruno Pontecorvo.

5. Le calcul de Pryce considère les neutrinos émis lors de la fusion des protons dans le Soleil. L'énergie de ces neutrinos est trop basse pour convertir le chlore en argon. D'autres processus dans le Soleil produisent des neutrinos d'énergie plus élevée, pour lesquels la méthode du chlore fonctionne, mais leur nombre est presque insignifiant. Ray Davis réussira à détecter ces neutrinos, mais seulement après plusieurs décennies d'ajustements de son dispositif expérimental. J'ai raconté ailleurs cette histoire,

où le théoricien américain John Bahcall joue un rôle majeur ; voir Close, *Neutrino.*

6. H. R. Crane, « The Energy and Momentum in Beta-Decay and the Search for the Neutrino », *Reviews of Modern Physics*, n° 20 (1948), p. 278.

7. Frederick Reines, qui a travaillé sur les explosifs atomiques après la guerre, s'intéresse aux neutrinos que produit une explosion atomique en 1951, mais en 1952 il préfère utiliser un réacteur. Fermi soulignait l'avantage du réacteur sur l'explosion atomique : on peut refaire l'expérience. La première tentative de Reines et Cowan pour détecter des neutrinos au réacteur nucléaire de Hanford échoue, mais en 1955, à peu près au même moment que les recherches de Davis, ils démarrent les expériences qui connaîtront le succès que l'on sait, au réacteur de Savannah River, en Caroline du Sud. Reines recevra le prix Nobel de physique en 1995, mais pas Clyde Cowan, décédé en 1974, le prix Nobel n'étant pas décerné à titre posthume.

8. Marcello Conversi, Ettore Pancini et Oreste Piccioni ont annoncé leur découverte dans *Physical Review*, n° 71 (1947), p. 209.

9. Un seul neutrino associé à un électron ne pourrait assurer la conservation du moment angulaire. De même, une paire de photons aurait une probabilité négligeable par rapport à un unique photon.

10. B. Pontecorvo, « Nuclear Capture of Mesons and the Meson Decay », *Physical Review*, 72, n° 246 (1947).

11. E. P. Hincks and B. Pontecorvo, « The Absorption of Charged Particles from the 2.2-µsec. Meson Decay », *Physical Review*, n° 74 (1948), p. 697.

12. J. Steinberger, « On the Range of the Electrons in Meson Decay », *Physical Review*, n° 74 (1948), p. 500.

13. L'histoire de la désintégration du muon est la suivante : Hincks et Pontecorvo ont montré que le muon ne se désintègre pas en un électron et une autre particule massive, mais ils n'ont pas éliminé la possibilité d'une désintégration en un électron et un photon. Steinberger, lui, a mesuré un spectre compatible avec une désintégration en trois particules. Il établit que la désintégration produit trois particules légères en janvier 1949 (*Physical Review* n° 75, p. 1136). En mars, R. Leighton, C. Anderson et A. Seriff fournissent « des preuves solides [que le muon] se désintègre en un électron et deux neutrinos » (*Physical Review*, n° 75, p. 1432). Ils montrent que le muon possède le même spin que l'électron (c'est un « demi-entier »). Ils mesurent en outre la masse du muon. Plus

tard dans l'année, Hincks et Pontecorvo décrivent explicitement la désintégration du muon en « un électron et deux neutrinos » (*Physical Review*, n° 77, p. 102).

14. On l'attribue généralement à G. Puppi, *Nuovo Cimento*, n° 5 (1948), p. 587. Cependant, Puppi n'est pas le premier à formuler cette hypothèse. Bruno Pontecorvo a exposé ces idées le 8 mai 1947 dans une lettre à Gian Carlo Wick (copie dans *Fondo Wick, Archivio Scuola Superiore Normale di Pisa*). Elle comporte la remarque suivante : « *se ne deduce una similarita tra processi beta e processi di assorbimento ed emissione di mesoni, che, assumendo non si tratti di una coincidenza, sembra di carattere fondamentale* » (On en déduit une similarité entre les processus bêta et l'absorption ou l'émission de mésons [i.e. muons], qui, en supposant que ce n'est pas une coïncidence, semble fondamentale ».) Dans l'article *Physical Review*, n° 72 (1947), p. 246, Pontecorvo propose une « analogie fondamentale entre la désintégration bêta et le processus d'émission ou d'absorption d'un méson chargé ».

15. www.universitystory.gla.ac.uk

16. S. C. Curran, J. Angus, and A. L. Cockcroft, « Beta Decay of Tritium », *Nature*, n° 162 (1948), p. 302-303. D. H. W. Kirkwood, B. Pontecorvo, and G. C. Hanna, « Fluctuations of Ionisation and Low Energy Beta Spectra », *Physical Review*, n° 74 (1948), p. 497-498.

17. www.universitystory.gla.ac.uk. Curran, Pontecorvo et leurs équipes respectives ont développé une méthode pour mesurer l'énergie des particules bêta. John Simpson, à Chicago, a inventé en 1943 un compteur proportionnel pour des particules alpha. Voir www.orau.org/ptp/collection/proportional %20counters/simpson.htm.

18. Giuseppe Fidecaro, « Bruno Pontecorvo : From Rome to Dubna », in BPSSW, www.df.unipi.it/~rossi/PONTE_5.pdf.

19. TNA KV 2/1887.

20. Mémo de Henry Arnold du 5 janvier 1948, TNA KV 2/1887 8a.

21. TNA KV 2/1889.

22. Wallace, « Atomic Energy in Canada », p. 131.

9. Choix décisif

1. Sauf mention contraire, toute la correspondance vient de TNA KV 2/1888 ou TNA KV 2/1889, ou Churchill College Papers.

2. Turchetti, *The Pontecorvo Affair*, chap 2, note 47 ; Lettre de Bruno Pontecorvo à John Cockcroft, 2 février 1946, CAC.

3. Le 29 décembre 1945, Bruno dit à George Uhlenbeck à l'université du Michigan qu'il compte écrire à Segrè pour prendre son conseil, mais

estime peu probable qu'il vienne au Michigan, bien qu'il ne soit « pas encore décidé ». Le 5 janvier 1946, le Michigan regrette qu'il n'ait pas choisi de venir, et renchérit son offre sous la forme d'un poste de professeur à 5 500 dollars par an. Le 17 janvier, Bruno répond qu'il n'a « pas encore pris sa décision », mais qu'il le fera après une conférence de physique à New York, qui doit avoir lieu à la fin du mois.

4. La lettre officielle de son embauche est envoyée le 5 juin ; Pontecorvo accepte le 8 juillet 1946. TNA KV 2/1892.

5. Confirmé par un télégramme du Cabinet Office au British Joint Services Mission, Washington, le 21 octobre 1950, et rapport au Premier ministre, TNA KV 2/1888, mémo 25a.

6. Entretien avec Godfrey Stafford, 20 décembre 2012.

7. L. Fermi, *Atomes en famille*, p. 313.

8. Bruno Pontecorvo, *Notes autobiographiques.*

9. D'après Laura Fermi, c'est « à la fin de 1948 » (*Atomes en famille*, p. 314). La conférence de l'American Physical Society, à laquelle Bruno a participé, s'est tenue à Chicago les 26 et 27 novembre. TNA KV 2/1888.

10. L. Fermi, *Atomes en famille*, p. 314.

11. Courrier électronique de J. David Jackson du 28 août 2012.

12. TNA KV 2/1889.

13. Courrier électronique de Peter Watson du 2 janvier 2014.

14. Source anonyme, 2013.

15. Mafai, *Il lungo freddo*, p. 127.

16. Les lettres que Bruno et Marianne se sont échangées en 1938 font plus d'une fois référence à une maladie non spécifiée, et montrent que Marianne a modifié son voyage à la dernière minute (voir le chapitre 3). Je remercie Sven-Olof Ekman, un journaliste suédois de la ville natale de Marianne, pour m'avoir aidé dans mes recherches.

17. Mémo de F. W. Marten, TNA KV 2/1888.

INTERLUDE

Des espions venus de l'Est

1. Holloway, *Stalin and the Bomb*, p. 90.

2. Kourtchatov cité dans Holloway, *Stalin and the Bomb*, p. 90.

3. Holloway, *Stalin and the Bomb*, p. 94. KGB signifie Komityet Gosudarstvennoy Bezopasnosti (Comité de sécurité d'État), et l'agence de ce nom a été créée en 1954. Le KGB a succédé au MGB, le ministère soviétique de Sécurité d'État, qui s'est formé en 1946. Le MGB a été

précédé du NKGB, de 1943 à 1946, et avant cela par le NKVD, ou Narodnyi Kommissariat Vnutrennikh Del (Commissariat du peuple aux Affaires intérieures), qui a opéré de 1934 à 1943. Pour y voir clair dans ces méandres, voir Andrew et Gordievsky, *KGB*, p. 9. Pour faciliter la compréhension, je désignerai toutes ces entités par KGB dans le corps du texte, afin de les distinguer de l'autre service de renseignements de l'Union soviétique, le GRU, ou Glavnoye Razvedyvatelnoye Upravleniye. En tant que Direction générale des renseignements de l'Armée rouge, le GRU a été fondé en 1926.

4. Selon le corps de sécurité du projet Manhattan, plusieurs scientifiques passaient des informations à l'ambassade soviétique de San Francisco. Holloway, *Stalin and the Bomb*, p. 103.

5. Oleg Gordievsky et Christopher Andrew dans plusieurs ouvrages ; Oleg Gordievsky dans des échanges des 27 et 30 avril 2012 ; Sudoplatov et al., *Special Tasks*.

6. *Joint Committee on Atomic Energy*, « Soviet Atomic Espionage », avril 1951 :

http://archive.org/stream/sovietatomicespi1951unit/sovietatomicespi1951unit_djvu.txt.

7. Voir Sudoplatov *et al.*, *Special Tasks*, p.182, et la discussion en note au bas de la p. 81 de Rhodes, *Dark Sun*.

8. Andrew et Gordievsky, *KGB*, p. 318 [p. 319 de la traduction française] ; courrier électronique d'Oleg Gordievsky du 30 avril 2012.

9. Courrier électronique d'Oleg Gordievsky du 30 avril 2012.

10. Les références sont circulaires – Gordievsky est cité comme la source de l'affirmation dans son propre ouvrage – ou anecdotiques. On ignore comment Gordievsky sait tout cela. Voir une discussion de Gordievsky dans la postface.

11. Holloway, *Stalin and the Bomb*, p. 99.

12. Holloway, *Stalin and the Bomb*, p. 104.

13. La confession de Fuchs à Michael Perrin le 2 mars 1950 révèle qu'avant août 1944, il ne « connaît pas vraiment le procédé de la pile ni l'importance du plutonium ». Reproduit en Annexe B de Williams, *Klaus Fuchs*.

14. Andrew et Mitrokhin, *The Mitrokhin Archive*, p. 174.

15. Courriers électroniques et entretiens par Skype avec Boris Ioffé, 16 février, 9 mars, et 19 juillet 2011 ; interview de Boris Ioffé par Giuseppe Mussardo, 2012. La source semble être différente de Nunn May, car les plans auraient été transmis après qu'il avait quitté le Canada. C'est aussi ce qui transparaît dans la confession de Nunn May sur son lit de

mort. Son beau-fils, Paul Broda, décrit cela en détail dans *Scientist Spies*. Selon Broda, les déclarations de Nunn May à ce moment particulier sont « très honnêtes ». Si Nunn May n'a pas mentionné d'action significative à ce moment, c'est qu'il « ne l'a pas fait » (entretien avec Paul Broda, 12 août 2012).

16. Andrew et Gordievsky, *KGB*, p. 318 [p. 319 de la traduction française].

17. Commentaire de Skinner à Ronnie Reed, TNA KV 2/1888. La raison invoquée par Bruno Pontecorvo pour ces voyages répétés était qu'il désirait conserver son statut de résident américain. Les dates dans son passeport confirment qu'il effectuait ses voyages tous les six mois environ.

18. Gibbs, « British and American Counter-Intelligence ».

19. Comme je l'ai mentionné, c'était le NKVD qui deviendra le KGB (« Comité pour la sécurité de l'État »).

20. Pincher, *Treachery*, chap. 8. Le courrier de Hall, Lona Cohen, travaillait avec le KGB, sous le contrôle du consulat soviétique à New York. Fuchs travaillait avec le GRU lorsqu'il était en Grande-Bretagne, mais aux États-Unis il est passé sous le contrôle du KGB. Lorsqu'il travaillait à Los Alamos, il avait pour courrier Harry Gold. Fuchs et Hall étaient indépendants. Hall ne savait pas que Fuchs était un espion – l'épouse de Ted, Joan, confirmera que « Ted croyait être le seul » (entretien avec Joan Hall, 1er mai 2013). Il n'y a pas de témoignage direct dans le procès de Fuchs, mais tout indique qu'il ignorait également le rôle que jouait Hall.

21. Rapport de la Commission royale canadienne sur l'espionnage (la Commission Kellock-Taschereau). Le titre complet est : « Rapport de la Commission royale nommée sur ordre du conseil PC 411 du 5 février 1946, pour enquêter sur les faits relatifs et les circonstances entourant la communication par des fonctionnaires publics, ou d'autres personnes occupant des postes de responsabilité, d'informations secrètes ou confidentielles à des agents d'une puissance étrangère. » On peut retrouver ce document par http://catalog.loc.gov/vwebv/holdingsInfo ?&bibId=8343655&searchId=6517&recPointer=1&recCount=100.

22. Une confession de Nunn May, reportée dans Broda, *Scientist Spies*, p. 140 ; entretiens avec Paul Broda le 12 août 2012 et le 10 octobre 2013.

23. Broda, *Scientist Spies*, p. 142.

24. Depuis quelques mois, Nunn May doutait de la qualité des personnes avec qui il traitait. Certains lui offraient de l'argent, ce qu'il déclinait. Il se demandait si ses informations étaient bien délivrées à des scientifiques qualifiés à Moscou. Il décida donc d'évaluer la réaction des Soviétiques en leur remettant des échantillons d'uranium. Cela prouvait

à Moscou qu'il travaillait bien sur un projet atomique, et les échantillons devaient être envoyés à des experts pour être évalués. C'est pourquoi il leur a remis les minuscules échantillons d'U-233 et U-235, alors qu'il avait à l'origine l'intention de les garder en souvenir de sa collaboration au projet.

25. Joint Committee on Atomic Energy, « Soviet Atomic Espionage », avril 1951 ; reproduit du rapport de la Commission royale canadienne du 27 juin 1946, qui établit : « Ces échantillons étaient considérés si importants par les Russes que dès leur réception, Motinov s'envola à Moscou avec eux » (p. 447-457). Les textes cités dans ces paragraphes sont accessibles en ligne sur : www.ebooksread.com/authors-eng/united-states-congress-joint-committee-on-atomic/soviet-atomic-espionage-tin.shtml, p. 9 et 10.

26. Pincher, *Treachery*, Chapitre 2, Kindle edition, 421.

27. Andrew et Gordievsky, *KGB*, p. 317 [p. 319 de la traduction française].

28. Toutefois, aucun document public ne conforte cette affirmation. Bien que le MI5 exprimera plus tard ses soupçons sur les motifs de Pontecorvo et encouragera les accusations d'espionnage, il ne dispose d'aucune preuve que Pontecorvo ait jamais communiqué une information classifiée à des contacts soviétiques. Cela ressort des fichiers ouverts au public et du journal de Guy Liddell (TNA KV 2/1887–1891 et KV 4/472). Les déclarations de Gordievsky sont doublement anecdotiques, car elles résultent des souvenirs qu'il a conservés de remarques faites par d'autres.

29. Le Japon s'est rendu le 15 août 1945. Il a signé les documents officiels le 2 septembre.

30. Philby, *My Silent War*, Introduction : « Je considérais ma place au SIS [Secret Intelligence Service] comme une couverture, qui devait me permettre d'atteindre des positions auxquelles je pouvais rendre service à l'Union soviétique de la manière la plus efficace. On doit voir ma relation avec le SIS à la lumière de mon préalable engagement total envers l'Union soviétique. »

31. Gibbs, « British and American Counter-Intelligence », note 253, examine le rôle de Philby dans le cas Nunn May.

32. Durant l'été 1949, Meredith Gardner, un linguiste américain, craque les codes diplomatiques soviétiques. Les déchiffrements qui en résultent sont désignés par le nom de code VENONA.

33. Le KGB est le nom moderne, que j'utilise par facilité, comme indiqué dans la note 3. Avant 1943, il s'agit du NKVD.

34. Broda, *Scientist Spies*, p. 146.

35. Le renseignement de Philby sur Nunn May est analysé dans Andrew, *Defence of the Realm*, p. 344.

36. Lettre de Bruno Pontecorvo à GEC, février 1946, CAC.

37. Albright et Kunstel, *Bombshell*, p. 100.

38. La première mention à MLAD est extraite des codes en 1946. Le cas de Fuchs a monopolisé l'attention des casseurs de codes, et c'est probablement au printemps de 1950 que MLAD est identifié comme Hall. Voir Albright et Kunstel, *Bombshell*, chap. 22.

39. Andrew et Mitrokhin, *The Mitrokhin Archive*, p. 173.

40. Morris Cohen est devenu agent soviétique pendant la guerre civile d'Espagne, en servant dans les Brigades internationales.

41. Cette histoire est racontée dans Albright et Kunstel, *Bombshell*. Les informations de Hall semblent au moins aussi importantes que celles de Fuchs, voire plus. Les auteurs avancent en outre que Staline se méfiait de Fuchs, car il était allemand, de sorte qu'il était important que Hall confirmât ses informations.

42. Albright et Kunstel, *Bombshell*, p. 332, note 135 ; « premiers mois glaciaux », p. 133.

43. Albright et Kunstel, *Bombshell*, p. 179-181.

44. Courrier électronique de Joseph Albright du 17 septembre 2012 ; Albright et Kunstel, *Bombshell*, p. 134.

45. Entretien avec Joan Hall le 25 janvier 2013 ; Albright et Kunstel, *Bombshell*, p. 191.

46. Il est possible que Hall ait espionné de 1948 à 1950 (Albright et Kunstel, *Bombshell*, p. 189-192). La possibilité qu'il ait encore rencontré Lona Cohen en février 1950 est évoquée dans *Bombshell*, p. 221. La rencontre de 1949 entre les Hall et les Cohen a eu lieu à New York dans Central Park, aurait déclaré Morris Cohen dans *Bombshell*, p. 200. D'après le même ouvrage, il y aurait eu deux réunions entre Ted Hall et l'un ou les deux Cohen en 1949. Cela expliquerait le souvenir de Joan Hall selon lequel ils se sont rencontrés tous les quatre dans un parc de New York, mais « pas Central Park » (entretiens avec Joan Hall, 25 janvier 2013, et 1er mai 2013).

47. Interview rapportée dans Albright et Kunstel, *Bombshell*, p. 134 ; courriers électroniques de Joseph Albright, septembre-décembre 2012.

48. Archives de la famille Krasnikov, 1993, citées dans Albright et Kunstel, *Bombshell*, p. 134. J'ai confirmé cela avec Joseph Albright par des échanges de courriers électroniques, de septembre à décembre 2012. On ne sait pas bien quand se passe l'épisode de l'uranium de Cohen. Selon une version (celle de V. N. Karpov, relatée dans *Bombshell*, p. 134),

cela a lieu « fin 1944 ou 1945 ». Si c'est correct, alors il y a un recouvrement entre la période de Lona et celle de Bruno Pontecorvo avant la débâcle de Gouzenko. Ce scénario impliquerait que Bruno ait lui aussi obtenu de l'uranium de Chicago, puisqu'on n'en produirait pas au Canada avant longtemps. Cependant, ces dates ne s'accordent pas avec une autre version, selon laquelle Cohen n'a pas été réactivée avant la mi-janvier 1948. À tout prendre, il semble plus probable que l'uranium provienne du Canada en 1948.

49. T. M. Samolis, éd., *Veterany vneshnei razvyedki Rossii : Kratkiye biograficheskiye spravochniki* [Vétérans du renseignement étranger russe : courts résumés biographiques] (Moscou : Service du renseignement étranger russe, 1995), rapporté dans Albright et Kunstel, *Bombshell*, p. 134.

PARTIE II

10. Réaction en chaîne

1. Les dossiers de la sécurité britannique sur Pontecorvo montrent que les autorités s'inquiétaient de son origine étrangère, en dépit du fait qu'il ait adopté la nationalité britannique. Klaus Fuchs était déjà sous surveillance quand Max Born lui écrivit de l'université d'Édimbourg, le 19 octobre 1949, pour lui demander d'envoyer « un de vos hommes » (Pontecorvo) à la conférence de physique de la ville en novembre. Born voulait Bruno pour parler de ses recherches sur les rayons cosmiques. Il s'agissait de recherches à accès libre, insignifiantes pour la sécurité nationale, mais le MI5 ajouta néanmoins une note dans le dossier de Pontecorvo, car l'invitation était passée par Fuchs (19b in TNA KV 2/1887). L'ironie de la chose est qu'après la disparition de Bruno et de sa famille derrière le Rideau de fer en 1950, on a prétendu au grand public que Pontecorvo n'avait aucune relation avec Fuchs. Note supplémentaire aux lecteurs : toutes les notes de ce chapitre viennent du dossier KV 2/1887 des National Archives, sauf mention contraire.

2. TNA KV 4/282.

3. TNA KV 2/1888.

4. Segrè n'était pas à Paris lorsque Pontecorvo y résidait, ni sur le navire *Quanza*, puisqu'il était basé à Berkeley en 1940. Il s'est rendu à Copenhague et en Allemagne en 1937, alors qu'il résidait à Palerme, mais il n'y a aucune trace de visite à Paris ni de rencontre avec Pontecorvo où que ce soit. Il a migré aux États-Unis en juin 1938. Voir Segrè, *A Mind Always in Motion*.

5. TNA KV 2/1888.

6. Rapport du FBI enregistré par le MI5 dans TNA KV 2/1888, mémo 97a : « La sœur de Bruno Pontecorvo, Giuliana, habite au 1839, avenue Wallace dans le Bronx. Au 1845, vit Giuseppe Berti, agent présumé du Komintern et leader communiste italien. »

7. Dossier sur Klaus Fuchs, TNA KV 2/1248–1250.

8. Copie de l'invitation dans le dossier Bruno Pontecorvo, CAC.

9. TNA KV 2/1889 et AB 6/635 ; Turchetti, *The Pontecorvo Affair*, p. 108.

10. C'est sans doute cette nouvelle qui a encouragé Harwell à envoyer à tous ses employés un questionnaire concernant leur famille. La raison officielle en était l'arrestation de Fuchs. En revanche, cela a empêché Arnold de parler à Pontecorvo sans qu'il se méfie. Entretien avec Michael Goodman du 7 octobre 2013.

11. Entretien avec Godfrey Stafford du 20 décembre 2012.

12. Entretien avec Lorna Arnold du 4 janvier 2013.

13. TNA KV 2/1887, mémo 20 et 20a.

14. TNA KV 2/1887, mémo 21a.

15. D'autres documents désignent la source comme étant un agent du MI6 à l'ambassade britannique de Stockholm.

16. TNA KV 2/1887, mémo 26a.

17. Cela suggère d'ailleurs soit une confusion d'Arnold avec les événements de 1946, quand Bruno a décliné des offres des États-Unis en faveur de Harwell, soit un exemple de désinformation de Pontecorvo, car il n'existe aucune trace dans les papiers de Pontecorvo qu'une telle opportunité lui soit proposée en 1950. L'hypothèse d'une mécompréhension de la part d'Arnold paraît improbable, d'abord du fait de son expérience d'interrogateur, ensuite parce qu'il prend la peine de préciser que Bruno « a déjà envisagé » Rome, et qu'il considère « à présent » les États-Unis. On ne voit pas quel avantage Bruno a tiré de cette déclaration, si ce n'est pour souligner le fait qu'il était très demandé.

18. TNA KV 2/1887.

19. TNA KV 2/1887, billet 36 (voir la figure du chapitre 10). En d'autres termes, ils soupçonnent qu'il ait passé des informations, mais manquent de preuve pour l'arrêter.

20. Entretien avec Michael Goodman, 7 octobre 2013.

21. Weart, *Scientists in Power*, p. 259. La déclaration de la CIA paraît dans « National Intelligence Survey : France », CIA archives, 1952, p. 73-73, 73-79 ; US Department of State, Foreign Relations of the United States : 1949, Volume I, p. 466, 488, 626, cité dans Weart, *Scientists in*

Power, p. 328, note 4. Le discours de Joliot-Curie est rapporté par Jacques Fauvet dans *Le Monde*, 4-5 avril, 1950, et *L'Humanité*, 6 avril, cité dans Weart, *Scientists in Power*, p. 328, note 6.

22. Weart, *Scientists in Power*, p. 261.

23. TNA KV 2/1887.

24. TNA KV 2/1887.

25. Entretien avec Chapman Pincher, 13 novembre 2013. D'aucuns, comme Chapman Pincher dans *Treachery*, ont prétendu que Hollis était en réalité un agent double du KGB, ou pour le moins complaisant et inepte. Bien que je n'émette aucune opinion sur la version la plus extrême de cette hypothèse, le manque d'action sur le dossier Pontecorvo durant l'été 1950 semble en accord avec de telles critiques.

26. TNA KV 2/1887.

11. Départ d'Abingdon, destination inconnue

1. Entretien avec Laura Arnold, 18 mars 2013.

2. Entretien avec Gil Pontecorvo, 12 juin 2011.

3. Archive d'Abingdon ; entretien avec Sarah Wearne, 7 octobre 2011.

4. Témoignage d'Abingdon : « Après avoir passé son diplôme en 1949, Mr J. F. H. Barker BA est resté à Oxford pour une année supplémentaire. »

5. Aujourd'hui cette grande demeure sert de résidence au chef d'établissement.

6. La section A, ou branche A, était consacrée à l'utilisation d'appareils d'écoute, écoutes téléphoniques, entrées par effraction et photographie secrète. Voir
www.powerbase.info/index.php/MI5_A_Branch.

7. Il a été fait *Companion of the Bath*, un ordre de la chevalerie de l'armée britannique.

8. Un ancien écolier a dit qu'une carrière au MI5 à installer des mouchards convenait bien à Barker, « car c'était un homme perfide ». Un autre a confié qu'il était le meilleur professeur de l'école.

9. Macintyre, *Agent ZigZag*, p. 70.

10. Entretien avec une source anonyme, 20 août 2013.

11. Pincher, *Treachery*, chap. 54 et entretien avec Chapman Pincher du 13 novembre 2013. Chapman Pincher indique qu'en ce temps-là le MI5 avait un informateur secret dans chaque bureau de Fleet Street, la rue où se trouvait le siège des principaux journaux anglais. Une autre personne de cette rue a confirmé avoir été régulièrement consultée par le MI5 sur l'ambiance générale, si bien qu'« on pouvait croire que je faisais

partie du MI5 ». Disposer d'un informateur aux environs de Harwell concorde avec cette pratique.

12. Journal de Guy Liddell, 10 juillet 1946, TNA KV 4/467.

13. La mémoire des anciens élèves varie. Certains racontent que lorsque Barker a quitté l'école, on leur a dit qu'il « retournait à la Navy » ; d'autres disent qu'il allait « aux renseignements ».

14. Entretien avec Anthony Gardner du 25 février 2013.

15. Bruno Pontecorvo, *Notes autobiographiques.*

16. Entretien avec Anthony Gardner du 25 février 2013 ; entretien avec Paul Gardner du 4 mars 2013.

17. Entretien avec David Lees du 15 octobre 2013.

18. Entretien avec Anthony Gardner du 25 février 2013.

19. TNA KV 2/1888, mémo 117.

20. TNA KV 2/1888. La fiancée se dénommait Jean Archer. Les fiançailles seront rompues plus tard.

21. TNA KV 2/1888, mémo 118b.

22. TNA KV 2/1888.

23. TNA KV 2/1888.

24. TNA KV 2/1887, mémo 42a.

25. Les archives Abingdon School. Entretien avec Sarah Wearne, 7 octobre 2011.

26. Le tarif du trimestre se monte à 14 livres. Le reste consiste en frais supplémentaires de 4 shillings et 6 pence pour une photographie, plus un penny dû au snack bar de l'école (ce qui fait environ 12 euros d'aujourd'hui).

27. TNA KV 2/1888.

28. TNA KV 2/1887, note 70d.

29. Son passeport indique donc qu'il réside en Autriche du 6 au 8 août.

30. Lettre de ses parents à Guido ; traduction de Guido dans TNA KV 2/1889. La version originale en italien a été retournée aux parents.

31. TNA KV 2/1888. Les parents de Bruno arrivent à Chamonix le 24 août et commencent à chercher après lui.

32. TNA KV 2/1889.

33. Transcriptions de télégrammes, traduits par le MI5, TNA KV 2/ 1888.

34. Caledonian Insurance Company, police 4/49BM279, pour voyager en « France, Italie et Suisse du 25 juillet au 24 août ». TNA KV 2/1888.

35. Même aujourd'hui, avec le tunnel du Mont-Blanc, cela prend presque huit heures.

36. Date et heure confirmées dans TNA KV 2/1888, fichier 72. Cela provient de la traduction en anglais de Guido pour le MI5. Les originaux ont été retournés aux parents de Bruno en 1951. Le dossier du MI5 note que les lettres et télégrammes étant « les dernières communications de Bruno à leur attention, [ses parents] aimeraient les conserver pour des raisons sentimentales ».

37. TNA KV 2/1889, note 161A.

38. TNA KV 2/1888.

39. TNA KV 2/1888 et entretien avec Anna Pontecorvo, 11 novembre 2011.

40. Ces deux citations sont rapportées par Guido au MI5, TNA KV 2/1888.

41. Le rapport de Reed remarque cela dans TNA KV 2/1888.

42. Des années plus tard, Bruno déclarera à Ugo Amaldi qu'il craignait une guerre mondiale, et qu'il a fui en URSS parce qu'il « ne voulait pas se retrouver du mauvais côté » (entretiens avec Ugo Amaldi, 18 avril 2013 et 12 septembre 2013). Cela semble farfelu, vu sa soudaine décision de fuir et d'autres détails donnés ici.

43. L'historien Simone Turchetti présente des arguments convaincants selon lesquels, après des mois de pression, la controverse des brevets fait basculer Bruno. (Voir Turchetti, *The Pontecorvo Affair.*) S'il semble certain que cela a joué un rôle, les personnes qui ont connu Pontecorvo doutent cependant que l'affaire des brevets puisse être la seule responsable. Contrairement à son collègue Emilio Segrè, qui, de l'avis de tous, courait après l'argent du brevet, Bruno le considérait comme un simple bonus et n'en était pas obsédé. Entretiens avec Giuseppe Fidecaro, 17 avril 2013, et avec Ugo Amaldi, 18 avril 2013.

44. Certains prétendent, mais ce n'est pas vérifié, que Sereni s'est rendu à Moscou pour deux mois environ, tout de suite après la fuite de Bruno. Le 10 novembre, Sereni a atterri à l'aéroport du Bourget à Paris, en provenance de Prague, mais son passeport montre qu'il était à Prague en transit depuis Moscou. Il n'y a aucun lien direct avec les activités de Bruno, mais le MI5 soupçonne qu'à la mi-août Moscou aurait prévenu Sereni qu'il souhaitait contacter son cousin, et que, plus tard dans l'année, le ministre communiste aurait servi de contact en URSS une fois la famille arrivée là-bas. Voir TNA KV 2/1889. Cependant, ce n'est pas ce que dit le journal de Sereni. (Entretien avec Simone Turchetti, 29 janvier 2013.) Le TNA KV 2/1889, mémo 289A cite une source anonyme, transfuge entre l'URSS et l'Occident en 1952. Toutefois, cette source affirme aussi que Pontecorvo est passé en URSS via l'Autriche. Nous

savons maintenant que c'est faux, de sorte qu'on peut douter de la fiabilité du rapport concernant les déplacements de Sereni dans le TNA.

45. Entretien avec Simone Turchetti, 29 janvier 2013.

46. Les preuves de cela apparaîtront au chapitre 13.

47. Le 24 mars 1953, Reed conclut son évaluation de la situation : « Je pense maintenant que c'est Emilio Sereni qui a persuadé Pontecorvo de passer à l'Est. » TNA KV 2/1891.

48. Les dossiers du MI5 laissent un grand nombre de questions ouvertes. Dans une lettre à ses parents, Bruno mentionne qu'Antonio était à Ladispoli, ce qui a conduit le MI5 et d'autres à suggérer qu'Antonio était resté là-bas tout seul. Cependant, une explication innocente sur la manière dont les enfants sont parvenus à Ladispoli est que tous les trois étaient restés tout ce temps avec les enfants de Giuliana. Les comptes rendus du TNA pour le MI5 ne donnent pas une image claire. Il y a aussi une confusion au sujet de Gil qui, selon les dossiers du MI5, accompagne son père et sa mère à Circé, alors que Bruno écrit plus tard à ses parents qu'il se trouve à Ladispoli. Gil m'a dit n'avoir conservé aucun souvenir de Circé et il pense ne jamais y être allé. Cela n'a pas grande importance pour cette biographie, mais cela en revêt une pour quiconque tenterait d'analyser le comportement et les déplacements de Pontecorvo durant cette période.

49. Résumé de Ronnie Reed, TNA KV 2/1888.

50. Anna ne se souviendra pas avoir vu les dégâts de la voiture, mais cela n'est pas significatif après si longtemps. Elle racontera que les enfants étaient transbahutés entre Rome et Ladispoli en car (entretien avec Anna Pontecorvo, 21 mars 2012). Gil ne se souviendra pas d'avoir jamais visité Circé. Il est donc possible que Bruno et Marianne résidaient seuls à Circé, tandis que les enfants vivaient avec Giuliana à Rome ou Ladispoli.

51. Interrogatoire d'Anna Pontecorvo par le MI5, TNA KV 2/1888.

52. TNA KV 2/1888–1891.

53. Interrogatoire d'Anna Pontecorvo par le MI5, TNA KV 2/1888.

54. Bruno Pontecorvo racontera à Miriam Mafai, quarante ans plus tard, qu'il mit sa voiture au garage le 29 août (Mafai, *Il lungo freddo*, p. 11). C'était juste avant son départ de Rome, donc les dates collent. Cela concorde aussi avec la déposition du propriétaire du garage, interrogé par la police italienne pour le compte du MI5. Un courrier électronique de Mafai du 7 mars 2012 confirme que Gillo et sa sœur Giuliana lui ont raconté « la même histoire ».

55. Entretien avec Anna Pontecorvo, 11 novembre 2011, et conversations téléphoniques 2011-2012.

56. C'est ce que soupçonne Gil Pontecorvo et il le lui demandera plus tard. Entretien avec Gil Pontecorvo, 22 novembre 2011.

57. Mafai, *Il lungo freddo*, p. 11 ; courrier électronique de Miriam Mafai du 7 mars 2012.

58. Câble du 29 août du SAS à Rome vers Munich, TNA KV 2/1888. Donc la date du 30 août, que certains documents indiquent sur la base d'un article du *Sunday Express* publié à l'époque, est fausse.

59. TNA KV 2/1888, mémo 105a.

60. TNA KV 2/1888, mémo 119c.

61. Marianne a rendu visite à sa famille en 1938, et n'en a plus eu l'occasion jusqu'en 1949. Bruno ne l'a pas accompagnée à cette dernière occasion, et « a eu du mal à la récupérer » (Herbert Skinner, cité dans TNA KV 2/1888, mémo 121c). Les lettres de la mère de Marianne à sa fille se trouvent dans TNA KV 2/1888 et seq. et CAC. Les lettres de Bruno à Marianne sont dans CAC. Les lettres de Marianne à Bruno ne sont pas accessibles au public.

62. Lettre de la mère de Marianne à sa fille, 1er juillet 1950, TNA KV 2/1889.

63. TNA KV 2/1888.

64. Bruno est alors naturalisé citoyen britannique, comme ses enfants. Marianne est encore suédoise.

65. TNA KV 2/1888.

66. Envoyé le 31 août 1950, à quinze heures quinze, TNA KV 2/1889.

67. La compagnie SAS a confirmé au MI5 que le billet de réservation de Bruno Pontecorvo a été émis dans un bureau et que ceux de Marianne et les garçons l'ont été dans un autre. On ne sait pas quand son billet a été délivré ni de quel bureau particulier il ressort. L'enregistrement des passagers confirme la discontinuité des numéros. TNA KV 2/1888.

68. Le 28 octobre, le *Daily Herald* affirme que Bruno avait peur de retourner au Royaume-Uni à la suite d'une mystérieuse rencontre au lac de Côme en août avec deux hommes inconnus, l'un italien l'autre tchèque. On l'aurait entendu dire à Marianne : « Je n'ose pas y retourner. On pourrait me jeter en prison si je le fais. » Il n'existe aucune source pour cette histoire.

69. Chapman Pincher note qu'une source du KGB a confirmé que cette méthode a été appliquée lors de la défection de Burgess et Maclean, en 1951. Deux agents du KGB les ont rencontrés dès qu'ils sont sortis du territoire britannique. Entretien avec Chapman Pincher, 13 novembre 2013.

70. À vingt heures cinquante, d'après les données du MI5, TNA KV 2/1888.

71. Selon Henrico Attavilla, le correspondant de *Il Tempo* à Stockholm, dossiers du MI5, TNA KV 2/1888.

72. Entretien avec Gil Pontecorvo, 22 novembre 2011.

73. Les sources du MI5 ont découvert que, à l'atterrissage à Stockholm, Bruno a déclaré l'argent en sa possession pour un total de 1 369 lires italiennes, 685 couronnes suédoises, et 199 couronnes danoises, soit l'équivalent de 18 livres sterling. Quand il arrive en Finlande, il possède 1 360 lires, 100 couronnes suédoises, 80 couronnes danoises, et en plus 436 dollars US (TNA KV 2/1888). Il apparaît donc qu'il a dépensé des couronnes pour payer les repas et les nuitées et acquis gratuitement les billets d'avion et les dollars US. Une explication possible émergera plus tard, quand le MI5 découvrira qu'Emilio Sereni est parti pour l'URSS quelques jours avant le départ de Bruno et y est resté un mois. La source du MI5 affirme que Sereni s'est rendu en URSS pour présenter son cousin aux agents soviétiques (TNA KV 2/1888). Le MI5 n'a obtenu cette information que trois ans plus tard, et on peut douter de sa fiabilité, mais c'était la meilleure information disponible à l'époque. Le MI5 commentait en 1953 : « Ce rapport est intéressant et il s'accorde à la théorie que [Ronnie Reed] a estimée la plus probable », quand il a enquêté en 1951. L'avis de Reed était que le PCI (Parti communiste italien) ou l'ambassade soviétique ont fourni à Bruno l'argent pour aller à Stockholm. « Il a ensuite rencontré là un représentant russe qui l'a convaincu d'aller en Finlande puis en Russie ». En 1953, l'information que détient le MI5 a conduit Reed à conclure : « Je pense maintenant que c'est Emilio Sereni qui a persuadé Pontecorvo de passer à l'Est » (rapport de Reed, TNA KV 2/1888). C'est aussi ce que soupçonne Anna Pontecorvo (entretien avec Anna Pontecorvo, 11 novembre 2011).

74. Rapport officiel de la douane finlandaise à la police, TNA KV 2/1888.

75. TNA KV 2/1888.

76. Dossier du FBI WF 65-5650.

12. Ces chers disparus

1. TNA KV 2/1888.

2. TNA KV 2/1888.

3. TNA KV 2/1888. Cela n'est pas une transcription directe de la lettre de la mère de Bruno, qui a été écrite en italien, mais une transcription faite par le MI5 de la traduction en anglais par Guido [puis sa traduction en français (N.d.T.)].

4. TNA KV 2/1888, mémo 118b.

5. TNA KV 2/1889.

6. Entretien avec Anthony Gardner, 25 février 2013.

7. Déclaration de John Candy à Christine Wootton et Dunmore School autour de 1985, courrier électronique de Christine Wootton du 13 janvier 2014.

8. Entretien avec Joe Hatton, du 30 août 2011.

9. Journal de sir John Cockcroft, CAC.

10. La carte de Caldirola a été retrouvée par le MI5 et transcrite : TNA KV 2/1888.

11. Entretien avec Mark Bretscher, 24 janvier 2013.

12. Le registre établit : « Gil Pontecorvo – honoraires payés le 20 août 1949 pour le premier trimestre, qui a commencé le 16 septembre 1949. Pontecorvo – honoraires payés le 4 janvier 1950 pour le deuxième trimestre, qui a commencé le 17 janvier 1950. Pontecorvo – honoraires payés le 20 avril 1950 pour le dernier trimestre, qui a commencé le 28 avril 1950. » Cela complète la première année de Gil à l'école d'Abingdon (de Roysse). Je remercie Sarah Wearne pour cette recherche.

13. Registre de l'école d'Abingdon (de Roysse), archives Abingdon School, c/o Sarah Wearne, vu le 7 octobre 2011.

14. Reçu à Harwell le lundi 4 septembre 1950.

15. TNA FO 372/84837.

16. TNA KV 2/1887, mémo 40a.

17. Edoardo Amaldi l'a raconté ainsi à Donald Perkins. Entretien avec Donald Perkins, 16 septembre 2011.

18. Le nom d'Amaldi est toutefois entré dans le dossier. En 1953 il se rend au Royaume-Uni pour rencontrer Patrick Blackett et Lord Cherwell et encourager le pays à s'intéresser au CERN. À l'aéroport de Londres, on vérifie son nom « dans une liste », on fouille ses bagages, et on lui demande s'il a entendu parler de Pontecorvo. Entretien avec Donald Perkins, 16 septembre 2011.

19. TNA KV 2/1887, mémo 42a.

20. TNA KV 2/1887, mémo 48a.

21. TNA KV 2/1889, mémo 169b.

22. TNA KV 2/1889, mémos 188/190.

23. TNA KV 2/1889, mémo 181a.

24. La sortie au cinéma le samedi est caractéristique des années 1950, et c'est le week-end que l'affaire a éclaté.

25. Entretien avec Paul Gardner, 4 mars 2013.

26. Entretien avec Anthony Gardner, 25 février 2013.

27. Entretien avec Anthony Gardner, 25 février 2013 ; avec Paul Gardner, 4 mars 2013 ; courrier électronique de David Lees, 7 octobre 2013 ; entretien avec David Lees, 15 octobre 2013.

28. Titres des journaux du 27 octobre 1950, d'après diverses sources en ligne.

29. Les citations de journaux proviennent du *Sydney Morning Herald*, 22 et 25 octobre 1950 ; *Palm Beach Post*, 24 octobre 1950 ; *Melbourne Age*, 27 octobre 1950.

30. *Sydney Morning Herald*, 25 octobre 1950.

31. Entretien avec Anthony Gardner, 25 février 2013.

32. Entretien avec Ludo Pontecorvo, 12 septembre 2013.

33. Entretien avec Ugo Amaldi, 12 septembre 2013.

34. Entretien avec Gil Pontecorvo, 22 novembre 2011.

35. TNA KV 2/1889, mémo 158a ; TNA KV 2/1888, mémo 121c.

36. Dans sa lettre du 26 octobre, Giuliana dit à Guido que c'était « à peu près quinze jours avant ». TNA KV 2/1888, mémo 120a.

37. L'implication de Giuliana paraît très probable, car son récit soulève plusieurs questions : comment les Pontecorvo ont fait le trajet entre son domicile et l'aéroport si leur voiture est au garage ? Le « retour en Angleterre par étapes » et la demande de Bruno de payer les dépenses du garage sont incompatibles, à moins qu'elle ne sache qu'ils sont partis par avion. De surcroît, l'idée qu'elle ait reçu cette demande par lettre, envoyée de Rome à la mi-septembre, peu de temps après le départ de Bruno, apparaît fantaisiste. D'un autre côté, il existe une explication possible à ces confusions dans les dates, au moins en partie. Si elle a consulté un calendrier pendant l'interrogatoire, il se peut qu'elle ait pointé la mauvaise semaine : elle a pu donner la date du 31 août pour la réparation de la voiture au lieu du 24 août, et les 5 ou 6 septembre pour le départ des Pontecorvo au lieu de la date réelle du 1er septembre.

38. TNA KV 2/1889.

39. TNA KV 2/1888.

40. TNA KV 2/1888.

41. Journal de Guy Liddell, 21 octobre 1950, TNA KV 4/472.

42. TNA FO371/84837.

43. Télégramme envoyé le 24 octobre 1950, TNA KV 2/1888, mémo 71a.

44. TNA KV 2/1889, mémo 171a.

45. TNA FO371/84837.

46. TNA KV 2/1887, mémo 62a.

47. Journal de Guy Liddell, 23 octobre 1950, TNA KV 4/472. La note d'information de Liddell se trouve dans KV 2/1887, mémo 62a.

48. Pincher, *Treachery*, Kindle édition, 6298 ; entretien avec Chapman Pincher, 14 novembre 2013.

49. TNA KV 2/1887, mémo 29A.

50. TNA KV 2/1888 et cité dans Pincher, *Treachery*, édition Kindle, location 6298. Entretien avec Chapman Pincher, 14 novembre 2013.

51. Le titre du débat enregistré dans les rapports TNA reconnaît que Pontecorvo puisse détenir « des secrets atomiques importants pour l'ennemi », ce qui est en contradiction avec d'autres affirmations officielles sur son rôle à l'époque. En réalité, l'administration britannique, à partir des informations fallacieuses du MI5, minimise l'importance du physicien italien. Sa posture consiste à prétendre qu'il n'est impliqué dans aucune recherche secrète, du moins qui puisse intéresser l'ennemi. Après la confirmation que Fuchs et Nunn May étaient bien des agents soviétiques, le gouvernement britannique craint que la découverte d'un troisième espion n'envenime ses relations avec les États-Unis. À l'époque, la Grande-Bretagne a désespérément besoin d'accéder au savoir-faire atomique américain.

52. Entretien avec Laura Arnold, 30 août 2013. Perrin est alors contrôleur adjoint de l'énergie atomique au Ministry of Supply. C'est à lui que Fuchs a fait sa première confession.

53. TNA FO371/84837.

54. TNA KV 2/1889, mémo 121B.

55. Des déclarations sont faites à la Chambre des Communes le 23 octobre et le 6 novembre 1950. Le 19 novembre 1951, un membre du parlement dénommé Frederick Erroll interroge le nouveau Minister of Supply, Duncan Sandys, à propos des scientifiques atomiques. Sandys confirme que Pontecorvo est le seul scientifique atomique à avoir disparu, et Erroll réplique : « Le ministre va-t-il s'assurer qu'aucune autre disparition n'aura lieu ? » *Hansard*, 494, n° 18 (26 novembre 1951).

56. TNA FO371/84837.

57. Journal de Guy Liddell, 15 octobre 1951, TNA KV 4/473.

58. TNA KV 2/1888, mémo 121d.

59. TNA KV 2/1889.

60. TNA KV 2/1890, note 279a.

61. TNA KV 2/1890, note 283a.

62. Courrier électronique de Barbara Pontecorvo, 19 août 2011.

63. TNA KV 4/242, note 26a, et KV 2/1887, note 65a. Au cours d'une conversation téléphonique avec Geoffrey Patterson de l'ambassade britannique à Washington, Dick White du MI5 annonce le 23 octobre 1950 qu'il a « appris ce matin que Paul [avait] un poste de recherche sur le radar et que cela devait être rapporté au FBI ».

64. Entretien avec Jack Steinberger, conférence du centenaire de B. Pontecorvo à Rome, septembre 2013.

65. Dans sa plainte, Giannini réclame un total de 10 millions de dollars, à la fois pour les usages faits durant le projet Manhattan (7,5 millions de dollars) et pour la production anticipée de matériaux fissiles, dont le plutonium (2,5 millions de dollars). Courrier électronique de Simone Turchetti, 17 août 2014.

66. *L'Unità*, 23 août 1950 ; cité dans Turchetti, *The Pontecorvo Affair*, p. 112.

67. *Calgary Herald*, 24 octobre 1950.

68. *News Chronicle*, 3 novembre 1953, inséré dans TNA KV 2/1888, mémo 303a. Dans les années 1980, un procès aux États-Unis a permis de toucher une partie des sommes dues. Toutefois, le montant perçu a surtout servi à payer les frais de justice. Entretien avec Gil Pontecorvo, 11 septembre 2013.

13. Les lettres du MI5

1. Lettre de Peter Hennessy à l'auteur, 4 décembre 2012.

2. L'information contenue dans ces documents constitue la base narrative du chapitre 10.

3. Chapman Pincher m'a confirmé qu'il ne l'a pas vu durant ses propres recherches, qui se sont étalées sur plusieurs décennies. Entretien avec Chapman Pincher, 13 novembre 2013.

4. Entretien avec Chapman Pincher, 13 novembre 2013.

5. Andrew et Mitrokhin, *The Mitrokhin Archive*, p. 203 : « Pendant presque un an [après son arrivée fin 1949], l'unique contact de Philby avec le Centre [soviétique] se faisait via des messages qu'il envoyait à Burgess à Londres. »

6. Il a été suspecté et a dû démissionner du MI6 en 1951. Cependant, des collègues du MI6 refusaient de croire qu'il puisse être un agent double, et ce n'est qu'en 1963 que sa duplicité a été prouvée à tous, ce qui a provoqué son exfiltration en URSS. Philby a fui en 1963 en URSS depuis Beyrouth, où il était journaliste correspondant depuis plusieurs années. Bien que les soupçons du MI5 dataient de 1951, époque à laquelle il a été « aimablement écarté » (retiré du service sans poursuites), ses collègues du MI6 l'ont considéré comme une victime innocente jusqu'en 1963. Cela prouve que l'opinion des collègues n'est pas toujours fiable.

7. Philby, *My Silent War*, Introduction.

8. Gibbs, « British and American Counter-Intelligence », note 253.

9. MLAD était Ted Hall, et QUANTUM (ou KVANT) a été identifié en 2009 comme Boris Podolsky, un physicien américain né russe. Voir Haynes *et al.*, *The Rise and Fall of the KGB in America*. Certains auteurs ont identifié à tort l'un ou l'autre de ces noms de code à Bruno Pontecorvo. QUANTUM est un nom approprié pour Podolsky, qui est célèbre en physique quantique pour sa participation au paradoxe EPR (Einstein-Podolsky-Rosen).

10. Andrew et Mitrokhin, *The Mitrokhin Archive*, p. 204.

11. Andrew et Mitrokhin, *The Mitrokhin Archive*, p. 194.

12. Bruno Pontecorvo, *Notes autobiographiques* ; Bruno Pontecorvo a fait ces remarques à Edoardo Amaldi, et Ugo Amaldi me l'a raconté lors d'un entretien le 12 septembre 2013.

13. L'identification de Patterson comme agent de liaison de la sécurité provient de Andrew, *Defence of the Realm*, p. 377.

14. M. Marten, *Tim Marten*, p. 129 ; entretien avec Michael Marten et accès à un enregistrement de Tim Marten, 3 juillet 2013.

15. TNA KV 2/1887, mémo 39a.

16. Chapman Pincher estime que Philby a fait disparaître les preuves que Pontecorvo était un espion, puis « a prévenu son contrôleur soviétique, qui aurait incité les Soviétiques à prévenir Pontecorvo de sa situation scabreuse » (Pincher, *Too Secret Too Long*, p. 152 ; discuté dans Turchetti, *The Pontecorvo Affair*, p. 200). Pincher ne cite ni source, ni preuve, ni date à laquelle Philby a mené ces actions. Il m'a dit qu'il fondait son jugement sur ce qu'il avait mis au jour. Quand il a écrit son livre, il n'avait pas vu la lettre de juillet 1950, que je lui ai montrée le 13 novembre 2013. Il l'a considérée comme un facteur « très plausible » de la fuite soudaine de Pontecorvo.

Pour évaluer le rôle de Philby, sans doute crucial dans la « fission » de la vie de Pontecorvo en deux parties, considérons brièvement ses interventions (voir aussi Turchetti, *The Pontecorvo Affair*, p. 200 et suivantes). Nous pouvons d'abord écarter, avec Turchetti, l'idée que Philby ait été impliqué dans l'épisode de 1943, au cours duquel le FBI découvre de la littérature communiste au domicile de Pontecorvo à Tulsa et transmet la nouvelle aux autorités britanniques à New York. À l'époque, Philby est employé à la Special Operations Executive à Beaulieu, en Angleterre, et n'est pas à même d'escamoter des lettres en Amérique du Nord. Turchetti écarte aussi la possibilité que Philby « se soit assis sur » le rapport du FBI de 1949 qui rend compte des informations de Segrè et Thornton sur Pontecorvo ; comme nous l'avons vu, ce rapport était entre les mains du MI5 en décembre 1949. Maintenant que cette lettre du 13 juillet 1950 est réapparue, une nouvelle interprétation du rôle de Philby devient possible, surtout si l'on considère la situation du point de vue de ce dernier.

Les allégations selon lesquelles Bruno est « engagé » dans des activités communistes sont suffisamment vagues pour qu'on puisse en déduire n'importe quoi, depuis la lecture du *Daily Worker* jusqu'à l'espionnage généralisé, en passant par l'hypothèse raisonnable qu'il était un membre du Parti communiste. Quand il a lu la lettre, Philby n'avait aucun moyen de connaître la raison de l'intérêt du FBI, ni le niveau des activités de Pontecorvo. Ce qu'il a fait ensuite apparaît donc opportun ou fortuit, selon que Bruno est coupable ou innocent d'espionnage. Dans tous les cas, le résultat est que Pontecorvo a fui à l'Est, ce qui a sans aucun doute profité à l'Union soviétique.

17. Les archives britanniques possèdent aujourd'hui les copies de deux lettres du FBI, datées du 2 et du 19 février, donc il n'est pas certain qu'elles représentent la totalité de la correspondance. On ignore s'il existe bien une troisième lettre du FBI, ou si la lettre du 10 février est une réponse envoyée par les Britanniques. La preuve exposée semble assez creuse, du moins à mes yeux : le FBI rapporte en 1943 avoir trouvé de la littérature communiste au domicile de Pontecorvo, ce qui ne mérite certainement pas un échange de lettres si rapide à l'époque.

Si cela représente la totalité des preuves du FBI, Bruno Pontecorvo ne risquait rien de plus que des désagréments dues à l'excitation maccarthyste de 1950. Les adeptes de la théorie du complot imaginent que Philby a trouvé ces lettres en juillet 1950, les a détruites, a prétendu à Patterson qu'il n'en trouvait pas la trace et a ensuite « alerté des agents soviétiques », comme l'affirme Pincher, cité dans la note précédente. Cela semble improbable pour la raison suivante : pour que Philby fasse une chose pareille, il aurait fallu que le contenu des lettres lui ait paru très grave, alors que les copies des lettres du FBI à la BSC, nous l'avons vu, sont assez creuses. Philby ne souhaitait pas attirer inutilement l'attention sur lui. Alors quel contenu l'aurait encouragé à détruire les lettres ? C'est difficile à dire. Si le FBI avait eu la preuve que Pontecorvo était un espion, il l'aurait exhibée en 1943 pour l'empêcher de commencer un travail confidentiel au Canada ; il est peu vraisemblable qu'une éventuelle preuve accablante soit restée invisible jusqu'en 1950, et ne provoque qu'une demande imprécise aux Britanniques d'enquêter sur de possibles « activités communistes ».

Bien qu'on ait attribué à Philby des pouvoirs presque surnaturels de duplicité et de ruse, ce scénario semble tiré par les cheveux. L'hypothèse selon laquelle Philby aurait pris un tel risque pour lui-même n'est pas crédible. Il pouvait deviner que le FBI n'aurait pas laissé ainsi disparaître leur preuve et qu'il lui aurait fait subir un interrogatoire sévère. Grâce à Venova, les services de renseignements du Royaume-Uni savaient qu'un réseau d'agents doubles avait infiltré ses institutions, dont l'ambassade de Washington. Pleinement conscient de cela, Philby ne pouvait risquer de se compromettre dans un rôle mis en vedette par le décryptage Venona.

18. Dans TNA KV 2/1888, fichier 16a, G. R. Mitchell note que Cimpermann, l'agent de liaison américain du FBI à Londres, a fourni des copies d'archives de ces lettres au MI5 le 23 octobre 1950. Le fichier 103a enregistre leur réception par l'agence le 28 octobre, ainsi que la confirmation par Ronnie Reed qu'il les a reçues en personne le 30 octobre. Le mémo 23a établit que ces lettres sont « les seuls éléments sur PONTECORVO dans le dossier [du FBI] », ce qui conforte l'hypothèse qu'il n'existe aucune preuve en 1950, ni aux États-Unis ni au Royaume-Uni, que Pontecorvo a violé des secrets d'État.

19. TNA KV 2/1888.

20. L'unique preuve contre Hall provenait de Venona, et les autorités répugnaient à révéler que le code soviétique était cassé, si bien que la seule manière de poursuivre Hall était d'obtenir ses aveux. Hall n'a jamais avoué, n'a jamais été poursuivi, et est resté inconnu jusqu'aux derniers jours de sa vie, lorsque les décryptages de Venona ont été rendus publics. Fuchs, nous l'avons vu, a avoué aux services de sécurité en Angleterre, et a passé quatorze ans en prison. Certains auteurs ont suggéré que QUANTUM était Bruno Pontecorvo, mais c'est impossible : en 1943, QUANTUM a passé des informations sur le procédé de diffusion gazeuse, alors en développement à Oak Ridge, dans le Tennessee. Pontecorvo n'est jamais allé à Oak Ridge, et n'avait aucune expertise sur ce sujet. Ces spécialités étaient les neutrons et les réacteurs nucléaires. Les informations concernant les activités de QUANTUM concordent avec la biographie de Boris Podolsky. Voir aussi Andrew, *Defence of the Realm*, p. 375, note 58.

21. TNA KV 4/472.

22. Entretien avec Anthony Gardner, 25 février 2013.

23. Le MI5 pense toutefois qu'il peut s'agir des mystérieux Messieurs Wittka et Allegrini, qui ont suivi Bruno de Rome à Stockholm.

24. Entretien avec Gil Pontecorvo, 4 septembre 2013.

25. Boris Ioffé décrit un échange sur la physique au Kremlin comme un « interrogatoire » (courrier électronique de Boris Ioffé, 5 août 2011, et vidéo d'une interview de Ioffé par Giuseppe Mussardo, 2012 ; je remercie Giuseppe Mussardo pour m'avoir fourni une copie de cette interview). Un autre ancien scientifique soviétique, qui a souhaité garder l'anonymat,

m'a dit que peu de temps après 1955, quand la présence de Pontecorvo a été dévoilée, une source sûre (très fiable, selon mon informateur) a indiqué que Pontecorvo a aussi été interrogé par le KGB. C'est compatible avec la déclaration de l'ancien agent du KGB F. D. Popov, qui a affirmé que Pontecorvo « était si estimé qu'il a été interrogé par Beria » (cité dans Pincher, *Treachery*, chap. 48 ; confirmé lors de mon entretien avec Chapman Pincher, 14 novembre 2013).

26. F. D. Popov, cité dans Pincher, *Treachery*, chap. 48.

27. Journal de Guy Liddell, 12 septembre 1950, TNA KV 4/472.

28. Entretien avec Lorna Arnold, 2013.

PARTIE III

14. Par une forêt obscure

1. Entretiens avec Gil Pontecorvo, 24 février 2011 et 4 septembre 2013 ; Bruno Pontecorvo dans Mafai, *Il lungo freddo*, p. 159.

2. Entretiens avec Gil Pontecorvo, 24 février 2011 et 12 octobre 2013.

3. J'en ai discuté avec Gil Pontecorvo en plusieurs occasions. Il est certain de n'être pas passé par Porkkala, car la frontière était invisible : « Il n'y avait aucune installations militaire importante par exemple » du type de ce dont on aurait pu s'attendre à la base de Porkkala. Tout au plus se souvient-il avoir passé un discret poste de sentinelle au milieu des bois, après lequel Bruno a émergé du coffre. Le voyage direct vers l'URSS devait les conduire vers l'Est, alors que Porkkala est à l'Ouest. Gil de nouveau : « Je n'ai pas fait attention à la direction du soleil ! » Bien que la voie par Porkkala ne puisse être exclue, il semble plus probable que les Pontecorvo aient pris un itinéraire direct vers l'URSS par l'Est. Gil m'a confirmé que les histoires de bateaux ou de sous-marins sont grotesques : « Je ne suis jamais allé dans un sous-marin ! »

4. Mafai, *Il lungo freddo*, p. 159.

5. Les éléments de cette section sont tirés de Mafai, *Il lungo freddo* ; d'entretiens avec Miriam Mafai en 2012 ; et avec Gil Pontecorvo tout au long de mon enquête.

6. Entretien avec Gil Pontecorvo, 24 février 2011.

7. Bruno Pontecorvo, *Notes autobiographiques*.

8. Mafai, *Il lungo freddo*, p. 163.

9. C'était un rare privilège pour un citoyen soviétique de rencontrer un étranger à cette époque. Même vingt ans plus tard, selon mon expérience, il était normal qu'un Soviétique distingué se trouvant dans cette

situation s'intéresse à la manière dont on percevait les événements en Occident.

10. Entretien avec Gil Pontecorvo, 4 septembre 2013.

11. Mafai, *Il lungo freddo*, p. 164.

12. Entretien avec Gil Pontecorvo, 20 janvier 2012.

13. C'est la date dont Gil se souvient, soixante ans plus tard. En fait, le 16 septembre est la date à laquelle il est rentré à l'école en 1949. En 1950, le trimestre commence le 19 septembre. Cela illustre à la fois le niveau de détails de la mémoire de Gil, et les petits tours que celle-ci nous joue au fil du temps.

14. Entretien avec Gil Pontecorvo, 25 août 2011.

15. Le journal de Sereni montre qu'il a fait plusieurs allers et retours en URSS durant cette période. Il était un membre important du parti, et les Soviétiques le considéraient comme un élément crucial pour augmenter l'influence communiste dans le monde. Il est donc possible que Bruno n'ait pas réalisé qu'il serait coupé à ce point du reste du monde ; pour lui, la migration en URSS représentait simplement une nouvelle étape de sa vie de voyages. Entretien avec Simone Turchetti, 5 octobre 2011.

16. Les premières années du Laboratoire numéro trois sont décrites dans Boris Ioffé, « The First Dozen Years of the History of ITEP Theoretical Physics Laboratory », *European Physical Journal H* 38, n° 1 (janvier 2013), p. 83-135.

17. Ioffé, « A Top Secret Assignment », p. 31 ; courrier électronique de Boris Ioffé, 5 août 2011 ; entretien avec Giuseppe Mussardo, 12 décembre 2012.

18. Le mérite du succès de la bombe H soviétique revient à Andrei Sakharov, qui a élaboré une conception de bombe (dite « en millefeuille ») réduisant l'apport de tritium, et Vitaly Ginzbourg, qui a eu l'idée de produire du tritium au sein même de la bombe, en bombardant avec des neutrons du deutérure de lithium [de l'hydrure de lithium, où l'hydrogène est remplacé par l'isotope deutérium, N.D.T].

19. Ioffé, « A Top Secret Assignment » p. 31 ; courrier électronique de Boris Ioffé, 5 août 2011 ; entretien avec Giuseppe Mussardo, 12 décembre 2012.

20. Le Laboratoire numéro trois a été officiellement créé en décembre 1945, mais durant 1946 « aucun travail réel » n'a commencé. La recherche n'est devenue sérieuse qu'à partir de 1947 (courrier électronique de Boris Ioffé, 5 août 2011). Nunn May a été confondu en 1945. Il ne mentionne pas de plans dans ses confessions sur son lit de mort

(Broda, *Scientist Spies*, et courrier électronique de Paul Broda, 10 octobre 2013). On ne connaît que la dernière étape de l'acheminement des plans. Yakov Terletsky, professeur de physique à l'université d'État de Moscou, employé à temps partiel au KGB. Le rôle de ce dernier consistait à filtrer toute donnée concernant les projets atomiques en provenance de l'étranger, et de s'assurer que l'information atteignait bien l'équipe compétente en URSS.

21. Ioffé, « A Top Secret Assignment », p. 31 ; courrier électronique de Boris Ioffé, 5 août 2011 ; entretien avec Giuseppe Mussardo, 12 décembre 2012.

22. Je l'ai su par un collègue scientifique de l'ancienne Union soviétique, qui participait au programme de physique nucléaire dans les années 1950. Il l'avait entendu par « le téléphone arabe » des décennies plus tôt. J'ai confiance en mon collègue, qui lui-même croyait en sa source, mais comme il est décédé, je ne peux évaluer l'exactitude ni de sa source ni de sa mémoire après si longtemps.

23. Selon Popov, Pontecorvo « était considéré comme suffisamment important pour être interrogé par Beria » (cité dans Pincher, *Treachery*, chap. 48, et entretien avec Chapman Pincher, 14 novembre 2014). C'est plausible étant donné l'importance de Pontecorvo en tant que scientifique nucléaire, le fait que l'interrogatoire se fasse au Kremlin et le rôle de Beria dans le programme atomique soviétique. Cependant, mon informateur a été incapable de confirmer la présence du chef de la sécurité de l'URSS. Je me suis autorisé une liberté artistique dans les couleurs « gris et moutarde », à partir de mon expérience des décors du gouvernement soviétique des années 1970. J'ai supposé que l'uniformité de couleur s'appliquait aux murs en URSS comme aux voitures de Henry Ford, lesquelles étaient disponibles dans toutes les couleurs… noires.

24. De l'avis de Joan Hall, si Ted avait été forcé de choisir entre fuir en URSS et faire dix ans de prison « ou pire, la chaise électrique », il n'aurait pas hésité. Entretien avec Joan Hall, 1er mai 2013.

25. Bruno a présenté cette version de son arrivée en URSS des décennies plus tard. Lui seul sait s'il était vraiment volontaire ou s'il a fait acte de révisionnisme. Clairement, s'il avait décidé de migrer en URSS avant de quitter l'Angleterre avec sa famille, ils auraient pris plus d'affaires avec eux. Anna avait demandé s'ils pouvaient l'emmener jusqu'en Italie. Comme elle prenait de la place, elle a dû refaire ses bagages et laisser une valise en Angleterre. Si Bruno envisageait déjà de quitter pour toujours l'Angleterre, il aurait pu dire gentiment à Anna qu'il n'y avait pas de place pour elle et faire ses propres bagages de manière plus appropriée. Les

Soviétiques ont apporté une aide financière et des vêtements, mais n'ont pu remplacer les objets personnels ni les documents familiaux. Ronnie Reed du MI5 est arrivé à cette même conclusion en 1951.

26. Remarque d'un membre anonyme de la famille, confirmée par Anna Pontecorvo, le 21 mars 2012.

27. C'est le récit qu'en fit Bruno à Miriam Mafai des années plus tard. L'idée que Gil, âgé de douze ans, ait eu une compréhension élaborée du socialisme au point de « sermonner » sa mère ressemble à de la propagande. Si c'est vrai, toutefois, cela suggère que l'idéologie communiste était parfois un sujet de discussion à la maison.

28. Entretien avec Gil Pontecorvo, 24 février 2011.

29. Mafai, *Il lungo freddo*.

30. Entretien avec Gil Pontecorvo, 25 août 2011.

15. L'exil

1. Pollock, *Stalin and the Soviet Science Wars*, p. 91, cité dans Turchetti, *The Pontecorvo Affair*, p. 184.

2. Ioffé, « A Top Secret Assignment » ; courrier électronique de Boris Ioffé, 5 août 2011 ; entretien avec Giuseppe Mussardo, 12 décembre 2012.

3. Il accélère des deutérons à une énergie cinétique de 280 MeV, des particules alpha à 560 MeV et des protons à 680 MeV. [À titre de comparaison, le synchrocyclotron de Berkeley, aux États-Unis, accélère à l'époque des protons jusqu'à 400 MeV ; le MeV vaut un million d'électronvolts, voir la note 24 du chapitre 3, N.d.T]

4. Venedict Dzhelepov, in BPSSW. Il existe aussi une rumeur sans fondement selon laquelle Dzhelepov aurait joué un rôle dans le recrutement de Bruno Pontecorvo à Doubna. Entretiens avec Ugo Amaldi et Giuseppe Fidecaro, 9 novembre 2013.

5. TNA KV 2/1888.

6. Comité mixte sur l'énergie atomique, « Soviet Atomic Espionage », avril 1951 : http://archive.org/stream/sovietatomicespi1951unit/sovietatomicespi1951unit_djvu.txt.

7. Par exemple : « On a vu le Prof Pontecorvo [à Kamenice] » où « de nouveaux gisements d'uranium ont été découverts » (« Two New Czech Atom Plants », *Daily Telegraph*, 21 mars 1951).

8. Vidéo de l'interview de Boris Ioffé par Giuseppe Mussardo, 2012 ; courrier électronique de Boris Ioffé, 5 août 2011 ; interview de Ioffé par Giuseppe Mussardo, vue par l'auteur le 12 décembre 2012.

9. Entretien avec Samoil Bilenky, 12 octobre 2013.

10. Vidéo de l'interview de Boris Ioffé par Giuseppe Mussardo, 2012, vue par l'auteur le 12 décembre 2012.

11. C'est très similaire à la « superbombe classique » développée par Edward Teller aux États-Unis. L'idée est arrivée en URSS via Klaus Fuchs. Voir aussi Rhodes, *Dark Sun*, p. 256 ; dans « A Top Secret Assignment », p. 25, Ioffé tente de montrer que l'idée vient des physiciens soviétiques, mais que son origine réelle n'est connue que d'une poignée de personnes.

12. Ioffé, « A Top Secret Assignment », p. 28.

13. Pour l'histoire de ce texte et de la carrière de Pomeranchouk, voir : www.kipt.kharkov.ua/itp/akhiezer/en/recollections/pomeranchuk/.

14. Burke, *The Spy who Came In from the Co-op*, p. 13 et 122.

15. Entretien avec Lorna Arnold, 18 mars 2013.

16. Conférence de presse de Bruno Pontecorvo, 1955 ; la citation est la traduction de Mafai, *Il lungo freddo*, p. 193.

17. La série de carnets de bord y est restée soixante ans. Certains documents sont devenus disponibles en 2013, pour les préparatifs des célébrations du centenaire de Bruno Pontecorvo. C'est à cette célébration, tenue à Rome en septembre, que j'ai rencontré Gil et vu leur contenu pour la première fois.

18. L'hydrogène de l'eau lourde est remplacé par du deutérium, dont le noyau atomique est constitué d'un proton lié à un neutron. Comme il y a deux constituants dans ce noyau d'hydrogène, on le note parfois H-2. Le tritium, qui contient un proton et deux neutrons, est donc H-3. Le « quadrium », ou H-4, est un proton accompagné de trois neutrons. [En fait, la notation scientifique est ^{2}H, ^{3}H et ^{4}H. (N.d.T.)]

19. L'accélérateur de Doubna pouvait faire des collisions entre des particules alpha et des cibles solides. Les particules alpha sont faites de deux protons et deux neutrons, ce qui laisse espérer que le H-4, fait d'un proton et de trois neutrons, puisse apparaître dans les débris.

20. Les données concernant le H-4 ne présentent aucun autre intérêt que l'étude d'une impasse du programme thermonucléaire soviétique. Je peux affirmer, ayant été un physicien nucléaire et des particules pendant quarante ans, que le H-4 n'intéresse personne. N'importe quel étudiant compétent en physique nucléaire reconnaît très vite, lorsqu'on interroge sur le H-4, que celui-ci est probablement trop instable pour exister en réalité. La théorie quantique nous dit qu'au plus deux neutrons coexistent dans un état relativement stable dans les isotopes de l'hydrogène. Le H-3 (tritium) est déjà radioactif et instable. Un troisième neutron, pour former le H-4, se trouverait sur un niveau encore plus élevé de l'échelle d'énergie. La façon la plus probable qu'a le H-4 de se désintégrer est de

libérer un neutron pour se transformer en tritium, ce qu'il fait en moins d'un millième de milliardième de milliardième de seconde.

Bruno Pontecorvo connaît bien ce champ en 1950. Il serait étonnant qu'il n'ait pas eu conscience de tout cela. Le « modèle en couches » nucléaire, bien connu aujourd'hui, n'a toutefois été formulé qu'en 1948-1949, par Maria Goeppert-Mayer et Hans Jensen, qui recevront pour cela le prix Nobel de physique (en 1963). Ce travail n'était peut-être pas encore connu ni accepté en URSS en 1950. Tout bien considéré, les Soviétiques étaient probablement intéressés par la possibilité de produire du « super-tritium » (le H-4), et la question était comment le détecter. Bruno y a répondu comme à un défi expérimental, sans tenir compte du fait qu'une théorie bien établie mettait en doute l'existence du H-4.

21. C'est durant cette période que des histoires liant Pontecorvo aux mines d'uranium apparaissent dans les médias occidentaux et dans les rapports de renseignements délivrés par les ambassades occidentales. Par exemple, voir le *Daily Telegraph*, 21 mars 1951, et le rapport secret envoyé de Trieste au MI5 le 13 avril 1951 : « PONTECORVO est présumé diriger l'extraction d'uranium de pechblende à KAMENICE, à environ 100 km au SE de PRAGUE » (TNA KV 2/1889, mémo 234).

22. Le H-4, en particulier, est un sujet typique de Doubna pour lequel Bruno n'avait auparavant exprimé aucun intérêt. Il n'y a aucune trace que quiconque à Harwell, Bruno compris, n'ait porté son attention sur cet isotope inusuel. La vitesse de fusion du deutérium avec le H-4, s'il était stable, serait supérieure à celle du deutérium avec le tritium.

23. Les autres explications ne tiennent pas. Il aurait pu être malade, incapable de travailler, mais aucun fait ne le confirme. Marianne est souffrante, mais rien n'indique que cela ait gêné la carrière de Bruno en physique, et certainement pas durant ces premiers mois. Il est clair surtout que Bruno Pontecorvo s'est entièrement consacré à la physique des particules à partir d'avril 1951. Nous pouvons donc écarter les déclarations des médias occidentaux selon lesquelles il s'impliquait dans d'autres activités… sauf pour les premiers mois. On a certainement fait appel à son expertise, et cela sans tarder ; les lacunes dans les premières notes constituant un indice, à défaut d'une preuve. Le fait que les témoignages de la présence de Pontecorvo sur des sites d'uranium aient été rapportés début 1951, mais jamais après avril 1951, leur donne de la crédibilité, comme indiqué dans la note 7 et la note 21 ci-dessus.

24. Un autre document datant de cette période a été mis au jour : une note brève de l'Académie soviétique des sciences, signée par Igor Kourtchatov le 27 juillet 1951, et marquée du mot « approuvé ». Ce

document se réfère à un « Programme consolidé de travaux de recherche pour une installation M ». Il contient les grandes lignes d'un programme de recherche en physique des particules, fondé sur le travail que Bruno a consigné dans son livre de bord à partir d'avril 1951, et qui formera le cœur d'un rapport de recherche à partir de septembre 1951. Source : M. G. Sapozhnikov, « Seminar on B. Pontecorvo's Life and Ideas », *JINR*, Doubna, non daté.

25. Cité dans Close *et al.*, *The Particle Odyssey*, p. 75.

26. Académie des sciences soviétiques, « Rapport de l'Institut des questions nucléaires » [en russe], 1951, référencé dans le *Journal of Experimental and Theoretical Physics*, n° 29 (1955) : p. 265-273, réf. 2 ; p. 129 in BPSSW.

27. Je remercie Gil Pontecorvo de m'avoir montré et traduit ce rapport.

28. Par exemple, voir www.britannica.com/EBchecked/topic/438712/Abraham-Pais et www.webofstories.com/play/murray.gell-mann/68.

29. Les particules étranges possèdent un ou plusieurs quarks (ou antiquarks) étranges. Les particules sans étrangeté ne comportent aucun quark étrange, ou bien comportent un nombre strictement égal de quarks et d'antiquarks étranges, de manière à ce que leurs charges d'étrangeté s'annulent.

30. Mafai, *Il lungo freddo*, p. 177.

31. Entretien avec Gil Pontecorvo, 4 septembre 2013.

32. Mafai, *Il lungo freddo*, p. 192.

33. Commentaire de Stella Rimington à l'auteur, 14 juin 2013.

34. Pincher, *Treachery*, chap. 55 et entretien avec Chapman Pincher, 13 novembre 2013.

35. Mafai, *Il lungo freddo*, p. 189 ; courrier électronique de Miriam Mafai, 2012.

36. Mafai, *Il lungo freddo*, p. 189.

37. Mafai, *Il lungo freddo*, p. 186.

38. Mafai, *Il lungo freddo*, p. 181.

39. Staline, qui a fomenté plus d'un complot durant sa carrière, voyait des conspirations partout autour de lui et a utilisé l'affaire des blouses blanches pour lancer une campagne antisémite. À la question de savoir pourquoi ces professionnels confirmés, dont certains étaient aussi professeurs d'université, auraient commis de tels crimes, il répondait par l'affirmation, simple et sans appel : « Ce sont des agents de puissances étrangères. »

40. Mafai, *Il lungo freddo*, p. 181.

41. Entretien avec Gil Pontecorvo, 4 septembre 2013.

42. Mafai, *Il lungo freddo*, p. 187.

16. La résurrection

1. Mafai, *Il lungo freddo*, p. 192.

2. Les deux conversations qu'Arnold a menées ne méritent certainement pas une description si caricaturale. La réaction de Bruno se comprend toutefois s'il a appris en août 1950 le regain d'intérêt du FBI à son égard et la pression que les Américains exerçaient sur le MI5 pour agir.

3. Citations extraites des comptes-rendus des médias britanniques de l'article d'*Izvestia* et de la conférence de presse qui suivra, dans TNA KV 2/1888.

4. Guido Pontecorvo au MI5, dans TNA KV 2/1888.

5. La déclaration des scientifiques (« Atomic Energy Control », *The Times*, 21 janvier 1947) est mentionnée par Andrei Gromyko, vice-ministre des Affaires étrangères de l'Union soviétique, dans un discours au Conseil de sécurité des Nations unies. Cité dans Laucht, *Elemental Germans*, chap. 6.

6. *Picture Post*, 18 février 1950 : « Des scientifiques britanniques répondent à la question que tout le monde se pose : que doit-on faire de la bombe à hydrogène ? », *Daily Mirror*, 25 mars 1950, en couverture : « Des scientifiques tirent à boulets rouges sur la bombe-H. »

7. Des années plus tard, les Kroger seront arrêtés en Grande-Bretagne, puis relâchés, et retourneront en URSS. À Moscou, Morris Cohen/Peter Kroger croisera par hasard George Blake, autre célèbre espion du KGB, et tous deux conviendront de se revoir. Mais les autorités mettront vite un terme à ces rencontres.

8. Mafai, *Il lungo freddo*, p. 192.

9. Bruno a reçu le prix Staline en 1953. La valeur de ce prix représentait en 1950 un millier de fois le revenu moyen mensuel. En d'autres termes, le lauréat recevait en avance le salaire de toute une vie. Le quotidien en Union soviétique était dur après la guerre, et bien que la nourriture fût abondante dans les années 1950, il n'y avait « pas de choix possible pour les autres biens » (entretien avec Sacha Adriana, 23 janvier 2012). En outre, la récompense donnait au destinataire un accès à des magasins spéciaux, ce qui devait être inestimable dans ces circonstances. En tant qu'académicien distingué et membre du parti, Bruno bénéficiait aussi de biens étrangers, de billets de théâtre, d'hôtels spéciaux, et d'autres privilèges hors de portée de la majorité des citoyens.

10. Comptes-rendus de la conférence de presse, par exemple dans Mafai, *Il lungo freddo*, p. 191 et suivantes.

11. Gil bénéficie encore d'un passeport britannique, car on considère que c'est Bruno qui a passé la frontière et entraîné sa famille avec lui. Entretien avec Gil Pontecorvo, 25 août 2011.

12. Mafai, *Il lungo freddo*, p. 275.

13. Mafai, *Il lungo freddo*, p. 147.

14. Mafai, *Il lungo freddo*, p. 205.

15. Ioffé, « A Top Secret Assignment » ; interview de Bruno Ioffé, décembre 2012

16. Semen Gershtein dans BPSSW.

17. L'énergie cinétique des protons y était de 600 MeV ou 0,6 GeV. Dans le synchrotron du CERN en 1959, l'énergie atteint 28 GeV.

18. Entretien avec Nino Zichichi, 30 juin 2013.

19. Gian Carlo Wick, rapporté dans Mafai, *Il lungo freddo*, p. 212 ; entretiens avec Ugo Amaldi, 18 avril 2013 et 12 septembre 2013.

20. Mafai, *Il lungo freddo*, p. 212 ; entretien avec Miriam Mafai, mars 2012.

17. Monsieur Neutrino

1. Jack Steinberger, cité dans U. Dore et L. Zanello, « Bruno Pontecorvo and Neutrino Physics », accessible sur http://arxiv.org/pdf/0910.1657.pdf.

2. Bruno Pontecorvo fait partie du club restreint de scientifiques dont la pierre tombale ou commémorative porte une équation. Celle de Ludwig Boltzmann, à Vienne, rappelle la définition de l'entropie (ou du désordre) thermodynamique à partir du nombre de configurations microscopiques. L'hommage à Paul Dirac gravé sur une pierre de l'abbaye de Westminster à Londres porte son équation éponyme, décrivant le comportement quantique relativiste de l'électron.

3. L'article de la découverte de Cowan et Reines est accessible sur www.sciencemag.org/content/124/3212/103.

4. Dans les remerciements de fin d'article, Pontecorvo rend grâce à Pomeranchouk pour un commentaire sur un effet relativiste. Cela semble être l'une des deux conversations qu'ils aient jamais eues en physique fondamentale ; l'autre concerne les particules étranges.

5. Venedict Dzhelepov dans BPSSW.

6. Sachant que le K-zéro se transforme en anti-K-zéro par un processus en deux étapes, quel serait le mécanisme analogue pour un neutrino ? Les idées de Bruno à ce sujet semblent avoir mûri quand il a imaginé la

possibilité d'obtenir une sorte d'atome neutre à partir d'un électron, de charge négative, et d'un muon de charge positive ; il a compris qu'un muon de charge négative accompagné d'un positon forme un système similaire. Il a montré en 1947 qu'un muon (négatif) se désintègre en un électron et deux neutrinos – ou plutôt, comprend-il alors, en un neutrino et un antineutrino. Cela implique que son atome (constitué d'un muon positif et d'un électron) devrait se transformer en un neutrino et un antineutrino. À son tour, cette dernière paire de particules neutres pourrait se matérialiser en un muon négatif et un positon. Il en résulterait, au terme de ces deux étapes, la conversion d'un atome en un anti-atome. Cela ne se produit pas dans la réalité, pour des raisons qui deviendront évidentes quelques années plus tard. Cette idée toutefois constitue une étape importante du développement de la pensée de Bruno sur les neutrinos. Le processus décrit ci-dessus aurait permis en théorie à un neutrino de se transformer en un antineutrino, et *vice versa.*

7. Bruno Pontecorvo dans *Journal of Experimental and Theoretical Physics*, n° 36 (1959), p. 1615. Citation provenant de la version en anglais, « Universal Fermi Interaction and Astrophysics », réimprimée dans BPSSW, p. 164.

8. Schwinger a combiné la relativité et la physique quantique pour les appliquer à l'électrodynamique quantique (ou QED). Pour ce travail réalisé en 1947, il a reçu le prix Nobel en 1965 [avec le Japonais Sin-Itira Tomonaga et l'Américain Richard Feynman (N.D.T)].

9. Pas complètement en fait. Il reste des problèmes subtils. La solution complète du problème des infinis est décrite dans mon ouvrage *The Infinity Puzzle.*

10. Un demi-siècle plus tard, la limite supérieure atteint une désintégration pour mille milliards.

11. Publié dans *Journal of Experimental and Theoretical Physics*, n° 37 (1959), p. 1751.

12. S. Oneda and J. C. Pati, « V-A Four-Fermion Interaction and the Intermediate Charged Vector Meson », *Physical Review Letters*, n° 2 (1er février 1959), p. 125.

13. Cela est vrai pour des pions qui portent une charge électrique. Il existe une variété neutre, qui se désintègre en deux photons.

14. Les citations de cette page viennent d'Igor Zheleznykh, « Early Years of High-Energy Neutrino Physics in Cosmic Rays and Neutrino Astronomy (1957-1962) », actes de ARENA workshop, mai 2005.

15. Bruno Pontecorvo, « Electron and Muon Neutrinos », in *BPSSW*, p. 167.

16. Rapport de Doubna P-376. Gil Pontecorvo faisait partie des interprètes de la conférence et traduisait en simultané du russe vers l'anglais. Entretien avec Gil Pontecorvo, 22 septembre 2011.

17. Le passage de l'antineutrino au neutrino peut paraître trivial, mais en pratique les électrons résultant des interactions du neutrino sont plus difficiles à isoler, à cause de leur omniprésence dans la matière, ce qui augmente le bruit de fond. Nous vivons dans un monde de matière, si bien que les signaux d'antimatière sont plus faciles à identifier.

18. Melvin Schwartz, discours du Nobel, 1988.

19. M. Schwartz, « Feasibility of Using High-Energy Neutrinos to Study the Weak Interactions », *Physical Review Letters*, n° 4 (1960), p. 306.

20. Melvin Schwartz, discours du Nobel, 1988.

21. Leon Lederman a remarqué que « Bruno Pontecorvo a abordé la bonne question, mais avec une approche sans espoir ». À savoir, Bruno a fait « une erreur intéressante » en supposant que le faible nombre de neutrinos serait fatal – et qu'il aurait donc besoin d'un accélérateur d'intensité énorme.

22. Où Kourtchatov a-t-il trouvé l'indispensable hélium-3 ? Il est remarquable que l'article de Pontecorvo fournit tout les détails nécessaires sauf un : il ne révèle pas combien d'hélium-3 il a utilisé. Cette donnée a été classée secret d'État. La raison en est, tout le monde le comprend, que le précieux hélium-3 était un « déchet » de la production de tritium, l'ingrédient clé de la bombe à hydrogène. Sa quantité n'a donc pas été révélée, bien que les expérimentateurs en physique nucléaire puissent probablement la déduire des détails de l'expérience.

23. Cette idée venait du théoricien américain John Bahcall, qui remarqua en 1962 que ces neutrinos de plus haute énergie devaient être détectables. Davis découvrit l'analyse de Bahcall et leur appliqua le concept de détecteur au chlore. Cette histoire est racontée en détail dans Close, *Neutrino*, p. 69.

24. Souvenir de Ray Davis, date inconnue.

25. B. Pontecorvo and V. Gribov, *Physics Letters* B 28 (1969), p. 493, et B. Pontecorvo, *Journal of Experimental and Theoretical Physics*, n° 26 (1968), p. 984.

26. J'ai déjà utilisé cette analogie dans mon livre *Neutrino*, qui raconte l'histoire de Ray Davis.

27. Le nombre 10^{58} est gigantesque : c'est un 1 suivi de 58 zéros, c'est-à-dire dix mille milliards de milliards de milliards de milliards de milliards de milliards.

28. Entretien avec Ludo Pontecorvo, le 18 avril 2013.

29. Notre galaxie, la Voie lactée, a un diamètre de 100 000 années-lumière environ. Le Grand Nuage de Magellan est un satellite de la Voie lactée, situé à environ 160 000 années-lumière. Il est visible à l'œil nu dans l'hémisphère Sud.

30. Une mesure directe est possible lorsque les neutrinos électroniques convertissent le neutron du deutérium en un proton, facile à détecter.

31. Entretien avec Art McDonald, 30 août 2011, et courrier électronique, 17 décembre 2011.

18. Bruno en privé

1. Entretien avec Gil Pontecorvo, 22 septembre 2011.

2. Mafai, *Il lungo freddo*, p. 200.

3. Mafai, *Il lungo freddo*, p. 216.

4. Mafai, *Il lungo freddo*, p. 277.

5. Entretien avec un ancien collègue du Canada, nom tenu secret, 2013.

6. Jackson, « Snapshots of a Physicist's Life », p. 23.

7. Jackson, « Snapshots of a Physicist's Life », p. 23, et courrier électronique de J. David Jackson, 28 août 2012.

8. Gillo Pontecorvo, cité dans Mafai, *Il lungo freddo*.

9. Rodam Amiredzhibi, citée dans Mafai, *Il lungo freddo*, p. 218.

10. Giuseppe Longo, intervention à la conférence du centenaire de Bruno Pontecorvo, Rome, 12 septembre 2013. À cette conférence, plusieurs anciens collègues ont confirmé l'attachement de Bruno à Rodam.

11. Contrairement à une idée répandue, ils ne se sont jamais mariés. (La biographie Wikipedia de Bruno Pontecorvo diffusait cette idée fausse, jusqu'à ce que je la corrige en 2014.)

12. Bruno est resté marié à Marianne, jusqu'à sa mort. Il s'inquiétait d'ailleurs de ne détenir aucun document prouvant leur mariage – le certificat étant resté derrière eux en Grande-Bretagne. Remarque d'un collègue anonyme.

13. Entretien avec un collègue russe, nom tenu secret, 2012.

14. Mafai, *Il lungo freddo*, p. 218.

15. Mafai, *Il lungo freddo*, p. 223.

16. Gillo Pontecorvo, comme raconté à l'auteur par un collègue anonyme de Bruno Pontecorvo, 2013. Cela est cohérent avec les propos que Bruno a tenus pour Charles Richards, *The Independent*, 2 août 1992.

17. Mafai, *Il lungo freddo*, p. 256.

18. Semen Gershtein in BPSSW.

19. Interview par Charles Richards, *The Independent*, 2 août 1992.

20. Semen Gershtein in BPSSW.

21. Cela est le souvenir d'une remarque que Gribov m'a faite vers 1990 ; souvenir corroboré par Valery Khoze le 6 décembre 2012.

22. Mafai, *Il lungo freddo*, p. 193.

23. Entretien avec Gil Pontecorvo, 26 août 2013.

24. Entretien avec Anna Pontecorvo, 11 novembre 2011.

25. Tito Pontecorvo, cité dans Mafai, *Il lungo freddo*, p. 280.

26. Mafai, *Il lungo freddo*, p. 281.

27. On trouve une liste des membres du Politburo sur Wikipedia : http://en.wikipedia.org/wiki/List_of_members_of_the_Politburo_of_the_Communist_Party_of_the_Soviet_Union_in_the_1970s.

28. Mafai, *Il lungo freddo*, p. 282 ; entretien avec Miriam Mafai, mars 2012.

29. Tito a élevé des étalons Akhal-Teke, chevaux turkmènes, et a remarquablement réussi, comme le montre cette vidéo : http://www.youtube.com/watch ?v=aaae5M3NgaI.

30. Mafai, *Il lungo freddo*, p. 271.

31. Entretien avec Tania Blokhintseva, 24 août 2012.

32. Mafai, *Il lungo freddo*, p. 284.

33. Entretien avec Eugenio Tabet, 12 septembre 2013 ; correspondance par courrier électronique d'Eugenio Tabet, octobre 2013.

34. Entretien avec Ugo Amaldi, 12 septembre 2013.

35. Entretien avec Tania Blokhintseva, 24 août 2012.

36. Entretien avec Gil Pontecorvo, 26 août 2013. La visite a eu lieu pendant le nouvel an 1975, et les événements décrits se sont déroulés durant la première semaine de janvier.

37. J. Laberrigue-Frolow in BPSSW, p. 466.

38. Entretien avec Peter Minkowski, vers le 1er juillet 2013. Le visiteur du US Energy Department était Peter Rosen, un physicien qui avait été à la tête de la division de physique théorique à Los Alamos.

39. Photo in BPSSW, p. 467.

40. L'enregistrement de l'intervention de Pontecorvo au CERN est disponible à l'adresse : http://cds.cern.ch/record/1002188 ?ln=it.

41. J'ai pu parler brièvement avec Miriam Mafai avant qu'elle ne meure en 2012, afin de vérifier que son récit venait bien du verbatim de Bruno Pontecorvo, et évaluer dans quelle mesure il reflète sa vision à elle. D'après elle, les commentaires sur la vie en Union soviétique sont fidèles à la philosophie de Bruno, mais elle a ajouté d'un air mystérieux : « Il y a des choses que vous ne pouvez pas comprendre, sauf si vous êtes communiste. » Entretien avec Miriam Mafai et courriers électroniques, 1er mars 2012.

42. Entretien avec Charles Richards, *The Independent*, 2 août 1992.

43. Entretien avec Anna Pontecorvo, 11 novembre 2011.

44. Lev Okun in *BPSSW*, p. 501.

45. Entretien avec Tania Blokhintseva, 24 août 2012.

46. Irina Pokrovskaya in *BPSSW*, p. 508.

47. Tania Blokhintseva in *BPSSW*, p. 494.

48. Entretien avec Ludo Pontecorvo, 18 avril 2013.

49. Irina Pokrovskaya in *BPSSW*, p. 508. Marianne Pontecorvo est décédée en 1995.

50. Pour être complète, l'histoire doit relater des expériences conduites au Japon, qui ont permis de détecter des neutrinos produits par des rayons cosmiques, en plus des neutrinos solaires. Cela est raconté en détail dans Close, *Neutrino*.

51. J. Bahcall et R. Davis, « The Evolution of Neutrino Astronomy », *Essays in Nuclear Astrophysics* (Cambridge : Cambridge University Press, 1982), p. 243-285.

ÉPILOGUE

19. La voie droite était perdue

1. TNA KV 2/1888.

2. Mafai, *Il lungo freddo*, p. 295. Luisa Bonolis, une historienne des sciences italienne, a tenté d'obtenir les bandes originales ou les transcriptions des interviews de Mafai, en vain. En étudiant les réponses de Bruno à Mafai telles qu'elles ont été publiées à l'origine en italien, Bonolis les a trouvées ambiguës, comme s'il ne voulait pas affronter les raisons de sa fuite. Entretien avec Luisa Bonolis, 13 décembre 2012.

3. Mafai, *Il lungo freddo*, p. 293.

4. Citation de Franz Kafka [tirée de *Conversation avec Kafka*, de Gustav Janouch, traduit de l'allemand par Bernard Lortholary, Les Lettres Nouvelles/Maurice Nadeau, 1978, page 40 (N.d.T.)].

5. Entretien avec Ugo Amaldi, 18 avril 2013.

6. Entretien avec Jack Steinberger, 13 septembre 2011. Steinberger a attaqué publiquement l'affirmation selon laquelle Pontecorvo aurait démontré que le muon ne se désintègre pas en un électron et un photon, juste après l'introduction à la conférence commémorative de Rome, en septembre 2013. Il a dénoncé une « invention que M. Pontecorvo » a faite « sur le tard en se remémorant [les événements]. Son travail a été publié plusieurs mois après le mien, dans lequel j'ai trouvé que le spectre

de l'électron était continu [c'est-à-dire incompatible avec une désintégration en un électron et un photon]. En outre, Hincks et Pontecorvo n'établissent pas dans leur article que le muon ne se désintègre pas en un électron et un photon, ce que j'ai fait plus tard avec un étudiant italien ». On peut trouver une version écrite de la critique de Steinberger dans le courrier du CERN, 24 février 2014, accessible à http://cerncourier.com/cws/article/cern/56229. [Voir le chapitre 8, notamment la note 13. (N.d.T.)]

7. Semen Gershtein in *BPSSW.*

8. La bombe H était encore dans les limbes au moment de la fuite de Pontecorvo, mais on connaissait son terrible potentiel. Aucun document britannique disponible ne mentionne toutefois une quelconque expertise de Pontecorvo pertinente pour cette arme. Le président Truman annonce publiquement son intention de développer la bombe H en janvier 1950, des mois avant que n'éclate l'affaire Pontecorvo. Au moment de sa défection, le Royaume-Uni connaît déjà un certain nombre de caractéristiques techniques nécessaires, dont le fait que les réacteurs à eau lourde présentent l'avantage de produire du tritium, ingrédient indispensable de la bombe. En 1950, Pontecorvo a acquis six ans d'expérience sur ce type de réacteur et s'impose comme l'un des meilleurs experts mondiaux de ce secteur. Lorsqu'il arrive en URSS, il a déjà réalisé des expériences avec du tritium, et, nous le savons aujourd'hui, il conseillera les Soviétiques au sujet des réacteurs à eau lourde. Pourtant, aucune inquiétude ne transparaît à ce sujet dans les documents que les Britanniques publient en 1950. Il est difficile de croire que les scientifiques informés du gouvernement n'aient pas fait le lien. Ce silence en particulier contraste avec les préoccupations bruyamment exprimées à l'époque dans les médias au sujet des rayons cosmiques. La découverte au sein des rayons cosmiques de formes étranges de la matière, aux propriétés bizarres, a laissé croire que celles-ci pouvaient ouvrir la voie à des armes encore plus dévastatrices. Si ces particules non familières avaient possédé un tel potentiel et si les Soviétiques avaient fabriqué ces armes les premiers, alors il leur serait devenu possible de prendre l'Occident en otage ou de l'assujettir. Or les rayons cosmiques passionnaient Bruno au moment de sa fuite – ce qu'on aurait pu considérer comme assez alarmant. Par bonheur, les rayons cosmiques ne sont d'aucune utilité pour la construction d'armes de destruction massive, mais personne ne le savait en 1950. C'est cependant un autre aspect de l'expertise de Bruno Pontecorvo que le gouvernement britannique a minimisé à l'époque.

9. Enrico Fermi, cité par Herbert Skinner, TNA KV 2/1888.

10. Remarque d'Arnold Kramish à Michael Goodman, entretien avec Michael Goodman, 7 octobre 2013.

11. Un scénario possible est que Bruno a prévu durant 1945 de s'installer à Harwell, mais que ce plan est perturbé par la mise en cause de Nunn May à la fin de cette année, puis son arrestation en 1946. Sans Nunn May, Moscou ne dispose plus d'expert engagé dans le projet canadien. À peu près à la même époque, Klaus Fuchs, qui espionnait à Los Alamos pour Moscou, est transféré à Harwell. Presque aussitôt, Pontecorvo décide de retarder son installation au laboratoire britannique et annonce son désir de rester au Canada. Cela le place au cœur du projet de réacteur canadien, durant la période où celui-ci fabrique de nouvelles formes d'uranium et d'autres éléments essentiels aux armes et à la production d'énergie atomique. Il apparaît à cette époque que le courrier des Soviétiques, Lona Cohen, obtient secrètement de l'uranium pour le transmettre à Moscou. Klaus Fuchs continue pendant ce temps à transmettre des informations à son contact soviétique depuis son nouveau poste à Harwell. Le travail de Pontecorvo au Canada s'achève en 1949, après quoi il s'installe lui aussi à Harwell, comme prévu. Là, il assiste à la catastrophique arrestation de Fuchs, en 1950.

12. Documents du KGB déclassifiés durant la présidence de Yeltsin. Description des voyages de Cohen au Canada dans Albright et Kunstel, *Bombshell*, pp. 133-134. Lona Cohen a aussi décrit ses voyages à un historien russe en 1992 (confirmé à l'auteur par un courrier électronique de cet historien russe, source anonyme, 12 mars 2014). Les voyages de Bruno sont confirmés dans TNA KV 2/1888.

13. Commentaire de Stella Rimington, 14 juin 2013.

14. Remarque de Herbert Skinner au MI5, TNA KV 2/1888 : « Les preuves indirectes qu'il a transmis des informations à un agent lorsqu'il était au Canada sont extrêmement solides. »

15. Lona Cohen est décédée le 23 décembre 1992.

16. Yatskov est peut-être « l'homme de quarante ans environ » qui a rencontré les Pontecorvo à Leningrad vers le 3 septembre 1950. La manière dont Yatskov se présente comme l'aide de camp de Bruno concorde avec les descriptions de celui-ci d'un employé du KGB qui l'a aidé en 1975 et qu'il n'a pas voulu nommer.

17. La carrière de Yatskov est décrite dans Albright et Kunstel, *Bombshell.*

18. Courriers électroniques de William Tyrer, 28 février 2014 ; courrier électronique d'une source anonyme, 2 mars 2014.

Postface

1. Journal de Guy Liddell, 2 juin 1950, TNA KV 4/472.

2. Mafai, *Il lungo freddo*, p. 153.

3. Mafai, *Il lungo freddo*, p. 205.

4. Correspondance par courrier électronique d'Oleg Gordievsky, 30 avril 2012.

5. Conversation avec des membres de la famille Pontecorvo, Rome, 22 septembre 2013.

6. Ainsi que s'en souvient le fils de Gillo, Ludo Pontecorvo, dans un entretien le 18 avril 2013.

7. Remarque de Guido Pontecorvo au MI5, TNA KV 2/1888.

8. Entretien avec Anna Pontecorvo, 11 novembre 2011.

9. Cela transparaît à la lecture de Ben MacIntyre, *A Spy Among Friends : Kim Philby and the Great Betrayal* (Bloomsbury 2014).

10. Scientifique non nommé de Harwell, cité par Godfrey Stafford, entretien du 20 décembre 2012.

11. Interview par Charles Richards, *The Independent*, 2 août 1992.

12. Cité dans le journal de Guy Liddell, 18 septembre 1945, TNA KV 4/466.

13. Entretien avec Joan Hall, 1er mai 2013.

LISTE DES ABRÉVIATIONS

AIP : *American Institute of Physics*, archives historiques orales (en ligne)
BPSSW : *Bruno Pontecorvo : Selected Scientific Works*
CAC : *Churchill Archives Centre*, Churchill College, Université de Cambridge
TNA : The National Archives, Londres

BIBLIOGRAPHIE

ALBRIGHT, Joseph et Marcia Kunstel, *Bombshell : The Secret Story of America's Unknown Atomic Spy Conspiracy*, Times Books, New York, 1997.

ANDREW, Christopher, *The Defence of the Realm : The Authorized History of MI5*, Allen Lane, Londres, 2009.

ANDREW, Christopher et Oleg Gordievsky, *KGB : The Inside Story*, Harper Collins, Londres, 1990. Traduction française : *Le KGB dans le monde, 1917-1990*, Fayard, Paris, 1990.

ANDREW, Christopher et Vasili Mitrokhin, *The Mitrokhin Archive : The KGB in Europe and the West*, Penguin, Londres, 2000.

ARNOLD, Lorna, *My Short Century : Memoirs of an Accidental Nuclear Historian*, Cumnor Hill Books, Palo Alto, Californie, 2012.

BICKEL, Lennard, *The Deadly Element : The Men and Women Behind the Story of Uranium*, Macmillan, Londres, 1979.

BONOLIS, Luisa, « Bruno Pontecorvo : From Slow Neutrons to Oscillating Neutrinos », *American Journal of Physics*, nº 73 (2005), pp. 487-499.

BRODA, Paul, *Scientist Spies : A Memoir of My Three Parents and the Atom Bomb*, Matador, Leicester, Royaume-Uni, 2011.

BURKE, David, *The Spy Who Came In from the Co-op : Melita Norwood and the Ending of Cold War Espionage*, Boydell Press, Woodbridge, Royaume-Uni, 2009.

CHALIAND, Gérard et Arnaud BLIN, *Histoire du terrorisme, de l'Antiquité à Daech*, Fayard, Paris, 2015.

CLOSE, Frank, *The Infinity Puzzle : Quantum Field Theory and the Hunt for an Orderly Universe*, Basic Books, New York, 2011.

CLOSE, Frank, *Neutrino*, Oxford University Press, Oxford, 2010.

CLOSE, Frank, Michael MARTEN, et Christine SUTTON, *The Particle Odyssey : A Journey to the Heart of Matter*, Oxford University Press, Oxford, 2002.

EMLING, Shelley, *Marie Curie and her Daughters : The Private Lives of Science's First Family*, Palgrave Macmillan, New York, 2012.

FARMELO, Graham, *Churchill's Bomb : A Hidden History of Science, War and Politics*, Faber and Faber, Londres, 2013.

FERMI, Enrico, *Note e Memorie (Collected Papers), Vol. 1, Italy 1921-1938*, University of Chicago Press, Chicago, 1965.

FERMI, Laura, *Atoms in the Family : My Life with Enrico Fermi, Architect of the Atomic Age*, University of Chicago Press, Chicago, 1954. Traduction française : *Atomes en famille. Mon existence avec Enrico Fermi*, Gallimard, Paris, 1955.

FRISCH, Otto, *What Little I Remember*, Cambridge University Press, Cambridge, 1979.

GIBBS, Timothy, « British and American Counter-Intelligence and the Atom Spies 1941-50 », PhD thesis, University of Cambridge, 2007.

GOLDSCHMIDT, Bertrand, *Les Rivalités atomiques, 1939-1966*, Fayard, Paris, 1967.

GOODMAN, M., *Spying on the Nuclear Bear : Anglo-American Intelligence and the Soviet Bomb*, Stanford University Press, Redwood City, Californie, 2008.

GOWING, Margaret, *Britain and Atomic Energy, 1939-1945*, St. Martin's Press, New York, 1964.

HAYNES, John Earl, Harvey KLEHR, et Alexander VASSILIEV, *Spies : The Rise and Fall of the KGB in America*, Yale University Press, New Haven, 2009.

HOLLOWAY, David, *Stalin and the Bomb*, Yale University Press, New Haven, 1996.

IOFFÉ, Boris, « A Top Secret Assignment », in *At the Frontier of Particle Physics : Handbook of QCD : Boris Ioffé Festschrift*, sous la direction de M. Shifman, World Scientific, Singapour, 2002.

JACKSON, J. D. « Snapshots of a Physicist's Life », *Annual Review of Nuclear and Particle Science*, n° 49 (1999), pp. 1-33.

JEFFERY, Keith, *MI6 : The History of the Secret Intelligence Service, 1909-1949*, Bloomsbury, Londres, 2010.

JEFFREYS-JONES, Rhodri, *In Spies We Trust : The Story of Western Intelligence*, Oxford University Press, Oxford, 2013.

JOHNSON, Charles W. et Charles O. JACKSON, *City Behind a Fence : Oak Ridge, Tennessee 1942-1946*, University of Tennessee Press, Knoxville, 1981.

LAMPHERE, Robert J. et Tom SHACHTMAN, *The FBI-KGB War : A Special Agent's Story*, W. H. Allen, Londres, 1987.

LAUCHT, Christoph, *Elemental Germans : Klaus Fuchs, Rudolf Peierls and the Making of British Nuclear Culture, 1939-59*, Palgrave Macmillan, Basingstoke, Royaume-Uni, 2012.

LIPKIN, Harry J., *Andrei Sakharov : Quarks and the Structure of Matter*, World Scientific, Singapore 2013.

MACINTYRE, Ben, *Agent Zigzag : The True Wartime Story of Eddie Chapman, Lover, Betrayer, Hero, Spy*, Bloomsbury, Londres, 2007.

MACINTYRE, Ben, *A Spy Among Friends : Kim Philby and the Great Betrayal*, Bloomsbury, Londres, 2014.

MAFAI, Miriam, *Il lungo freddo : storia di Bruno Pontecorvo, lo scienziato che scelse l'URSS*, Arnondo Mondadori Editori, Milan, 1992.

MANHAM, Patrick, *Snake Dance : Journeys Beneath a Nuclear Sky*, Chatto and Windus, Londres, 2013.

MARTEN, Michael, *Tim Marten : Memories*, Snipe Books, Raleigh, Caroline du Nord, 2009.

MOOREHEAD, Alan, *The Traitors : The Double Life of Fuchs, Pontecorvo, and Nunn May*, Dell, New York, 1952.

NÉMIROVSKY, Irène, *Suite française*, Denoël, Paris, 2004.

PAIS, Abraham, *Inward Bound : Of Matter and Forces in the Physical World*, Oxford University Press, Oxford, 1986.

PEIERLS, Rudolf, *Bird of Passage : Recollections of a Physicist*, Princeton University Press, Princeton, New Jersey, 1985.

PHILBY, Kim, *My Silent War : The Autobiography of a Spy*, Modern Library, New York, 2002. Traduction française : *Ma guerre silencieuse*, Robert Laffont, Paris, 1968 (épuisé).

PINAULT, Michel, « Frédéric Joliot, la science et la société », Thèse, Université de Paris, février 1999.

PINAULT, Michel, *Frédéric Joliot-Curie*, Odile Jacob, Paris, 2000.

PINCHER, Chapman, *Too Secret Too Long*, St. Martin's Press, New York, 1984.

PINCHER, Chapman, *Treachery : Betrayals, Blunders, and Cover-ups : Six Decades of Espionage Against America and Great Britain*, Random House, New York, 2009.

POLLOCK, Ethan, *Stalin and the Soviet Science Wars*, Princeton University Press, Princeton, New Jersey, 2008.

PONTECORVO, Bruno, *Notes autobiographiques* (en russe), 1988. Version italienne : « Una nota autobiografica », in *Enciclopedia della Scienza e della Tecnica*, Arnoldo Mondadori, Milan, 1988-1989.

PONTECORVO, Bruno, *Bruno Pontecorvo : Selected Scientific Works*, sous la direction de S. M. Bilenky, T. D. Blokhintseva, I. G. Pokrovskaya, et M. G. Sapozhnikov, Societé Italiana di Fisica, Bologne, 2013.

POPOV, F. D., *The Atom Bomb and the KGB*, Moscou, 2003.

REED, Nicholas, *My Father, the Man Who Never Was*, Lilburne Press, Folkestone, Royaume-Uni, 2011.

RHODES, Richard, *Dark Sun : The Making of the Hydrogen Bomb*, Simon and Schuster, New York, 2005.

RHODES, Richard, *The Making of the Atomic Bomb*, Penguin, New York, 1988.

ROBOTTI, Nadia, « The Beginning of a Great Adventure : Bruno Pontecorvo in Rome and Paris », communication à la conférence du centenaire de Pontecorvo, Rome, septembre 2013.

ROBOTTI, Nadia et Francesco GUERRA, « Bruno Pontecorvo in Italy », communication à la conférence du centenaire de Pontecorvo, Rome, septembre 2013.

SEGRÈ, Emilio, *A Mind Always in Motion : The Autobiography of Emilio Segrè*, University of California Press, Berkeley, 1993.

SMITH, Michael, *The Spying Game : The Secret History of British Espionage*, Politico's, Londres, 2004.

SOUDOPLATOV, Pavel, Anatoli SOUDOPLATOV, Jerrold L. SCHECTER, et Leona P. SCHECTER, *Special Tasks : The Memoirs of an Unwanted Witness – A Soviet Spymaster*, Little, Brown, New York, 1994. Traduction française : Pavel & Anatoli Soudoplatov, *Missions spéciales : Mémoires du maître-espion soviétique Pavel Soudoplatov*, autobiographie, éditions du Seuil, Paris, 1994.

TURCHETTI, Simone, *The Pontecorvo Affair : A Cold War Defection and Nuclear Physics*, University of Chicago Press, Chicago, 2012.

WALLACE, P. R., « Atomic Energy in Canada : Personal Recollections of the Wartime Years », *Physics in Canada*, 56, n° 2 (mars-avril 2000), pp. 123-131.

WEART, Spencer R., *Scientists in Power*, Harvard University Press, Cambridge, Massachusetts, 1979.

WEST, Nigel, *The Circus : MI5 Operations 1945-1972*, Stein and Day, New York, 1983.

WILLIAMS, Robert Chadwell, *Klaus Fuchs : Atom Spy*, Harvard University Press, Cambridge, Massachusetts, 1987.

ZHELEZNYKH, Igor, « Early Years of High-Energy Neutrino Physics in Cosmic Rays and Neutrino Astronomy (1957-1962) », *Proceedings of the ARENA workshop*, mai 2005.

INDEX

TABLE

PREMIÈRE PARTIE

INTERLUDE

PARTIE II

PARTIE III

ÉPILOGUE

Mise en page par
Pixellence/Meta-systems
59100 Roubaix

Cet ouvrage a été achevé d'imprimer en septembre 2016
dans les ateliers de Normandie Roto Impression s.a.s.
61250 Lonrai
N° d'édition : L.01EHBN000726.N001
Dépôt légal : septembre 2016
N° d'impression : 1603107

Imprimé en France